动车组机械师实训系列教材

# CRH3 系列动车组地勤机械师·提升篇

《动车组机械师实训系列教材》编委会　编

中国铁道出版社有限公司

2020年·北　京

## 内 容 简 介

本书主要介绍了 CRH3 系列动车组地勤机械师相关的基础理论知识、钳工实训、电工实训、车门实训、转向架实训、车顶高压实训、车钩实训、司机室实训、客室实训、常用设备检查维护实训 10 个部分，在动车组检修作业流程、常用检修检查工装工具的使用、动车组主要设备结构原理及日常检查维护标准、动车组运行数据分析监控软件操作方法等方面也作了详细介绍。

本书可作为 CRH3 系列动车组地勤机械师的培训教材和学习资料，也可供相关现场人员、技术人员参考使用。

**图书在版编目(CIP)数据**

CRH3 系列动车组地勤机械师. 提升篇/《动车组机械师实训系列教材》编委会编. —北京 ：中国铁道出版社有限公司，2020.3

动车组机械师实训系列教材

ISBN 978-7-113-26488-8

Ⅰ.①C… Ⅱ.①动… Ⅲ.①动车-机车检修-技术培训-教材 Ⅳ.①U269

中国版本图书馆 CIP 数据核字(2019)第 286208 号

**书　　名：** 动车组机械师实训系列教材
**CRH3 系列动车组地勤机械师·提升篇**

**作　　者：**《动车组机械师实训系列教材》编委会

---

**策划编辑：**李润华
**责任编辑：**袁文东　　**编辑部电话：**010-51873423　　**电子信箱：**tdpress@126.com
**封面设计：**高博越
**责任校对：**焦桂荣
**责任印制：**高春晓

---

**出版发行：**中国铁道出版社有限公司（100054，北京市西城区右安门西街 8 号）
**网　　址：**http://www.tdpress.com
**印　　刷：**中国铁道出版社印刷厂
**版　　次：**2020 年 3 月第 1 版　2020 年 3 月第 1 次印刷
**开　　本：**787 mm×1 092 mm　1/16　印张：18.5　字数：360 千
**书　　号：**ISBN 978-7-113-26488-8
**定　　价：**90.00 元

---

# 编 委 会

# 序

到2019年底，全国铁路营业里程达到13.9万km以上，其中高铁3.5万km。随着我国高速铁路的快速发展，高速铁路人才在需求与供给方面的矛盾日益凸显，如何规范、实用、高效地培养出符合生产、作业需求的动车组机械师，成为我们需要着重思考和着力解决的问题之一。

《动车组机械师实训系列教材》以铁路特有工种技能培训规范《动车组机械师》明确的培训目标、内容、课时等要求为基本遵循，总结、梳理、归纳中国铁路上海局集团有限公司动车组运行十年来的教育培训经验编写而成。本系列教材覆盖了地勤机械师、随车机械师及诊断工程师等岗位；涵盖了基础技能、专业技能以及专项技能等内容，适用于动车组机械师岗前资格性培训、三年轮训以及专项培训等，进一步提升了动车组机械师培训教材的系统性、完整性。

本系列教材包括《CRH3系列动车组地勤机械师·基础篇》《CRH3系列动车组地勤机械师·提升篇》《CRH3系列动车组随车机械师》《CRH3系列动车组诊断工程师》四本，围绕动车组基础理论知识、电工钳工实作技能、现场劳动安全作业要求、基本检查工具的使用、动车组主要控制设备设施检查维护以及动车组故障诊断排查方法等模块编写。本系列教材既有对作业标准、作业流程和关键技术的系统介绍，也有近年来动车组典型故障案例及同类问题处置方法的归纳总结，有机结合理论知识与操作技能，全面阐述了动车组机械师所需掌握的基本知识、技术重点、故障排查处置流程，可以作为动车组机械师培训、学习参考用书。

《动车组机械师实训系列教材》编委会由南京动车段的技术骨干、班组长、专兼职教师、全局技术能手、全路技术能手、学科带头人、首席工程师、技能大师等组成，他们长期服务于一线生产、管理岗位，有很强的专业能力以及丰富的现场实践经验、教学经历，编写的图书逻辑清晰、贴合现场、内容丰富、专业性强，对于动车组机械师职业培训具有一定的指导意义。

本系列教材编写过程中,得到了中车唐山机车车辆有限公司和中车青岛四方车辆研究所有限公司等专家的大力支持与帮助,在此一并表示衷心感谢。

由于近年来高速铁路技术发展较快,同时编者的水平、精力有限,书中内容难免存在不全面、不恰当的地方,热诚欢迎广大读者以及行业内专家学者批评、指正,以便编者不断地改进和完善。

编委会

2019年12月

# 前　　言

地勤机械师是动车组运用检修中的重要角色，每一列动车组的安全运行都离不开地勤机械师的精检细修。目前动车组检修任务量大、检修标准高，地勤机械师岗位技能不熟练，运用检修压力增加。为强化轮岗人员的运用检修能力，保障动车组运行安全，编者在新职人员培训的基础上，对地勤机械师培训提出更高要求，通过参考检修标准及调研分析，将动车组机械师岗位达标需掌握的基本技能、技术标准等，纳入培训范围，编写了《CRH3 系列动车组地勤机械师·提升篇》。

本书分为基础理论知识、钳工实训、电工实训、车门实训、转向架实训、车顶高压实训、车钩实训、司机室实训、客室实训、常用设备检查维护实训 10 个部分，分别在动车组检修作业流程、常用检修检查工装工具的使用、动车组主要设备结构原理及日常检查维护标准、动车组运行数据分析监控软件操作方法等方面作了详细介绍。通过本书学习，能够使作业人员提高基础操作技能，掌握动车组关键设备运用检修方法标准。

由于近年来高速铁路技术发展较快，同时编者的水平、精力有限，书中内容难免存在不全面、不恰当的地方，热诚欢迎广大读者以及行业内专家学者批评、指正，以便编者不断地改进和完善。

编　　者

2019 年 12 月

# 目 录

# 第一章　基础理论知识

## 第一节　动车组修程修制

### 一、培训目的

动车组检修修程主要介绍动车所检修体制和相关修程制定标准，本培训的目的是使受训人员了解相关动车组检修修程相关知识。

### 二、动车组修程

1. 检修模式

动车组实行计划性预防修的检修体制，分为五级修程。一、二级检修为运用检修，在动车所内进行；三、四、五级检修为高级检修，在具备相应车型检修资质的检修单位进行。

动车组运用维修采用以走行公里周期为主（走行公里以动车组管理信息系统为准）、时间周期为辅的检修模式。二级检修可采用集中修或均衡修相结合的方式进行。

2. 检修计划

动车组运用检修计划按月、周、日编制，高级检修计划按年、月编制。高级检修动车组送修前应填写《动车组扣修单》，动车段应加强动车组运用检修计划管理，努力提高动车组检修计划兑现率。对未按计划兑现的组项，应及时调整，不得超期失修。

（1）一级检修计划

①检修计划编制

动车组一级检修须编制动车所日检修计划。动车组在动车所内运用维修时间不得少于 4 h。日检修计划分为白班计划（8：00～20：00）和夜班计划（20：00～8：00），计划内容应包含动车组调车计划（包括转场、转线、存放作业建议计划）、一级检修（包括外皮清洗、三电、车内保洁等一体化作业）临修任务、配合作业要求以及当日其他重点任务等内容。日检修计划下发前须经过值班所领导审批。

CRH380B(L)型、CRH380CL 型、CRH380D 型动车组 I2 修计划纳入动车组二级修计划编制与审核范畴，按《上海铁路局关于重新公布〈上海铁路局动车组二级检修管理办法〉的通知》（上铁辆〔2014〕205 号）执行。计划编制时考虑夜班检修能力制订均衡计划，避免 I2 修在同一天内集中到修造成库线能力无法满足。

动车段在编制日检修计划时，对随车机械师预报的重点故障、工厂提报的检修维护等需求，应预先编排和灵活调整，严禁照搬照套模板计划。

②检修计划兑现

动车段在编制、执行一级检修作业计划时，应充分考虑一体化作业单位的作业时间，为一体化作业单位的作业质量创造条件。

动车组检修计划通过管理信息系统实施任务派工(动车组进行 I2 修时，须同时派发一级检修任务)各作业单位应按照计划给定的时间、内容实施作业。动车组日检修计划中除因临修故障需扣修的动车组，按时间、股道、车号等作业计划要求完成的一级(I2)检修作业的动车组组数，占当日计划作业组数的百分率不得低于 80%。

(2)二级检修计划

①二级检修计划

动车组二级检修计划按照月、周、日编制。二级检修月计划由调度科组织动车所编制，动车段按照检修周期接近、检修专业类似和关联的原则，对二级检修项目分类整合，形成若干个作业包，以作业包为基础编制二级检修月计划。各电务段根据动车组配属及运用情况，于每月 25 日前制定列控车载设备二级检修计划，报动车段纳入动车组二级修检修计划，由动车段统一发布，电务段组织实施。

二级检修计划动车所根据月度检修计划于当月每周五前编制二级检修周计划，动车所所长审核后于每周五发布。二级修周计划下达后原则上不得另行调整，周计划中二级修计划兑现率不得低于 80%。因启用热备、故障扣修等原因造成周计划变更时，必须办理计划变更手续，经所长审核并得到动车段调度科同意后方可实施。

因动车组二级检修替换维修造成图定交路担当车型(包括定员不同)发生变更时，调度科提前以书面形式报集团公司申请调整，经集团公司批复后编制计划执行。管内交路替换须不少于 15 天提前申请、跨局交路替换须不少于 30 天提前申请。

动车所根据配属情况合理编排检修计划，均衡安排每天检修车组数，原则上每 25 人的作业组日均检修(M1 修)车组数按 2 个标准组工作量编排。

动车所二级检修应坚持周末及节假日少修车、不修车原则，动车所须加强生产组织，努力降低周末二级检修率。用车高峰期，动车所应合理调整检修计划，错峰安排二级检修作业。

长期停放达 10 天的动车组上线前须安排一次二级检修。

动车组外皮精洗计划须纳入二级检修周计划统一编排，原则上结合二级检修扣修同步实施，具体洗车要求参照《南京动车段动车组外表面清洗实施细则》执行。

②计划执行

动车组检修任务派工单均由动车所调度通过动车组管理信息系统下达检修班组。检修班组必须严格按照计划的时间要求、作业内容施修。每月 3 日前，调度科将上月二级检修实绩及兑现率情况报车辆部。

因启用热备、故障扣修等原因造成周计划变更时，须办理二级检修计划变更手续，经所长审核后方可实施，二级检修变更情况报调度科核备。

动车组二级检修严格按照检修周期实施，动车组超过检修周期上线运行的比照定检过期列动车所责任，由分管段领导组织进行分析，严格责任追究，并及时将分析情况报车辆部。

动车组二级检修计划编制及执行实施指标管理，根据动车所检修生产实际，结合二级检修指标评价方案，细化指标管控要求。

(3)高级检修计划

车辆部负责年检修轮廓计划的编制，动车段负责编制月生产计划。高级修日常生产以月检修计划为中心，动车组高级修检修一体化单位须按月计划生成的列、日生产平移计划组织维修活动，并按时间节点兑现生产任务。高级修检修计划编制要按照“贴近上限维修、全年均衡生产、能力充分利用”的原则，统筹考虑动车组运用和检修需求，兼顾设备、材料的保障能力以及全年季节性的变化，保证计划的可执行性和兑现率。动车组高级检修计划分为年检修轮廓计划，月、日、列检修计划。其中动车组月检修计划依据年检修轮廓计划编制，列计划、日计划为月检修计划的衍生计划。年检修轮廓计划兑现率由车辆部每季度进行统计通报，年检修轮廓计划至年底原则上须100%完成。月检修计划兑现率由动车段按月统计，月度兑现率不得低于70%。

3. 检修周期

动车组检修周期按《铁路动车组运用维修规则》执行，具体见表1-1-1。

**表1-1-1　动车组检修修程周期**

<table>
<tr><th>修程<br>车型</th><th>一级检修</th><th>二级检修</th><th>三级检修</th><th>四级检修</th><th>五级检修</th></tr>
<tr><td>CRH1A</td><td rowspan="3">≤(4 000+400)km<br>或运用48 h</td><td rowspan="3">另行公布</td><td rowspan="3">(120±10)万km<br>或3年</td><td rowspan="3">(240±10)万km<br>或6年</td><td rowspan="3">(480±10)万km<br>或12年</td></tr>
<tr><td>CRH1B</td></tr>
<tr><td>CRH1E</td></tr>
<tr><td>CRH5A</td><td>≤(5 000+500)km<br>或运用48 h</td><td>另行公布</td><td rowspan="5">(120±12)万km<br>或3年</td><td rowspan="5">(240±12)万km<br>或6年</td><td rowspan="5">(480±12)万km<br>或12年</td></tr>
<tr><td>CRH3C</td><td rowspan="4">≤(4 000+400)km<br>或运用48 h</td><td rowspan="4">另行公布</td></tr>
<tr><td>CRH380B</td></tr>
<tr><td>CRH380BL</td></tr>
<tr><td>CRH380CL</td></tr>
<tr><td>CRH2A</td><td rowspan="3">≤(4 000+400)km<br>或运用48 h</td><td rowspan="3">另行公布</td><td rowspan="3">$60^{+2}_{-5}$万km<br>或1.5年</td><td rowspan="3">$120^{+5}_{-10}$万km<br>或3年</td><td rowspan="3">(240+10)万km<br>或6年</td></tr>
<tr><td>CRH2A统</td></tr>
<tr><td>CRH2B</td></tr>
</table>

续上表

| 修程<br>车型 | 一级检修 | 二级检修 | 三级检修 | 四级检修 | 五级检修 |
|---|---|---|---|---|---|
| CRH2E | ≤(4 000+400)km<br>或运用 48 h | 另行公布 | $60^{+2}_{-5}$万 km<br>或 1.5 年 | $120^{+5}_{-10}$万 km<br>或 3 年 | (240+10)万 km<br>或 6 年 |
| CRH2C 一阶段 | | | | | |
| CRH2C 二阶段 | | | | | |
| CRH380A | | | | | |
| CRH380AL | | | | | |

注:1. 动车组检修周期以走行公里周期为主,时间周期为辅的检修模式,先到为准;

2.二级检修项目允许按二级修维修卡片规定的检修周期延后10%组织施修(有调整检修周期范围的除外);

3.高级检修间隔不超过一个三级检修周期。

# 第二节 一、二级检修流程介绍

## 一、培训目的

本节主要介绍动车组一、二级检修相关作业项目内容、相关流程及相关要求,本培训的目的是使受训人员熟悉、了解动车运用所在动车组运用检修中担当的任务要求,作业过程的劳动生产组织,作业质量控制措施等。

## 二、动车组一级修(I2 修)流程介绍

1. 检修项目

动车组一级检修是对运用动车组的车顶、车下、车体两侧、车内和司机室等部位实施快速例行检查、试验和故障处理的检修作业。

动车组 I2 修检查项目除颁布标准外,CRH380B(L)、CRH380CL 型动车组增加 7 项维修项目:前部导流罩及车钩检查维护,司机室门、司机室逃生窗门检查维护,餐车配餐门检查维护,牵引电机进风口栅板固定螺栓检查,空调进风口栅板固定螺栓检查,餐车冷藏柜、展示柜、电烤箱检查维护,受电弓视频装置检查。

2. 检修周期

动车组运用维修采用以走行公里周期为主(走行公里数以动车组管理信息系统为准)时间周期为辅的检修模式。CRH1、CRH2、CRH3 系列动车组一级检修周期为每次累计运行 4 400 km 或运用 48 h 内,以先到为准;CRH380D 型动车组一级检修周期为每次累计运行 5 500 km 或运用 48 h 内,以先到为准。对于已批准的延长一级检修周期的动车组,一级检修周期按相关批复为准。各型动车组累计备用时间超过 48 h,上线运营前须进行一级检修。

动车组 I2 修属于二级检修，CRH380B(L)型、CRH380CL 型动车组 I2 修检修周期为每次累计运行 20 000 km 或 20 天，CRH380D 型动车组 I2 修检修周期为每次累计运行 50 000 km 或 45 天，以先到为准，允许提前或延后 10%实施。

用于热备的动车组如未启动上线，动车组外皮清洗、车内保洁作业的周期为 4 天。用于压缩走行公里、均衡检修计划的定期保养动车组，每 10 天实施一次一级检修。备用动车组累计备用时间超过 48 h、检修动车组修竣后及其他库停时间超过 48 h 的，上线运营前须进行一级检修。

3. 检修模式及分工

(1)检修模式

动车组一级(I2)检修是涵盖多单位、多工种的一体化作业，突出“一上一下两头”(车顶、车下、两端司机室)各生产单位要在动车所的统一组织与管理下，按照规定的时间、标准、流程开展立体作业、流水交叉作业，一级(I2)检修采用无电一有电作业模式。

(2)检修分工

动车组一级(I2)检修作业由乘务组、一级检修作业组、地勤作业组、临修作业组、外协作业组、轮轴组等分工负责，协同实施。

乘务组主要负责预报动车组运行中未处理的故障，为一级(I2)检修计划的安排创造条件。随车机械师要通过动态跟踪、途中巡视、车载监控系统提示、终到作业、旅客反映、《车内设施破损记录》(客统—36)填报等方式，对动车组上部设施、运行技术状态进行检查，并将故障情况实时反馈至动车所。

一级检修作业组主要负责动车组一级(I2)检修范围的检查，短编(8 辆编组)的一级(I2)检修由 1 个作业小组实施，长编由 2 个作业小组实施。作业小组分为上部作业组(检修①、②号)下部作业组(检修③、④号)。

地勤作业组主要负责接触网供断电作业，动车组进、出库清道接送。

临修作业组分为夜班和白班。夜班临修组主要负责处理乘务组预报、检修过程中发现的故障，负责检修配件、材料的领用、配送及回收，负责库外动车组防冻打温、整备作业配合等辅助作业；白班临修组主要负责处理一级检修修程以外、须扣车集中检修的动车组故障，负责检修配件、材料的领用、配送及回收，负责库外动车组防冻打温、整备作业配合等辅助作业，并积极开展动车组配件的修旧利废工作。在动车所白班一级检修任务较少时，可由白班临修组承担一级检修作业及相关故障的处理。临修作业组人员可根据动车所工作量合理配置，原则上按照一、二级检修班组人数的 15%设置。

外协作业组主要负责动车组外车皮(含车顶)清洗、高压绝缘瓷瓶擦拭、散热滤网更换、吸污等作业。

轮轴组主要负责临修旋轮，以及结合一级检修作业进行的轮对缺陷探伤等作业。

(3)检修原则

为达到减少碎片时间、压缩检修修时、提高检修效率、提升库线能力等目的,动车组一级(I2)检修作业遵循“上、下分离”“检、修分离”“库、乘协作”的原则。

“上、下分离”是指在动车组无电、有电作业阶段,将上部作业组(检修①、②号)与下部作业组(检修③、④号)进行分离作业。

“检、修分离”是指上部、下部作业组按照作业指导书要求进行检查作业,不承担故障处理工作。故障处理工作由临修作业组负责,上部、下部作业组对故障处理情况进行复核确认。

“库、乘协作”是指随车机械师结合“三乘联检”“途中巡视”“终到作业”等,承担一级检修范围内上部设施的检查工作。

4. 检修修时

(1) CRH1B 型、CRH1E 型、CRH2A 型、CRH2B 型、CRH2C 型、CRH2E 型、CRH380A(L)型动车组,一级检修平均作业时间为 100 min/组。其中上部作业组无电作业时间为 30 min,有电作业时间为 20 min,总作业时间为 70 min(含供断电各 10 min,下同);下部作业组无电作业时间为 60 min,有电作业时间为 20 min,总作业时间为 100 min。

(2)CRH380B(L)型、CRH380CL 型、CRH380D 型动车组,一级检修平均作业时间为120 min/组。其中上部作业组无电作业时间为 30 min,有电作业时间为 40 min,总作业时间为 90 min;下部作业组无电作业时间为 60 min,有电作业时间为 40 min,总作业时间为 120 min。

(3)CRH380B(L)型、CRH380CL 型、CRH380D 型动车组 I2 修项目原则上结合一级检修在线实施,平均作业时间为 240 min。

5. 一级(I2)检修作业标准

动车组一级(I2)检修作业标准包括作业技术标准和作业者工作标准。其中作业标准包括动车组检修流程图、时间节点图、作业路线图、检修作业项目及质量标准、检修限度等,作业者工作标准包括“步伐检查作业法”“四必作业法”等。

(1)作业者工作标准

动车组实施一级(I2)检修作业时,作业者检查作业应按照“步伐检查作业法”“四必作业法”的要求,进行标准化作业。其中“步伐检查作业法”侧重于作业的标准化、规范化,“四必作业法”侧重于作业者对检修关键项目的自控、互控。动车段应分车型将“步伐检查作业法”“四必作业法”的要求有效结合,形成统一的工作标准。

①“步伐检查作业法”

作业者在一级(I2)检修车侧、车下检查作业时,作业人员须按照每辆车规定的作业路线、规定的检查作业时间、规定的标准作业步数以及每步所在处规定检查的部件进行作业。“步伐检查作业法”为便于作业者学习和掌握，应将检查步伐、检查时间、检查内容、检查次序等编制口诀，同时辅助“起、蹲、转、立、移、探、停”等作业姿势的要领。

②“四必”作业法

一级（I2）检修准备、检查、处置、结束等作业全过程中，包括在动车组车内、车顶、车侧、车下等作业场所，作业者对关键作业项点或安全风险关键环节须执行“四必”作业法（必看、必指、必呼、必画）。

“必看”：指作业人员在进行检查作业时，对作业技术标准中的规定的检查范围“必看”不得简化作业或漏检漏修。必看时要做到“眼到、手到、心到”即电筒照处或手指指处，眼睛须跟随到该处，心里同时比较该处尺寸、形状、性能等技术状态与标准的要求是否存在差异。

“必指”“必呼”：指作业人员在进行检修作业时，对安全风险关键环节（如隔离开关分合闸状态确认、安全号志插设状态确认）作业关键项（如司机室功能试验、受电弓检查作业者之间呼唤应答项目等）实行“必指”和“必呼”。作业者手指应准确指向须识别的风险控制点或动车组部件，口中应呼出该控制点或部件的名称和技术状态。需作业者之间呼唤应答的项目应采用标准用语。

“必画”：指作业人员进行检修作业时，对作业技术标准中要求测量的关键尺寸（如受电弓碳滑板厚度、辅助排障器轨面距离等）、测试的关键参数（如司机室制动数据、受电弓升降压力值等）、检查中发现的故障部位及故障现象、检修完工状态等“必画”。

（2）作业技术标准

动车段应根据一级（I2）检修作业标准，编制各种车型的一级检修作业指导书和CRH380B(L)型、CRH380CL型、CRH380D型动车组的I2修作业指导书。

6. 检修组织和作业管理

（1）生产组织管理

动车所夜班检修作业须由值班所长负责，负责盯控夜班检修计划的进度，根据调度的安排完成临时的作业任务，协调动车所外各检修单位、动车所内各检修班组间的一体化作业。

动车所检修班组工长负责在值班所长的统一指挥下，根据检修计划，调剂和安排作业人员，卡控一级检修时间节点，盯控和确认重点故障处理，巡视作业人员标准化作业过程。

动车所根据夜班检修工作量和动车所的检修能力，可采取当日检修班组“错时上班”以错开动车组夜间的集中到达和集中检修，释放库线能力；对I2修检修作业工作量较大的情况，动车所可在一级修班组内独立设置I2修检修小组，以提高专业化检修的水平。

（2）检修信息化管理

动车组一级检修实行“刷卡管理”一级检修作业人员在关键时间节点结合动车组管

理信息系统刷卡登记，动车所调度负责进行作业过程全程监控，以实现动车组检修工作按作业计划和规定流程作业，保证作业流程顺畅有序。

动车组一级(I2)检修记录实施电子化管理，按照“谁检查、谁回填”的原则，由相关作业人员、检修工长、质检员根据作业要求在管理信息系统内回填。

动车组故障按照“谁处理(配合)谁回填”的原则，相关作业班组将发现、处理的故障情况全部录入动车组管理信息系统故障管理平台。每日检修发现、处理的重点故障由检修班组工长登记到《动车组重点故障统计簿》。动车所技术组应每日核对检修班组检修故障的回填情况，在管理信息系统中对重点故障信息进行补充、分析。

动车组在检修过程中涉及技术改造、大部件更换等作业时，动车所应结合管理信息系统中的“关键配件管理模块”及时对技术履历进行维护。

7. 检修故障处理

动车组一级(I2)检修时，原则上采取先检查后处理，以保证一体化作业流程的顺畅。故障处理过程中，一体化检修单位之间、售后服务部门与动车所之间、动车所作业班组之间的协调工作，夜班由值班所长负责、白班由值班所领导负责，动车所作业小组之间由作业组工长、作业小组内部由作业组长负责协调。

动车组故障处理时，按照“检、修分离”的原则，由检修班组工长及时安排临修组人员对故障进行处理，杜绝发生前列动车组检修时间严重超时、后列动车组检修作业简化的问题。

随车机械师在动车组入库前应提前预报动车组故障情况。对于重点故障，动车所调度组、技术组应提前做好处置方案；动车所各作业人员检修前及时了解动车组故障交接记录单上的相关故障，必要时向随车机械师了解故障情况，以提高对动车组故障的预判和处理能力。

对预报的检修故障，可采取灵活的检修方式，由值班所长(白班由值班所领导)调整，如供电方式可以调整、检修次序可以调整；对故障处理可能延时的要及时准确判断，以免故障处理时间延长。

8. 检修配件管理

检修配件实行配送管理，由临修组人员负责配件、材料的领用登记，并负责将配件、材料运输到作业工位，以压缩检修等待时间。检修班组不得独立设置小仓库。作业结束后检修班组要将检修余料、废料集中存放，临修组集中回收，实现“工完料尽场地清”。

检修配件实行修配管理，即由白班临修组人员对通过简单维修即可正常使用的故障配件进行集中维修；对更换下来的尚未超限仍具有使用价值的检修配件通过选配的方式实现配件的最大化利用，以达到节约成本的目的。实施修配管理的配件范围和质量标准由动车段制定。

9. 作业安全管理

动车组一级(I2)检修作业过程中各作业班组、一体化作业单位、主机厂、动车组零部件供应商等必须按照《关于印发〈上海铁路局动车组现场作业安全控制办法〉的通知》(辆动函〔2011〕212 号)要求执行。

动车组检修作业班组中应指定专人负责安全工作,原则上由检修(副)工长兼任,负责对动车组一级(I2)检修作业中的人身安全、作业安全、消防安全进行监督与检查,遏止违章作业,发现安全苗头并及时采取预防措施。

10. 检修质量控制和质量保证

(1)检修质量控制

检修质量控制按照《关于印发〈上海铁路局动车组质量监督控制办法〉的通知》(上铁辆发〔2008〕277 号)、《关于下发〈上海铁路局动车组售后服务管理办法〉的通知》(辆动函〔2011〕152 号)、《关于公布〈上海铁路局动车运用所配合作业管理办法〉的通知》(辆动函〔2012〕126 号)等要求,执行作业者自检(互检)、工长巡检、质检员专检、出库联检、重点故障审批等制度,严格落实动车所作业者、工长、质检员、技术专职、一体化作业单位以及主机厂售后服务的工作职责、分工和工作程序。

(2)检修质量记录

动车组一级(I2)检修须落实记名检修,按照"修竣一组、填写一组"的原则,如实、详细填写检修作业记录单。动车组检修作业完毕后,各一体化作业单位须按规定在《动车组出所质量联检记录单》(辆动—020)上签字确认,未开具《动车组出所质量联检记录单》(辆动—020)的动车组严禁出库上线。

在检修过程中,对于关键配件及其他影响行车安全的重要部件调整、更换、改造时,必须对工具校验、紧固力矩调校、防松标记涂打等关键环节留影存像;此外,动车所可采取"合"字标记、"⊕"字标记、彩色磁条标记等多种方法,加强对检修过程质量的识别和追踪。

(3)质量管理

动车组一级(I2)检修质量必须达到局颁质量标准,并保证动车组在一个检修周期内不发生责任事故。

动车组出库质量按照《关于加强动车组出库质量卡控的通知》(辆动函〔2011〕142 号)的要求执行。

(4)质量追溯

动车组发生一级(I2)检修范围内的质量问题,除制造缺陷或其他不可预见的客观原因外,均列一级检修组记名检修人员责任,同时参与一级(I2)检修作业的相关部门须承担相应责任。

①对于随车机械师未及时预报途中重点故障,导致故障处置未能提前安排,造成故

障处理时机延误的，随车机械师应承担相应责任；

②对于动车所一体化检修单位、动车组主机厂及零部件供应商提报的配合作业申请，未及时安排配合作业造成检修时分不足动车组始发晚点的，技术组应承担相应责任；

③对于质检员未按规定的质量卡控范围作业，造成动车组发生质检范围内的故障情况，质检员应承担相应的责任；

④对于计划编制不当导致检修时分不足或现场组织不力导致检修严重超时，造成动车组始发晚点、图定交路欠编的，计划调度员及值班所长应承担相应责任；

⑤对于发生动车组带禁止出库范围故障放行上线的，动车所值班所领导应承担相应责任。

## 三、动车组二级修流程介绍

1. 检修项目及标准

动车组二级检修是对动车组各系统、各部件实施的周期性维护保养、检测、试验及故障处理的检修作业。动车段应利用二级检修作业实施深度检修，对遗留故障、质量鉴定故障全部修复。

动车组二级检修实行检修项目管理，采用走行公里周期为主、时间周期为辅的检修模式。各车型二级检修项目、检修周期及检修标准按照二级检修作业指导书执行。

动车组二级检修项目按其对动车组安全性能影响的重要程度由高到低分为C、B、A三类，分别由中国国家铁路集团有限公司（以下简称国铁集团）、集团公司、动车段负责管理。其中B类、A类项目需延长周期或增加维修项目时，须报集团公司车辆部核备。

2. 检修方式和检修时间

（1）检修方式

动车组二级检修原则上采取替换集中修的方式安排在白天进行，采取“无电一有电”的作业模式。动车组二级检修项目按照“周期相同、部位接近、性质类似”的原则进行分类整合，形成相对集中、便于生产组织的二级检修作业包，并将部分时间周期久、作业耗时长的项目均衡分摊至检修周期较短的作业包内均衡实施。

除动车组轮辋轮辐超声波探伤、空心车轴超声波探伤、车轮旋修等独立二级检修项目允许单独扣车检修，其他二级检修项目严禁单独扣车安排检修；动车组允许按规定的检修周期提前或延后10%组织实施（有调整检修周期范围的除外）。

高级修与二级检修兼容关系。上海动车段施修的高级修动车组，由施修单位组织实施高级修未包含且已到期的二级检修项目；委外施修的动车组高级修修竣后，动车所结合上线整修组织实施高级修未包含且已到期的二级检修项目。

②动车组二级检修时间和配备人员标准，见表1-2-1。

表 1-2-1　动车组二级检修时间和配备人员标准

| 车　型 | 修　程 | 检修时间 | 检修人数 |
|---|---|---|---|
| CRH2A<br>CRH2C(一、二阶段)<br>CRH380A | 2M1 包<br>2M2 包<br>2M3 包<br>2M4 包 | 4 h | 25 |
| CRH2B | 2M1 包<br>2M2 包<br>2M3 包<br>2M4 包 | 8 h | 25 |
| CRH380B | 3M1 包 | 4 h | 25 |
| | 3M3 包 | 18 h | 25 |
| CRH380BL<br>CRH380CL | 3M1 包 | 8 h | 25 |
| | 3M2 包 | 23 h | 25 |
| | 3M3 包 | 30 h | 25 |
| CR400BF | 3M1 包 | 4 h | 25 |
| | 3M3 包 | 18 h | 25 |
| 备注:1.检修时间、人数不包括探伤、旋轮等独立项目。<br>2.检修人数为实际工作人数,检修项目由委外单位担任时,工作人数须同时减少。 | | | |

3. 检修班组设置和检修分工

(1)检修班组设置

动车组二级检修工作由二级检修组、轮轴组分工实施。原则上二级检修组、轮轴组须兼修动车所所有车型动车组,并根据动车所检修任务可设置早、中班,实行做五休二班制。

(2)检修班组分工

轮轴组负责动车组空心车轴超声波探伤、轮辋轮辐超声波探伤、动车组轮对修形作业。CRH380B(L)型、CRH380CL 型、CR400BF 型动车组接地回流碳刷检查项目中的轴端装置拆装作业由轮轴组负责,接地回流碳刷的检查、更换作业由二级检修转向架制动组负责。

二级检修组负责除轮轴组实施项目以外的二级检修项目作业,以及除重大临修项目之外的故障处置。二级检修组内设高压供电、辅助供电、转向架制动、上部设施共 4 个专业检修小组,可根据动车组常发故障成立车门、空调专业化检修小组,实现"专人、专岗、专修",其中:

①高压供电组主要负责司机室、车顶高压设备、旅客信息系统的二级检修项目、电

压表、风压表更换(司机室部分)以及一级检修作业中司机室及车顶作业部分,并根据其他专修小组的作业需求配合操作司机室设备。

②辅助供电组主要负责牵引变流、辅助供电、网络控制、过分相、空调、影视娱乐系统等二级检修项目,以及电压表、电流表、风压表更换(除司机室部分)。

③转向架制动组主要负责转向架、供风制动、车端连接等专项修项目,牵引电机加油注脂、齿轮箱润滑油更换、主空压机换油项目、接地回流电刷检查以及一级检修作业中地沟及裙边作业部分。

④上部设施组主要负责给水卫生系统、门窗座椅、餐饮设施系统等专项修项目以及一级检修作业中车内客服设施的检查作业。

4. 检修组织和作业管理

(1)检修组织

动车组二级检修要贯彻“以流程保工艺”的原则,各作业小组严格按照标准化操作表规定的流程作业,作业小组需要调整流程顺序或变更作业时间时,须汇报二级检修组工长同意后实施。

动车组二级检修作业过程中,一体化作业各部门、各工种要在动车所的统一组织与管理下,按照规定的作业流程、作业节拍和作业标准开展流水化检修。电务进行电务车载设备有电作业时,动车所应做好配合和监护工作,严禁电务作业人员领取钥匙私自作业。

(2)检修作业管理

预检作业。动车所须安排检修人员对次日实施二级检修的动车组开展上部设施预检及整备试验,记录检查、试验过程中发现的故障信息,并反馈给二级检修组进行处理。动车所技术人员须提前一天梳理分析二级检修动车组车载数据、前期大部件更换情况及重点遗留故障,并根据季节性故障特点,提出检修指导意见,开展针对性视情维修。

技术科按照国铁集团维修卡片制定并下发作业指导书,推进关键部件的自主检修、更换,探索有利于现场作业的作业法或口诀,并完善相关作业指导书。二级检修组应严格按照故障处置分工表进行故障维修工作,严禁将分工范围内的故障委托临修组进行处置。

动车组二级检修施修前,需填写动车组扣修单,修竣后及时填写动车组扣修竣工单。动车组二级检修项目施修后,由作业人员填写检修记录单,检修过程中发现、处理的故障均应规范录入故障库。

动车组二级检修要推行工具、材料的“辆份制”配送,工具执行“一车一清点”制度,检修前将二级检修需使用的配件、工具按照规定数量、规格领取并配送,具体配送要求按照动车段有关工具、材料配送办法执行。检修班组不得独立设置小仓库或在检修库内自行存储配件材料。作业结束后要将检修工具、余料、废料集中回收,材料库、工具室分别对更换下的旧件及工具统一清点核对。

5. 检修信息化管理

动车组二级检修应积极推进信息化管理，二级检修作业指导书实行电子化管理；二级检修记录单通过动车组管理信息系统进行填写，不再填记纸质台账记录。

6. 检修过程控制及质量保证

(1)检修过程控制

二级检修质保期为下一个二级检修周期。凡属于二级检修作业范围内的项目发生质量问题，除源头质量问题或其他意外原因，均由记名检修人员和记名质检员承担相应责任；委外项目发生质量问题，同时追究动车所责任。

(2)质量保证

质量检查科结合流水修、均衡修等特点优化完善质量卡控制度，明确质检员专检的卡控形式、数量、覆盖率及督控方法等。动车所须按照《南京动车段动车组运用检修管理办法》做好作业人员互检、工长巡检、出库联检、管理人员现场盯控等要求的落实。

二级检修作业实施视频评价管理，对于重要的二级检修项目，要求检修、质检人员拍摄视频并留存；质检员对开具返修通知单的项目要全程拍摄返修过程。视频拍摄范围按照相关要求执行。轮对修形质检卡控相关要求按照首末件管理办法执行。

动车所每月要组织对检修、质检人员拍摄的视频进行评价和分析，对于视频拍摄质量不过关、作业质量不高、质量卡控不严等问题要严格落实考核，有关要求按照动车段摄像手电筒管理办法执行。

7. 检修资质管理

动车组二级检修通过能力评估的形式实行检修资质管理。能力评估标准包括生产组织、检修计划、技术管理、现场安全、人员素质、设备工具、材料配件、检修质量共八部分内容。新建动车所或新增车型开展二级检修试修后，由技术科牵头组织相关科室按照评估标准开展预评估，评估合格后向车辆部提出正式评估申请，车辆部组织开展正式评估；已评估合格的动车所，由技术科定期开展复评，五年覆盖全部动车所及车型。评估或复评不合格的动车所，不得进行相应车型的二级检修作业，直至整改合格。

对于委外实施的二级检修辅助作业，由技术科参照能力评估标准，对委外修单位开展评估工作，评估合格的单位方可开展委外修作业。

## 思考题

1. 动车组检修模式有哪些？
2. 什么是“四必”作业法？
3. 动车组二级修检修方式是什么？

# 第二章　钳工实训

## 第一节　DCLJ—动车组车轮检查器

### 一、培训目的

动车组车轮检查器是动车组轮对检查的重要量具之一。通过培训，使新职人员熟悉轮对检查方法，熟练使用量具，精确测量轮对相关数据。

### 二、动车组车轮检查器使用注意事项

动车组车轮检查器属于精密量具，实行定期检查，使用前须确认是否有检验标记，必须检验有效期内使用。使用中需轻拿轻放，防止碰撞、跌落，影响测量准确性。

### 三、动车组车轮检查器使用

1. 结构如图 2-1-1、图 2-1-2 所示。

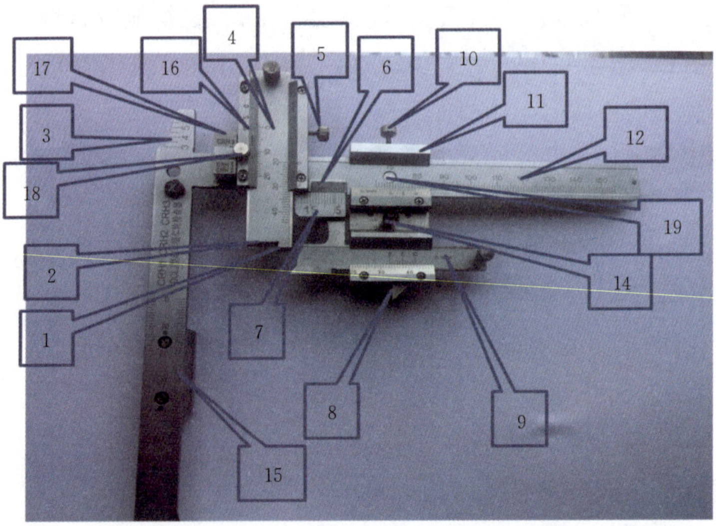


图 2-1-1　DCLJ 型动车组车轮检查器正面

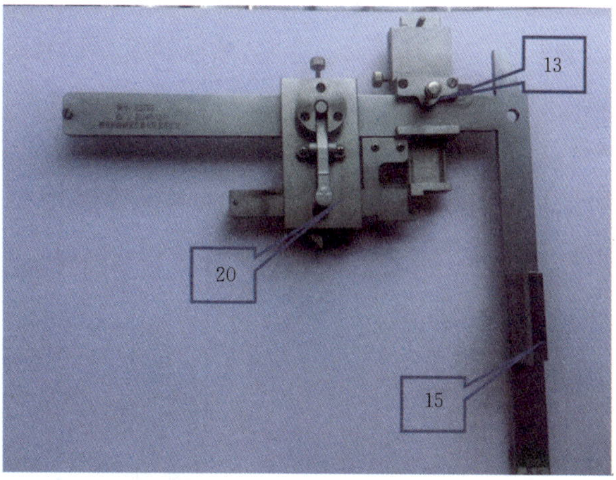


图 2-1-2 DCLJ 型动车组车轮检查器背面

1—QR 值测量定位点;2—轮缘高度及踏面磨耗测量面;3—碾宽测量线;4—轮缘高度及踏面磨耗测量尺;5—轮缘高度及踏面磨耗测量尺锁紧螺钉;6—QR 值游标尺;7—QR 值主尺;8—轮辋宽度测头;9—轮缘厚度测尺;10—轮辋宽度测量尺锁紧螺钉;11—轮辋宽度测量尺尺框;12—尺身;13—QR 值测量锁紧螺钉;14—轮缘测尺锁紧螺钉;15—定位角铁;16—可调游标;17—挡块;18—可调游标锁紧螺钉;19—测量基准位定位销;20—解除测量基准定位杠杆

2. 主要技术指标见表 2-1-1。

**表 2-1-1 主要技术指标表**

单位:mm

| 型号 | 测量范围 | | 分度值 |
|---|---|---|---|
| DCLJ | 踏面磨耗 | 0～10 | 0.1 |
| | 轮缘高度 | 22～38 | |
| | 轮缘厚度 | 20～35 | |
| | QR 值 | 5～11 | |
| | 轮辋宽度 | 70～145 | |
| | 踏面擦伤深度 | 0～4 | |
| | 踏面剥离深度 | 0～4 | |
| | 踏面擦伤及剥离长度 | 0～90 | 1 |
| | 轮辋厚度 | 0～90 | |
| | 碾宽 | 3～6 | 0.5 |

3. 数据测量及操作方法

说明:测量 CRH1、CRH2 型动车组时,松开可调游标锁紧螺钉,将可调游标向上移动,使其上线位面与挡块密贴,再拧紧游标锁紧螺钉;测量 CRH3 型动车组时,将可调游标向下移动,使其下线位面与挡块密贴,再拧紧游标锁紧螺钉。

(1)踏面圆周磨耗及轮缘高度的测量,如图 2-1-3 所示。

移动宽度测量尺尺框,使定位销落入销孔内,然后锁紧其锁紧螺钉。

将定位角铁与车轮内侧面密贴,并使轮辋宽度测头与车轮踏面接触。

移动踏面圆周磨耗及轮缘高度测尺尺框到合适位置,并锁紧。

推动踏面圆周磨耗及轮缘高度测尺,使其测量面与车轮轮缘最高点接触,从左边游标尺读取踏面圆周磨耗值,从右边游标尺读取轮缘高度值。

(2)轮缘厚度的测量,如图 2-1-4 所示。

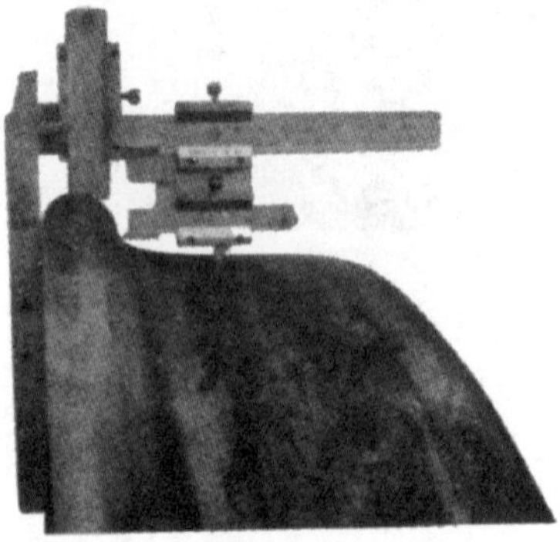

图 2-1-3　踏面圆周磨耗及轮缘高度测量

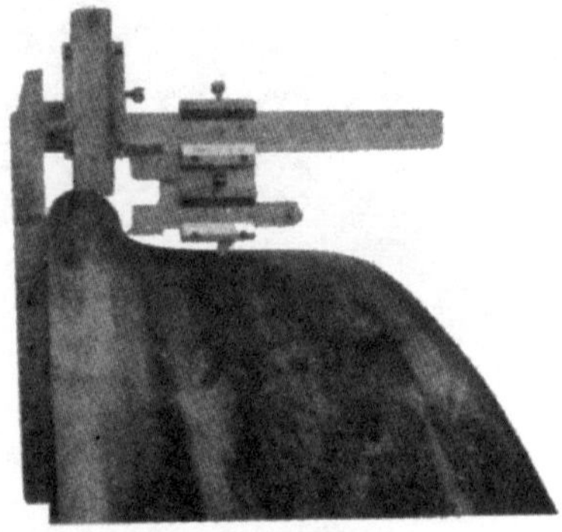

图 2-1-4　轮缘厚度测量

移动宽带测量尺尺框,使定位销落入销孔内,然后锁紧其锁紧螺钉。

将定位角铁与车轮内侧面密贴,并使轮辋宽度测头与车轮踏面接触。

推动轮缘厚度测尺,使其测量头与轮缘侧面接触,从游标尺中读取轮缘厚度值。

(3)QR 值的测量,如图 2-1-5 所示。

移动宽带测量尺尺框,使定位销落入销孔内,然后锁紧其锁紧螺钉。

将定位角铁与车轮内侧面密贴,并使轮辋宽度测头与车轮踏面接触。

移动踏面圆周磨耗及轮缘高度测尺尺框,使 QR 值测量游标定位点与轮缘接触并锁紧。

推动轮缘厚度测尺,使其测头与轮缘接触,此时即可从 QR 游标尺中读取 QR 值。

(4)轮辋厚度测量如图 2-1-6 所示。

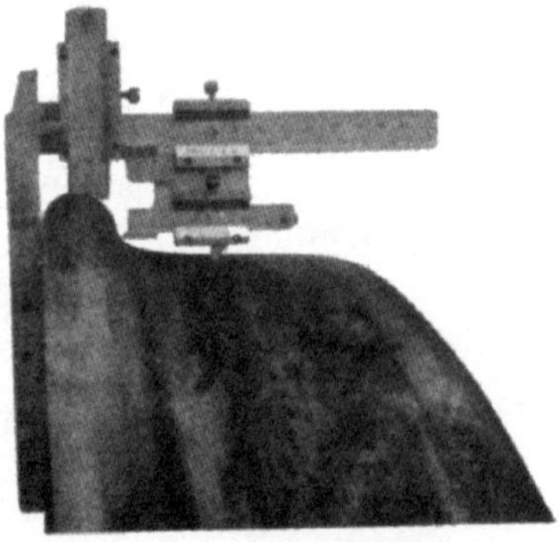

图 2-1-5　QR 值测量

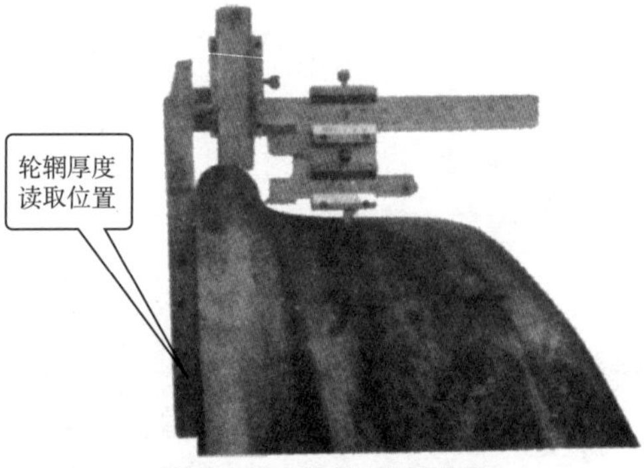


图 2-1-6　轮辋厚度测量

移动宽度测量尺尺框，使定位销落入销孔内，然后锁紧其锁紧螺钉。

将定位角铁与车轮内侧面密贴，并使轮辋宽度测头与车轮踏面接触。

读取定位角铁位置的刻度线与轮辋内侧边缘对齐的数值，该数值即为轮辋厚度值。

(5)轮辋宽度的测量，如图 2-1-7 所示。

按压解除测量基准定位杠杆，使定位销移出销孔，移动宽度测量尺尺框至尺身的右端。

将定位角铁与车轮内侧面密贴，然后移动宽度测量尺尺框，使轮辋宽度测头与轮辋外侧密贴。

从尺身刻度线读取轮辋宽度值。(注意：如果踏面有碾宽时，应减去碾宽值)

图 2-1-7　轮辋宽度的测量

(6)踏面擦伤深度测量。

①将定位角铁与车轮内侧面密贴，按压解除测量基准定位杠杆，使定位销移出销孔，移动宽度测量尺尺框，并使轮辋宽度测头与车轮踏面擦伤最深处接触，并锁紧轮辋宽度测量尺锁紧螺钉。

②推动踏面圆周磨耗及轮缘高度测尺，使其测量面与车轮轮缘最高点接触，此时从游标尺读取测量值记作 $h_1$。测量同一圆周未擦伤处，从游标尺读取测量值记作 $h_2$。用 $h_1$ 减去 $h_2$ 的差值即为踏面擦伤深度。

(7)踏面擦伤长度测量。

用检查器轮辋厚度测量尺的外刻度线，延车轮圆周方向测量踏面擦伤长度。

(8)踏面剥离深度测量。

踏面剥离深度的测量与踏面擦伤深度测量方法一致。

(9)踏面剥离长度测量。

踏面剥离长度的测量与踏面擦伤长度测量方法一致。

(10)车轮碾宽的测量。

将尺身带定位角铁的垂直外边紧贴轮辋外侧面，同时将碾宽测量刻度线与被测量碾宽最宽处紧贴，读取碾宽最宽处所对应的刻度线值。

## 第二节　动车组车轮检查仪使用

### 一、培训目的

GF922-D 型车轮检查仪是动车组轮对检查的常用量具之一。通过培训，使培训人员熟悉轮径测量方法，熟练使用量具，精确测量轮径数据。

## 二、注意事项

动车组车轮检查仪属于精密量具，实行定期检查，使用前须确认是否有检验标记，必须检验有效期内使用。使用中需轻拿轻放，防止碰撞、跌落，影响测量准确性。

## 三、动车组车轮检查仪使用

1. 结构如图 2-2-1、图 2-2-2 所示。

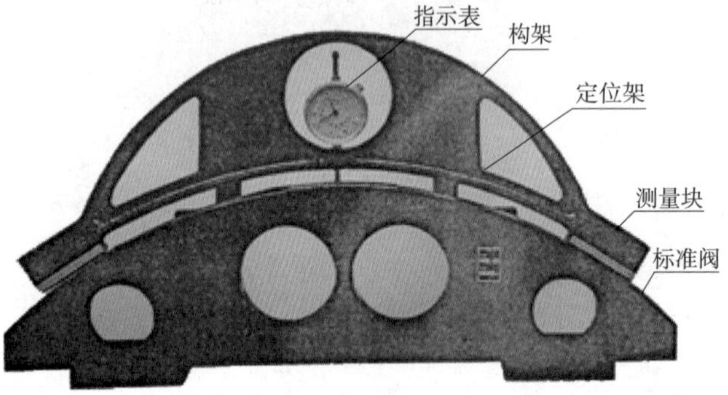


图 2-2-1　GF922-D 型车轮检查仪

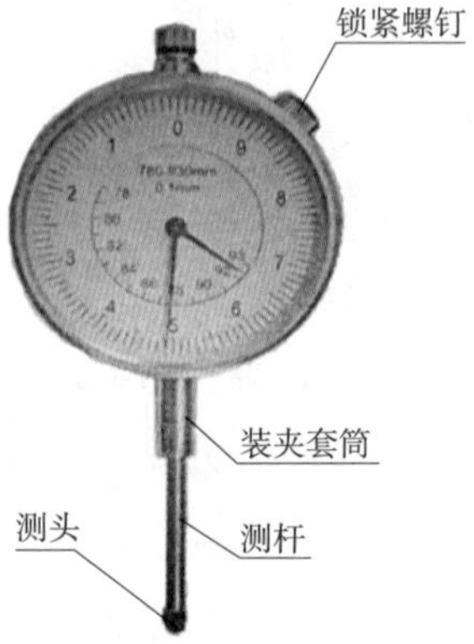


图 2-2-2　指示表

指示表读数方法：图 2-1-2 指示表中，短针指示的是 10 mm 以上的数，长针指示的是 10 mm 以下的数，分度值为 0.1 mm。以图为例：短针指示在 92 与 93 之间，长针在 4 与 5 之间，则该指示表显示的轮径 $D=92\times10+4.9=924.9$ mm。

2. 主要技术指标见表 2-2-1。

**表 2-2-1　主要技术指标表**　　单位：mm

| 型号 | 测量范围 | 左右轮径差（测量极限误差） | 分度值 | 标准圆名义直径 |
|---|---|---|---|---|
| GF922-D | 780～930 | 0.15 | 0.1 | 850 |

3. 操作方法。

(1)在标准圆上校对“零位”标准

根据 JJG 1081.2—2013《铁路机车车辆轮径量具检定规程　第 2 部分：轮径测量器》中的规定，示值为－0.5～0 mm，所以校对时应比标准圆小 0.3 mm。

(2)在标准圆上校对“零位”

将带有指示表的测量仪放置在标准圆上，保证两侧测量块与标准圆的圆弧面接触良好。

磁性定位架与标准圆定位端面密贴。

通过上下移动指示表调整，将指示表指针调整到比标准圆直径(850 mm)小 0.3 mm，再将测量仪上指示表装夹套筒的锁紧螺母锁紧。

(3)轮径测量

测量时，两手握住测量仪两端的构架部位，放置在被测轮对踏面上，使定位架与车轮辋内侧靠紧(定位架有磁性，只要与轮辋一接触就能保证密贴)，两手轻轻压下测量仪，至两端测量块与踏面接触，这时即可从指示表中读取轮径值。

为保证轮径测量数据的准确性，测量时应分三次测量不同位置的轮径值，每次测量前均要对测量仪校对，最后取三次读数的平均值为轮径的测量值。

## 第三节　扭力扳手使用

### 一、培训目的

扭力扳手是动车组日常检修维护时的常用工具，对于保障动车组重点零部件连接紧固至关重要。本文主要介绍日常作业中扭力扳手的使用方法，以期作业者能够正确的使用扭力扳手进行扭力校核，确保动车组状态正常。

### 二、注意事项

(1)扭力扳手为计量工具，需定期检验，使用时应在有效期内，使用前应经过校验并合格。

(2)扭力扳手不能作为手锤使用，禁止敲、砸。

(3)使用过程中，应扶好拿稳，防止打滑。

### 三、功能简述

扭力扳手也叫扭矩扳手或力矩扳手，是扳手的一种。按动力源可分为：电动力矩扳手、液压力矩扳手及手动力矩扳手；手动扭矩扳手可分为：预置式、表盘式和数显式，日常检修较长用的为预置式，如图 2-3-1 所示。扭矩扳手主要用于紧固螺栓螺母等螺纹紧固件，是动车组检修过程中必不可缺的作业工具。

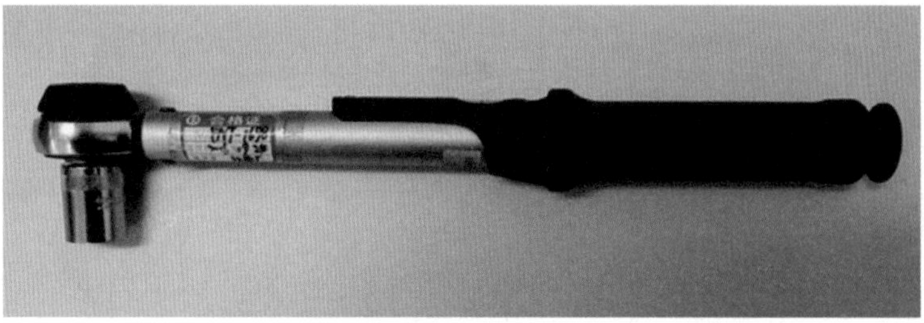

图 2-3-1　预置式扭力扳手

## 四、扭力扳手使用

1. 状态检查

使用前需确认扭矩扳手定检日期在有效期范围内，外观状态良好，功能正常，如图2-3-2所示。

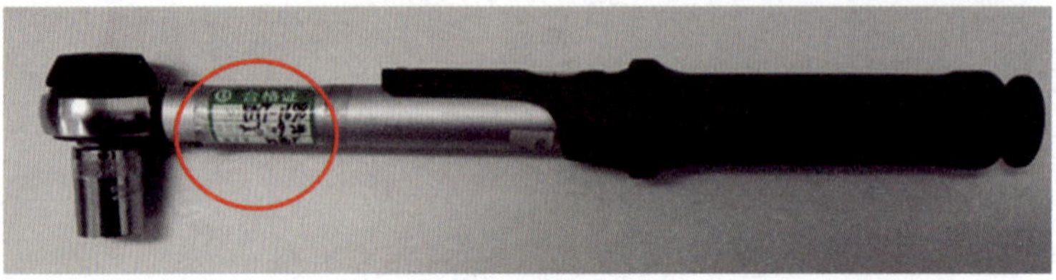

图2-3-2　定检日期

2. 设定扭力值

拔出手柄端部调节旋母，旋转扭矩扳手的手柄，设定所需扭力值，然后向内按压手柄端部调节旋母锁定手，如图2-3-3所示。

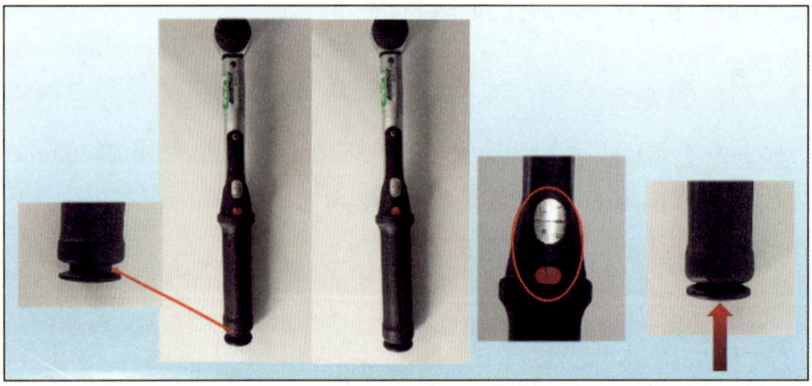

图2-3-3　扭力值设定

3. 扭力扳手操作

将相应尺寸的套筒插入到扭力扳手驱动头的连接销上，如图2-3-4所示。将套筒插入要拧紧的螺栓螺母上，握住扭矩扳手手柄的中心，缓慢地顺时针(右旋螺纹)旋转加力。保持扭矩扳手水平，使力垂直作用于螺栓螺母上如图2-3-5所示。

## 五、使用要求

(1)使用时要缓慢加力，防止产生反弹力，否则会引起扳手破损、脱出、甚至人员伤害。

(2)扭矩扳手听到咔嚓声音后，要立即停止。

(3)施加力的方向须与扭矩扳手成直角(上下左右公差在±15°以内)。

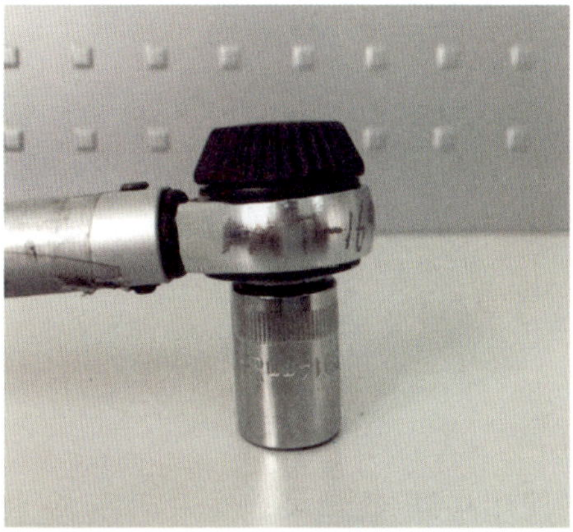

图 2-3-4　安装套筒

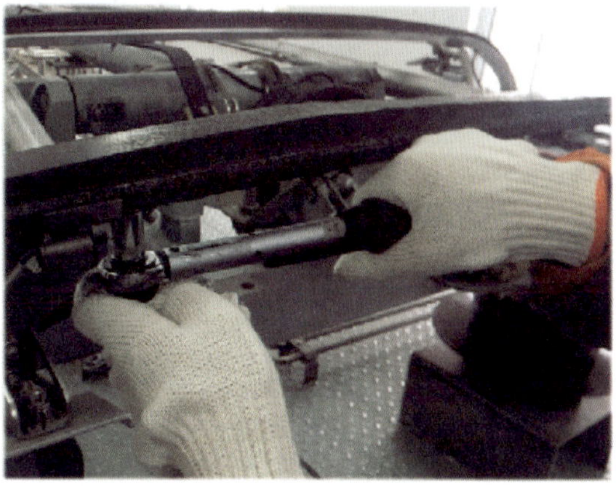

图 2-3-5　紧固螺栓

（4）扭矩扳手在使用前须进行扭力校验。

## 第四节　棘轮扳手使用

### 一、培训目的

棘轮扳手作为是一种手动螺栓螺母松紧工具，因其具备适用性强、使用方便、效率高等特点，在动车组日常检修维护中已成为不可或缺的重要工具。本节旨在让作业者正确熟练地使用棘轮扳手，以提高检修作业的作业效率，以期更快更好的完成作业任务。

### 二、注意事项

（1）棘轮扳手不能作为手锤使用，禁止敲、砸。

（2）使用过程中，应扶好拿稳，防止打滑。

### 三、功能简述

棘轮扳手也叫棘轮套筒扳手，是由不同规格尺寸的主梅花套和从梅花套通过铰接键的阴键和阳键咬合的方式连接，是一种手动螺栓螺母松紧工具，具有适用性强、使用方便、效率高特点，如图 2-4-1 所示。

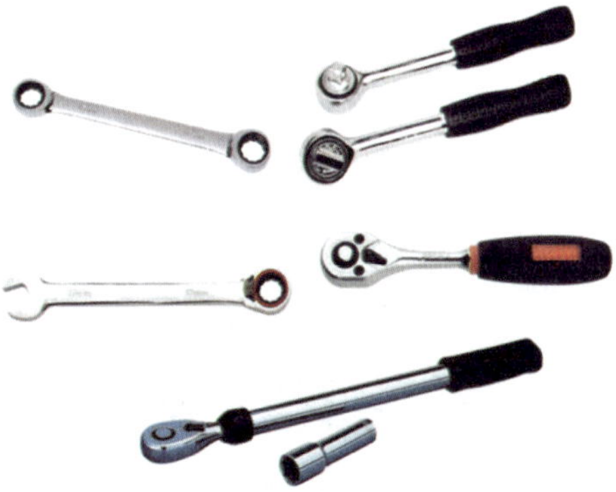

图 2-4-1　常见棘轮扳手

### 四、棘轮扳手的使用

（1）选择需要尺寸大小的套筒，用手按住扳手头部按钮与套筒进行套接，如图 2-4-2 所示。

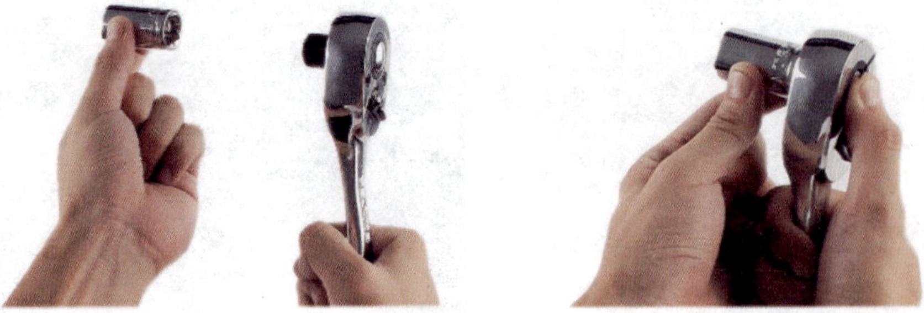

图 2-4-2　安装套筒

（2）拨动棘轮扳手活动扳柄，调整棘轮扳手的使用角度：将活动扳柄拨向左侧，此时棘轮扳手顺时针方向转动，即为紧固方向，反之，为松动方向，如图 2-4-3、图 2-4-4 所示。

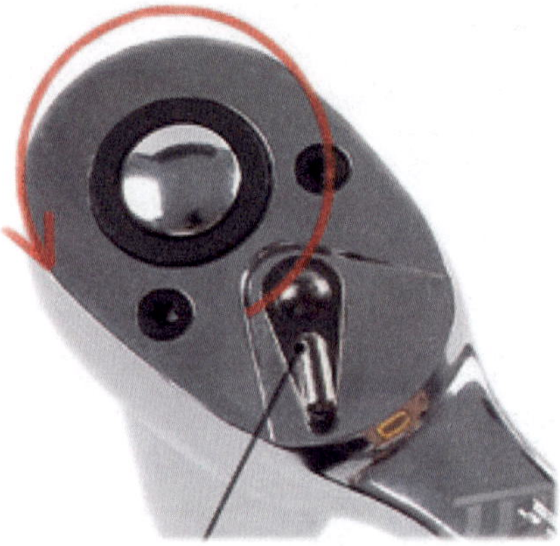

图 2-4-3　紧固方向

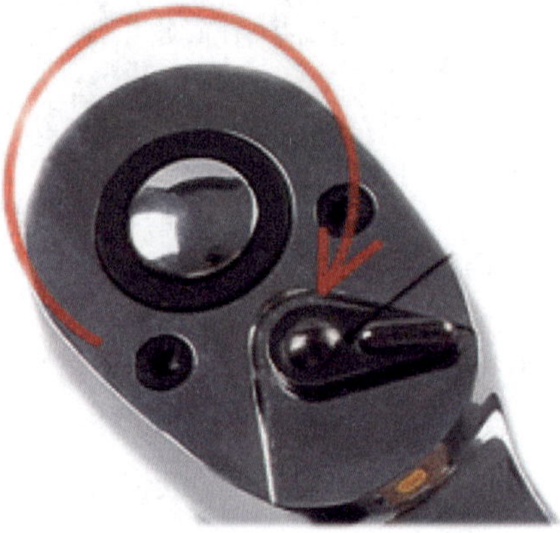

图 2-4-4　松动方向

# 第五节　摄像手电筒使用

## 一、培训目的

摄像手电作为检修作业过程中的质量确认及照明工具，在日常检修作业中至关重要，标准正确的使用摄像手电是动车组检修作业人员最基础的素养，本节介绍摄像手电的作用及使用方法，确保作业者熟练使用摄像手电筒。

## 二、摄像手电简介

1. 摄像手电（图 2-5-1）特点

（1）集照明、摄像、录音、移动磁盘于一体。

（2）大容量内存，支持全天候高清晰视频摄像，标准 USB 接口与电脑连接，方便数据上传下载。

(3)照明光源采用美国进口 CREE 高亮度 LED 灯珠，三种光源，使用寿命长达 10 万 h。

(4)可充电锂电池，容量大、寿命长，自然放电率低，经济环保。

(5)高硬度铝镁合金外壳，确保其能经受强烈冲击，深度防水。

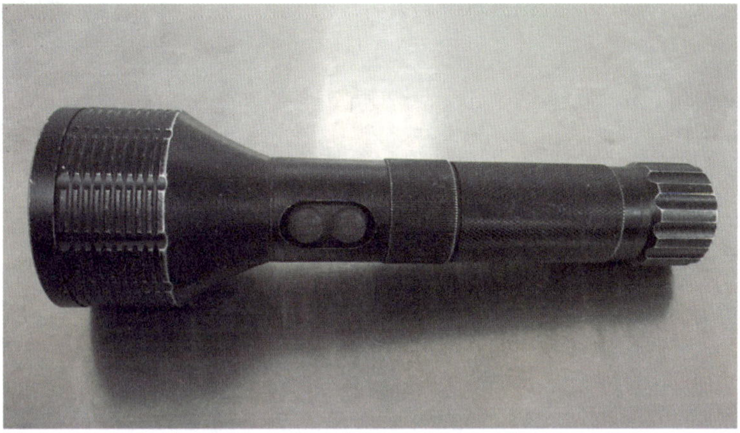

图 2-5-1　摄像手电筒

2. 部件介绍

如图 2-5-2 所示为摄像手电的相关部件。

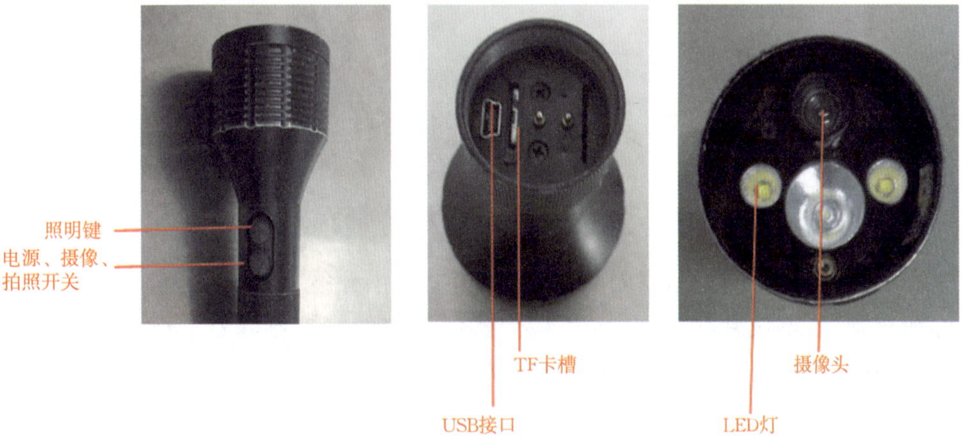


图 2-5-2　摄像手电构成

## 三、使用步骤

1. 整体检查

检查摄像手电整体外观、按钮、电源/摄像/拍照指示灯等部件无损坏，在使用之前确认 micro SD 卡已插进卡槽。

2. 开机

长按电源键，待电源键指示灯显示蓝色并闪烁时，即开始进行视屏拍摄，如图 2-5-3 所示。

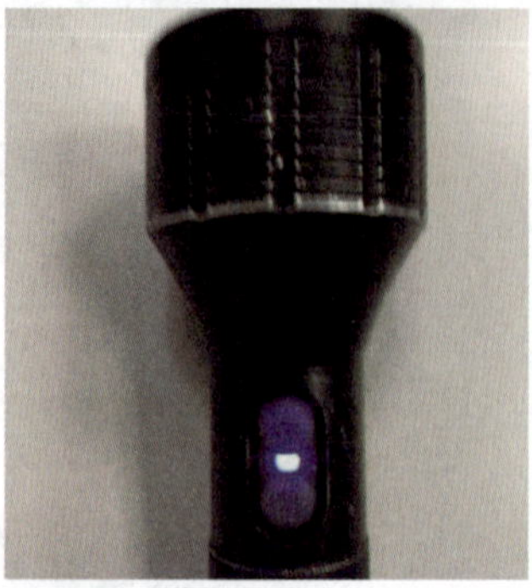

图 2-5-3　开机拍摄状态

3. 拍照

视频拍摄状态下，点击电源键即进行拍照操作。

4. 拷贝数据信息

用随机配备的 USB 数据线将产品与电脑连接并开机，在电脑检测到可移动磁盘，根据需求，复制文件到电脑，此时 LED 指示灯为蓝色。

### 四、摄像手电使用注意事项

(1)不要使用任何化学溶剂或清洁剂清洁产品，因为这可能对产品造成不必要的破坏。可使用一个微湿的棉布来清洁产品。

(2)只能使用厂家专业配备的充电器为本产品的电池充电。严禁使用参数规格不对应的充电器充电，以防止损坏本产品。

(3)严禁强行拆机。

(4)禁止用强光 LED 灯照射眼睛，防止对人眼造成损伤。

(5)通过本机采集的视频文件及图像，须尽快下载内存卡内的视频文件和图像，防止数据丢失。

## 第六节　钻孔、攻丝

### 一、钻　孔

钻孔是指在材料上打眼，所打孔眼用于部件连接、穿线、攻丝等目的。在教学仪器设备维修和自制时，不仅常在金属材料上钻孔，而更多的情况则是在非金属材料上打孔，钳工技术中的钻孔则主要指用钻头打孔。钻孔常用的工具是钻床、手持电动钻和手摇钻，其上装有钻头，常为麻花钻头。手电钻、麻花钻头如图 2-6-1 所示。

(a)　　(b)

图 2-6-1　手电钻、麻花钻头

## 二、电钻钻孔的正确操作方法

1. 钻孔前一般先划线，确定孔的中心，在孔中心先用冲头打出较大中心眼。

2. 钻孔时应先钻一个浅坑，以判断是否对中。

3. 在钻削过程中，特别钻深孔时，要经常退出钻头以排出切屑和进行冷却，否则可能使切屑堵塞或钻头过热磨损甚至折断，并影响加工质量。

4. 钻通孔时，当孔将被钻透时，进刀量要减小，避免钻头在钻穿时的瞬间抖动，出现“啃刀”现象，影响加工质量，损伤钻头，甚至发生事故。

5. 钻削大于 $\phi 30$ mm 的孔应分两次钻，第一次先钻第一个直径较小的孔(为加工孔径的 0.5～0.7)；第二次用钻头将孔扩大到所要求的直径。

6. 钻削时的冷却润滑：钻削钢件时常用机油或乳化液；钻削铝件时常用乳化液或煤油；钻削铸铁时则用煤油。

## 三、使用电钻时的个人防护

1. 面部朝上作业时，要戴上防护面罩。在生铁铸件上钻孔要戴好防护眼镜，以保护眼睛。

2. 作业时钻头处在灼热状态，应注意灼伤肌肤。

3. 钻 $\phi 12$ mm 以上的手持电钻钻孔时应使用有侧柄的手枪钻。

4. 站在梯子上工作或高处作业应做好高处坠落措施，梯子应有地面人员扶持。

## 四、使用电钻的注意事项

1. 确认现场所接电源与电钻铭牌是否相符。是否接有漏电保护器。

2. 钻头与夹持器应适配，并妥善安装。

3. 确认电钻上开关接通锁扣状态，否则插头插入电源插座时电钻将出其不意地立刻转动，从而可能招致人员伤害危险。

4. 若作业场所在远离电源的地点，需延伸线缆时，应使用容量足够，安装合格的延伸线缆。延伸线缆如通过人行过道应高架或做好防止线缆被碾压损坏的措施。

## 五、维护和检查

1. 检查钻头

使用迟钝或弯曲的钻头，将使电动机过负荷面工况失常，并降低作业效率，因此，若发现这类情况，应立刻处理更换。钻头如图 2-6-2 所示。

2. 电钻器身紧固螺钉检查

使用前检查电钻机身安装螺钉紧固情况，若发现螺钉松了，应立即重新扭紧，否则

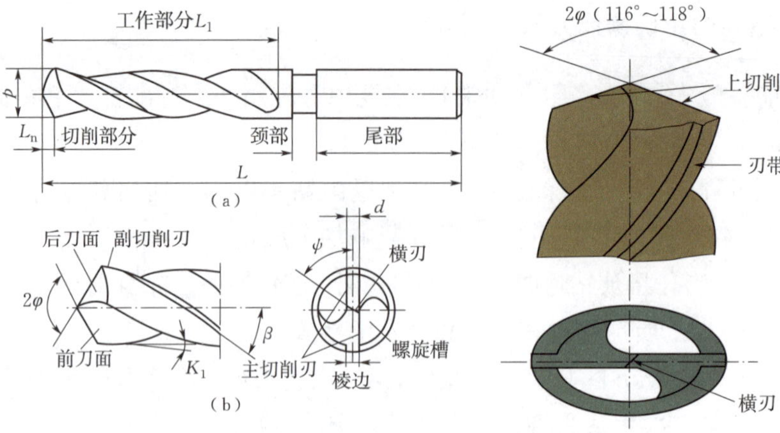


图 2-6-2　钻头

会导致电钻故障。

3. 检查碳刷

电动机上的碳刷是一种消耗品，其磨耗度一旦超出极限，电动机将发生故障，因此，磨耗了的碳刷应立即更换，此外碳刷必须常保持干净状态。

4. 保护接地线检查

保护接地线是保护人身安全的重要措施，因此应经常检查其外壳应有良好的接地。

## 六、扩孔

扩孔用以扩大已加工出的孔（铸出、锻出或钻出的孔），它可以校正孔的轴线偏差，并使其获得正确的几何形状和较小的表面粗糙度，其加工精度一般为 IT9～IT10 级，表面粗糙度 $Ra$ 3.2～6.3 μm。扩孔的加工余量一般为 0.2～4 mm。

扩孔时可用钻头扩孔，但当孔精度要求较高时常用扩孔钻（用挂图或实物）。扩孔钻的形状与钻头相似，不同是：扩孔钻有 3～4 个切削刃，且没有横刃，其顶端是平的，螺旋槽较浅，故钻芯粗实、刚性好，不易变形，导向性好。

## 七、攻螺纹、套螺纹

1. 攻螺纹（亦称攻丝）

是用丝锥在工件内圆柱面上加工出内螺纹；所用的工具是丝锥和绞扛。丝锥如图 2-6-3 所示。

图 2-6-3　丝锥

丝锥是用来加工较小直径内螺纹的成形刀具，一般选用合金工具钢 9SiGr 制成，并经热处理制成。通常 M6～M24 的丝锥一套为两支，称头锥、二锥；M6 以下及 M24 以上一套有三支，即头锥、二锥和三锥。

每个丝锥都有工作部分和柄部组成。工作部分是由切削部分和校准部分组成。轴向有几条(一般是三条或四条)容屑槽，相应地形成几瓣刀刃(切削刃)和前角。切削部分(即不完整的牙齿部分)是切削螺纹的重要部分，常磨成圆锥形，以便使切削负荷分配在几个刀齿上。头锥的锥角小些，有 5～7 个牙；二锥的锥角大些，有 3～4 个牙。校准部分具有完整的牙齿，用于修光螺纹和引导丝锥沿轴向运动。柄部有方头，其作用是与铰扛相配合并传递扭矩。锥杆见图 2-6-4。

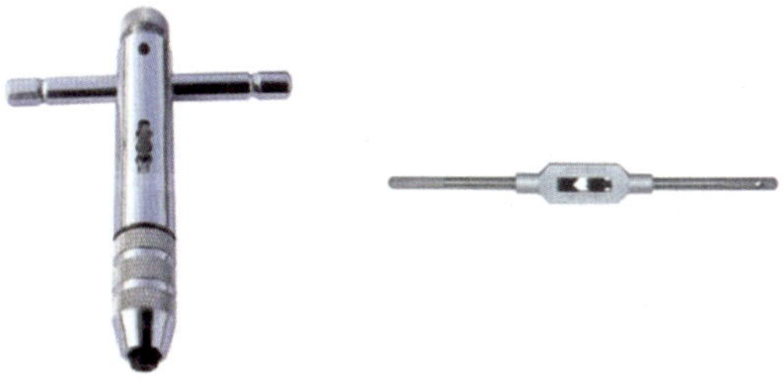

图 2-6-4　锥杆

铰扛是用来夹持丝锥的工具，常用的是可调式铰扛。旋转手柄即可调节方孔的大小，以便夹持不同尺寸的丝锥。铰扛长度应根据丝锥尺寸大小进行选择，以便控制攻螺纹时的扭矩，防止丝锥因施力不当而扭断。

(1)攻螺纹前钻底孔直径和深度的确定以及孔口倒角。

①底孔直径的确定

丝锥在攻螺纹的过程中，切削刃主要是切削金属，但还有挤压金属的作用，因而造成金属凸起并向牙尖流动的现象，所以攻螺纹前，钻削的孔径(即底孔)应大于螺纹内径。底孔的直径可查手册或按下面的经验公式计算：

脆性材料(铸铁、青铜等)：钻孔直径 $d_0=d$(螺纹外径)$-1.1p$(螺距)

塑性材料(钢、紫铜等)：钻孔直径 $d_0=d$(螺纹外径)$-p$(螺距)

②钻孔深度的确定

攻盲孔(不通孔)的螺纹时，因丝锥不能攻到底，所以孔的深度要大于螺纹的长度，盲孔的深度可按下面的公式计算：

$$孔的深度=所需螺纹的深度+0.7d$$

③孔口倒角

攻螺纹前要在钻孔的孔口进行倒角，如图 2-6-5 所示，以利于丝锥的定位和切入。倒角的深度大于螺纹的螺距。

(2)攻螺纹的操作要点及注意事项。

①根据工件上螺纹孔的规格，正确选择丝锥，先头锥后二锥，不可颠倒使用。

②工件装夹时，要使孔中心垂直于钳口，防止螺纹攻歪。

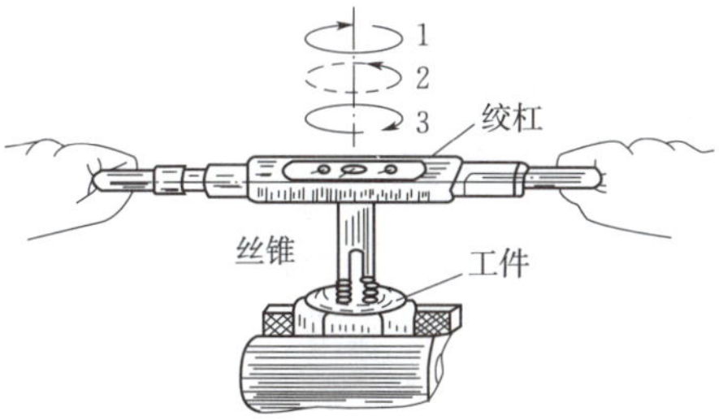


图 2-6-5　孔口倒角

③用头锥攻螺纹时，先旋入 1～2 圈后，要

检查丝锥是否与孔端面垂直(可目测或直角尺在互相垂直的两个方向检查)。当切削部分已切入工件后,每转1～2圈应反转1/4圈,以便切屑断落;同时不能再施加压力(即只转动不加压),以免丝锥崩牙或攻出的螺纹齿较瘦。

④攻钢件上的内螺纹,要加机油润滑,可使螺纹光洁、省力和延长丝锥使用寿命;攻铸铁上的内螺纹可不加润滑剂,或者加煤油;攻铝及铝合金、紫铜上的内螺纹,可加乳化液。

⑤不要用嘴直接吹切屑,以防切屑飞入眼内。

2. 套螺纹(或称套丝、套扣)

是用板牙在圆柱杆上加工外螺纹。

(1)板牙和板牙架

①板牙(图2-6-6)

板牙是加工外螺纹的刀具,用合金工具钢9SiGr制成,并经热处理淬硬。其外形像一个圆螺母,只是上面钻有3～4个排屑孔,并形成刀刃。

板牙由切屑部分、定位部分和排屑孔组成。圆板牙螺孔的两端有40°的锥度部分,是板牙的切削部分。定位部分起修光作用。板牙的外圆有一条深槽和四个锥坑,锥坑用于定位和紧固板牙。

②板牙架(图2-6-7)

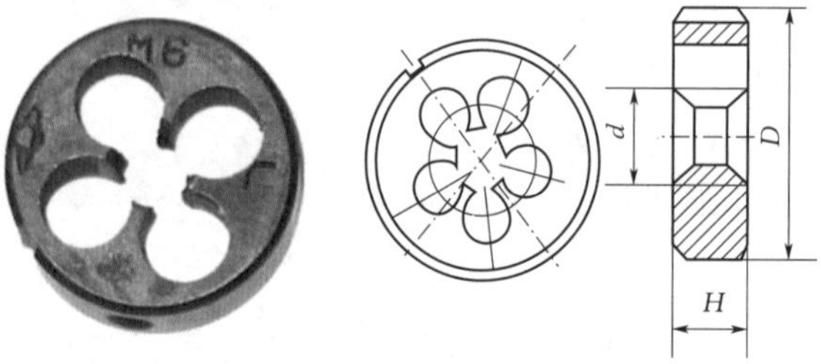


图2-6-6　板牙

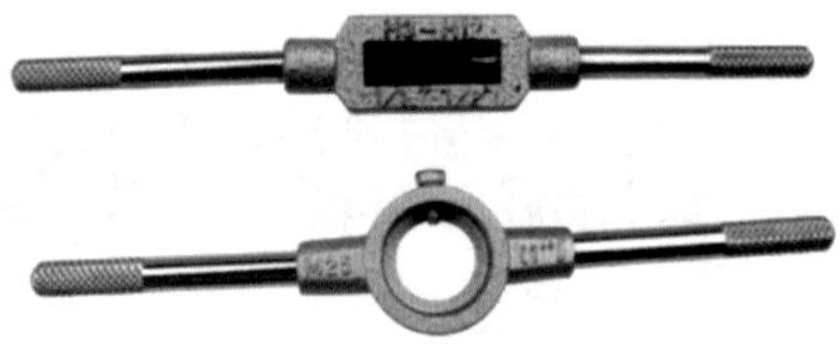

图2-6-7　板牙架

板牙架是用来夹持板牙、传递扭矩的工具。不同外径的板牙应选用不同的板牙架。

(2)套螺纹前圆杆直径的确定和倒角

①圆杆直径的确定

与攻螺纹相同,套螺纹时有切削作用,也有挤压金属的作用。故套螺纹前必须检查圆桩直径。圆杆直径应稍小于螺纹的公称尺寸,圆杆直径可查表2-6-1或按经验公式计算。

经验公式：　　圆杆直径＝螺纹外径 $d-(0.13\sim0.2)$ 螺距 $p$

②圆杆端部的倒角

套螺纹前圆杆端部应倒角,使板牙容易对准工件中心,同时也容易切入。倒角长度应大于一个螺距,斜角为15°～30°。

(3)套螺纹的操作要点和注意事项

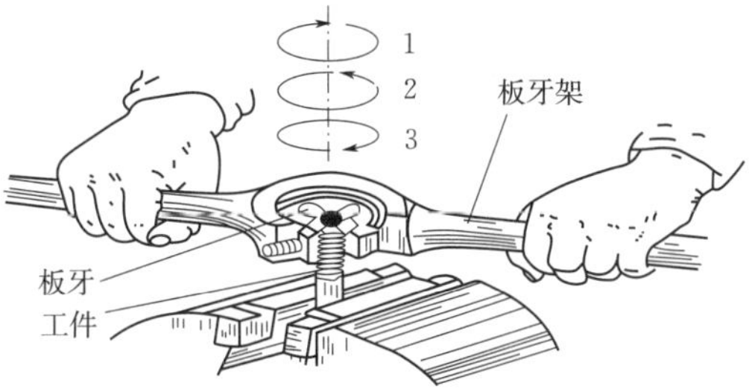


图 2-6-8　套螺纹

①每次套螺纹前应将板牙排屑槽内及螺纹内的切屑清除干净。

②套螺纹前要检查圆杆直径大小和端部倒角。

③套螺纹时切削扭矩很大，易损坏圆杆的已加工面，所以应使用硬木制的 V 形槽衬垫或用厚铜板作保护片来夹持工件。工件伸出钳口的长度，在不影响螺纹要求长度的前提下，应尽量短。

④套螺纹时，板牙端面应与圆杆垂直，操作时用力要均匀。开始转动板牙时，要稍加压力，套入 3～4 牙后，可只转动而不加压，并经常反转，以便断屑。

⑤在钢制圆杆上套螺纹时要加机油润滑。

**表 2-6-1　公制标准螺纹螺距**

| 螺纹公称直径 | 螺距(mm) | 螺纹公称直径 | 螺距(mm) |
|---|---|---|---|
| M2 | 0.4 | M14 | 2.0 |
| M3 | 0.5 | M16 | 2.0 |
| M4 | 0.7 | M18 | 2.5 |
| M5 | 0.8 | M22 | 2.5 |
| M6 | 1.0 | M24 | 3.0 |
| M8 | 1.25 | M30 | 3.5 |
| M10 | 1.5 | M33 | 3.5 |
| M12 | 1.75 | M36 | 4.0 |

## 第七节　水系统管路组装

镀锌管螺纹连接的步骤：测量长度→切断→套螺纹→缠绕填料→连接。

### 一、管子长度测算

螺纹连接时的测算：如图 2-7-1 所示的管段，把两管件(或阀门)中心线之间的长度称为构造长度($L_1$),管段中管子的实际长度称为下料长度($S$),管道连接过程中,当待连接处所需管子的长度小于 6 m 时(市场上出售的镀锌管其长度为 6 m),才需要进行管子实际下料长度的测算。

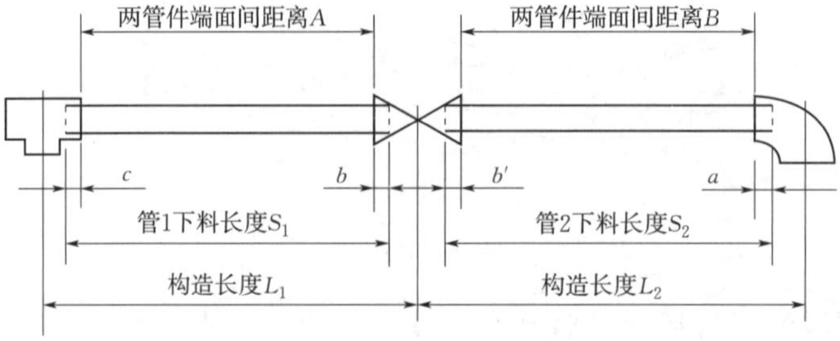


图 2-7-1　管子长度测算

测算方法如下:将两管件(或阀门)按构造长度($L$)摆在相应的位置,测出两管件(或阀门)端面间的距离($A$ 或 $B$),然后加上管子拧入两管件(或阀门)的长度(图中 $a$、$b$、$b'$、$c$)即为所需的管子实际下料长度。实际下料长度 $S_1=A+c+b$,实际下料长度 $S_2=B+a+b'$,管子拧入管件的螺纹深度参见表 2-7-1,实际施工时因管子直径及螺纹的松紧不同,实际拧入长度与表中数值会有出入。当管子与阀门相连时,管子拧入阀门的最大长度可在阀门上直接量出。管子拧入管件的螺纹深度参见表 2-7-1。

**表 2-7-1　管子拧入管件的螺纹深度**　　　　单位:mm

| 公称直径 DN | 15 | 20 | 25 | 32 | 40 | 50 | 65 | 80 |
|---|---|---|---|---|---|---|---|---|
| 拧入深度 | 10.5 | 12 | 13.5 | 15.5 | 16.5 | 17.5 | 21.5 | 24 |

## 二、管子的切断方法

镀锌管常用的切断方法主要有手工锯割、手工刀割、机械切割等。

1. 手工锯割

手工锯割所用的工具为锯弓架和锯条,一般适用于切断 DN 200 mm 以下的管子;钢锯条可按每 25 mm 长度内的齿数分为粗齿(<14 齿)、中齿、细齿(>22 齿)三种规格,锯割时要求有 3 个齿同时参与切割,否则容易卡掉锯齿,因此锯割时应根据管子的壁厚合理选择锯条;一般地说,DN 40 mm 以下的管子宜选用细齿锯条,DN 50~200 mm 的管子可用中、粗齿锯条。为保证切割断面与管子中心线垂直,锯割前需沿垂直于管子中心线方向,先用样板划好管子切断线;划线样板可采用较厚的纸张等不易折断的材料制成,样板长度为 $\pi\times(D-2)$(其中 $D$ 为管子外径),宽度 50~100 mm,划线时将样板的一侧对准下料尺寸线处,并使样板紧紧包住管子,用划针或石膏笔沿样板侧面绕管子画一圈。锯割时将管子夹持在管子台虎钳(又称管压钳)上,锯割过程中要始终保持锯条与管子中心线垂直，若发现锯口歪斜，可将锯弓反方向偏移，待锯缝回复原线后再扶正锯弓继续锯割，锯割较大的管子时可适当地向锯口处滴入机油以减少摩擦力；快要锯断时，锯割速度要减缓，力度要小，必须用锯断的方式而不能剩余一些用折断来代替锯割，以免管子变形而影响螺纹的套制及安装质量。

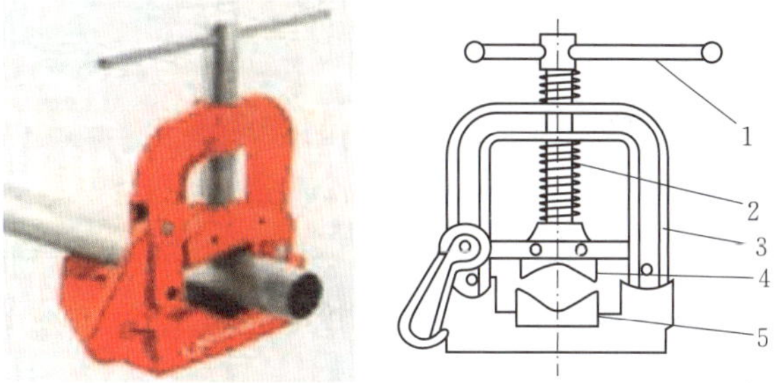


图 2-7-2　管子台虎钳

1—手柄；2—丝杆；3—龙门架；4—上钳口；5—下钳口

夹持管子时，管子台虎钳如图 2-7-2 所示，型号应与管子的规格相适应，若用大号管子台虎钳夹持小管子，容易压扁管子，不同型号管子台虎钳适用范围见表 2-7-2。

**表 2-7-2　不同型号管子台虎钳适用范围**

| 管子台虎钳型号 | 1 号 | 2 号 | 3 号 | 4 号 | 5 号 |
|---|---|---|---|---|---|
| 适用管子公称直径(mm) | 15～50 | 25～65 | 50～100 | 65～125 | 100～150 |

2. 手工刀割

用管子割刀（又称割管器）（图 2-7-3）切割管子的方法称为刀割。割刀由滚刀、压紧滚轮、滑动支座、螺杆、螺母及手轮等组成；割刀的选用见表 2-7-3。

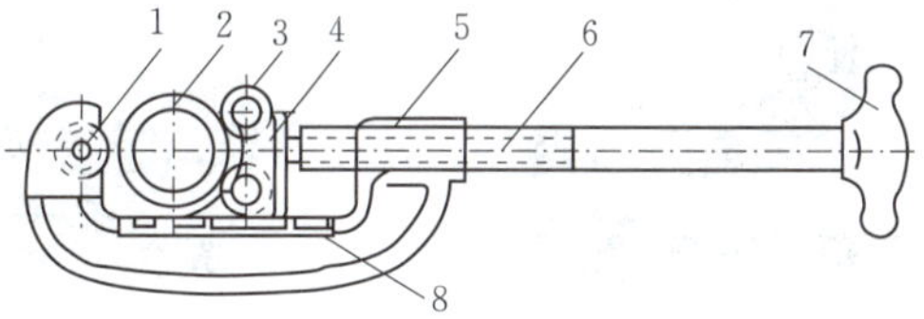


图 2-7-3　割管器

1—滚刀；2—被割管子；3—压紧滚轮；4—滑动支座；5—螺母；6—螺杆；7—把手；8—滑道

**表 2-7-3　割刀选用**

| 割刀型号 | 1 号 | 2 号 | 3 号 | 4 号 |
|---|---|---|---|---|
| 适用管子公称直径(mm) | 15～25 | 25～50 | 50～80 | 80～100 |

割管时必须将管子穿在割刀的两个压紧轮与滚刀之间，刀刃对准管子上的切断线，转动把手 7 使两个滚轮适当压紧管子，但压紧力不能太大，否则转动切刀将很困难，还可能压扁管子；转动割刀之前，先在割断处和滚刀刃上加适量机油，以减少刀刃的磨损；每转动割刀一圈拧紧把手一次，滚刀即可不断地切入管子直至切断。若滚刀的刀刃不锋利或有蹦缺要及时更换滚刀。

刀割的优点是切口平齐，操作简单，易于掌握，其切割速度较锯割快，但管子切断面因受刀刃挤压而使切口内径变小，为避免因管口断面缩小而增加管道阻力，可用锉刀或刮刀将缩小的部分去除。

3. 机械切割

机械切割可以减轻工人的劳动强度，常用的方法有弓锯床锯割、磨割、在电动套丝机上用切刀割断等。

(1)弓锯床锯割一般适用于壁厚大于 10 mm 的管子，对较小的管子不适用；在套丝机上切割后面再详述。此处只讨论磨割。

(2)磨割是使用砂轮切割机切断管子，切割时电动机带动砂轮片高速旋转，砂轮片不断磨切管子直至磨断为止，砂轮切割机结构如图 2-7-4 所示，切割方法如下。

①将划好线的管子放在切割机的夹紧装置内，用手压下手柄使砂轮片靠近管子，调整管子的左右位置使砂轮片对准切割位置，然后夹紧管子。

②启动切割机，压下手柄使砂轮片切入管子直至切断为止；切割时压手柄的力不可过猛，以免砂轮片因受力过大而破裂，切割过程中人不可站在砂轮片一侧，以防砂轮破裂飞出伤人，若发现砂轮片转动不平稳或有冲击、振动现象，应立即停机检查砂轮片有无缺口，对已出现缺口的砂轮片必须及时更换，不得继续使用。

③若切口部位有较大的毛刺可在砂轮上磨去，或用锉刀锉平。

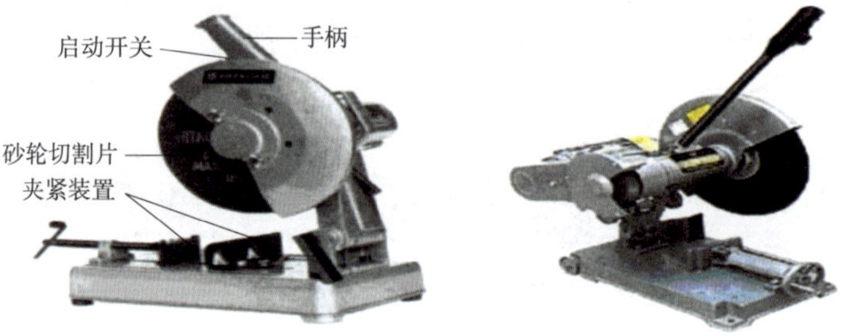


图 2-7-4　砂轮切割机

## 三、螺纹套制

管道螺纹连接采用英制 55°角的管螺纹，阀件、连接件由专业厂按标准制造，其内螺纹是圆柱形，为加强接口的防水效果，要求管端加工成圆锥形外螺纹；管子套螺纹的方法分手工套制和机械套制两种，套制的螺纹其质量要求如下：

(1)螺纹端正、不偏扣、不乱扣、光滑无毛刺，断口和缺口的总长度不超过螺纹全长的10%，且在纵方向上不得有断缺处相连；

(2)螺纹要有一定的锥度，松紧程度要适中，螺纹套好后要用连接件试拧，以用手能拧进 2～3 圈为宜，过松则连接后的严密性差，过紧则连接时容易将管件或阀门胀裂，或因大部分管螺纹露在管件外面而降低连接强度(螺纹的松紧与套制时板牙位置的调整和套入管子的长度有关)；

(3)螺纹安装到管件后以尚外露 2～3 扣为宜，管端的螺纹加工长度参见表 2-7-4。

**表 2-7-4　管端的螺纹加工长度**

| 管子公称直径 | | 螺纹外径(mm) | 螺纹内径(mm) | 螺纹最大长度(mm) | | 连接阀门端螺纹长度(mm) |
|---|---|---|---|---|---|---|
| mm | 英寸 | | | 一般连接 | 长螺纹连接 | |
| 15 | 1/2 | 20.96 | 13.63 | 14 | 45 | 12 |
| 20 | 3/4 | 26.44 | 24.12 | 16 | 50 | 13.5 |
| 25 | 1 | 33.25 | 30.29 | 18 | 55 | 15 |
| 32 | $1\frac{1}{4}$ | 41.91 | 38.95 | 20 | 65 | 17 |
| 40 | $1\frac{1}{2}$ | 47.81 | 44.85 | 22 | 70 | 19 |
| 50 | 2 | 59.62 | 55.66 | 24 | 75 | 21 |
| 65 | $2\frac{1}{2}$ | 75.19 | 72.23 | 27 | 85 | 23.5 |
| 80 | 3 | 87.88 | 84.98 | 30 | 95 | 26 |
| 100 | 4 | 113 | 110.08 | 36 | 106 | — |

1. 手工套螺纹

手工套螺纹常用的工具有普通式铰扳和轻便式铰扳，管道工程施工中多选用普通式铰扳如图 2-7-5 所示，轻便式铰扳一般用于管道的维修等工作量较小的场合。

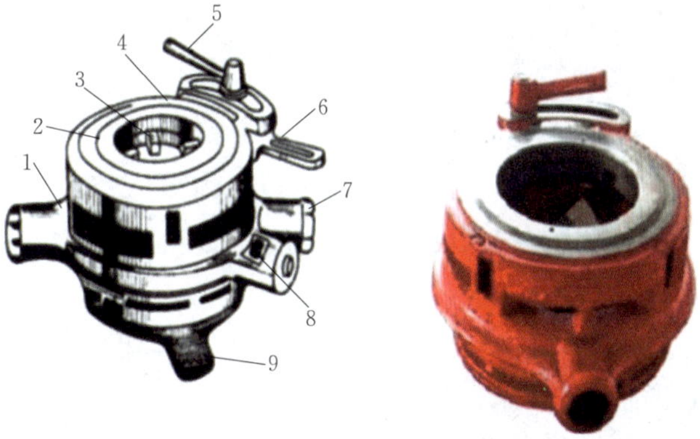


管子铰扳 117型

图 2-7-5　普通铰扳及结构

1—铰扳本体；2—固定盘；3—板牙；4—活动标盘；5—标盘固定把手；6—板牙松紧把手；7—手柄；8—棘轮子；9—后卡爪手柄

(1)用普通式铰扳套螺纹：由于 76.2 mm(3 英寸)以上的大直径管子套螺纹劳动强度大，一般用机器套制，因此，常见的普通式铰扳是 50.8 mm(2 英寸)的，它的结构如右图，通过更换板牙，可分别套制 1/2 英寸、3/4 英寸，1 英寸、1 英寸，1 英寸、2 英寸六种规格的管螺纹，相应的板牙规格有 1/2 英寸～3/4 英寸、1 英寸～1 英寸、1 英寸～2 英寸三组，每组板牙有四块组成，将板牙装入铰扳本体时必须按每个板牙上所标的顺序号(1～4)对号入座(顺时针方向)，否则将套丝乱扣或无法套丝；使用时须在手柄孔 7 上装接一根或两根长手柄。

用普通式铰扳套螺纹的步骤：

①用毛刷清理干净铰扳本体，将与管子公称直径相对应的一组板牙按顺序插入铰扳本体的板牙室内，为保证套出合格的螺纹以及减轻切削力，套制时吃刀不宜过深，一般 DN 25 mm 以下的管子可一次套成，DN 25 mm 以上的管子宜分 2～3 次套成，根据以上条件，参照固定盘上的刻度将活动标盘旋转至相应的位置并固定。

②将管子夹紧在合适的管子台虎钳上，管端伸出台虎钳约 150 mm，注意管口不得有椭圆、斜口、毛刺及喇叭口等缺陷。

③转动铰扳的后卡爪手柄使后卡爪张开至比管子外径稍大，把铰扳套入管子(后端先进)，然后转动后卡爪手柄将铰扳固定在管子上，移动铰扳使扳牙有 2～3 扣夹在管子上，并压下板牙开合把手。

④套丝操作时，人面向管子台虎钳两脚分开站在右侧，左手用力将铰扳压向管子，右手握住手柄顺时针扳动铰扳，当套出 2～3 扣丝后左手就不必加压，可双手同时扳动手柄；开始套螺纹时，动作要平稳，不可用力过猛，以免套出的螺纹与管子不同心而造成啃扣、偏扣，套制过程中要间断地向切削部位滴入机油，以使套出的螺纹较光滑以及减轻切削力；当套至接近规定的长度时，边扳动手柄边缓慢地松开板牙开合把手套出 1～2 扣螺纹，以使螺纹末端有合适的锥度。

⑤转动铰扳的后卡爪手柄使后卡爪张开，取出铰扳，若是分次套制的，则重新调整板牙并重复步骤 2～5 直至完全套好为止。

(2)用轻型铰扳套丝：在一套轻型铰扳中，有一个铰扳和若干个已装入不同规格板牙的板牙体，套丝时根据管径选取相应的一个可换板牙体放入铰扳即可使用；由于这种铰扳体积较小，除了在工作台上套制螺纹外，还可在已安装的管道系统中就地套螺纹。

用轻型铰扳套螺纹的步骤：

①将管子夹紧在合适的管子台虎钳上，管端伸出台虎钳约 150 mm，注意管口不得有椭圆、斜口、毛刺及喇叭口等缺陷。

②根据管径选取相应的一个可换板牙体放入铰扳，将铰扳套进管子，拨动拨叉使铰扳能顺时针带着可换板牙体转动；套丝操作时，面向管子台虎钳两脚分开站在右侧，左手用力将铰扳压向管子，右手握住手柄顺时针扳动铰扳，当套出 2～3 扣丝后左手就不必加压，可双手同时扳动手柄；开始套丝时，动作要平稳，不可用力过猛，以免套出的螺纹与管子不同心而造成啃扣、偏扣，套制过程中要间断地向切削部位滴入机油，以使套出的螺纹较光滑以及减轻切削力；当套至规定的长度时，拨动拨叉使铰扳逆时针带着可换板牙体转动退出管子即可。

若要在长度 100 mm 左右的短管的两端套丝，由于如此短的管子夹持到管子台虎钳后，伸出的长度小于铰扳的厚度而无法套丝，因此，可先在一根较长的管子上套好一端的螺纹，然后按所需的长度截下，再将其拧入带有管箍（直通）的另一根管子上即可夹紧在管子台虎钳上进行套丝。

2. 电动套丝

在电动套丝机上切断、套丝、机器的组成及操作时的安全注意事项。

（1）机器组成

电动套丝机可进行管子的切断、套丝和扩口，图 2-7-6 是“EMERSON”牌 RT-2 型电动套丝机的结构，需要说明的是不同厂家、不同规格的机器在结构和外观上会略有不同，但主要的功能是一样的。

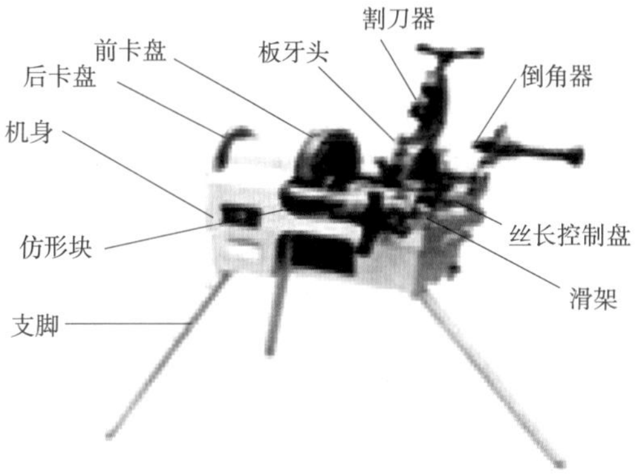


图 2-7-6　电动套丝机结构

图 2-7-7　装拆管子

（2）操作时的安全注意事项

①机器必须安放稳固，以确保机器不会翻倒伤人。

②必须使用有接地的三芯电源插座和插头，现场电源与机器标牌上指明的电源一致；维修机器时应断开电源。

③每天开机前先检查油箱中的润滑油是否足够，并用油壶给机身上的两个油孔注入 3～4 滴机油以润滑主轴。

④严禁戴手套操作机器，头发长的操作者应戴上工作帽，操作时避免穿太宽松的衣服。

⑤不可在潮湿的环境或雨中作业。

（3）操作方法

①管子的装夹和拆卸方法

管子的装夹和拆卸方法如图 2-7-7 所示，在进行切断、扩口、套丝操作前，必须将管子先夹紧在套丝机上，操作完毕再把管子拆卸下来。

a. 松开前后卡盘，从后卡盘一端将管子穿入（管子较短时也可从前卡盘穿入）使管子伸出适当的长度。

b. 用右手抓住管子，使管子大约处于三个卡爪的中心，用左手朝身体方向转动捶击盘捶击直至将管子夹紧（也可在夹住管子后，换用右手转动捶击盘将管子夹紧），若管子较长还需旋紧后卡盘。

c. 拆卸管子时，朝相反方向转动捶击盘和后夹盘。

②切断方法（图 2-7-8）

a. 若板牙头、倒角器、割刀器不在闲置位置，则将它们扳起至空闲位置；

b. 按前述方法将管子夹紧在卡盘上；

c. 放下割刀器，用手拉动割刀器手柄使管子位于割刀与滚子之间，若割刀器开度太小，则转动割刀器手柄增大其开度；

d. 转动滑架手轮移动割刀器，使割刀刃对准需切断的位置，并转动割刀器手柄使割刀与管子接触；

e. 启动机器，用双手同时转动割刀器手柄使割刀切入管子直至切断为止；但转动割刀器手柄的力不能过猛，否则，将会造成割刀蹦刃和管子变形；完成切断后，反方向转动割刀器手柄增大其开度，并将割刀器扳至空闲位置，若无需进行其他操作，则关闭机器，拆下管子。

③管端扩口操作方法

一般情况下管子切断后接着对管口进行倒角扩口如图 2-7-9 所示。

图 2-7-8　管子的切断

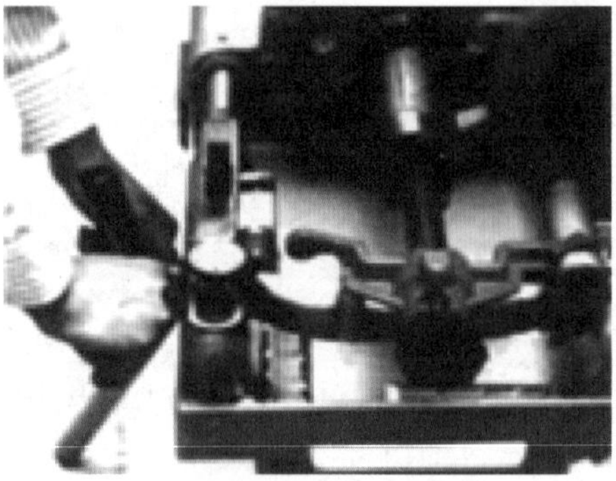

图 2-7-9　管端扩口操作

a. 扳下倒角器至工作位置，将倒角杆推向管口，转动倒角杆手柄使其上的销子卡进槽内。

b. 启动机器，转动滑架手轮将倒角器的刃口压向管口，将管口内因切断时受挤压缩小的部分切去并倒出一小角。

c. 完成倒角后，转动滑架手轮使倒角器的刃口离开管口，转动倒角杆手柄使其上的销子从槽内退出，同时拉出倒角杆，将倒角器扳起至空闲位置，接着进行套丝（或停机）。

④套丝操作方法

套丝操作方法如图 2-7-10 所示。

a. 检查板牙头上所装的板牙及所调的位置是否与管子大小相符,丝长控制盘的刻度是否与管子大小相对应,否则,先调整好。

b. 放下板牙头使滚子与仿形块接触。

c. 启动机器,转动滑架手轮将板牙头压向管口直至板牙头在管子上套出 2～3 扣螺纹后松手,此时机器自动套丝,当板牙头的滚子超过仿形块时,板牙头会自动落下而张开板牙,结束套丝。

图 2-7-10 套丝操作

d. 停机,退回滑架直至整个板牙头全部退出管子,然后一手拉出板牙头锁紧销,一手扳起板牙头至空闲位置。

## 四、管道螺纹连接

1. 常用工具

管道螺纹连接时常用的工具是管钳(俗称水管钳)、链钳、活动扳手、呆扳手等,扳手适用于内接等带方头的管件及小规格阀门的连接。

(1)管钳

管钳的规格是以钳头张口中心到钳把尾端的长度来标称的,选用管钳时可参照表 2-7-5,若用大规格的管钳拧紧小口径的管子,虽然因钳把长而省力,但也容易因用力过大拧得过紧而胀破管件或阀门,反之,若用小管钳去拧紧大管子则费力且不易拧紧,而且容易损坏管钳;由于钳口上的齿是斜向钳口的,因此,拧紧和拧松操作时钳口的卡进方向是不同的,使用时卡进方向应与加力方向一致;为保证加力时钳口不打滑,使用时可一手按住钳头,另一手施力于钳把,扳转钳把时要平稳,不可用力过猛或用整个身体加力于钳把,防止管钳滑脱伤人,特别是双手压钳把用力时更应注意,管钳如图 2-7-11 所示。

**表 2-7-5 管钳选用参照**

| 管钳规格 | 钳口宽度(mm) | 适用管子范围(mm) |
| --- | --- | --- |
| 200 | 25 | DN 3～15 |
| 250 | 30 | DN 3～20 |
| 300 | 40 | DN 15～25 |
| 350 | 45 | DN 20～32 |
| 450 | 60 | DN 32～50 |

续上表

| 管钳规格 | 钳口宽度(mm) | 适用管子范围(mm) |
|---|---|---|
| 600 | 75 | DN 40～80 |
| 900 | 85 | DN 65～100 |
| 1025 | 100 | DN 80～125 |

(2)链钳

链钳如图 2-7-12 所示,主要运用于大口径管子的连接;当施工场地受限制用张开式管钳旋转不开时,如在地沟中操作或所安装的管子离墙面较近时也使用链钳;高空作业时采用链钳较安全和便于操作。

链钳的使用方法是:把链条穿过管子并箍紧管子后卡在链钳另一侧上,转动手柄使管子转动即可拧紧或松开管子的连接。其规格及适用管径见表 2-7-6。

**表 2-7-6　链钳规格**

| 链钳规格 | 适用管径(mm) | 链钳规格 | 适用管径(mm) |
|---|---|---|---|
| 350 | DN 25～32 | 900 | DN 80～125 |
| 450 | DN 32～50 | 1200 | 链钳 DN 100～200 |
| 600 | DN 50～80 | | |

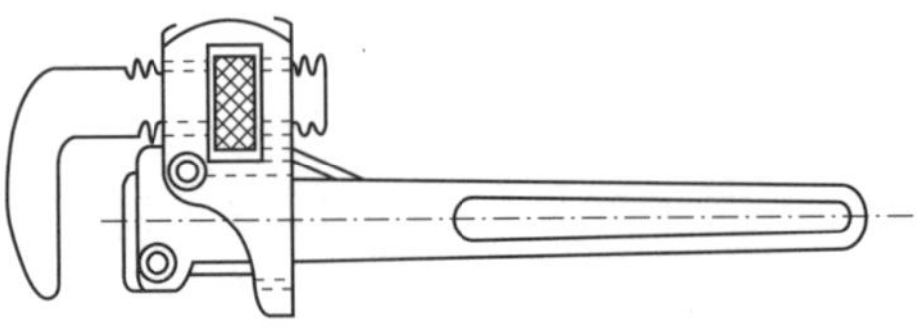

图 2-7-11　管钳

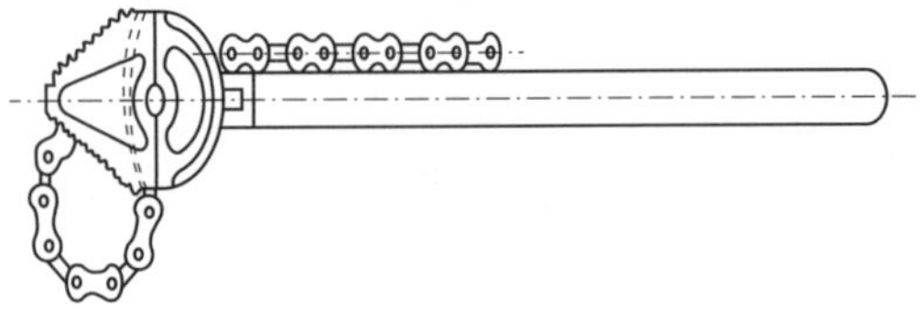

图 2-7-12　链钳

2. 常用填料

螺纹连接的两连接面间一般要加填充材料,填充材料有两个作用,一是填充螺纹间的空隙以增加管螺纹接口的严密性,二是保护螺纹表面不被腐蚀;常用的填料及其用途参见表 2-7-7。

**表 2-7-7　常用的填料及其用途参照**

| 填料种类 | 适用介质 |
|---|---|
| 聚四氟乙烯生料带(俗称水胶布) | 供水、煤气、压缩空气、氧气、乙炔、氨、其他腐蚀性常温介质 |
| 麻丝、麻丝+白铅油 | 供水、排水、压缩空气、蒸汽 |
| 白铅油(铅丹粉拌干性油) | 供水、排水、煤气、压缩空气 |
| 一氧化铅、甘油调和剂 | 煤气、压缩空气、乙炔、氨 |
| 一氧化铅、蒸馏水调和剂 | 氧气 |

3. 连接步骤

(1)缠绕(或涂抹)填料:连接前清除外螺纹管端上的污染物、铁屑等,根据输送的介质、施工成本选择合适的填料;当选用水胶布或麻丝时,应注意缠绕的方向必须与管子(或内螺纹)地拧入方向相反(或人对着管口时顺时针方向),缠绕量要适中,过少起不了密封作用,过多则造成浪费,缠绕前在螺纹上涂上一层铅油可以较好地保护螺纹不锈蚀。

(2)缠绕(或涂抹)填料后,先用手将管子(或管件、阀门等)拧入连接件中 2~3 圈,再用管钳等工具拧紧,如果是三通、弯头、直通之类的管件拧劲可稍大,但阀门等控制件拧劲不可过大,否则极易将其胀裂;连接好的部位一般不要回退,否则容易引起渗漏。

## 思考题

1. 请对照实物讲解 DCLJ 型动车组检查器各部件名称?
2. 请述说踏面圆周磨耗及轮缘高度的测量方法。
3. 请述说踏面擦伤深度的测量方法。
4. 请述说使用 GF922-D 型车轮检查仪测量车轮轮径的方法。
5. 扭力扳手使用时应注意什么?
6. 请述说使用电钻钻孔的操作方法。
7. 请述说攻螺纹的操作要点及注意事项。

# 第三章　电 工 实 训

## 第一节　万用表使用

### 一、培训目的

通过万用表使用的实训，使新职人员掌握万用表使用这一电工基础技能，增强自身的实践动手能力，理论与实践相结合，提高工作效率。为以后进一步的学习打下基础。

### 二、作业安全及注意事项

严格遵守电工实训间的各项规章制度、安全规范。未经培训教师同意，禁止擅自启动相关实训设备。注意工具规范使用，防止触电。

### 三、培训项目

万用表的使用。

### 四、培训标准

1. 万用表简介

(1)万用表如图 3-1-1 所示。

数字万用表是采用集成电路模/数转换器和液晶显示器，将被测量的数值直接以数字形式显示出来的一种电子测量仪表，一般包含安培计、电压表、欧姆计等功能，有时也称为万用计、多用计、多用电表或三用电表，如图 3-1-1 所示。

(2)表盘介绍如图 3-1-2 所示。

液晶显示器：显示仪表测量的数值。

发光二极管：通断检测时报警使用。

功能开关按钮：用于改变测量功能、量程以及控制开关机。

插孔 1:20 A 电流测试插座。

插孔 2:电容、温度、测试附件“－”极及小于 200 mA 电流测试插座。

插孔 3:电容、温度、测试附件“＋”极插座及公共地。

插孔 4:电压、电阻、二极管“＋”极插座。

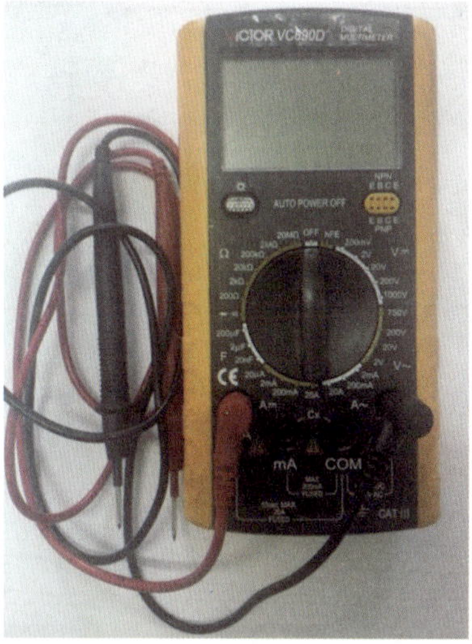


图 3-1-1　万用表

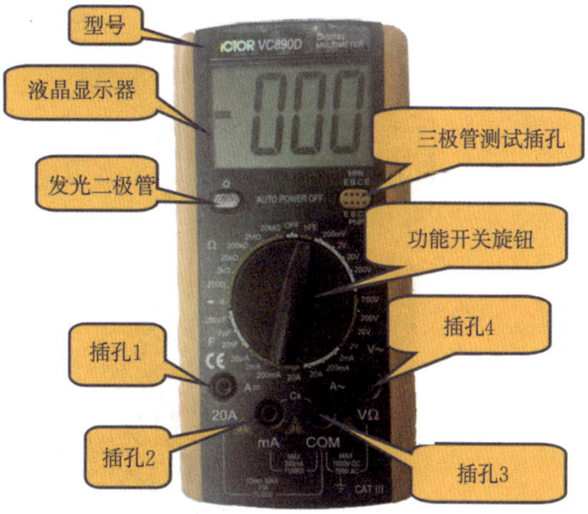


图 3-1-2　万用表表盘介绍

三极管测试插孔：测试三极管输入口。

从表盘中可以看出万用表型号为 VC890D，主面板中包含以下挡位：

a. Ω：电阻挡，分 200 Ω，2 K，20 K ，200 K，2 M，20 M 六挡。

b. V～：交流电压挡，分 2 V，20 V，200 V，750 V 四挡。

c. V一：直流电压挡，分 200 mV，2 V，20 V，200 V，1 000 V 五挡。

d. A一：直流电流挡，分 20 μA，2 mA，200 mA，20 A 四挡。

e. A～：交流电流挡，分 2 mA，200 mA，20 A 三挡。

f. hFE：三极管 β 测量，有 NPN 和 PNP 两种型号管子的插孔。

g. —▷|— •))：二极管测量，短路测量；如图 3-1-3 所示。

h. F：电容测量。

2. 安全注意事项

为保证使用者的安全，请在使用该万用表时注意以下几点：

①各量程测量时，禁止输入超过量程的极限值；

②36 V 以下为安全电压，在测高于 36 V 直流、25 V 交流电压时，要检查表笔是否可靠接触，是否正确连接、是否绝缘良好等，避免电击；

③换功能和量程时，表笔应离开测试点；

④选择正确的功能和量程，谨防误操作；

⑤在电池没有装好和后盖没上紧时，请不要使用此表进行测试工作；

⑥测量电阻时，请勿输入电压；

⑦在更换电池或熔断器前，请将测试表笔从测试点移开，并关闭电源开关。

3. 使用方法

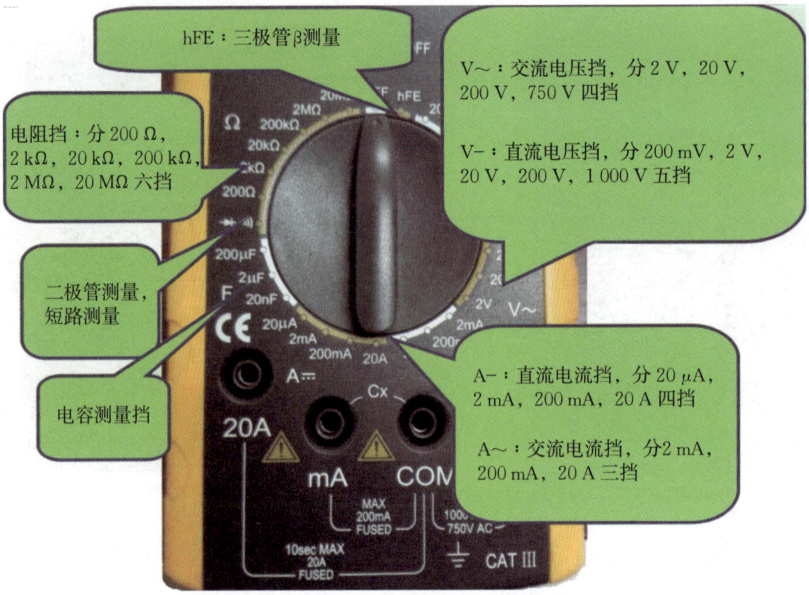


图 3-1-3　万用表旋钮功能介绍

①电压测量

a. 将黑表笔插入 COM 端口，红表笔插入 V/Ω 端口；

b. 功能旋转开关打至 V～(交流)，V－(直流)，并选择合适的量程；

c. 红表笔探针接触被测电路正端，黑表笔探针接地或接负端，即与被测线路并联；

d. 读出液晶显示屏数字。

注意：

a. 如果事先对被测电压范围没有概念，应将量程开关转到最高挡位，然后根据显示值转至相应挡位上；

b. 如屏幕显示“1”，表明已超过量程范围，需将量程开关转至较高挡位；

②电流测量

a. 断开电路；

b. 黑表笔插入 COM 端口，红表笔插入 mA 或者 20 A 端口；

c. 功能旋转开关打至 A～(交流)，A－(直流)，并选择合适的量程；

d. 断开被测线路，将数字万用表串联入被测线路中，被测线路中电流从一端流入红表笔；

经万用表黑表笔流出，再流入被测线路中；

e. 接通电路；

f. 读出液晶显示屏数字。

注意：

a. 如果事先对被测电流范围没有概念，应将量程开关转到最高挡位，然后根据显示值转至相应挡位上；

b. 如屏幕显示“1”，表明已超过量程范围，需将量程开关转至较高挡位；

c. 在测量 20 A 时要注意，该挡位未设熔断器，连续测量大电流将会使电路发热，影响测量精度甚至损坏仪表。

③电阻测量

a. 关掉电路电源。

b. 选择电阻挡(Ω)。

c. 将黑色测试探头插入 COM 输入插口。红色测试探头插入 Ω 输入插口。

d. 将探头前端跨接在器件两端或想测电阻的那部分电路两端。

e. 看读数，确认测量单位为欧姆(Ω)，千欧(kΩ)或兆欧(MΩ)。

注意：

a. 如果电阻值超过所选的量程时，显示“1”，应将开关调到较高挡位；当测量电阻值超过 1 MΩ 时，读数需几秒时间才能稳定，这在测量高电阻时是正常的。

b. 当输入端开路时，则显示过载情形。

c. 测量在线电阻时，要确认被测电路所有电源已关断及所有电容都已完全放电时，才可进行。

④电容测量

a. 将电容两端短接，对电容进行放电，确保数字万用表的安全。

b. 将功能旋转开关打至电容测量挡，并选择合适的量程。

c. 将电容插入万用表 Cx 插孔。

d. 读出液晶显示屏上数字。

注意：

a. 如果事先对被测电容范围没有概念，应将量程开关转到最高挡位，然后根据显示值转至相应挡位上；

b. 如屏幕显示“1”，表明已超过量程范围，需将量程开关转至较高挡位；

c. 在测试电容前，屏幕显示值可能尚未回到零，残留读数会逐渐减小，但可以不予理会，不影响测量的准确度；

d. 大电容挡测量严重漏电或者击穿电容时，将显示一些数值且不稳定。

⑤二极管测量

a. 电压法：测试方法如图 3-1-4 所示。

功能开关旋钮打在(—▷|—)挡，红表笔插在 V/Ω(右一)孔内，黑表笔插在 COM(右二)孔内，两支表笔的前端分别接二极管的两极，如图 3-1-4 所示，然后颠倒表笔再测一次。

若二极管正常，则两次测量的结果应该是：一次显示“1”字样或没有显示，另一次显示零点几的数字。此数字即是二极管的正向压降:硅材料为 0.6 V 左右;锗材料为 0.2 V左右,且此时红表笔接的是二极管的正极,而黑表笔接的是二极管的负极。

b. 电阻法:测试方法如图 3-1-5 所示。

使用数字万用表二极管测量挡位,将红表笔插入 V/Ω 孔内,黑表笔插在 COM 孔内,数字万用表红表笔接触二极管正极,黑表笔接触负极,(测量正向电阻值)正常数值为 300～600 Ω,将红黑表笔互换(测量反向电阻值),正常值为"1",如果两次测量都显示 001 或 000 并且蜂鸣器响,说明二极管已击穿,如果两次测量均为"1",说明二极管开路,如果两次测量数值相近,说明二极管质量差。反向测量值必须为"1"或 1 000 以上,正向电阻值必须为 300～600 Ω,则证明二极管是好的。

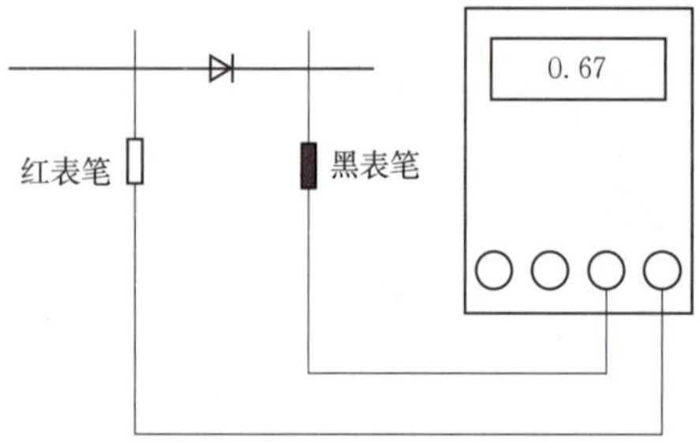


图 3-1-4　电压法

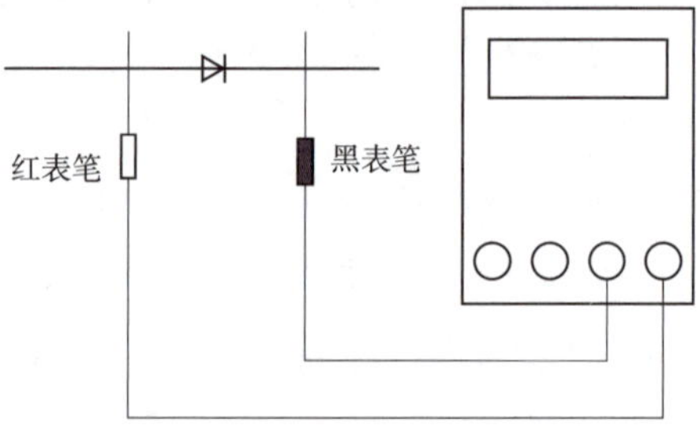


图 3-1-5　电阻法(测正向电阻值)

⑥短路检查

将转盘打在短路挡,表笔位置同上。用两表笔的另一端分别接被测两点,若此两点确实短路,则万用表中的蜂鸣器发出声响。

⑦三极管测量

如图 3-1-6 所示首先将数字万用表打到蜂鸣二极管挡,同时要注意数字万用表的红表笔始终是电源正极。将红色表笔固定任意接在某个脚上,黑色表笔依次接触另外两个脚,如果两次万用表显示的值"0.7 V"左右或显示溢出符号"1"。则红表笔所接的脚是基极。若一次显示"0.7 V"左右,另一次显示溢出符号"1",则红表笔接的不是基极,此时应更换其他脚重复测量,直到判断出"b"极为止。同时可知:两次测量显示的结果为"0.7 V"左右的管子是 NPN 型,两次测量显示的是溢出符号"1"的管子是 PNP 型。

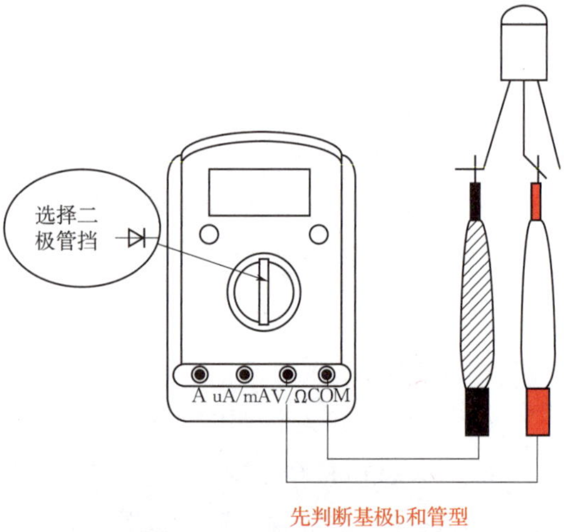


图 3-1-6　三极管测量方法 1

以 NPN 型管为例。将万用表打到

"MΩ"挡，把红表笔接到假设的集电极 c 上，黑表笔接到假设的发射极 e 上，并且用手握住 b 极和 c 极（b 极和 c 极不能直接接触），通过人体，相当于在 b，c 之间接入偏置电阻。读出万用表所示 c，e 间的电阻值，然后将红、黑表笔反接重测。若第一次电阻比第二次电阻小（第二次阻值接近于无穷大），说明原假设成立，即红表笔所接的是集电极 c，黑表笔接的是发射极 e，如图 3-1-7 所示。

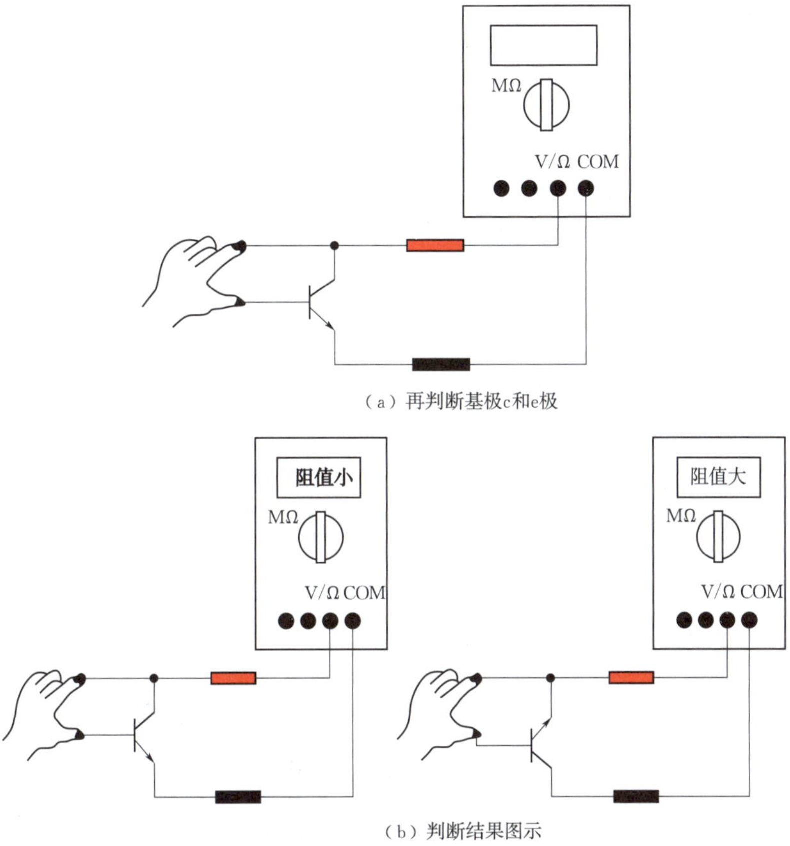


图 3-1-7　三极管测量方法 2

## 第二节　兆欧表使用

### 一、培训目的

通过培训掌握兆欧表的操作使用方法，安全注意事项，提高职工基础业务能力。

### 二、注意事项

1. 用兆欧表测试高压设备的绝缘时，应由两人进行。
2. 禁止在雷电时或高压设备附近测绝缘电阻，只能在设备不带电，也没有感应电的情况下测量。

3. 兆欧表测试过程中,被测设备上不能有人工作。

4. 兆欧表使用的表线必须是绝缘线,且不宜采用双股绞合绝缘线,其表线的端部应有绝缘保护。

5. 兆欧表未停止转动之前或被测设备未放电之前,严禁用手触及。拆线时,也不要触及引线的金属部分。

6. 被测物表面应擦干净,绝缘物表面的污染、潮湿,对绝缘的影响较大。

7. 要定期校验其准确度。

8. 测量时,摇动发电机使转速达到额定转速(120 转/分)并保持水平稳定。一般采用 1 min 以后的读数为准,当被测物电容量较大时,应延长时间,以指针稳定不变时为准。

9. 测量结束,在兆欧表没停止转动和被测物没有放电以前,不能用手触及被测物和进行拆线工作,必须先将被测物对地短路放电,然后再停止兆欧表的转动,防止电容放电损坏兆欧表。

## 三、培训内容

1. 兆欧表结构

手摇式兆欧表主要有表盘、摇动手柄、线路端钮 L、接地端钮 E、屏蔽端钮 G 等组成,如图 3-2-1 所示。

兆欧表上有三个接线柱,"L"表示"线路"接线柱;"E"表示"接地"接线柱,"G"表示"屏蔽"接线柱。"L"接线柱接被测物导体部分,"E"接线柱接被测物的外壳或其他导体部分(如测相间绝缘)。

在特殊情况下,如被测物表面受到污染不能擦干净、空气太潮湿或者有外电磁场干扰等,就必须将"G"接线柱接到被测物的金属屏蔽保护环上,以消除表面漏流或干扰对测量结果的影响。

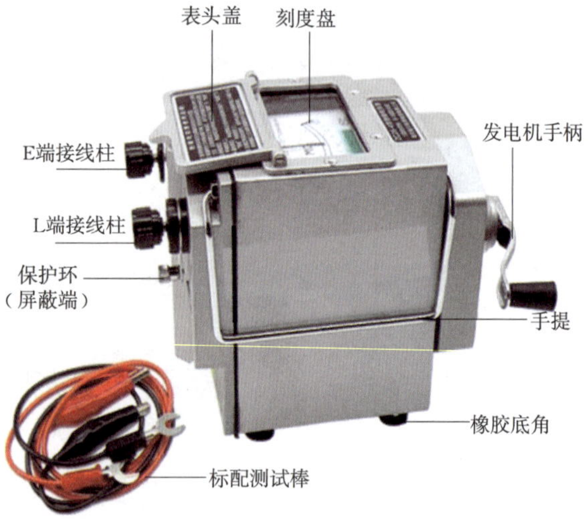


图 3-2-1 兆欧表组成

2. 兆欧表工作原理(图 3-2-2)

(1)被测电阻 $R_x$ 接在"L"与"E"端钮之间。

(2)摇动直流发电机的手柄,发电机两端产生较高的直流电压,线圈 1 和线圈 2 同时通电。

(3)通过线圈 1 的电流 $I_1$ 与气隙磁场相互作用产生转动力矩 $M_1$;通过线圈 2 的电流 $I_2$ 也与气隙磁场相互作用产生反作用力矩 $M_2$,$M_1$ 与 $M_2$ 方向相反。

(4)由于气隙磁场是不均匀的,所以转动力矩 $M_1$ 不仅与线圈 1 的电流 $I_1$ 成正比,而且还与线圈 1 所处的位置(用指针偏转角 $\alpha$ 表示)有关。

(5)在测量 $R_x$ 时,随 $R_x$ 的改变,$I_1$ 改变,而 $I_2$ 基本不变。线圈 2 主要是用来产生反作用力矩的,这个力拒基本不变。当 $R_x \to 0$ 时,$I_1$ 最大,兆欧表的指针在转动力拒和反作用力矩的作用下偏转到最大位置,即“0”位置。当 $R_x \to \infty$ 时,$I_1 \to 0$,指针在反作用力矩的作用下偏转到最小位置,即“$\infty$”位置,所以兆欧表可以测量 0～$\infty$之间的电阻,如图 3-2-3 所示。

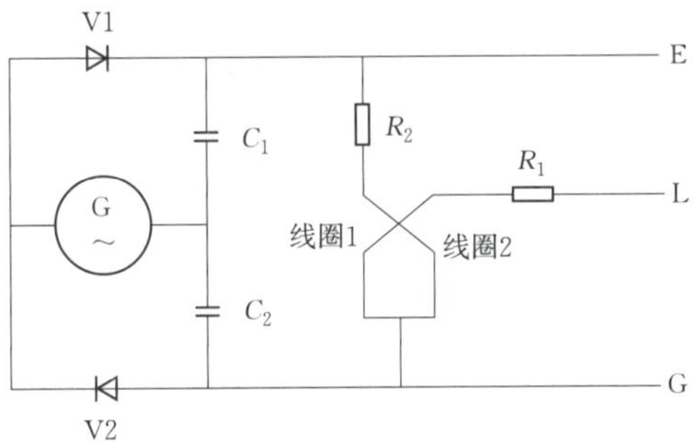


图 3-2-2 兆欧表内部接线原理

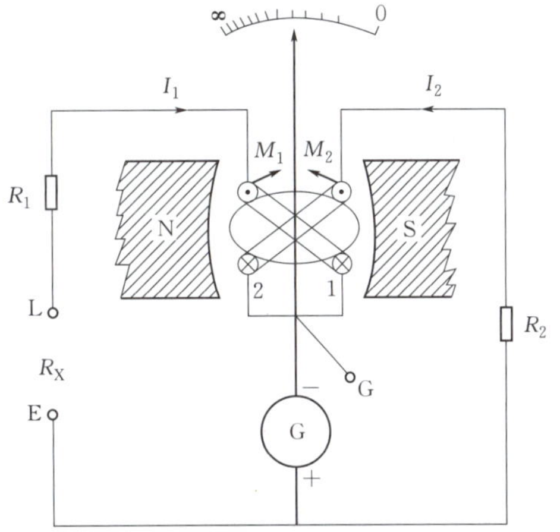


图 3-2-3 兆欧表测量示意

3. 兆欧表使用

(1)兆欧表的选择

兆欧表的选择主要是根据不同的电气设备选择兆欧表的电压及其测量范围,如图 3-2-4 所示。对于额定电压在 500 V 以下的电气设备,应选用电压等级为 500 V 或 1 000 V 的兆欧表;额定电压在 500 V 以上的电气设备,应选用 1 000～2 500 V 的兆欧表。

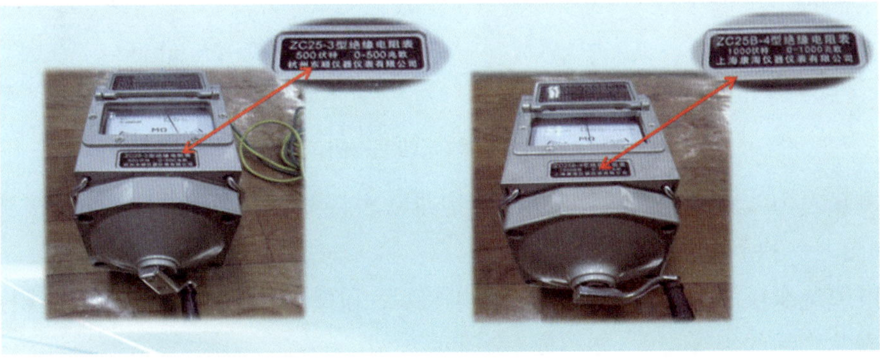

图 3-2-4 兆欧表测量范围

(2)兆欧表测试

①开路测试

在兆欧表未接通被测电阻之前,摇动手柄使发电机达到 120 r/min 的额定转速,观察指针是否指在标度尺“∞”位置,如图 3-2-5 所示。

②短路试验

将端钮 L 和 E 短接,缓慢摇动手柄,观察指针是否指在标度尺的“0”位置,如图 3-2-6 所示。

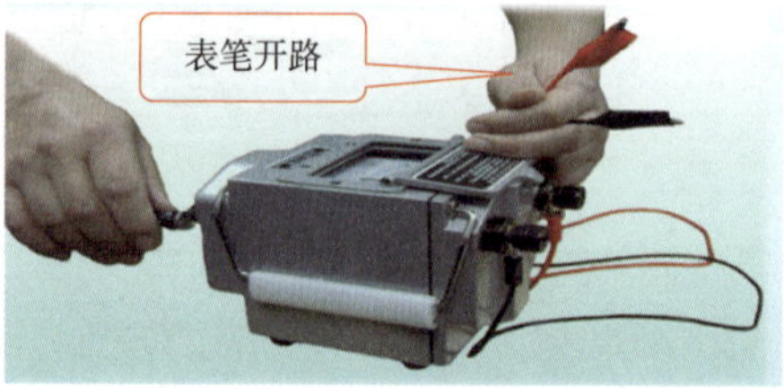


图 3-2-5　开路测试

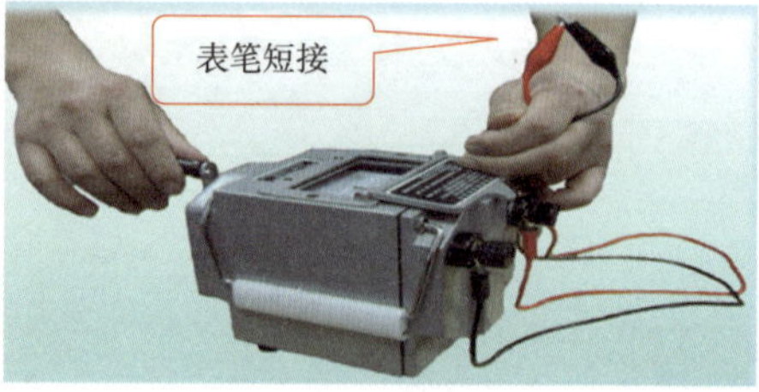


图 3-2-6　短路试验

(3)绝缘测量

①测量电力线路的绝缘电阻:将兆欧表接线柱的(E)可靠接地,(L)分别接到被测线路上,如图 3-2-7 所示。

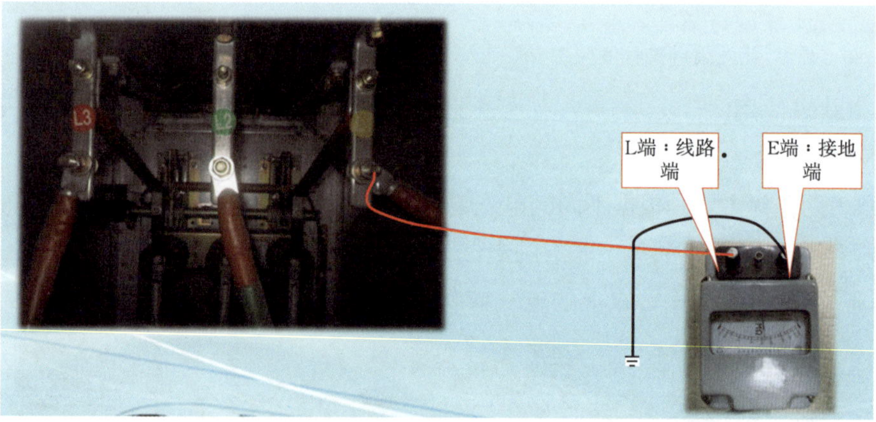


图 3-2-7　电力线路的绝缘测试示意

②测量电力线路各相间的绝缘电阻:将兆欧表接线柱的(E)和(L)分别接到被测线路上,如图 3-2-8 所示。

③电缆绝缘层的测量:将被测两端分别接(E)和(L)两接线柱,将(G)接线柱引线接到电缆壳芯之间的绝缘层上,如图 3-2-9 所示。

图 3-2-8　线路相间的绝缘测量示意

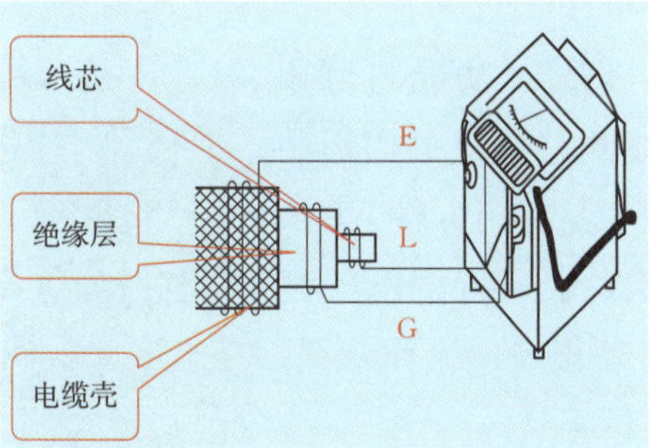


图 3-2-9　电缆绝缘层的绝缘测量示意

# 第三节　钳形电流表使用

## 一、培训目的

钳形电流表是电工作业的常用工具之一，通过学习，掌握钳形电流表使用方法。

## 二、注意事项

1. 由于钳形电流表要接触被测线路，所以钳形电流表不能测量裸导体的电流。用高压钳形表测量时，应由两人操作，测量时应戴绝缘手套，站在绝缘垫上，不得触及其他设备，以防止短路或接地。

2. 在使用前要正确检查钳形电流表的外观情况，一定要检查表的绝缘性能是否良好，外壳应无破损，手柄应清洁干燥。若指标没在零位，应进行机械调零。钳形电流表的钳口应紧密接合，若指标抖晃，可重新开闭一次钳口，如果抖晃仍然存在，应仔细检查，注意清除钳口杂物、污垢，然后进行测量。

3. 由于钳形电流表要接触被测线路，所以钳形电流表不能测量裸导体的电流。用高压钳形表测量时，应由两人操作，测量时应戴绝缘手套，站在绝缘垫上，不得触及其他设备，以防止短路或接地。

4. 测量时应注意身体各部分与带电体保持安全距离，低压系统安全距离为 0.1～0.3 m。测量高压电缆各相电流时，电缆头线间距离应在 300 mm 以上，且绝缘良好，待认为测量方便时，方能进行。观测表计时，要特别注意保持头部与带电部分的安全距离，人体任何部分与带电体的距离不得小于钳形表的整个长度。

5. 钳形电流表属于计量器具，使用前应确认检验合格。

6. 钳形电流表是电子测量工具，使用时应轻拿轻放，防止损坏。

## 三、钳形电流表的使用

1. 简介

钳形电流表如图 3-3-1 所示，功能与万用表相似，因表头部分有在线测量电流的钳形装置，简称钳形表。钳形电流表使用方便，无须断开电源和线路即可直接测量运行中电气设备的工作电流，便于及时了解设备的工作状况。

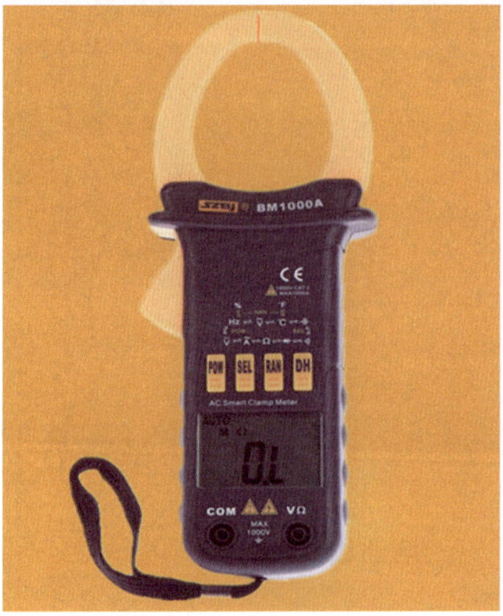


图 3-3-1　钳形电流表

2. 在线电流测量方法

(1)根据被测电流大小来选择合适的钳形电流表的量程。选择的量程应稍大于被测电流数值，若无法估计，为防止损坏钳形电流表，应从最大量程开始测量，逐步变换挡位直至量程合适。

(2)按紧扳手，使钳口张开，将被测导线放入钳口中央，然后松开扳手并使钳口闭合紧密。钳口的结合面如有杂声，应重新开合一次，仍有杂声，应处理结合面，以使读数准确。

(3)当测量小于 5 A 以下的电流时，为使读数更准确，在条件允许时，可将被测载流导线绕数圈后放入钳口进行测量。此时被测导线实际电流值应等于仪表读数值除以放入钳口的导线圈数。

3. 测量时注意事项

(1)在使用时，不可同时钳住两根导线。读数后，将钳口张开，将被测导线退出，将挡位置于电流最高挡或 OFF 挡。

(2)严禁在测量进行过程中切换钳形电流表的挡位，换挡时应先将被测导线从钳口退出再更换挡位。

(3)测量结束后钳形电流表的开关要拨至最大量程挡,以免下次使用时不慎过流,并应保存在干燥的室内。

## 第四节 点温仪使用

### 一、培训目的

点温仪是现场作业的常用工具之一,通过学习,掌握点温仪使用方法。

### 二、注意事项

1. 温度范围:一般红外测温仪的温度范围为-50～3 000 ℃(分段),每种型号的测温仪都有其特定的测温范围,所选仪器的温度范围应与具体应用的温度范围相匹配。

2. 目标尺寸:测温时,被测目标应大于测温仪的视场,否则测量有误差。建议被测目标尺寸超过测温仪视场的 50%为好。

3. 光学分辨率($D:S$):即测温仪探头到目标直径之比。如果测温仪远离目标,而目标又小,应选择高分辨率的测温仪。

4. 注意环境条件:蒸汽、尘土、烟雾等。它阻挡仪器的光学系统而影响精确测温。

5. 环境温度:如果测温仪突然暴露在环境温差为 20 ℃或更高的情况下,允许仪器在 10 min 以上调节到新的环境温度。

6. 红外测温仪的维护:使用干净的压缩空气清洁测试镜头,并用湿的无纺布小心擦拭表面。

7. 红外测温仪的放置:避免放置在过分潮湿高温或阳光直接暴晒的地方,以免损坏仪器。

8. 电池管理:若长时间不使用,一定要将电池取出,在电池电量不足时及时更换新电池以免硬性测量值的误差。

9. 检查定检标签:使用完毕后关注定检标签上的日期是否将要到限,若将要到限,应及时送计量。

### 三、测温仪使用

1. 简介

测温仪(图 3-4-1、图 3-4-2)是温度计的一种,用红外线传输数字的原理来感应物体表面温度,操作比较方便,特别是高温物体的测量。测温仪应用广泛,如钢铸造、炉温、机器零件、玻璃及室温、体温等各种物体表面温度的测量。在铁路现场作业中,使用的多为红外测温仪(俗称点温仪)。

红外测温仪由光学系统,光电探测器,信号放大器及信号处理,显示输出等部分组成。光学系统汇聚其视场内的目标红外辐射能量,红外能量聚焦在光电探测器上并转变为相应的电信号,该信号再经换算转变为被测目标的温度值。

红外测温仪优点为携带便捷、易于操作及维护、测量精度高等。

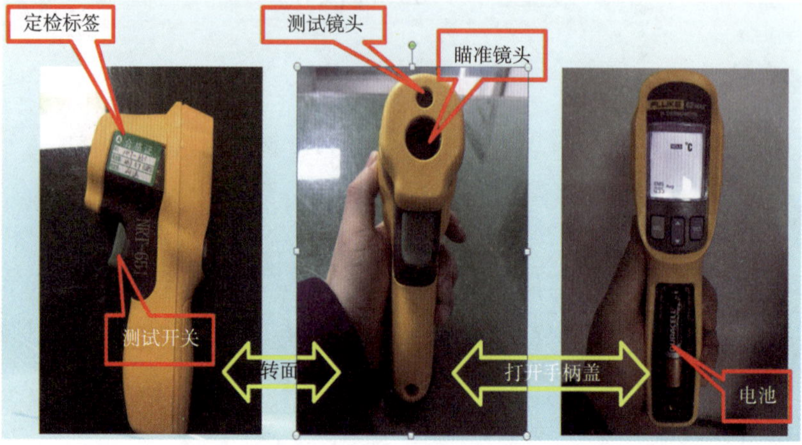


图 3-4-1 红外测温仪结构

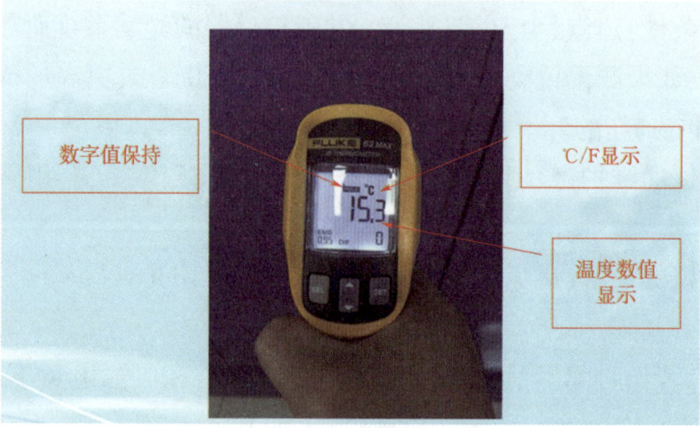


图 3-4-2 红外测温仪显示屏

2. 使用方法

(1)握住测温仪手柄,食指扣动一下开关,检查显示屏是否有读数,有读数表明电源接通。

(2)将仪器测量窗口在适当距离内,对准被测物体,按住测量键,可见瞄准红点,调整位置,将红点瞄准所测位置,即可从显示屏幕读出被测物体的表面温度。

(3)松开测试键,数据将保持 5 s,记录所测温度。

3. 测量时注意事项

切勿将红点瞄准他人眼睛,激光照射,存在危险。

# 第五节　220 V 照明电路基础

## 一、培训目的

交流 220 V 照明电路是日常最普遍的基本控制电路；通过对照明电路的学习，了解掌握电气控制的基本原理，熟悉用电操作安全，为后期动车组控制原理学习打下基础。

## 二、作业安全及注意事项

严格遵守电工实训间的各项规章制度、安全规范。未经培训教师同意，禁止擅自启动相关实训设备。注意工具、设备规范使用，严禁带电作业，防止触电伤害。

## 三、培训项目

交流 220 V 照明电路原理及用电安全。

## 四、培训标准

1. 用电安全

电流通过人体内部，对人体伤害的严重程度与通过人体电流的大小、电流通过人体的持续时间、电流通过人体的途径、电流的种类以及人体的状况等多种因素有关，而且各因素之间有着密切的联系。电流通过人体，会引起针刺感、压迫感、打击感、痉挛、疼痛、血压升高、昏迷、心脏停止跳动乃至伤亡等症状。

触电伤害与触电电压及人体阻值有关，在安全电压下作业，也不是绝对的安全，因影响人体阻值变化的因素很多，当人体长时间接触安全电压，也可能引起人体非致命性生理效应，甚至发生生命危险。

2. 交流电基本概念

所谓交流电，其电动势($E$)、电压($U$)及电流($I$)的大小、方向都随时间按一定规律做周期性变化，如图 3-5-1 所示。

3. 单相交流电路

电路(图 3-5-2)就是电流通过的路径，它由电源、负载、连接导线和开关组成；在交流电源作用下的电路称为交流电路。

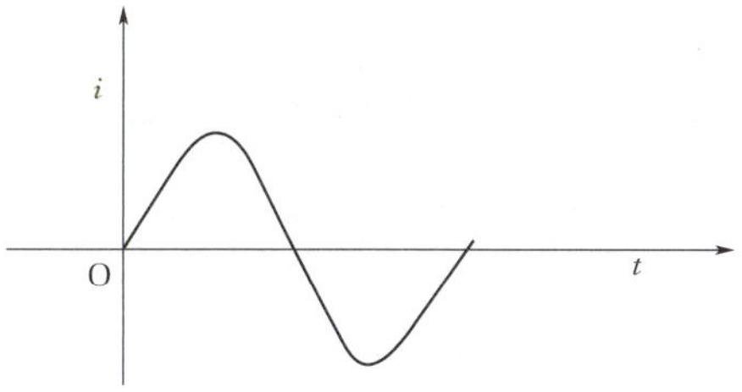

图 3-5-1　单相交流电

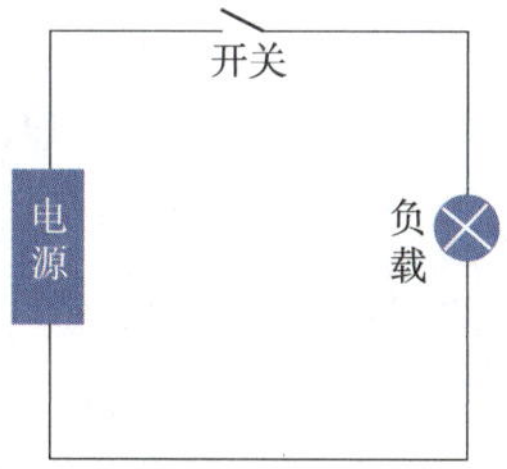

图 3-5-2　简单电路

我国民用照明电路采用的是电压220 V,频率50 Hz单相交流电。

## 第六节　三相异步电动机控制原理

### 一、培训目的

三相异步电动机是动车组最普遍的设备,广泛应用于动车组的牵引供电的冷却系统、空调系统、供风系统等;通过对三相异步电动机控制原理的学习,了解掌握电气设备控制的基本技术,熟悉用电操作安全,为后期动车组控制原理学习打下基础。

### 二、作业安全及注意事项

严格遵守电工实训间的各项规章制度、安全规范。未经培训教师同意,禁止擅自启动相关实训设备。注意工具、设备规范使用,严禁带电作业,防止触电伤害。

### 三、培训项目

三相异步电动机控制电路原理及用电安全。

### 四、培训标准

1. 用电安全

(1)触电伤害

电流通过人体内部,对人体伤害的严重程度与通过人体电流的大小、电流通过人体的持续时间、电流通过人体的途径、电流的种类以及人体的状况等多种因素有关,而且各因素之间有着密切的联系。电流通过人体,会引起针刺感、压迫感、打击感、痉挛、疼痛、血压升高、昏迷、心脏停止跳动乃至伤亡等症状。

触电伤害与触电电压及人体阻值有关,在安全电压下作业,也不是绝对的安全,因影响人体阻值变化的因素很多,当人体长时间接触安全电压,也可能引起人体非致命性生理效应,甚至发生生命危险。

(2)接地与接零

接地和接零在工程上运用极为广泛,由于接地和接零的具体目的不同,又可分为工作接地、工作接零、保护接地、保护接零等多种。

保护接地是为了防止在供电系统中,因绝缘破坏或意外原因导致金属部分呈现危险的对地电压,而采取的防范措施。

工作接地是指在电力系统中,供电系统或电力设备因运行需要采取接地措施。

工作接零是指单相供电系统或用电设备其中的一根电源零线,如室内照明的零线。

保护接零是指将用电设备的外壳与供电系统的零干线连接。

2. 三相交流电基本概念

三相交流电定义：在磁场里，有三个互成均分角度的线圈同时旋转，电路里产生三相交变的电动势，这样的发电机交三相交流发电机，该发电机发出的叫作三相交流电，即三相交流电由 3 个频率相同、振幅相同、相位互差 120° 的正弦电压源所构成的电源，如图 3-6-1所示。

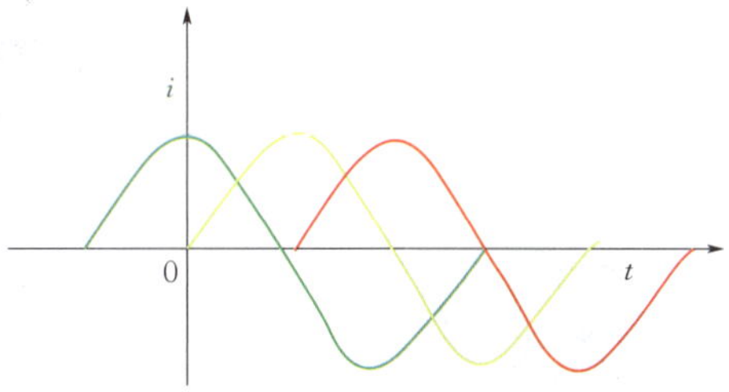


图 3-6-1　三相交流电

3. 三相异步电动机控制

(1)三相异步电动机

三相异步电机是靠同时接入 380 V 三相交流电源（相位差 120°）供电的一类电动机，由于三相异步电机的转子与定子旋转磁场以相同的方向、不同的转速成旋转，存在转差率，所以叫三相异步电机。

当电动机的三相定子绕组通入三相对称交流电后，将产生一个旋转磁场，该旋转磁场切割转子绕组，从而在转子绕组中产生感应电流（转子绕组是闭合通路），载流的转子导体在定子旋转磁场作用下将产生电磁力，从而在电机转轴上形成电磁转矩，驱动电动机旋转，并且电机旋转方向与旋转磁场方向相同。

(2)三相异步电动机接线

三相异步电动机有两种接线方法：a. 星形（Y）接法，b. 三角形（△）接法，如图 3-6-2、图 3-6-3所示。

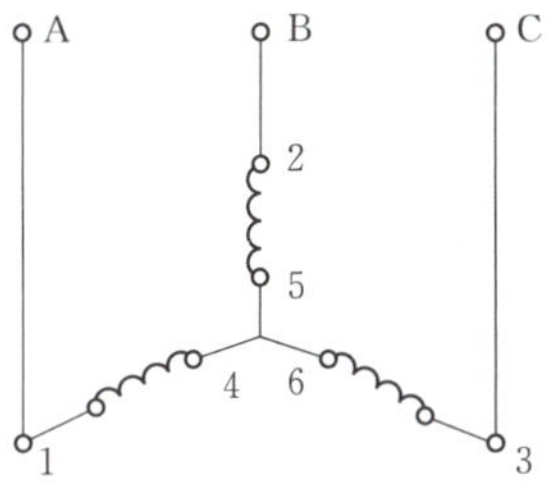


图 3-6-2　星形接法

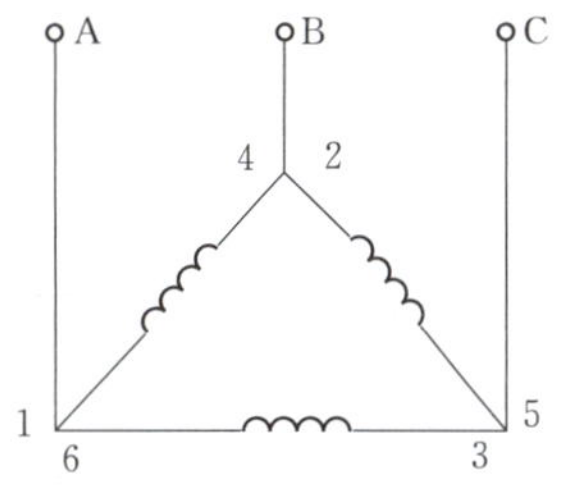


图 3-6-3　三角形接法

(3)三相异步电动机控制

空气开关（QF）为三相异步电动机电源开关，通过接触器（KM）三相交流电源接入三相异步电动机（M）；控制电源采用的是两相交流电，当按下启动按钮时，控制电源（C相）经停止、启动按钮触点到接触器（KM）线圈，再经过热继电器（FR）触点回到 B 相电源形成通路，使接触器（KM）得电吸合，如图 3-6-4 所示。

三相异步电动机正反转的控制，可以通过改变电动机三相电源的相序来实现，通过分别控制接触器（KM1）或接触器（KM2）吸合，使得三相异步电动机（M）获得不同相序的工作电源，从而实现三相异步电动机正反转，如图 3-6-5 所示。

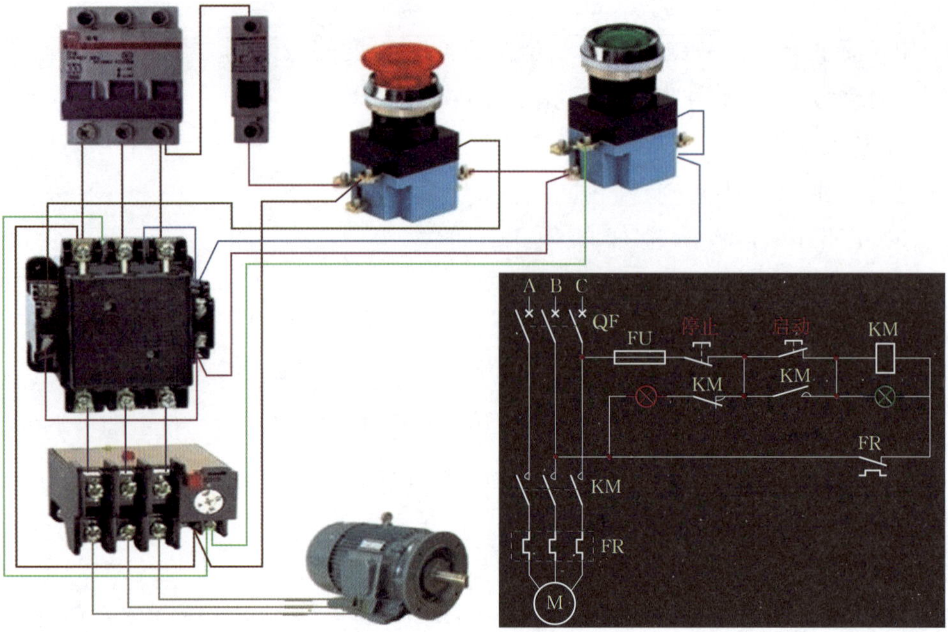


图 3-6-4　三相异步电动机控制

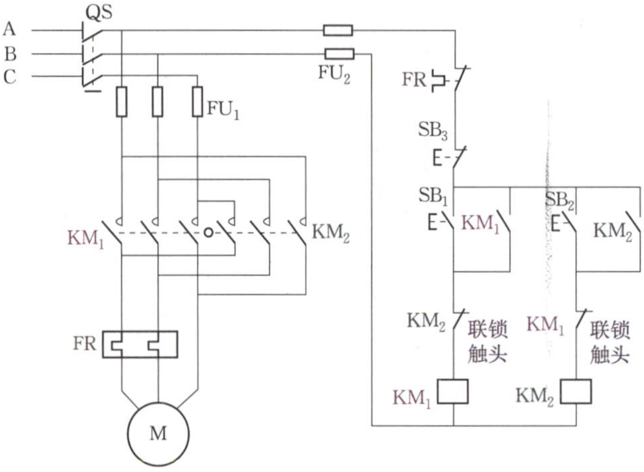


图 3-6-5　简单电路

# 思考题

1. 使用该万用表时注意什么?
2. 请述说手摇式兆欧表使用方法。
3. 使用兆欧表的选择标准是什么?
4. 请述说使用钳形电流表测量在线电流的方法。

5. 什么是交流电？

6. 接地与接零分为哪几种？各有什么作用？

7. 什么是三相交流电？

8. 什么是三相异步电动机？其工作原理是什么？

# 第四章 车门实训

## 第一节 车门检查与维护

### 一、CRH3 型动车组车门检查与维护(IFE)

1. 培训目的

科学合理的对车门进行检修维护可以有效地提高车门运用中的质量，有效降低车门的故障率。本节主要介绍 IFE 平台车门关键部件的检查维护要点。预期通过学习使参培人员掌握对车门关键部件检修维护的方法及在运用检修中应注意的事项。

2. 车门紧固螺栓及相关接线检查

(1)门连接支撑装置及门滑动机构检查

①检查门携架(图 4-1-1)及设备架内各紧固螺栓紧固良好，防松标记清晰，无错位；检查门连接支撑装置外观状态良好，连接臂无变形、裂纹、开焊等；接地线安装良好，无松动、脱落、老化、烧痕等；门碰止挡安装良好，橡胶无老化、龟裂，调整螺母防松标记清晰，无错位；坦克链良好，无裂纹。

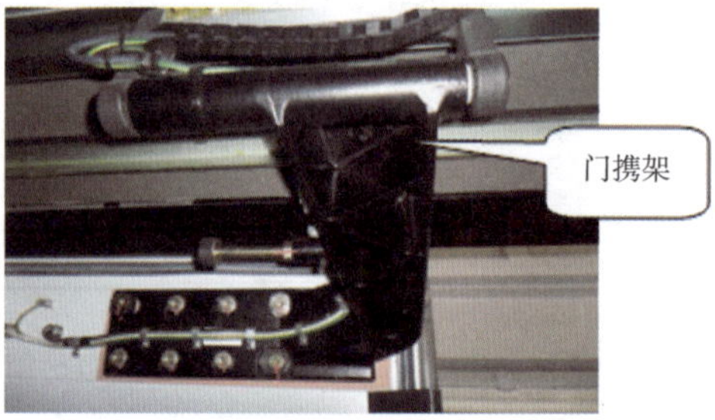


图 4-1-1 门携架

②检查门滑动机构(图 4-1-2)外观状态良好，无变形、裂纹，各组成部位状态良好；内部滑轮无卡滞、摩擦痕迹等；电线、线插(X20 线插如图 4-1-3)连接紧固，无松动、烧痕等。

图 4-1-2 滑动机构

图 4-1-3 X20 线插

③检查门滑道(图 4-1-4)外观状态良好,无变形、裂纹、损坏、摩擦痕迹等。下部安装螺栓齐全、紧固,防松标记清晰,无错位。

(2)驱动杆检查

检查驱动杆外观状态良好,无变形、裂纹,连接牢固,锁紧螺母紧固无松动,防松标记清晰,无错位;若调整锁紧螺母,要求 $|A-B| \leqslant 1$ mm,完成后用 Loctite 243 固定锁紧螺母并以标称扭矩 10 N·m 拧紧;连接板外观状态良好,螺栓齐全、紧固,防松标记清晰,无错位。驱动杆如图 4-1-5 所示。

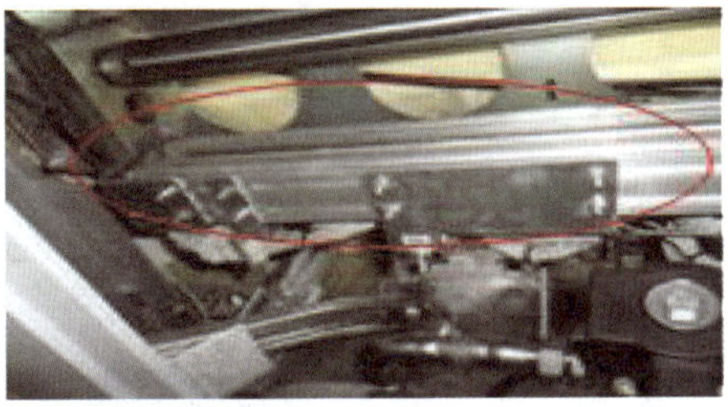

图 4-1-4　滑道

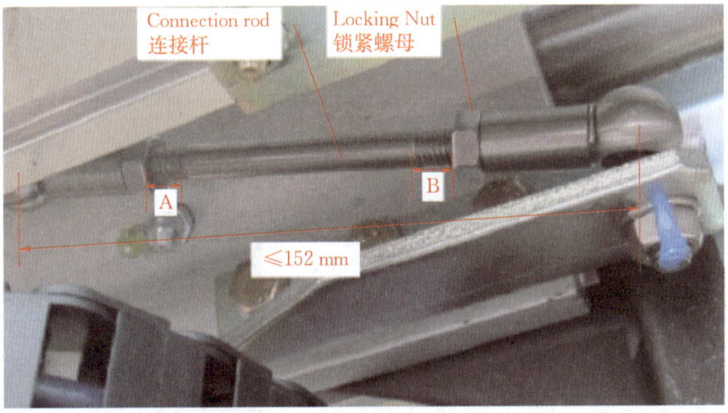


图 4-1-5　驱动杆

(3)M1 驱动电机检查

①检查 M1 驱动电机外观状态良好,安装牢固,表面无变形、裂纹、损坏等,表面安装螺栓齐全、紧固;检查驱动电机 B1 传感器 X17 线(图 4-1-6、图 4-1-7)插外观状态良好,无烧损,安装状态正常,无松动。

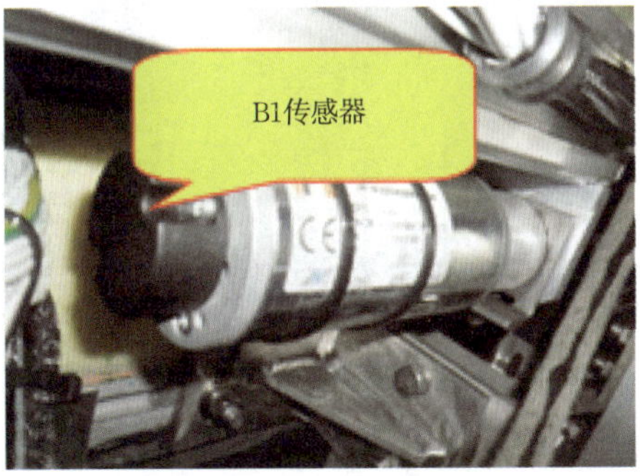


图 4-1-6　M1 驱动电机

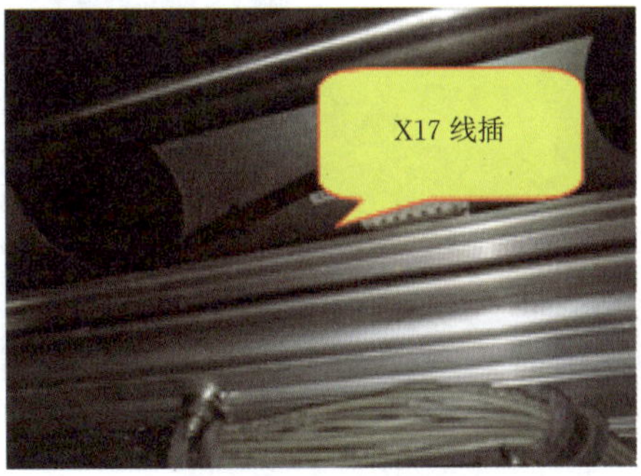


图 4-1-7　X17 线插

②检查 R3、R5 二极管(图 4-1-8)外观状态正常,无烧损现象,接线无松脱,热缩管状态良好,无破皮。

③检查 X11、X13、X19 线插(图 4-1-9)外观状态良好,无松脱、烧损,接线无破皮、异常变形。

图 4-1-8　驱动电机二极管

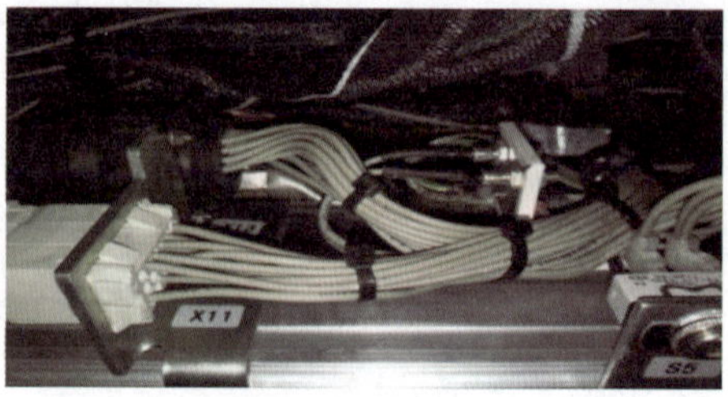


图 4-1-9　X11、X13、X19 线插

(4)解锁电机 M2 检查

检查解锁电机 M2 外观状态(图 4-1-10)良好,安装牢固,下方两接线插安装牢固,无松动、虚接、脱落等。

(5)门控器及接线检查

①检查门控器外观状态良好,安装牢固,检查门控器紧固螺栓无松动;检查 X1、X2、X3、X4 线插紧固无松动,间隙均匀且两端均衡;检查 X6、X7、X9、X10 插头螺丝紧固无松动,接口外观状态良好,拔下插头,确认插针无折断、弯曲等;目视检查接线排及各触点开关状态,无损伤、烧损现象,接线无脱落,如图 4-1-11、图 4-1-12、图 4-1-13、图 4-1-14 所示。

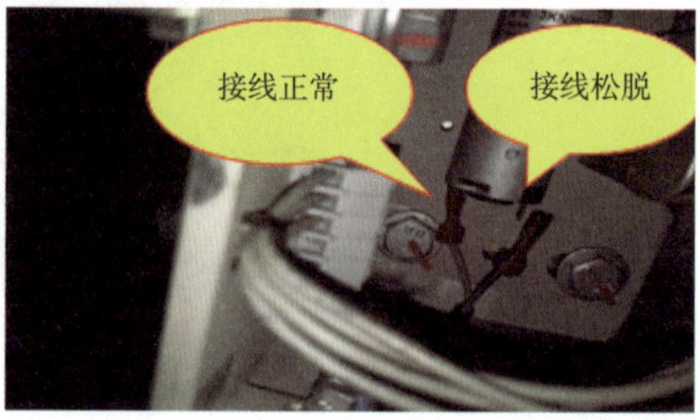


图 4-1-10　M2 解锁电机

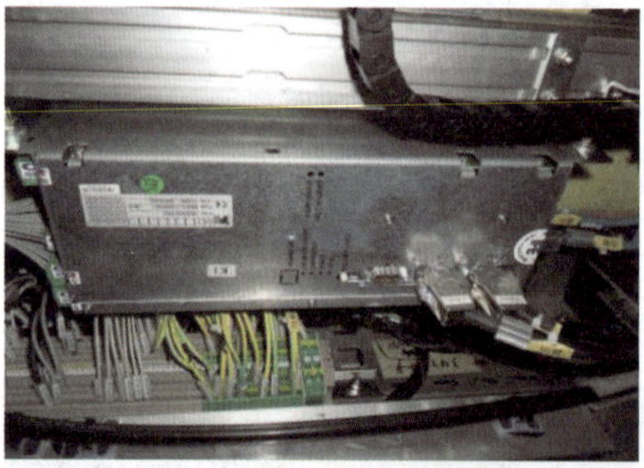

图 4-1-11　门控器

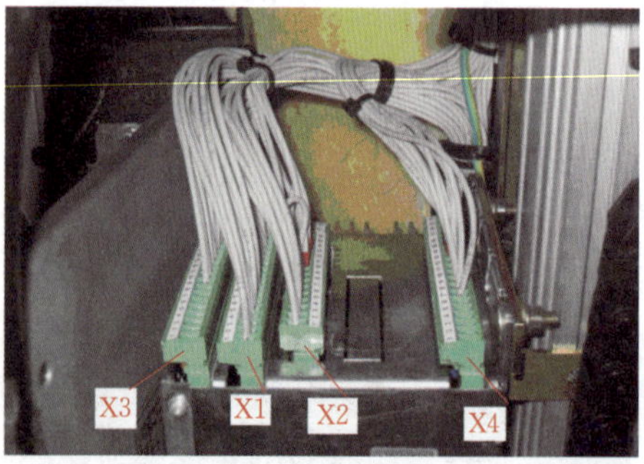


图 4-1-12　X1-X4 线插

②检查开关门时门控器的状态,绿灯正常,红灯有故障,当发现故障时,确认 ERROR 指示灯红灯闪烁次数,相应的次数对应相应的故障,通过闪烁次数判断并处理

故障。如图 4-1-15、图 4-1-16 所示。

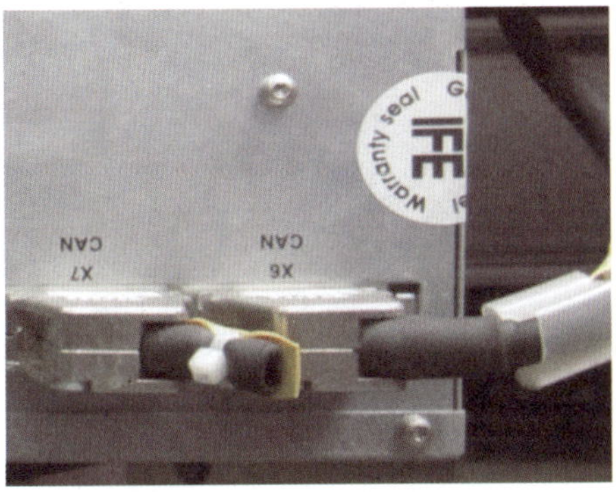

图 4-1-13 CAN 总线插头

图 4-1-14 车辆总线插头

图 4-1-15 绿灯正常

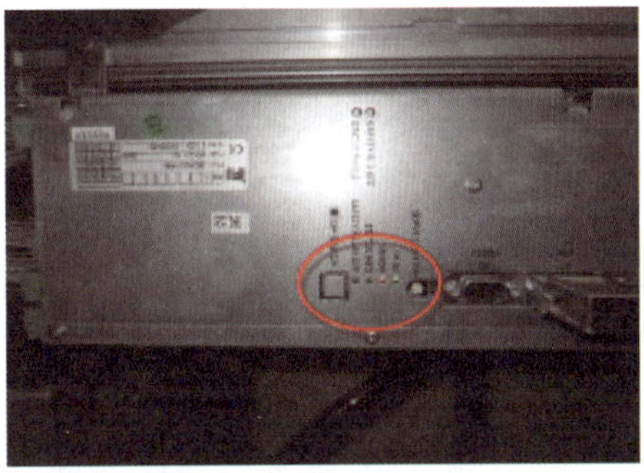

图 4-1-16 红灯故障

(6)风压表及 K3 阀总成检查

①检查风压表外观状态良好,无变形、裂纹、损坏;连接的气管外观良好,无变形、扭曲,管路及接头处无漏气现象,压力在 600～700 kPa(6～7 bar)之间[建议调整至 700 kPa(7 bar)],如需调整风压必须将调整旋塞复位,确保无间隙,如图 4-1-17 所示。

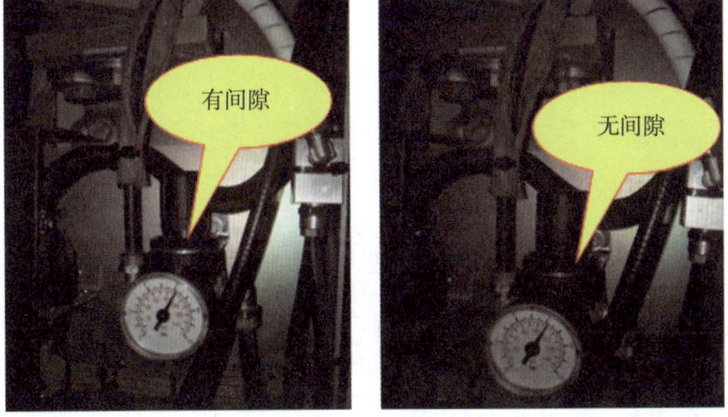


图 4-1-17 风压表

②目视检查K3电磁阀、K3气缸、B5压力开关外观状态良好,无变形、裂纹、损坏;检查气动截断阀位置正位,关闭紧固,无漏气现象;检查气动管路接头处无漏气现象;检查电气接线外观状态良好,无松动、裂纹、烧痕,如图4-1-18所示。

图4-1-18 K3阀总成

3. 手动开关及隔离锁检查

(1)本地开关门检查

①目视检查外观状态良好,无破损、裂纹、划痕等。

②用手按开门按钮(图4-1-19),蜂鸣器正常响起,门自动打开,门完全打开后鸣叫消失。

③用手按关门按钮(图4-1-20),蜂鸣器正常响起,门自动关闭,门完全关闭后鸣叫消失。

④完成检查、调整后进行开、关门试验3次。

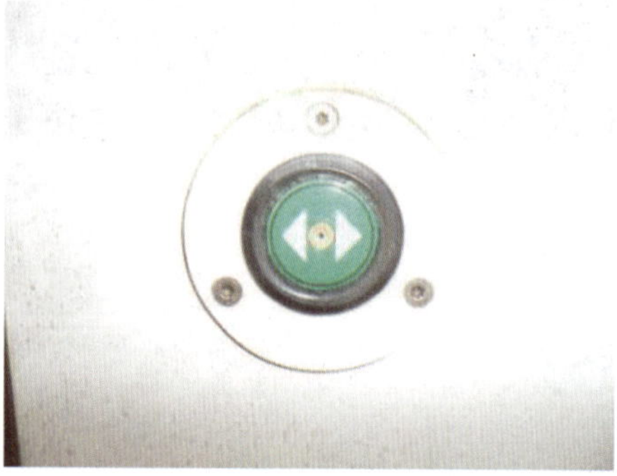

图4-1-19 外部开门按钮

图4-1-20 内部开关门按钮

(2)紧急解锁检查

①目视检查外观状态良好,无变形、脱漆、异物击打痕迹。

②检查外部紧急解锁拉手安装螺栓齐全、紧固,无松动、缺失等。

③车门在关闭状态下拉动外部紧急解锁拉手(图4-1-21),过程顺畅,作用良好,可自动复位,从开门方向推门,门可以被打开,站台补偿器应能自动打开。

④车门在关闭状态下断开车门电源S5,拉动内侧紧急解锁拉手(图4-1-22),过程顺畅,作用良好,可自动复位,从开门方向推门,门可以被打开,站台补偿器应能自动打开。

⑤目视检查解锁装置(图4-1-23)外观状态良好,电磁阀安装正位,电线无龟裂、烧痕,各转动机构状态良好,无卡滞、摩擦,解锁钢丝绳状态良好,无松动、断裂等;检查解锁弹簧外观状态良好,无失效,钢丝绳状态良好,无断裂、松动。

图 4-1-21　门外紧急解锁手柄

图 4-1-22　门内紧急解锁拉手

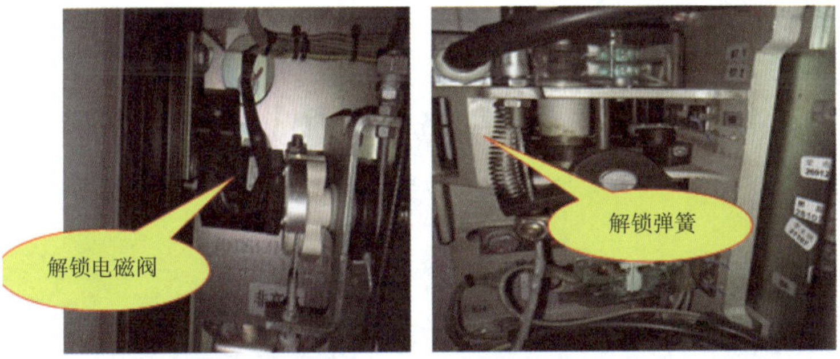


图 4-1-23　机械解锁装置

⑥检查凸轮与限位开关配合作用良好，凸轮无变形、裂纹，凸轮螺栓安装状态良好，继电器(图 4-1-24)外观状态良好，接线无松脱破皮，表面无烧损。

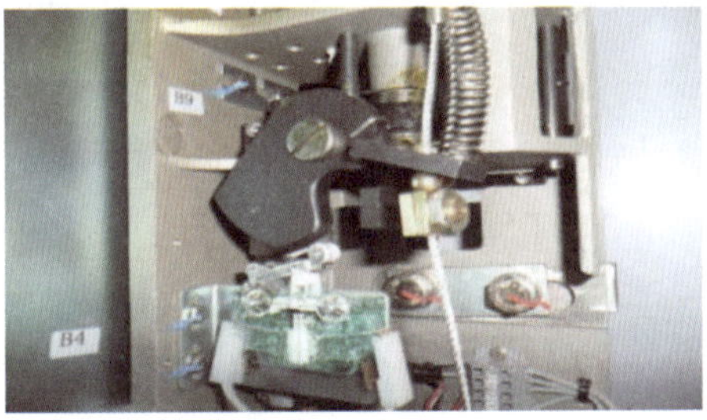

图 4-1-24　解锁继电器

(3)紧急开门状态良好

①目视检查紧急开关外观状态良好，无变形、裂纹等，锁芯无断裂；检查锁芯转动灵活，无卡滞、摩擦、异音等。

②目视检查声音报警装置外观良好，格栅无破损、裂纹等。

③车门在有电关闭情况下，转动紧急开关(图 4-1-25)，拉内部紧急解锁拉手，车门自

动打开，声音报警装置正常报警(图 4-1-26)。

图 4-1-25　紧急开关

图 4-1-26　声音报警装置

(4)紧急按钮及开门标识检查

①目视检查紧急按钮外观状态良好(图 4-1-27)，防护玻璃罩无裂纹、破损等。

②目视检查紧急开门标识(图 4-1-28)齐全、完整，无破损、翘边等。

图 4-1-27　紧急按钮

图 4-1-28　紧急开门标识

(5)机械隔离锁检查

①目视检查站台补偿器隔离锁(图 4-1-29)外观状态良好，锁芯无断裂、缺失等；用四角钥匙操作，动作顺畅，无卡滞、摩擦、异音等；可将站台补偿器隔离在完全收起状态，不影响车门的正常关闭。

②目视检查车门隔离锁(图 4-1-30)外观状态良好，锁芯无断裂、缺失等；检查安装螺栓齐全、牢固，无松动、脱落、缺失等；用四角钥匙操作，动作顺畅，无卡滞、摩擦、异音等；检查隔离锁与 B12 限位开关位置是否配合，如不配合调节两者位置；可将车门锁定在完全关闭位置，使车门无法打开。

(6)下部滚轮检查

①查看外门下导轮与下导轨外观状态无明显机械损伤，下导轮安装无松动，各安装螺栓防松标记无错位(图 4-1-31)。

②检查下摆臂安装螺栓，防松标记清晰，无松动（图 4-1-32）。

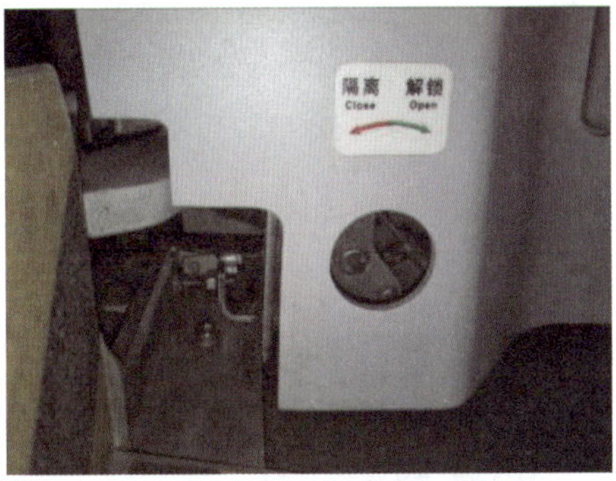


图 4-1-29　站台补偿器隔离锁

图 4-1-30　外门隔离锁

③手动开合外门，检查下导轮与下导轨相互作用时无晃动或机械卡滞现象。

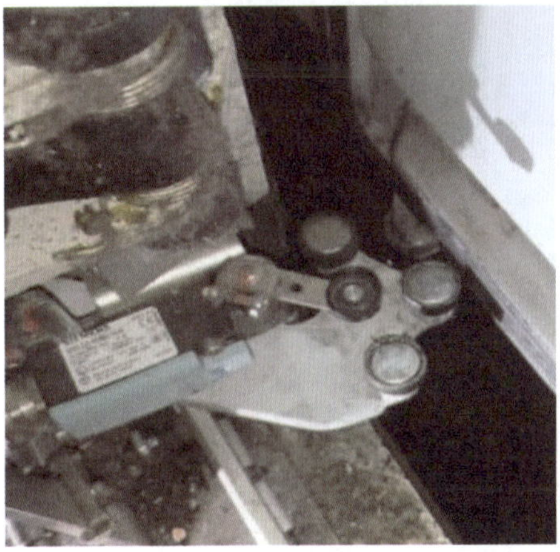

图 4-1-31　下部导轮

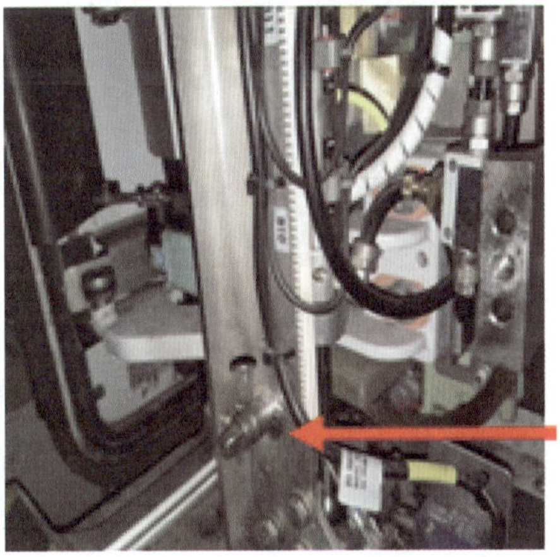

图 4-1-32　下摆臂固定螺栓

（7）站台补偿器检查

①目视检查外观状态良好，无变形、裂纹等；安装牢固，无松动，折页部位良好；检查防滑条状态良好，作用良好（图 4-1-33）。

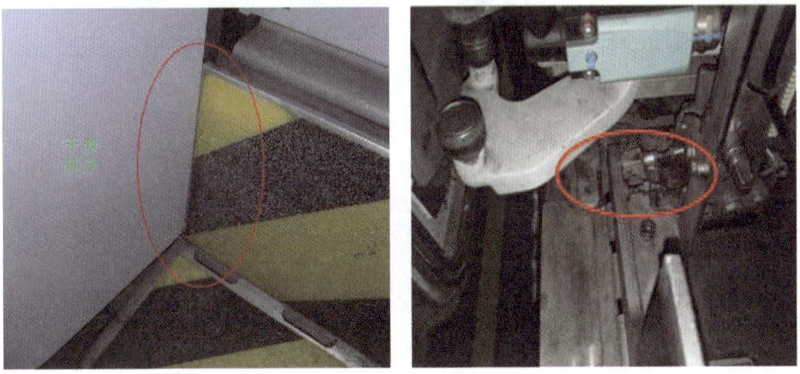

图 4-1-33　补偿器与罩板干涉、补偿器止挡

②检查补偿器收起时是否与门罩板及其胶皮干涉,如干涉应调整罩板支架(需拆卸门罩板)或者调整补偿器止挡位置;检查补偿器收起时,其止挡工作状态正常。

③保持车门供电,断开截断气阀,手动翻起站台补偿器,确认站台补偿器限位开关B11灯亮起;伸出站台补偿器,确认站台补偿器限位开关B10灯(图4-1-34)亮起;检查站台补偿器位置传感器B10和B11(图4-1-35)安装螺栓无松动,用手转动位置传感器固定塑料套,确认塑料套固定良好、无法转动。

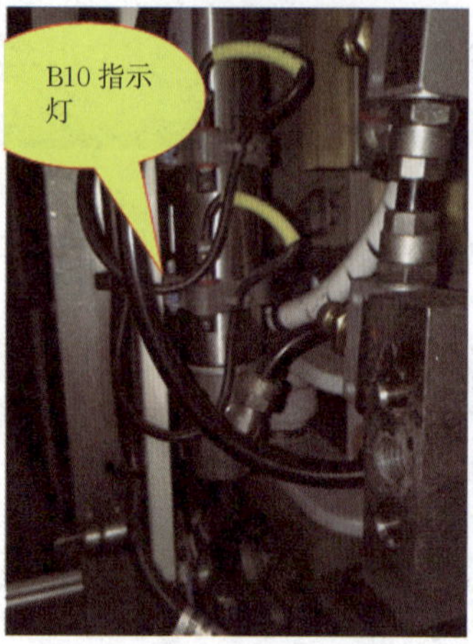


图4-1-34　B10指示灯

图4-1-35　B11指示灯

4. 清洁润滑

(1)客室侧门门板密封胶条检查及润滑

①目视检查门侧密封胶条(图4-1-36)外观状态良好,无变形、老化;检查外侧胶条下部垂直方向开孔,孔应通畅,无异物堵塞,若堵塞进行疏通,检查外侧胶条其余部位有无破损。

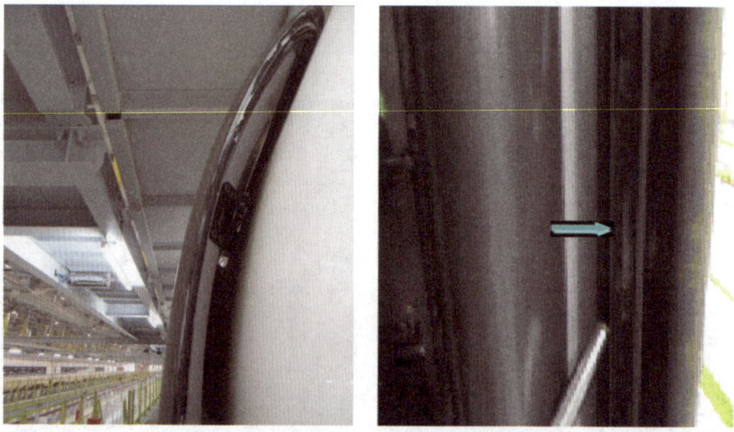

图4-1-36　密封胶条

②关闭电源开关 S5，手动打开车门，目视检查门框四周胶皮及其润滑情况，如果出现褶皱及缺少润滑和脏污情况，则用无纺布蘸适量乙丙醇，擦拭防尘胶条、防挤压胶条、密封胶条，去除褶皱和脏物，若胶条表面较脏时可反复擦拭。

③清理干净后，用方块海绵蘸取少量的润滑脂（不含硅树脂）均匀地涂抹在门扇防尘胶条、防挤压胶条、密封胶条表面，大约用量 50 g。防尘和防挤压硬胶条润滑以润滑面光滑无白色润滑脂为宜；气密软胶条以润滑面光滑，用手指挤压胶条不出白色润滑脂或门关闭后在门框上不留明显白色润滑脂为宜，5 min 后使用干布清洁防挤压胶条。

④对胶条底部的排水孔进行检查并疏通，确保排水孔无脏堵。

（2）驱动机构润滑

①清除驱动机构（图 4-1-37）上旧的润滑脂及灰尘，用毛刷将大约 4 g 的润滑脂涂打到滚珠轴承上。

②用润滑脂对驱动轴润滑，在润滑后开关门 3 次，使润滑脂充分润滑各部。

③用润滑脂对安装在驱动单元上的上导轨（曲线区）润滑。

④清除驱动轴、上导轨曲线处块状油脂。

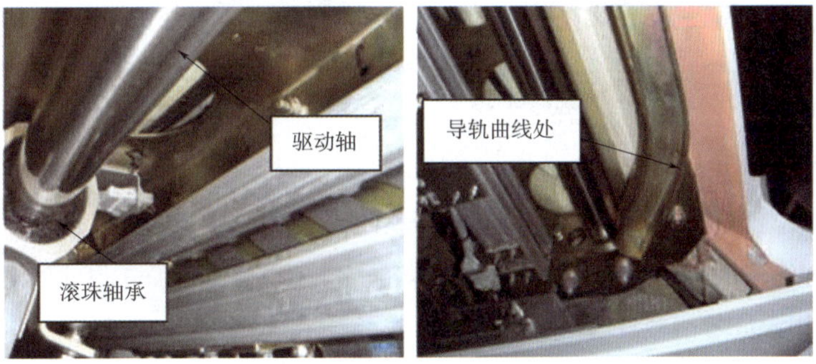


图 4-1-37　驱动机构

（3）锁闭机构润滑

①检查气动锁（图 4-1-38）外观状态良好，转动部位无裂纹、变形，上部弹簧状态良好，连接紧固；下部气缸状态良好，本体、管路无漏风现象。清除上下气动锁上旧的润滑脂，对上下气动锁锁舌，弹簧，气缸伸缩杆进行润滑；车组在有电情况下打开车门，手动闭合隔离锁（见图 4-1-39）限位开关 B6.2，此时气动锁锁舌伸出，放开隔离锁限位开关 B6.2，此时气动锁锁舌缩回，确认气动锁锁舌伸缩状态正常，上下气动锁动作速度基本一致，且无明显的卡滞、动作缓慢现象，使用无纺布将多余的块状润滑脂擦拭。

②目视检查主锁外观状态良好（图 4-1-40），棘爪无变形、裂纹、损坏等，弹簧作用良好；检查内部电气板外观状态良好，触点无变形、裂纹、热斑等；检查凸轮（图 4-1-41）安装螺栓无松动，防松标记清晰无错位，凸轮触点与限位开关触点触碰良好，接触点配合良好；润滑滚子和活塞杆之间的压缩部分，润滑主锁解锁弹簧及锁舌、锁钩。

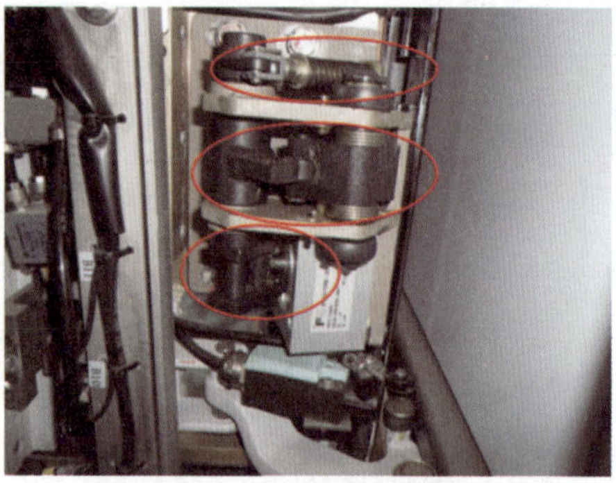

图 4-1-38　气动锁

图 4-1-39　隔离锁

图 4-1-40　主锁状态

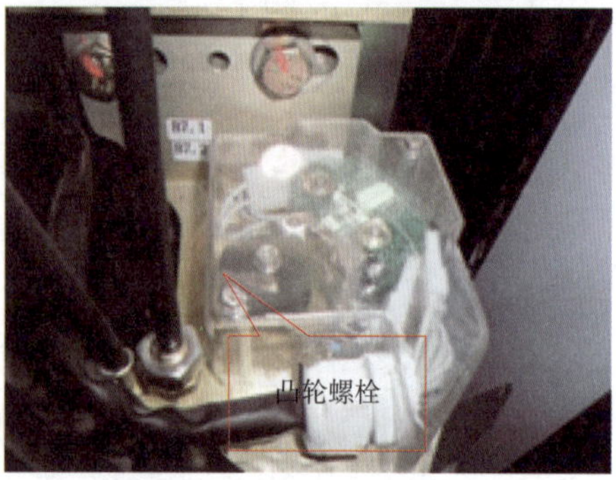


图 4-1-41　继电器及凸轮

(4)站台补偿器清洁

使用毛刷及一字起清洁站台补偿器内异物及灰尘，使用 KC-D40 除锈剂喷涂脚踏板转轴中间轴链，保证脚踏板转动灵活。若发现站台补偿器卡滞(图 4-1-42)，则在喷涂除锈剂后，手动翻起、伸出站台补偿器翻板 20 次以上，确保站台补偿器无卡滞现象，使用无纺布擦拭站台补偿器上残留的除锈剂及灰尘。

5. 数据测量

(1)98%限位开关检查(图 4-1-43、图 4-1-44)

图 4-1-42　站台补偿器

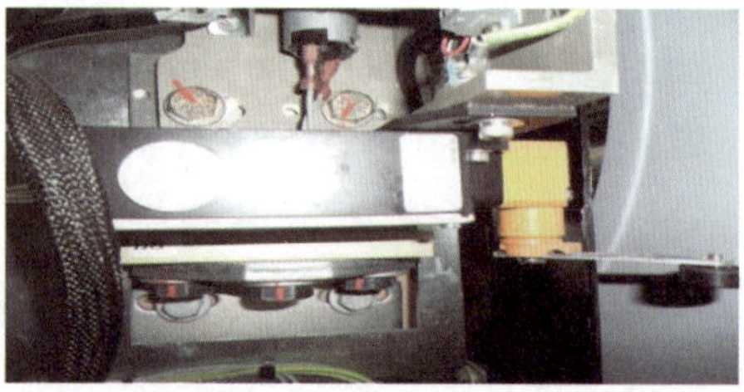

图 4-1-43　98%限位开关

①检查限位开关外观状态良好，凸轮传感器角度位置正确；检查电磁阀外观状态良好，无变形、裂纹、损坏等，安装螺栓齐全、紧固，防松标记清晰，无错位。

②限位开关测量及调整，断开外门电源开关 S5。把门扇移入二级锁闭位置，此时气动锁不动作；测量门扇锁盒边缘到门框边缘的距离 $X$；打开门，然后手动慢慢关门，直到限位开关激活时，测量门扇锁盒边缘到门框边缘的距离 $Y$(测量点和 $X$ 一致)，调整限位开关使 $X-Y=15-17$(mm)的标准；调整限位开关激活点时，松开限位开关的扳手，转动摇臂，随后拧紧；如果调整过程中，需要松开 M5 和 M4 螺栓，使用限位开关摇臂上的第 5 个孔，则在完成调整后需重新清理掉螺栓和螺母上的乐泰并以规定扭矩上紧，完成上述调整后进行电动开关门 3～5 次。

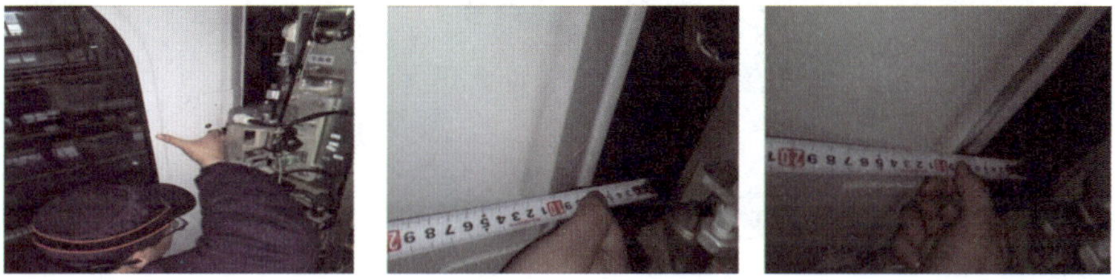

图 4-1-44　98％限位开关测量

(2)100％限位开关检查(图 4-1-45)

检查限位开关外观状态良好，凸轮角度位置正确；检查电磁阀外观状态良好，无变形、裂纹、损坏等，安装螺栓齐全、紧固，防松标记清晰，无错位；车门处于完全关闭后，触动 100％限位开关，无触发声音，说明车门关闭后，100％限位开关被触发。

(3)主锁机构检查(图 4-1-46)

手动将门扇向关闭位置推动，直到滚轮刚刚碰到锁舌(锁舌必须与止动销接触)，锁舌和滚轮之间的距离应为 3～5 mm。

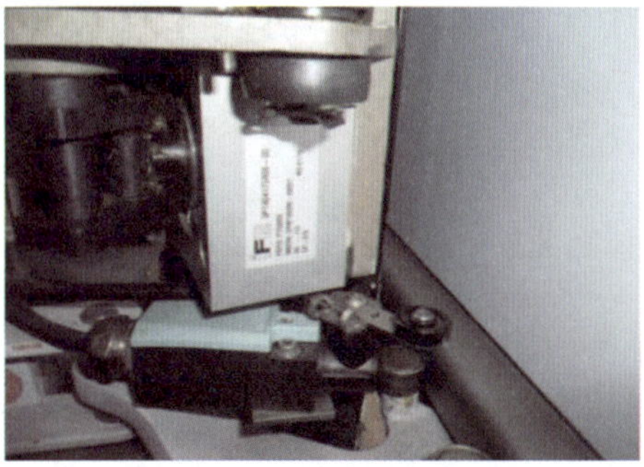

图 4-1-45　100％限位开关

图 4-1-46　主锁

(4)辅助气动锁检查(图 4-1-47)

保证风压表风压在 450 kPa(4.5 bar)以上，当辅助锁激活时，使用塞尺测量顶部法兰和滚轮之间的距离为 0.5～1.0 mm，测量底部法兰和滚轮之间的距离应为 0.5～1.0 mm。

6. 有电检查作业

(1)供电前准备

检查作业人员用 8 mm 六角棍将车门立罩上两个安装螺栓重新紧固(图 4-1-48)。

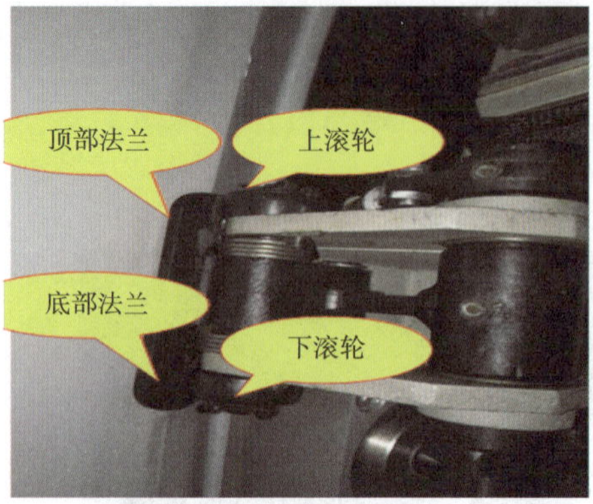


图 4-1-47　辅助气动锁

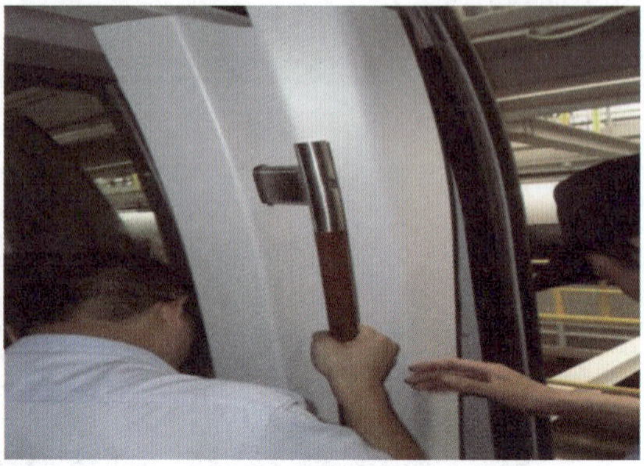

图 4-1-48　安装立罩

(2)开关门电流测量

①作业人员一组使用专用电脑对门控器(图 4-1-49)进行连接。

②打开车门测试软件,测量车门开关门电流值,在 3.5 A 以下。

(3)障碍物检测

①检查作业人员完成电流测量后,复位车门顶板(图 4-1-50)。

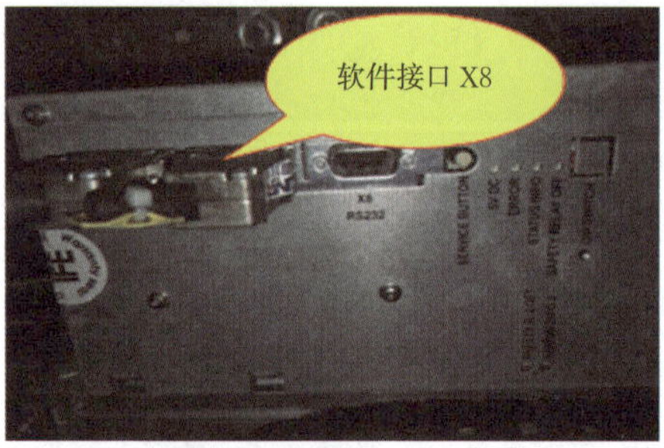


图 4-1-49　门控器

图 4-1-50　锁闭顶板

②门关闭后检查罩板(包括罩板胶皮)及平顶板(包括顶板支撑架)是否与门扇防挤压胶皮干涉,如有干涉,去除干涉部分平顶板;胶皮干涉则将胶皮向里塞或去除胶皮干涉部分。

③用事先准备好的 30 mm×60 mm 的小木块检查内、外敏感胶条为规定值。在车门处放置木块或者其他障碍物,当车门关闭时,碰到障碍物已触碰到敏感胶条时,车门应该能够再次开启(此测试是检查内外敏感胶条是否能够向车门控制单元发出信号),如车门碰到障碍物无动作或者继续关闭时,应更换车门敏感胶条

（图 4-1-51）。

（4）集控开关门试验

作业人员分别在 01 车、00 车司机室进行 3 次集控开关门试验，确认车门开关时间正常，HMI 屏故障界面无相关故障代码报出、HMI 屏车门界面显示全列开关门状态正常。

图 4-1-51　障碍物检测

## 二、CRH3 型动车组车门检查与维护（康尼）

1. 培训目的

科学合理的对车门进行检修维护可以有效地提高车门运用中的质量，有效降低车门的故障率，主要介绍塞康尼平台车门关键部件的检查维护要点。预期通过学习使参培人员掌握对车门关键部件检修维护的方法及在运用检修中应注意的事项。

2. 车门紧固螺栓及相关接线检查

（1）门连接支撑装置及门滑动机构检查

①重点检查丝杠支架螺栓（图 4-1-52）安装状态，确认达克罗蝶形垫圈与六角薄螺母外观状态良好，防松标记清晰无错位。

图 4-1-52　丝杠支架螺栓

②检查门携架注油口安装螺栓无缺失、松动，门携架各紧固螺栓紧固良好，防松标记清晰，无错位；检查设备架内各紧固螺栓防松标记清晰，无错位；检查门连接支撑装置外观状态良好，连接臂无变形、裂纹、开焊等；接地线安装良好，无松动、脱落、老化、烧痕等；门碰止挡安装良好，橡胶无老化、龟裂，调整螺母防松标记清晰，无错位；坦克链良好，无裂纹（图 4-1-53）。

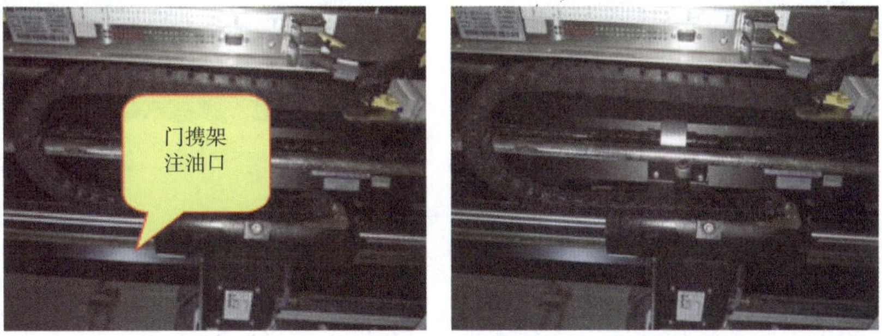


图 4-1-53　门携架

③检查门滑动机构(图 4-1-54)外观状态良好,无变形、裂纹,各组成部位状态良好;电线、线插(X25 线插)连接紧固(图 4-1-55),无松动、烧痕等。

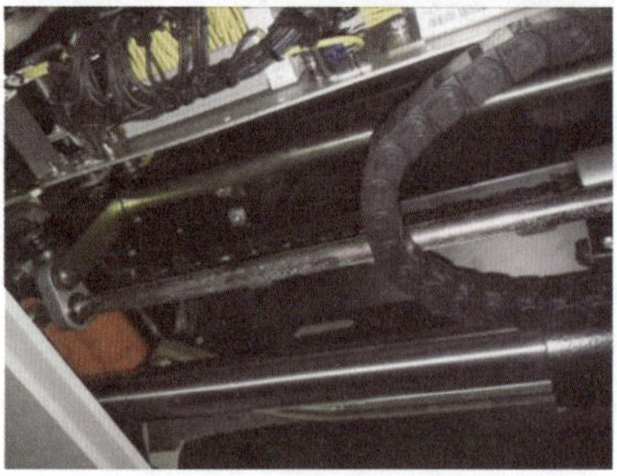

图 4-1-54　滑动机构

图 4-1-55　X25 线插

④检查门滑道外观状态良好,无变形、裂纹、损坏、摩擦痕迹等;下部安装螺栓齐全、紧固,防松标记清晰,无错位;内部滑轮无卡滞、摩擦痕迹等(图 4-1-56)。

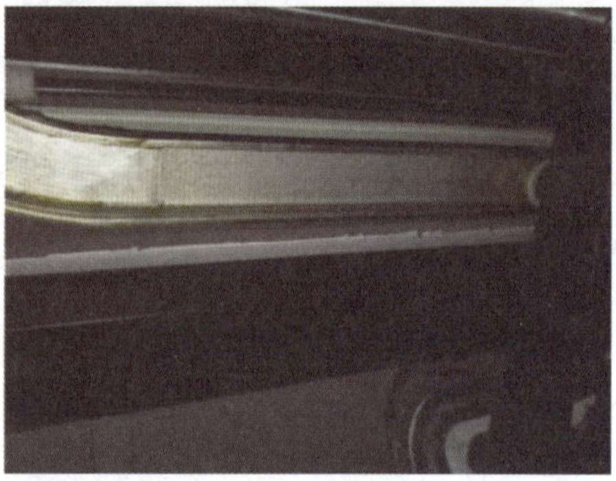

图 4-1-56　滑道

(2)导柱及同步杆检查

①检查长导柱及短导柱外观状态良好,导柱无变形、摩擦痕迹,开关门过程中导柱无异音(图 4-1-57 和图 4-1-58)。

②检查同步杆各紧固螺栓无松动,防松标记清晰无错位,开关门时同步杆动作正常,与周边设备无干涉。

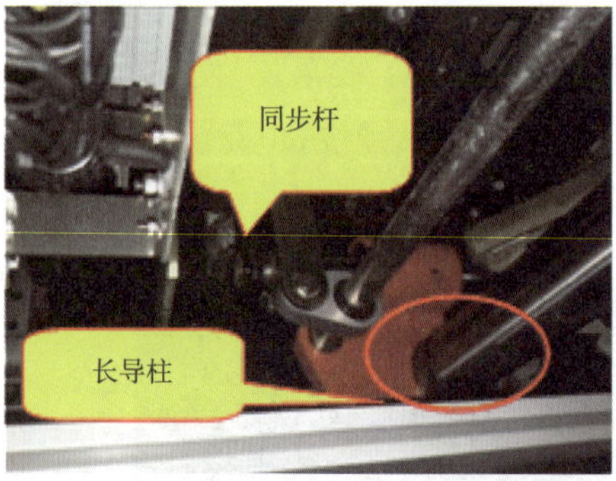


图 4-1-57　长导柱

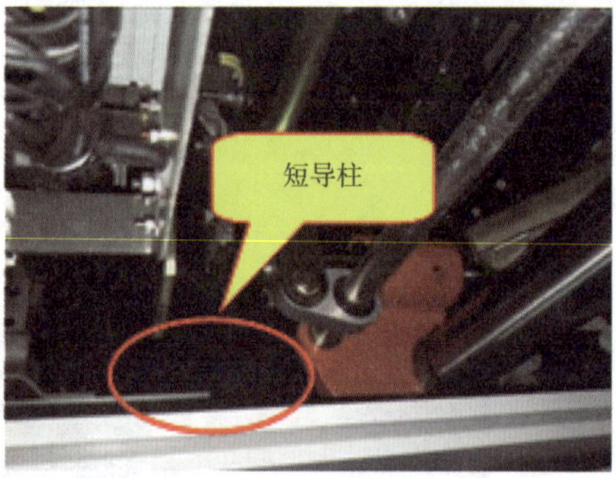


图 4-1-58　短导柱

(3)驱动电机检查(图 4-1-59)

①检查驱动电机外观状态良好,安装牢固,表面无变形、裂纹、损坏等,表面安装螺栓齐全、紧固;检查驱动电机 BQ1 传感器、XP1 线插外(图 4-1-60)观状态良好,无烧损,安

装状态正常，无松动。

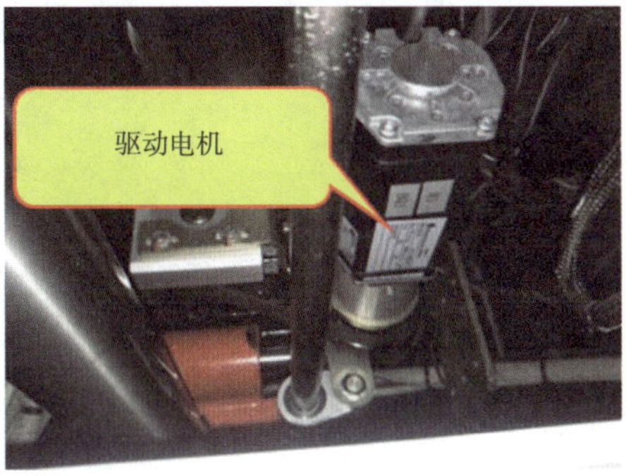


图 4-1-59　驱动电机

图 4-1-60　XP1 线插

②检查 X1、X11 线插、QF1 电源开关外观状态良好，无松脱、烧损，接线无破皮、异常变形（图 4-1-61）。

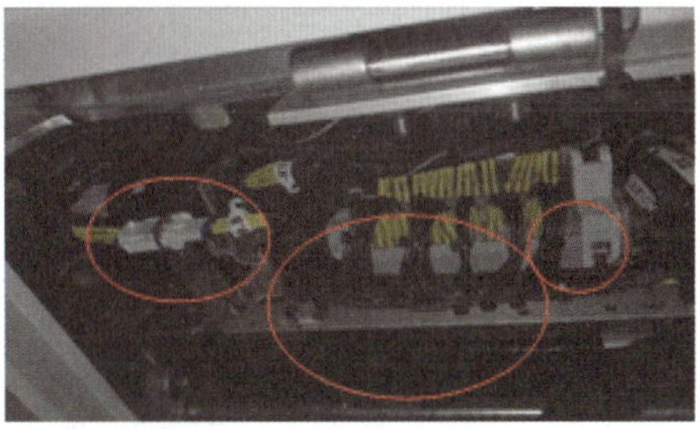

图 4-1-61　X1、X11 线插及 QF1 开关

(4)门控器及接线检查

①检查门控器（图 4-1-62）外观状态良好，安装牢固，检查门控器紧固螺栓无松动；检查 X1、X2、X3、X4 线插（图 4-1-63）紧固无松动，间隙均匀且两端均衡；检查 X6、X7、X9、X10 插头螺丝紧固无松动，接口外观状态良好，插针无折断、弯曲等；目视检查接线排及各触点开关状态，无损伤、烧损现象，接线无脱落。

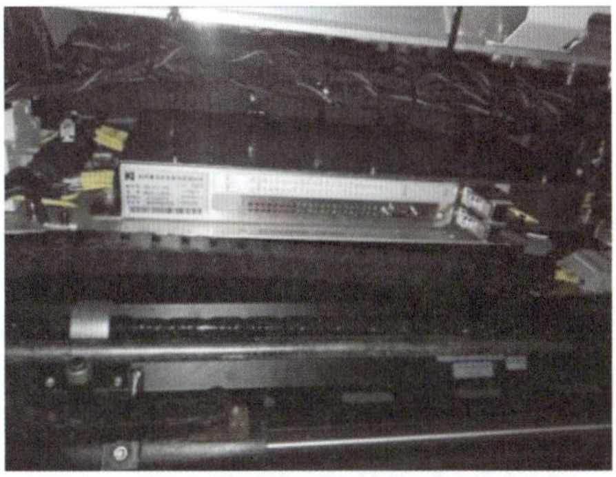

图 4-1-62　门控器

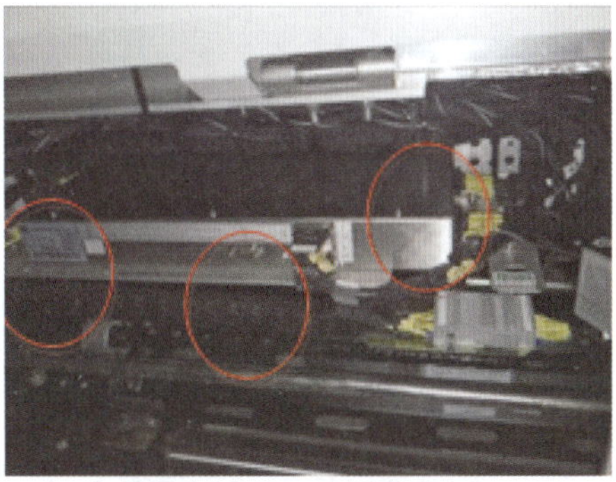

图 4-1-63　相关线插

②检查开关门时门控器的状态，进行开关门试验，检查门控器数码显示管（图 4-1-64）上是否有相关故障代码（具体故障代码对应故障如图 4-1-65 所示），故障代码由数字和字母组成，无故障代码说明车门状态良好，无故障。

(5)过滤减压阀总成检查(图 4-1-66)

①检查风压表外观状态良好,无变形、裂纹、损坏;连接的气管外观良好,无变形、扭曲,管路及接头处无漏气现象,压力在 600～650 kPa(6～6.5 bar)之间(绿色区域),检查风压调节旋塞防松标记清晰无错位,如需调整风压必须将调整旋塞复位,确保无间隙。

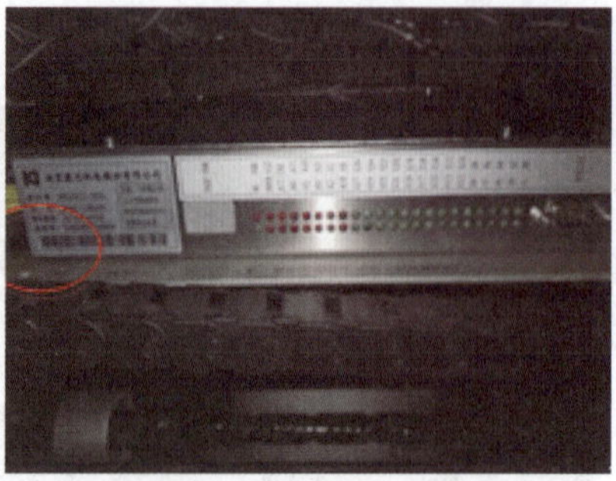

图 4-1-64　数码显示管

CRH380BK故障代码对应表

| 序号 | 车门故障定义 | | | 车辆故障代码 | | | | |
|---|---|---|---|---|---|---|---|---|
| | 故障代码 | 数码管显示 | 故障名称 | 1D20 | 1D21 | 1D22 | 1D23 | 组代码 |
| | | | | 1L/1-2 | 1R/1-1 | 2L/2-2 | 2R/2-1 | |
| 1 | 1 | 01 | 门驱动电机电路断路 | 1CA4 | 1CA5 | 1CA6 | 1CA7 | |
| 2 | 2 | 02 | “锁到位”限位开关故障 | 1C04 | 1C05 | 1C06 | 1C07 | |
| 3 | 3 | 03 | 辅助锁故障 | 1C08 | 1C09 | 1C0A | 1C0B | |
| 4 | 71 | 47 | “关到位”限位开关故障 | 1C10 | 1C11 | 1C12 | 1C13 | |
| 5 | 81 | 51 | 门3 s内未解锁 | 1C14 | 1C15 | 1C16 | 1C17 | |
| 6 | | | 门被阻塞在关到位位置置 | 1C18 | 1C19 | 1C1A | 1C1B | |
| 7 | 5 | 05 | 门位置传感器故障 | 1C1C | 1C1D | 1C1E | 1C1F | |
| 8 | 83 | 53 | 关门过程中的障碍检测触发指定次数 | 1C20 | 1C21 | 1C22 | 1C23 | |
| 9 | 7 | 07 | 开门过程中的障碍检测触发指定次数 | 1C24 | 1C25 | 1C26 | 1C27 | |
| 10 | 8 | 08 | 内部安全继电器故障 | 1C28 | 1C29 | 1C2A | 1C2B | |
| 11 | 13 | 0d | EDCU 的输出口 O2（A1蜂鸣器）故障 | 1C2C | 1C2D | 1C2E | 1C2F | |
| 12 | 14 | 0E | EDCU 的输出口 O3（A2外侧开门按钮）故障 | 1C30 | 1C31 | 1C32 | 1C33 | |
| 13 | 15 | 0F | EDCU 的输出口 O4（A3内侧开门按钮）故障 | 1C34 | 1C35 | 1C36 | 1C37 | |
| 14 | 16 | 10 | EDCU 的输出口 O5（A4本地关门按钮）故障 | 1C38 | 1C39 | 1C3A | 1C3B | |
| 15 | 17 | 11 | EDCU 的输出口 O7（A5紧急解锁电磁铁）故障 | 1C3C | 1C3D | 1C3E | 1C3F | |
| 16 | 19 | 13 | EDCU 的输出口 O10（A5辅助锁闭锁电磁阀）故障 | 1C40 | 1C41 | 1C42 | 1C43 | |
| 17 | 21 | 15 | EDCU 的输出口 O0（A8踏板收回电磁阀）故障 | 1C48 | 1C49 | 1C4A | 1C4B | |
| 18 | 85 | 55 | EDCU 的输出口 O1（A18踏板打开电磁阀）故障 | 1C50 | 1C51 | 1C52 | 1C53 | |
| 19 | 44 | 2C | 门未经许可离开关锁到位位置 | 1C54 | 1C55 | 1C56 | 1C57 | |
| 20 | 86 | 56 | 外侧敏感边缝信号一直有效 | 1C58 | 1C59 | 1C5A | 1C5B | |
| 21 | 88 | 58 | 内侧敏感边缝信号一直有效 | 1C60 | 1C61 | 1C62 | 1C63 | |
| 22 | 77 | 4d | 门隔离开关故障 | 1C68 | 1C69 | 1C6A | 1C6B | |
| 23 | 79 | 4F | 压缩空气供应损失 | 1C78 | 1C79 | 1C7A | 1C7B | |
| 24 | 94 | 5F | 门地址编码故障 | 1C7C | 1C7D | 1C7E | 1C7F | |
| 25 | 76 | 4C | 内部开门按钮故障 | 1C80 | 1C81 | 1C82 | 1C83 | |
| 26 | 75 | 4b | 外部开门按钮故障 | 1C84 | 1C85 | 1C86 | 1C87 | |
| 27 | 80 | 50 | 本地关门按钮故障 | 1C88 | 1C89 | 1C8A | 1C8B | |
| 28 | 55 | 37 | 乘务员钥匙“关”信号故障 | 1C8C | 1C8D | 1C8E | 1C8F | |
| 29 | 56 | 38 | 乘务员钥匙“准备发生”信号故障 | 1C90 | 1C91 | 1C92 | 1C93 | |
| 30 | 90 | 5A | 司机室钥匙开关“打开”位置故障 | 1C94 | 1C95 | 1C96 | 1C97 | |
| 31 | 91 | 5b | 司机室钥匙开关“关闭”位置故障 | 1C98 | 1C99 | 1C9A | 1C9B | |
| 32 | 42 | 2A | 数据总线通信故障 | 1C9C | 1C9D | 1C9E | 1C9F | |
| 33 | 22 | 16 | 存储器故障 | 1CA0 | 1CA1 | 1CA2 | 1CA3 | |
| 34 | 96 | 60 | 在规定时间内踏板未收回 | 1CE4 | 1CE5 | 1CE6 | 1CE7 | |
| 35 | 99 | 63 | “踏板隔离”开关故障 | 1CF0 | 1CF1 | 1CF2 | 1CF3 | |
| 36 | 203 | Cb | 当车速＞10km/h，车门未关灯 | 1D14 | 1D15 | 1D16 | 1D17 | |
| 37 | 202 | CA | 脚踏板隔离但是车门未被隔离 | 1D18 | 1D19 | 1D1A | 1D1B | |
| 38 | 33 | 21 | 电流传感器故障 | | | | | |
| 39 | 34 | 22 | EDCU 的输出口 O6（A10紧急解锁电磁阀）故障 | | | | | |
| 40 | 35 | 23 | EDCU 的输出口 O8（A11解锁电磁阀）故障 | | | | | |
| 41 | 36 | 24 | EDCU 的输出口 O9（A9主锁闭锁电磁阀）故障 | | | | | |
| 42 | 37 | 25 | 维护按钮故障 | | | | | |
| 43 | 204 | CC | 开门命令到达时，开门条件不具备 | | | | | |
| 44 | 92 | 5C | “$v>5$km/h”的总线信号与硬线信号差异故障 | 1C6C | 1C6D | 1C6E | 1C6F | |
| 45 | 93 | 5d | “$v>10$km/h”的总线信号与硬线信号差异故障 | 1C70 | 1C71 | 1C72 | 1C73 | |
| 46 | 78 | 4E | 车速信号逻辑错误 | 1C74 | 1C75 | 1C76 | 1C77 | |
| 47 | 95 | 5F | 在规定时间内踏板未打开 | 1CE0 | 1CE1 | 1CE2 | 1CE3 | |
| 48 | 97 | 61 | “踏板关到位”开关故障 | 1CE8 | 1CE9 | 1CEA | 1CEB | |
| 49 | 98 | 62 | “踏板开到位”开关故障 | 1CEC | 1CED | 1CEE | 1CEF | |
| 50 | — | — | 紧急解锁操作 | 1D00 | 1D01 | 1D02 | 1D03 | |
| 51 | — | — | 车门严重故障 | 1D04 | 1D05 | 1D06 | 1D07 | |
| 52 | — | — | 车门轻微故障 | 1D08 | 1D09 | 1D0A | 1D0B | |
| 53 | — | — | 门被隔离 | 1D0C | 1D0D | 1D0E | 1D0F | |
| 54 | — | — | 踏板被隔离 | 1D10 | 1D11 | 1D12 | 1D13 | |

注：组代码由绿色故障代码组成。

图 4-1-65　数码显示管显示故障代码

②目视检查过滤减压阀、过滤器外观状态良好，无变形、裂纹、损坏；检查气动截断阀位置正位，关闭紧固，无漏气现象；检查气动管路接头处无漏气现象；检查电气接线外观状态良好，无松动、裂纹、烧痕。

(6)侧立集成电磁阀及踏板电磁阀检查

①检查侧立集成电磁阀(图 4-1-67)外观状态良好，安装螺栓防松标记清晰无错位，螺栓无松动，风管无破损、老化现象，观察电磁阀动作时无漏风现象。

②检查踏板电磁阀(图 4-1-68)外观状态良好，安装螺栓无松动，风管无破损、老化现象，观察电磁阀动作时无漏风现象，相关接地线安装状态良好，无松动现象。

3. 手动开关及隔离锁检查

(1)本地开关门检查

①目视检查外观状态良好，无破损、裂纹、划痕等。

②用手按开门按钮，蜂鸣器正常响起，门自动打开，门完全打开后鸣叫消失。

图 4-1-66　过滤减压阀

图 4-1-67　侧立集成电磁阀

③用手按关门按钮，蜂鸣器正常响起，门自动关闭，门完全关闭后鸣叫消失。

④完成检查、调整后进行开、关门试验 3 次。

(2)紧急解锁检查

①目视检查外观状态良好，无变形、脱漆、异物击打痕迹。

②检查外部紧急解锁拉手安装螺栓齐全、紧固，无松动、缺失等。

③车门在关闭状态下拉动外部紧急解锁拉手(图 4-1-69)，过程顺畅，作用良好，可自动复位，从开门方向推门，门可以被打开，站台补偿器应能自动打开。

④车门在关闭状态下断开车门电源 QF1，拉动内侧紧急解锁拉手(图 4-1-70)，过程顺畅，作用良好，可自动复位，从开门方向推门，门可以被打开，站台补偿器应能自动打开。

⑤目视检查机械解锁装置(图 4-1-71)外观状态良好，电线无龟裂、烧痕，各转动机构

状态良好,无卡滞、摩擦,解锁钢丝绳状态良好,无松动、断裂等;检查解锁弹簧外观状态良好,无失效,钢丝绳状态良好,无断裂、松动;解锁磁铁外观状态无异常、变形,磁铁安装螺栓防松标记无错位。

图 4-1-68　踏板电磁阀

图 4-1-69　门外紧急解锁拉手

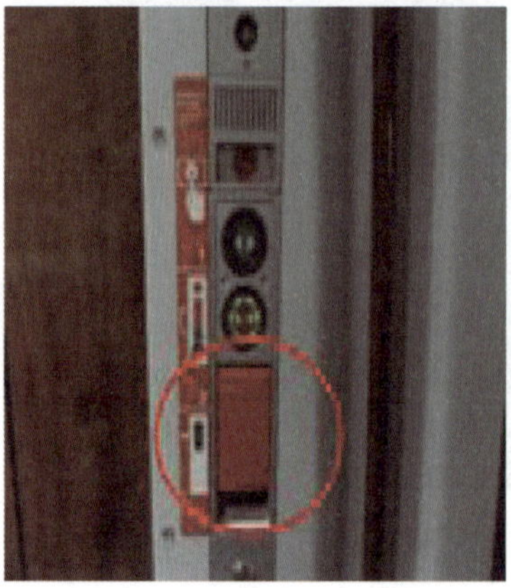

图 4-1-70　门内紧急解锁拉手

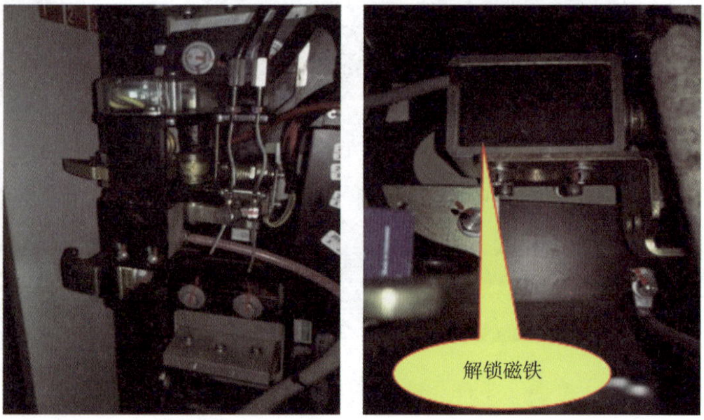


图 4-1-71　机械解锁装置

(3)紧急开门状态良好

①目视检查紧急开关(图 4-1-72)外观状态良好,无变形、裂纹等,锁芯无断裂;检查锁芯转动灵活,无卡滞、摩擦、异音等。

②目视检查声音报警装置外观良好,格栅无破损、裂纹等。

③车门在有电关闭情况下,转动紧急开关,拉内部紧急解锁拉手,车门自动打开,声音报警装置正常报警(图 4-1-73)。

(4)紧急按钮及开门标识检查

①目视检查紧急按钮(图 4-1-74)外观状态良好,防护玻璃罩无裂纹、破损等。

②目视检查紧急开门标识(图 4-1-75)齐全、完整,无破损、翘边等。

图 4-1-72 紧急开关

图 4-1-73 声音报警装置

图 4-1-74 紧急按钮

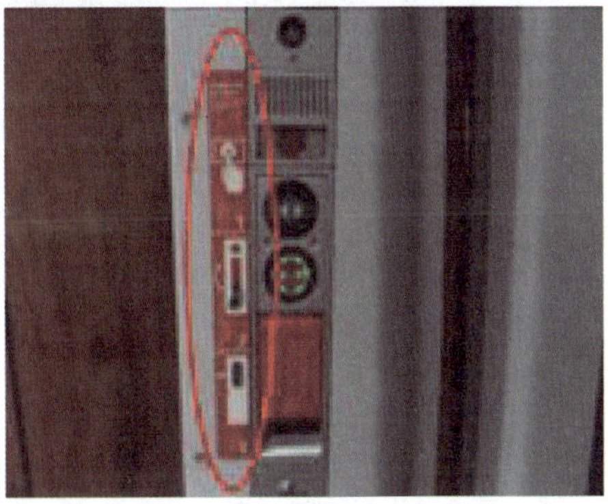

图 4-1-75 紧急开门标识

(5)机械隔离锁检查

①目视检查站台补偿器隔离锁(图 4-1-76)外观状态良好,锁芯无断裂、缺失等;用四角钥匙操作,动作顺畅,无卡滞、摩擦、异音等;可将站台补偿器隔离在完全收起状态,不影响车门的正常关闭。

②目视检查车门隔离锁(图 4-1-77)外观状态良好,锁芯无断裂、缺失等;检查安装螺栓齐全、牢固,无松动、脱落、缺失等;用四角钥匙操作,动作顺畅,无卡滞、摩擦、异音等;可将车门锁定在完全关闭位置,使车门无法打开。

图 4-1-76 站台补偿器隔离锁

图 4-1-77 外门隔离锁

(6)下部滚轮检查

①查看外门下导轮(图 4-1-78)与下导轨外观状态无明显机械损伤,下导轮安装无松动,各安装螺栓防松标记无错位。

②检查下摆臂固定螺栓(图 4-1-79),防松标记清晰无错位,无松动。

③手动开合外门,检查下导轮与下导轨相互作用时无晃动或机械卡滞现象。

(7)站台补偿器检查

①目视检查外观状态良好,无变形、裂纹等;安装牢固,无松动,折页部位良好;检查防滑条状态良好,作用良好。

图 4-1-78　下部导轮

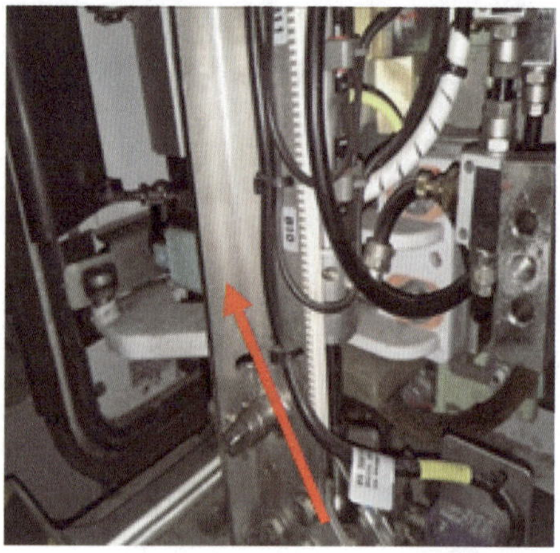

图 4-1-79　下摆臂固定螺栓

②检查补偿器收起时是否与门罩板及其胶皮干涉(图 4-1-80),如干涉应调整罩板支架(需拆卸门罩板)或者调整补偿器止挡位置(图 4-1-81);检查补偿器收起时,其止挡工作状态正常,确认止挡调节螺母无松动,防松标记无错位,橡胶挡无老化、破损变形。

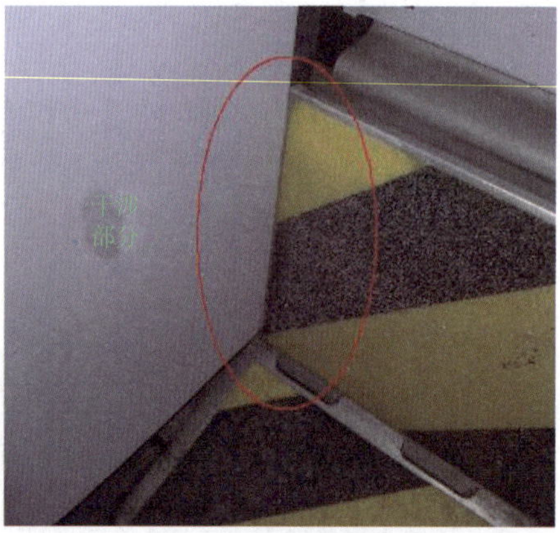

图 4-1-80　补偿器与罩板干涉

图 4-1-81　补偿器止挡

③断开截断气阀，手动翻起站台补偿器，确认站台补偿器（图 4-1-82）限位开关 S14 触发（触发时有声音）；伸出站台补偿器，确认站台补偿器（图 4-1-83）限位开关 S15 触发（触发时有声音）。

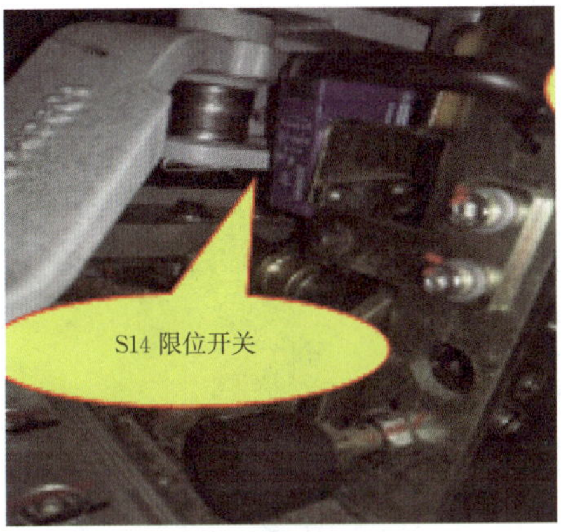


图 4-1-82　S14 限位开关

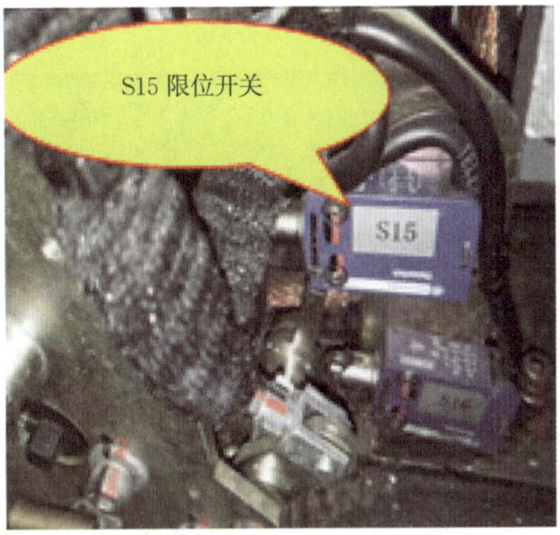


图 4-1-83　S15 限位开关

4. 清洁润滑

（1）客室侧门门板密封胶条检查及润滑（图 4-1-84）

①关闭电源开关 QF1，手动打开车门，目视检查胶皮及其润滑情况，如果出现褶皱及缺少润滑和脏污情况，则用无纺布蘸适量乙丙醇，擦拭防尘胶条、防挤压胶条、密封胶条，去除褶皱和脏物，若胶条表面较脏时可反复擦拭。

②清理干净后，用方块海绵蘸取少量的润滑脂（不含硅树脂）均匀地涂抹在门扇防尘胶条、防挤压胶条、密封胶条表面，大约用量 50 g。防尘和防挤压硬胶条润滑以润滑面光滑无白色润滑脂为宜；气密软胶条以润滑面光滑，用手指挤压胶条不出白色润滑脂或门关闭后在门框上不留明显白色润滑脂为宜，5 min 后使用干布清洁防挤压胶条。

③对胶条底部的排水孔进行检查并疏通，确保排水孔无脏堵。

（2）驱动机构润滑

①清除驱动机构上旧的润滑脂及灰尘，用毛刷将润滑脂涂打到丝杆上，然后将润滑脂涂抹均匀（图 4-1-85）。

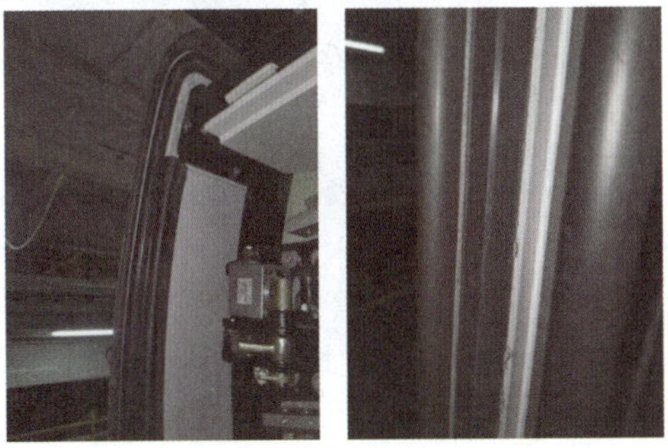

图 4-1-84　密封胶条

图 4-1-85　丝杆机构

②用润滑脂对短导柱及长导柱(图 4-1-86 和图 4-1-87)进行润滑,在润滑后开关门 3 次,使润滑脂充分润滑各部。

③用润滑脂对安装在驱动单元上的上导轨(曲线区)润滑。

④使用无纺布清除导柱、上导轨曲线处块状油脂。

图 4-1-86　长导柱

图 4-1-87　短导柱

(3)锁闭机构检查及润滑

①检查气动锁(图 4-1-88)外观状态良好,转动部位无裂纹、变形,上部弹簧状态良好,连接紧固;下部气缸状态良好,本体、管路无漏风现象。清除上下气动锁上旧的润滑脂,对上下气动锁锁舌,弹簧,气动锁滚轮进行润滑;车组在有电情况下打开车门,使用内六角轻触 Y2 电磁阀(图 4-1-89),此时气动锁锁舌伸出,放开 Y2 电磁阀,此时气动锁锁舌缩回,确认气动锁锁舌伸缩状态正常,上下气动锁动作基本一致,且无明显的卡滞、动作缓慢现象,使用无纺布将多余的块状润滑脂擦拭。

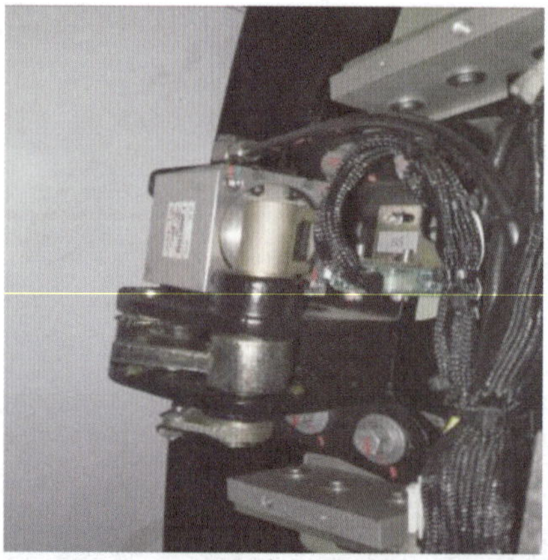

图 4-1-88　气动锁

图 4-1-89　Y2 电磁阀

②目视检查主锁(图 4-1-90)外观状态良好,棘爪无变形、裂纹、损坏等,弹簧作用良好;检查塞拉门主锁弹簧是否有裂纹现象(如表面油污较多,可先用无纺布擦拭干净再目视检查),如表面发现裂纹需对弹簧进行更换;检查内部电气板外观状态良好,触点无

变形、裂纹、热斑等；检查凸轮与微动开关（图 4-1-91）配合作用良好，凸轮无变形、裂纹，凸轮螺栓安装状态良好，防松标记清晰无错位，微动开关外观状态良好，接线无松脱破皮，表面无烧损，润滑主锁解锁弹簧及锁舌、锁钩。

图 4-1-90　主锁

图 4-1-91　微动开关

（4）站台补偿器清洁（图 4-1-92）

使用毛刷及一字起清洁站台补偿器内异物及灰尘，使用 KC-D40 除锈剂喷涂脚踏板转轴中间轴链，保证脚踏板转动灵活。若发现站台补偿器卡滞，则在喷涂除锈剂后，手动翻起、伸出站台补偿器翻板 20 次以上，确保站台补偿器无卡滞现象，使用无纺布擦拭站台补偿器上残留的除锈剂及灰尘。

图 4-1-92　站台补偿器

5. 数据测量

（1）98％限位开关检查（图 4-1-93）

①检查 S4 限位开关外观状态良好，凸轮传感器角度位置正确；检查电磁阀外观状态良好，无变形、裂纹、损坏等，安装螺栓齐全、紧固，防松标记清晰，无错位。

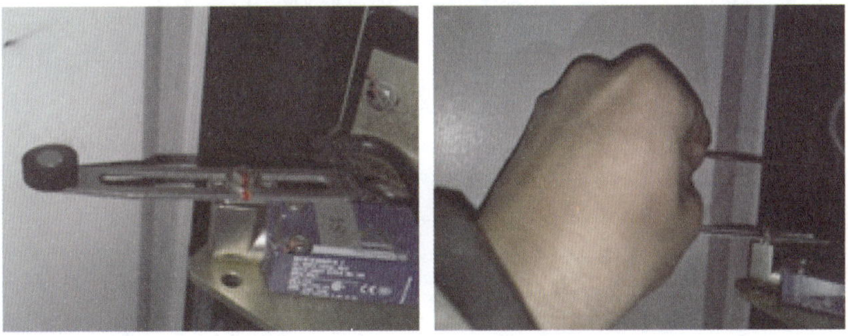

图 4-1-93　98％限位开关

②限位开关测量及调整(图 4-1-94),断开外门电源开关 QF1。把门扇移入二级锁闭位置,此时气动锁不动作;测量门扇锁盒边缘到门框边缘的距离 $X$;打开门,然后手动慢慢关门,直到限位开关激活时,测量门扇锁盒边缘到门框边缘的距离 $Y$(测量点和 $X$ 一致),调整限位开关使 $X-Y=20-30$(mm)的标准;标准在正常范围后进行电动开关门 3~5 次,确认车门开关正常。

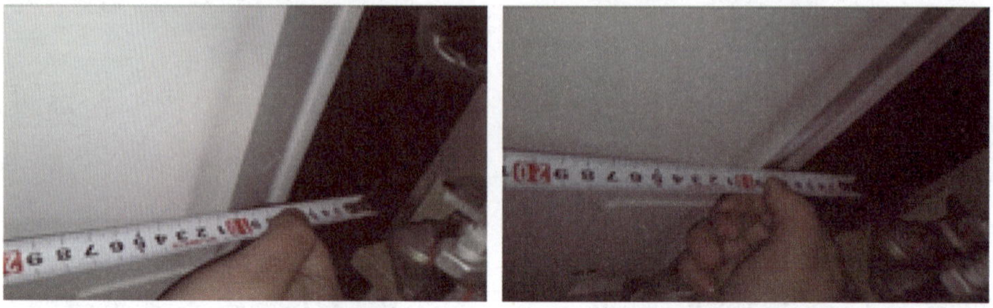

图 4-1-94　98%限位开关测量

(2)100%限位开关检查(图 4-1-95 和图 4-1-96)

①检查 S8 限位开关外观状态良好,凸轮角度位置正确;检查电磁阀外观状态良好,无变形、裂纹、损坏等,安装螺栓齐全、紧固,防松标记清晰,无错位。

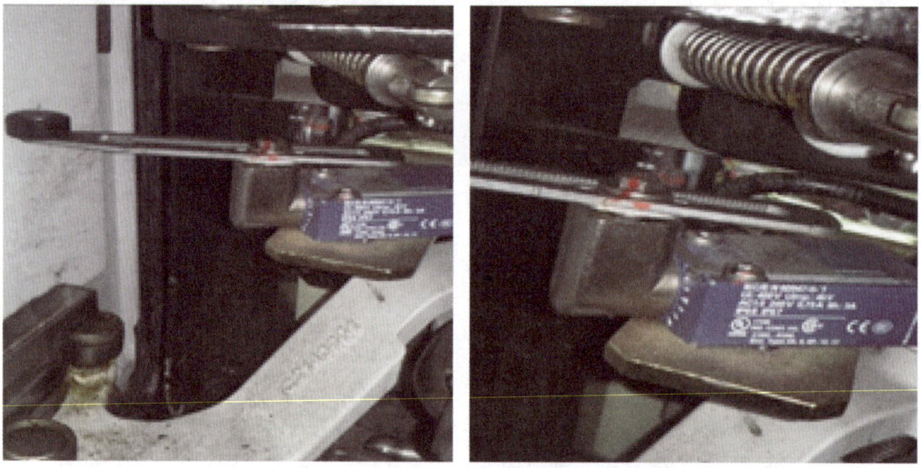

图 4-1-95　100%限位开关

②限位开关测量及调整,断开外门电源开关 QF1。把门扇移入二级锁闭位置,此时气动锁不动作;测量门扇锁盒边缘到门框边缘的距离 $X$;打开门,然后手动慢慢关门,直到限位开关激活时,测量门扇锁盒边缘到门框边缘的距离 $Y$(测量点和 $X$ 一致),调整限位开关使 $X-Y=20-30$(mm)的标准;标准在正常范围后进行电动开关门 3~5 次,确认车门开关正常。

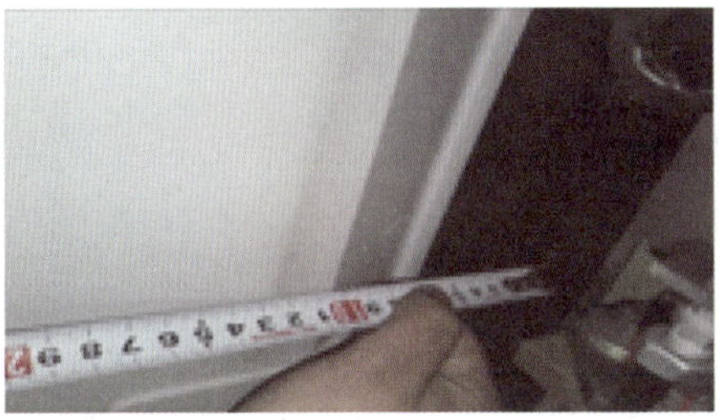
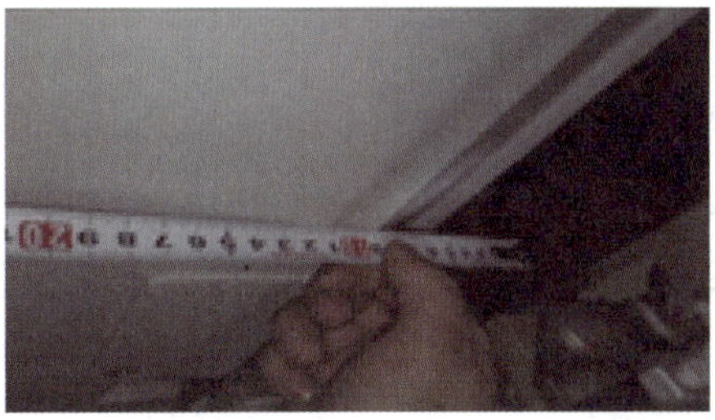

图 4-1-96　100%限位开关测量

(3)主锁机构检查(图 4-1-97)

手动将门扇向关闭位置推动,直到滚轮刚刚碰到锁舌(锁舌必须与止动销接触),锁舌和滚轮之间的距离应为 3～6 mm(可用塞尺测量)。

(4)辅助气动锁检查(图 4-1-98)

保证风压表风压在 450 kPa(4.5 bar)以上,当辅助锁激活时,气动锁压紧锁舌重叠量间隙为(5±2) mm,同时必须保证辅助锁锁舌面与门扇辅助锁锁扣面接触,如需调整辅助锁,保证辅助锁调整厚度不超过 8 mm,轻触辅助气动锁限位开关凸轮,保证凸轮有一定的余量,如图 4-1-98 所示。

图 4-1-97　主锁机构

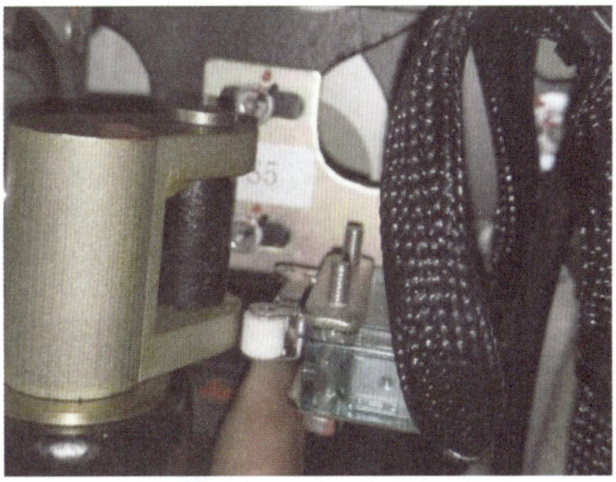

图 4-1-98　辅助气动锁

6. 有电检查

(1)供电前准备

检查作业人员用 8 mm 六角棍将车门立罩上两个安装螺栓重新紧固,复位车门顶板(图 4-1-99、图 4-1-100)。

(2)障碍物检测(图 4-1-101)

①门关闭后检查罩板(包括罩板胶皮)及平顶板(包括顶板支撑架)是否与门扇防挤压胶皮干涉,如有干涉,去除干涉部分平顶板;胶皮干涉则将胶皮向里塞或去除胶皮干涉部分。

图 4-1-99 安装立罩

图 4-1-100 锁闭顶板

②用事先准备好的 30 mm×60 mm 的小木块检查内、外敏感胶条为规定值。在车门处放置木块或者其他障碍物，当车门关闭时碰到障碍物以触碰到敏感胶条时，车门应该能够再次开启（此测试是检查内外敏感胶条是否能够向车门控制单元发出信号），如车门碰到障碍物无动作或者继续关闭时，应更换车门敏感胶条。

图 4-1-101 障碍物检测

(3)集控开关门试验

作业人员分别在 01 车、00 车司机室进行 3 次集控开关门试验，确认车门开关时间正常，HMI 屏故障界面无相关故障代码报出、HMI 屏车门界面显示全列开关门状态正常。

## 第二节 塞拉门门控器功能

### 一、培训目的

CRH3 型动车组车门门控器是整个车门动作控制、监控的主要部件，目前门控器分为 IFE 平台车门门控器及康尼平台车门门控器，本节主要对以上两种门控器的结构、功能进行介绍，通过学习能够对 CRH3 型动车组门控器的功能、作用有一个总体的认知。

### 二、IFE 平台门控器概述

CRH3 型动车组，每个塞拉门配一个门控器，每节车厢设一个主门控器。每节车厢所有的塞拉门都通过 CAN 接口连接在一起，整列车所有主门控器通过 MVB 接口与列车网络相连。主门控器从列车控制单元接收信号和指令，同时将本车厢所有车门各种状态和诊断信号的信息传送给列车网络。门控器对车门的控制依据来自接收到的各种信号和指令、如乘客操作区域中发出的信号、来自列车司机控制台的指令和 MVB 信号。网络传输结构如图 4-2-1 所示。

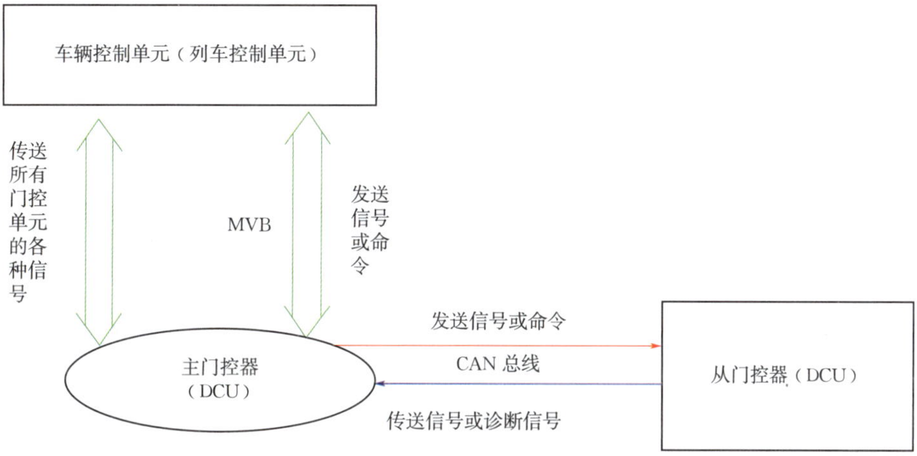


图 4-2-1　门控器网络传输拓扑结构

1. 门控器的作用及分布

IFE 平台门控单元 DCU 由一个可编程逻辑控制器以及控制门驱动电机的电源电路构成。DCU 包括一个 CAN 总线接口和一个 RS-232 服务接口，CAN 总线是各个 DCU 之间信息传输的总线，RS-232 接口是连接外部电脑的接口。每辆车都有一个主 DCU，其余为从 DCU。在 EC 类型车中 1R(一位端的右侧)为主 DCU，在 TC 和 IC 车 2R(二位端右侧)为主 DCU，FC 类型车 1R 为主。主 DCU 和从 DCU 及车辆控制单元之间进行相互通信。每个车的主 DCU 通过 MVB 线将本车门的各种信息传输给车辆控制单元，车辆控制单元不能将各种命令和信号直接送给每个 DCU，而是通过主 DCU 传达给其他从 DCU，同一辆车的 DCU 之间通过 CAN 总线连接。车辆间的通信以及 DCU 与 BCU、CCU 的通信通过与主 DCU X9 和 X10 相连的 MVB 总线实现。每辆车中，CAN 总线的走向如图 4-2-2 所示。

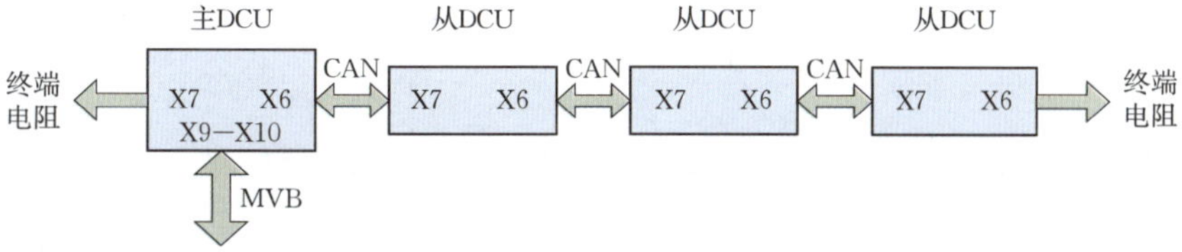


图 4-2-2　单个车厢门控器的通信网络拓扑结构

2. IFE 平台车门门控制器输入输出接口介绍

IFE 平台车门门控器共有 42 个输入信号(用 E1，…，E42 命名)，10 个输出信号(用

A1,…,A8,A17,A18 命名),通过输入信号接口采集各部件动作、状态信息,并进行逻辑诊断。输入和输出信号的分配见表 4-2-1。

**表 4-2-1　输入和输出信号分配**

| | | |
|---|---|---|
| E1 | $v$<5 km/h 的速度信号 | ($v$<5 km/h=“1”) |
| E2 | $v$>10 km/h 的速度信号 | ($v$>10 km/h=“1”) |
| E3 | $v$>5 km/h 的速度信号 | ($v$>5 km/h=“1”) |
| E4 | “打开局部外门”内侧旅客按钮 | (operated=“1”) |
| E5 | “打开局部外门”外侧旅客按钮 | (operated=“1”) |
| E6 | “关闭局部外门”旅客按钮 | (operated=“1”) |
| E7 | 测压开关 | ($P$>450 kPa(4.5 bar)=“1”) |
| E8 | “远距离关闭”方形钥匙按钮开关(顺时针) | (close=“1”) |
| E9 | 隔离开关 | (out of service=“0”) |
| E10 | 应急开关被操作 | (operated=“1”) |
| E11 | 限位开关“闭锁电机” | (operated=“1”) |
| E12 | “门 98%闭合”限位开关 | (closed 98%=“0”) |
| E13 | 司机外侧“开门”钥匙按钮开关(顺时针) | (open=“1”) |
| E14 | 限位开关“门闭合且锁闭” | (locked=“0”) |
| E15(KL) | 敏感边缘(KL)回路 1 | loop |
| E16(KL) | 敏感边缘(KL)回路 2 | loop |
| E17(G) | 门位置传感器(G)(12VDC)方向 | |
| E18(G) | 门位置传感器(G)(12VDC)脉冲 | (pulse=“0”) |
| E19 | 未使用 | |
| E20 | 未使用 | |
| E21 | 未使用 | |
| E22 | 未使用 | |
| E23 | 车辆代码译制 | (set=“1”) |
| E24 | 车辆代码译制 | (set=“1”) |
| E25 | 车辆代码译制 | (set=“1”) |
| E26 | 车辆代码译制 | (set=“1”) |
| E27 | 备件 | |
| E28 | 司机外侧“关门”钥匙按钮开关(逆时针) | (close=“1”) |
| E29 | 方形钥匙按钮开关“离开指令”(逆时针) | (depart order=“1”) |
| E30 | 紧急解锁手柄操作 | (operated=“1”) |
| E31 | 未使用 | |

续上表

| | | |
|---|---|---|
| E32 | 未使用 | |
| E33(G) | 未使用 | |
| E34(G) | 未使用 | |
| E35 | “门闭合和闭锁”限位开关 | (locked=“0”) |
| E36 | “渡板打开”限位开关 | (open=“1”) |
| E37 | “渡板闭合”限位开关 | (closed=“1”) |
| E38 | “渡板闭锁,不能使用”限位开关 | (locked out of use=“0”) |
| E39 | 未使用 | |
| E40 | 未使用 | |
| E41(G) | 未使用 | |
| E42(G) | 未使用 | |
| A1 | 蜂鸣器 | (activated=“1”) |
| A2 | “打开局部外门”外侧旅客按钮的电源/照明 | (110VDC=“1”) |
| A3 | “打开局部外门”内侧旅客按钮的电源/照明 | (110VDC=“1”) |
| A4 | “关闭局部外门”旅客按钮电源/照明 | (110VDC=“1”) |
| A5 | 应急装置的激活电磁铁 | (activated=“1”) |
| A6 | 压力装置的电空阀 | (activated=“1”) |
| A7 | 备件 | |
| A8 | 关闭渡板用的电空阀 | (close=“1”) |
| A17 | 渡板电源限位开关 | (110VDC=“1”) |
| A18 | 打开渡板的电空阀 | (open=“1”) |

3. 门控器上的元件介绍

(1)LED灯

①5VDC(绿色)——内部5 V电源。

②ERROR(红色)——门控单元故障时常亮。

③状态信息(黄色)——不能工作。

④保安继电器关断(绿色)——用于保安继电器切换位置的控制并在保安继电器断开时亮。

(2)按钮。

①常用按钮。

对于维修目的,考虑到报警装置可以通过操作门控单元上的服务按钮关闭关门。

②电机极限曲线的初始化。

操纵带切断电源的按钮。接通电源并保持按钮按下直到红色LED ERROR熄灭。

然后存储在门控单元中的电机电流标准极限曲线将被激活。

(3)CAN线连接插头(X6,X7):主要用于CAN总线连接。

(4)MVB(X9,X10)。

连接到MVB数据总线(PC104)上→仅在主控单元上有用。

(5)输入和输出信号的连接器插头。

①逻辑模块(X1)。

②电源模块(X2)。

③输入扩展模块(X3)。

④第二个电源模块(X4)。

4. 车辆控制单元和门控单元之间的信号交换

(1)硬线信号

①车辆控制单元至门控单元

a. $v<5$ km/h的速度信号

只要列车速度小于5 km/h,就将有DC+110 V连续信号。

b. $v>10$ km/h的速度信号

只要列车速度超过10 km/h,就有DC+110 V连续信号。

c. $v>5$ km/h的速度信号

只要列车速度超过5 km/h,就将有DC+110 V连续信号。

硬线速度信号与MVB总线速度信号相比较。如果它们相互不对应,在门控单元中将产生一个诊断代码,考虑MVB信号"MVB速度信号的质量信号"和"HW速度信号的质量信号"并且无开门命令被接受。

②门控单元至车辆控制单元

门关闭且闭锁信号:

信号由"门闭合和闭锁"限位开关常闭触点的串联构成并且信号闭合"门98%闭合"限位开关的触点;如果门被关闭或如果已经在终点打开位置对门进行机械隔离,则它被关闭。

(2)通过MVB进行信号交换

①车辆控制单元至主门控制单元信号

a. $v>10$ km/h

b. $v>5$ km/h

c. 实际列车速度

d. MVB速度信号的质量信号

e. HW速度信号的质量信号

f. 压缩空气风源的质量信号

g. 左侧门打开允许

h. 左侧上的门阻塞

i. 右侧门打开允许

j. 右侧上的门阻塞(倒置的信号)

k. 集中开门

l. 远距离关闭

m. 列车司机服务出口

n. 停放设置

o. 列车空载运行(此列车的外门必须封锁)

②主门控制单元至车辆控制单元

a. 门 $xy$ 关闭且闭锁($xy$=1 L,1 R,2 L 和 2 R)

b. 所有车门都被关闭且闭锁

c. 至少有一个车门打开

d. 车辆右侧上门应答允许

e. 车辆左侧上门应答允许

f. 门 $xy$ 设置为不能工作并用矩形钥匙闭锁使其不能使用

g. 门 $xy$ 上的渡板被矩形钥匙闭锁使其不能使用

h. 应急开关运转(在 MVB 诊断区域中传输→在 $v>5$ km/h 或门阻塞的情况下才传输)

i. 列车员远距离关门命令

j. 离开指令的铃

k. 离开指令的 2 铃

l. 远距离闭合命令的撤销

m. 列车司机维护出口的应答

o. 空载运行的应答

5. 诊断软件模块的功能

(1)连续监控门和门控单元的条件:

①门控单元的内部(硬件):EPROM(CRC 检查和)、RAM、NOVRAM 运行时间看门狗、振荡器看门狗。

②输入信号监控:连续监控门系统功能序列、各限位开关接受的输入信号和来自门按钮的信号等需要的和已经知道的运行条件、超时和功能故障。

③输出电路的监控:监控电机输出是否有断线、监控所有数字输出是否有短路。

在门隔离时,立即切断有关的通道诊断数据的采集;但是,必须保护以前采集的所有诊断代码。将诊断代码存储在 DCU 的 NOVRAM 中。

(2)每个诊断代码的参数：

由下列参数描述每个诊断代码：内部诊断代码：1，…，999、用户诊断代码：1，…，99

用户专有的闪动代码：1，…，19 闪动，各闪动代码的含义见表 4-4。

诊断代码分为 A 和 B 优先权的代码：

①优先权 A：

高优先权：不能保证旅客安全或门的功能严重受影响并且列车人员必须采取措施，例如：将门设置为不能工作状态

②优先权 B：

低优先权：旅客安全不受影响或门的功能稍微削弱；在原制造厂内可以除去故障。

相关 IFE 门控器的闪烁代码、诊断代码和优先权见表 4-2-2。

**表 4-2-2　IFE 门控器的闪烁代码、诊断代码和优先权**

| 闪动代码 | 优先权 | 功能 | 描　　述 | 用户诊断代码 | 内部诊断代码 | 与操作相关的备注 |
|---|---|---|---|---|---|---|
| 1x | A | b | 在门驱动用电机的电路中有断线 | 1 | 1 | — |
| 2x | A | a | “门关闭/闭锁”限位开关故障 | 2 | 2 | B7.1<br>仅在门的运动时探测 |
| 2x | A | a | “门关闭/闭锁”限位开关故障 | 3 | 2 | B7.2<br>仅在门的运动时探测 |
| 2x | A | b | “门关闭/闭锁”限位开关的信号不同 | 45 | 45 | 时间＝2 s |
| 2x | A | a | “门 98％关闭”限位开关故障 | 71 | 71 | 时间＝2 s |
| 3x | A | b | 门解锁机构故障 | 81 | 215 | — |
| 3x | A | b | 门阻塞在关闭位置 | 82 | 216 | — |
| 4x | A | b | 门位置传感器故障 | 5 | 5 | 门运动编号＝2 |
| 5x | B | b | 在关门时，在连续关门过程的固定编号上激活障碍物探测 | 83 | 143 | 关闭过程编号＝5 |
| 6x | B | d | 门激活，在开门程序的固定编号上在开门方向运行监控 | 7 | 7 | 打开过程编号＝5，然后给定的位置将代替完全打开位置 |
| 7x | A | b | 内部保安继电器故障 | 8 | 8 | — |
| 8x | B | d | DCU 输出 A1 处短路 | 13 | 13 | 蜂鸣音 |
| 8x | B | d | DCU 输出 A2 处短路 | 14 | 14 | 外侧开门按钮的电源/照明 |
| 8x | B | d | DCU 输出 A3 处短路 | 15 | 15 | 内侧开门按钮的电源/照明 |
| 8x | B | d | DCU 输出 A4 处短路 | 16 | 16 | 关门按钮的电源/照明 |
| 8x | A | b | DCU 输出 A5 处短路 | 17 | 17 | 应急装置的电磁铁激活 |

续上表

| 闪动代码 | 优先权 | 功能 | 描　　述 | 用户诊断代码 | 内部诊断代码 | 与操作相关的备注 |
|---|---|---|---|---|---|---|
| 8x | A | b | DCU 输出 A6 处短路 | 19 | 19 | 增压装置的电空阀 |
| 8x | B | d | DCU 输出 A7 处短路 | 20 | 20 | 备件 |
| 8x | A | b | DCU 输出 A8 处短路 | 21 | 21 | 关闭渡板的电空阀 |
| 8x | B | d | DCU 输出 A17 处短路 | 84 | 212 | 渡板限位开关电源 |
| 8x | B | d | DCU 输出 A18 处短路 | 85 | 213 | 打开渡板的电空阀 |
| 9x | A | d | 未经授权门离开关闭/闭锁位置 | 44 | 44 | 在关门方向激活的门驱动用电机 |
| 10x | A | b | 敏感边缘被持续操作 | 86 | 175 | 时间＝1 min<br>B2：外侧敏感边缘 |
| 10x | A | b | 敏感边缘故障 | 87 | 142 | 时间＝10 s<br>B2：外侧敏感边缘 |
| 10x | A | b | 敏感边缘持续操作 | 88 | 175 | 时间＝1 min<br>B3：内侧敏感边缘 |
| 10x | A | b | 敏感边缘故障 | 89 | 142 | 时间＝10 min<br>B3：内侧敏感边缘 |
| 11x | A | b | 门隔离开关故障 | 77 | 226 | — |
| 12x | A | c | 总线信号和硬件信号不同 | 92 | 207 | $v>5$ km/h 信号<br>时间＝10 s<br>由 MVB 速度信号的质量信号决定 |
| 12x | A | c | 总线信号和硬件信号不同 | 93 | 207 | $v>10$ km/h 信号<br>时间＝10 s<br>由 MVB 速度信号的质量信号决定 |
| 12x | A | d | 来自车辆控制单元的速度信号故障 | 78 | 225 | 硬件信号和总线信号<br>时间＝10 s |
| 13x | A | b | 缺少压缩空气风源 | 79 | 124 | 时间＝10 s |
| 14x | A | b | 故障的门编码译制 | 94 | 138 | — |
| 15x | B | c | 门按钮故障 | 75 | 231 | "打开局部外门"的内侧旅客按钮<br>动作编号＝10 |
| 15x | B | c | 门按钮故障 | 76 | 231 | "打开局部外门"的外侧旅客按钮 |
| 15x | B | c | 门按钮故障 | 80 | 231 | "关闭局部外门"的旅客按钮<br>动作编号＝10 |
| 16x | B | c | 工作人员按钮故障 | 55 | 55 | 时间＝1 min<br>"关闭" |

续上表

| 闪动代码 | 优先权 | 功能 | 描　　述 | 用户诊断代码 | 内部诊断代码 | 与操作相关的备注 |
|---|---|---|---|---|---|---|
| 16x | B | c | 工作人员按钮故障 | 56 | 55 | 时间＝1 min<br>“脱离指令” |
| 17x | B | c | “开门”位置钥匙开关故障 | 90 | 151 | 时间＝1 min |
| 17x | B | c | “关门”位置钥匙开关故障 | 91 | 152 | 时间＝1 min |
| 18x | A | b | 在固定的时间内台阶未打开 | 95 | 223 | 时间＝3 s |
| 18x | A | b | 在固定的时间内台阶未关闭 | 96 | 224 | 时间＝2.5 s |
| 19x | A | b | “台阶关闭”限位开关故障 | 97 | 112 | — |
| 19x | B | d | “台阶打开”限位开关故障 | 98 | 118 | — |
| 20x | A | b | 阶跃式隔离开关故障 | 99 | 227 | — |
| 21x | B | c | 数据总线通信故障 | 42 | 42 | 由主控单元代替从属控制单元将内部CAN总线数据传输至车辆控制单元 |
| 22x | B | d | 诊断存储器的后备电池故障 | 22 | 22 | 存储器中的所有诊断数据丢失！ |

6. 康尼平台门控器故障诊断功能

(1)康尼平台车门概述

CRH3型动车组，康尼平台门控器的网络传输结构、车门门控器DCU主从分布和IFE平台车门相同，下面从两种平台门控器的信号采集和故障诊断的区别之处进行介绍。

诊断系统的目的是自动查找并指明功能故障，以指导操作人员根据技术说明使门隔离，或指导服务人员查找并维修故障。电子门控器(EDCU)各部件的功能：

①红色LED，指明输出电子门控器控制信号的电平；

②绿色LED，指明输入电子门控器控制信号的电平；

③诊断软件模块，连续监控门功能，通过似真性检查查找不正常的情况；

④数码管数值显示，指明当前发生的故障编码；

⑤通过便携式电脑和DSS诊断软件读取并存储EDCU的诊断数据；

另外，诊断数据会通过车辆网络传输到列车管理系统(TCMS)。

(2)LED输入和输出指示

电子门控器前面板上的LED能够确保无须任何测量手段即可方便检查门系统。

图4-2-3为指示内容：

①O0～O10：输出信号的逻辑电平（红色）；
②I0～I27：输入信号的逻辑电平（绿色）；
③ERROR：主要故障指示（红色）；
④O/C：安全继电器状态，门驱动电机启动（开门方向或关门方向）（绿色）；
⑤5V DC：内部电压（红色）；
⑥ERROR CODE：故障代码指示。

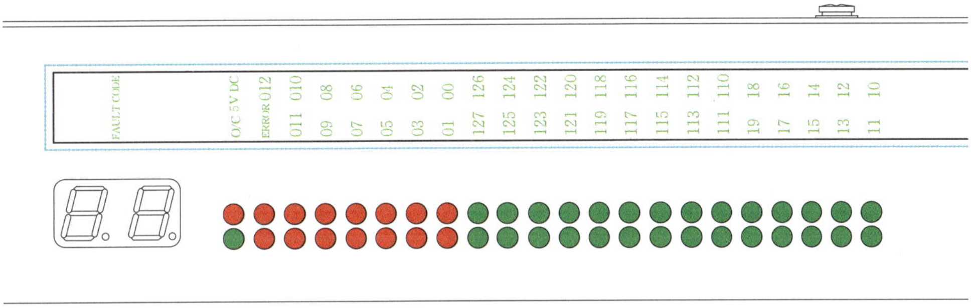


图 4-2-3　EDCU 面板 LED 指示灯示意

（3）EDCU 前面板上的 LED 用于显示相应的信号，见表 4-2-3。

**表 4-2-3　EDCU 前面板上的 LED 指示**

| LED | 信　　号 | 状　　态 |
|---|---|---|
| I0 | 紧急解锁开关 | “亮”＝门紧急解锁 |
| I1 | 门锁到位开关 | “灭”＝门锁到位 |
| I2 | 隔离开关 | “灭”＝门隔离 |
| I3 | 未使用 | |
| I4 | 关到位开关 | “灭”＝门关到位 |
| I5 | 未使用 | |
| I6 | 门地址编码 | “亮/灭”＝位 1 |
| I7 | 门地址编码 | “亮/灭”＝位 2 |
| I8 | 门地址编码 | “亮/灭”＝位 3 |
| I9 | 门地址编码 | “亮/灭”＝位 4 |
| I10 | 开门列车线 | “亮”＝开门 |
| I11 | 关门列车线 | “亮”＝关门 |
| I12 | 车速＜5 km/h 列车线 | “亮”＝车速＜5 km/h |
| I13 | 门释放列车线 | “亮”＝门释放 |
| I14 | 未使用 | |
| I15 | 车速＞10 km/h 列车线 | “亮”＝车速＞10 km/h |

续上表

| LED | 信　　号 | 状　　态 |
|---|---|---|
| I16 | 未使用 | |
| I17 | 压力开关 | “亮”=$P>$450 kPa(4.5 bar) |
| I18 | 紧急请求信号 | “亮”=紧急操作请求 |
| I19 | 未使用 | |
| I20 | 辅助锁到位开关 | “灭”=辅助锁锁到位 |
| I21 | 未使用 | |
| I22 | 外侧开门信号 | “亮”=开门 |
| I23 | 未使用 | |
| I24 | 内侧开门信号 | “亮”=开门 |
| I25 | 本地关门信号 | “亮”=关门 |
| I26 | 外部敏感边缘 | “亮”=外部敏感边缘有感应 |
| I27 | 内部敏感边缘 | “亮”=内部敏感边缘有感应 |
| O0 | 未使用 | |
| O1 | 未使用 | |
| O2 | 蜂鸣器 | “亮”=蜂鸣器鸣响 |
| O3 | 外侧开门按钮 | “亮”=外侧开门按钮灯亮 |
| O4 | 内侧开门按钮 | “亮”=外侧开门按钮灯亮 |
| O5 | 本地关门按钮 | “亮”=本地关门按钮灯亮 |
| O6 | 紧急解锁电磁铁 | “亮”=门可紧急解锁 |
| O7 | 紧急解锁电磁铁 | “亮”=门可紧急解锁 |
| O8 | 解锁电磁阀 | “亮”=门解锁 |
| O9 | 未使用 | |
| O10 | 辅助锁闭锁电磁阀 | “亮”=辅助锁闭锁 |
| 除了以上所述的所有输入输出口配有 LED 外,以下元件及功能也配有 LED | | |
| O/C | 安全继电器状态和开/关门状态指示 | “亮”=内部安全继电器闭合<br>“闪烁”=门驱动电机处于开/关门状态 |
| 5V DC | 5 V 电源指示 | “亮”=EDCU 内部 5 V 电源电压正常 |
| ERROR | 主要故障指示 | “亮”=主要故障 |
| ERROR CODE | 故障代码指示 | 当前产生的故障代码十六进制数据 |

7. 诊断软件模块的功能描述

诊断软件模块根据下列条件连续检查门和电子门控器,可诊断出下列故障:

(1)EDCU 内部诊断

a. 存储器故障；

b. 内部安全继电器故障；

c. 输出口故障；

d. 电流传感器故障；

e. 维护按钮故障等。

(2)门功能诊断

根据已知的操作条件、超时值或故障条件连续检查门的运动和限位开关等相应的输入信号。

(3)监控输出电流

a. 监控电机输出，看是否有断路情况发生；

b. 监控所有其他输出看是否有短路情况发生。

(4)“ERROR CODE”数码管指示

在 EDCU 上用一个两位十六进制数字显示的数码管来指明故障的代码：如果没有正确的诊断代码或者没有故障，则“ERROR CODE”数码管灭。如果出现正确的诊断代码，则“ERROR CODE”数码管闪烁。闪动编码总是显示高优先级的诊断代码，即如果“门未经许可离开关锁到位位置”或“门在规定时间内未解锁”诊断代码同时存在的话，则闪动编码“08”启动。如果“门未经许可离开关锁到位位置”诊断代码消失的话，则闪动编码“0b”启动。“ERROR CODE”数码管闪动时，亮 3 s，灭 1 s。相关诊断代码见表 4-2-4。

**表 4-2-4　相关诊断代码**

| 序号 | 诊断代码 | 数码管显示 | 名　称 | 备注 |
|---|---|---|---|---|
| 1 | 1 | 01 | “锁到位”限位开关一直不激活故障 | |
| 2 | 2 | 02 | “锁到位”限位开关一直激活故障 | |
| 3 | 3 | 03 | “关到位”限位开关一直不激活故障 | |
| 4 | 4 | 04 | “关到位”限位开关一直激活故障 | |
| 5 | 5 | 05 | “辅助锁”限位开关一直激活故障 | |
| 6 | 6 | 06 | 门隔离开关故障 | |
| 7 | 7 | 07 | 内部安全继电器故障 | |
| 8 | 8 | 08 | 门未经许可离开关锁到位位置 | |
| 9 | 9 | 09 | 压缩空气供应损失 | |
| 10 | 11 | 0b | 门在规定时间内未解锁 | |
| 11 | 12 | 0C | 辅助锁故障 | |
| 12 | 13 | 0d | EDCU 的紧急解锁电磁铁输出口 1 故障 | 输出口 06 |
| 13 | 14 | 0E | EDCU 的紧急解锁电磁铁输出口 2 故障 | 输出口 07 |
| 14 | 15 | 0F | EDCU 的主锁解锁电磁阀输出口故障 | 输出口 08 |

续上表

| 序号 | 诊断代码 | 数码管显示 | 名　　称 | 备注 |
|---|---|---|---|---|
| 15 | 16 | 10 | EDCU 的主锁闭锁电磁阀输出口故障(保留定义) | |
| 16 | 17 | 11 | EDCU 的辅助锁闭锁电磁阀输出口故障 | 输出口 010 |
| 17 | 18 | 12 | “$v$<5 km/h”的总线信号与硬线信号差异故障 | |
| 18 | 19 | 13 | “$v$>10 km/h”的总线信号与硬线信号差异故障 | |
| 19 | 20 | 14 | 车速信号逻辑错误 | |
| 20 | 21 | 15 | 门释放网络信号与硬线信号差异故障 | |
| 21 | 22 | 16 | 开门网络信号与硬线信号差异故障 | |
| 22 | 23 | 17 | 关门网络信号与硬线信号差异故障 | |
| 23 | 24 | 18 | 当车速>10 km/h,车门未关好 | |
| 24 | 25 | 19 | 门驱动电机电路断路 | |
| 25 | 27 | 1b | 门位置传感器故障 | |
| 26 | 28 | 1C | 电流传感器故障 | |
| 27 | 29 | 1d | 门地址编码故障 | |
| 28 | 30 | 1E | 外侧敏感边缘信号一直有效 | |
| 29 | 31 | 1F | 外侧敏感边缘断路故障 | |
| 30 | 32 | 20 | 内侧敏感边缘信号一直有效 | |
| 31 | 33 | 21 | 内侧敏感边缘断路故障 | |
| 32 | 34 | 22 | 数据总线通信故障 | |
| 33 | 43 | 2b | 关门过程中的障碍检测触发指定次数 | |
| 34 | 44 | 2C | 开门过程中的障碍检测触发指定次数 | |
| 35 | 45 | 2d | EDCU 的蜂鸣器输出口故障 | 输出口 02 |
| 36 | 46 | 2E | EDCU 的外侧开门按钮输出口故障 | 输出口 03 |
| 37 | 47 | 2F | EDCU 的内侧开门按钮输出口故障 | 输出口 04 |
| 38 | 48 | 30 | EDCU 的本地关门按钮输出口故障 | 输出口 05 |
| 39 | 49 | 31 | 存储器故障 | |
| 40 | 51 | 33 | 维护按钮故障 | |
| 41 | 52 | 34 | 外部开门按钮故障 | |
| 42 | 53 | 35 | 内部开门按钮故障 | |
| 43 | 54 | 36 | 本地关门按钮故障 | |

8. 通信传输的故障信号

为了便于对故障进行处理,列车网络 TCMS 将对车门上报的故障进行分类,并按照故障等级进行相应的故障提示和记录。根据对列车的影响程度,故障可以分成三个等级。

（1）一级故障—主要故障。涉及行车安全或影响列车性能，需要立即处理的。

（2）二级故障—中等故障。影响列车性能，发生此故障后列车不能进行长时间的日常运营需及时处置。

（3）三级故障—次要故障。不影响列车性能，具体情况见表 4-2-5。

**表 4-2-5　故障等级分类**

| 序号 | 故障类名称 | 故障等级 | | | 故障名称 |
| --- | --- | --- | --- | --- | --- |
| | | 一级故障 | 二级故障 | 三级故障 | |
| 1 | 限位开关故障 | √ | | | “锁到位”限位开关一直不激活故障 |
| | | | | | “锁到位”限位开关一直激活故障 |
| | | | | | “关到位”限位开关一直不激活故障 |
| | | | | | “关到位”限位开关一直激活故障 |
| | | | | | 辅助锁限位开关一直激活故障 |
| | | | | | 门隔离开关故障 |
| 2 | 内部安全继电器故障 | √ | | | 内部安全继电器故障 |
| 3 | 门未经许可离开关锁到位位置 | √ | | | 门未经许可离开关锁到位位置 |
| 4 | 压缩空气供应损失 | √ | | | 压缩空气供应损失 |
| 5 | 锁闭装置故障 | √ | | | 门在规定时间内未解锁 |
| | | | | | 辅助锁故障 |
| 6 | DCU 高优先级输出口故障 | √ | | | EDCU 的紧急解锁电磁铁输出口故障 |
| | | | | | EDCU 的紧急解锁电磁铁输出口故障 |
| | | | | | EDCU 的主锁解锁电磁阀输出口故障 |
| | | | | | EDCU 的主锁闭锁电磁阀输出口故障 |
| | | | | | EDCU 的辅助锁闭锁电磁阀输出口故障 |
| 7 | 信号故障 | √ | | | “$v<5$ km/h”的总线信号与硬线信号差异故障 |
| | | | | | “$v>10$ km/h”的总线信号与硬线信号差异故障 |
| | | | | | 车速信号逻辑错误 |
| | | | | | 门释放网络信号与硬线信号差异故障 |
| 8 | 当车速>10 km/h，车门未关好 | √ | | | 当车速>10 km/h，车门未关好 |
| 9 | 电机故障 | | √ | | 门驱动电机电路断路 |
| | | | | | 门位置传感器故障 |
| 10 | DCU 高优先级故障 | | √ | | 电流传感器故障 |
| | | | | | 门地址编码故障 |

续上表

| 序号 | 故障类名称 | 故障等级 | | | 故障名称 |
| --- | --- | --- | --- | --- | --- |
| | | 一级故障 | 二级故障 | 三级故障 | |
| 11 | 敏感边缘故障 | | √ | | 外侧敏感边缘信号一直有效 |
| | | | | | 外侧敏感边缘断路故障 |
| | | | | | 内侧敏感边缘信号一直有效 |
| | | | | | 内侧敏感边缘断路故障 |
| 12 | 数据总线通信故障 | | √ | | 数据总线通信故障 |
| 13 | 障碍物检测故障 | | | √ | 关门过程中的障碍检测触发指定次数 |
| | | | | | 开门过程中的障碍检测触发指定次数 |
| 14 | DCU 低优先级输出口故障 | | | √ | EDCU 的蜂鸣器输出口故障 |
| | | | | | EDCU 的外侧开门按钮输出口故障 |
| | | | | | EDCU 的内侧开门按钮输出口故障 |
| | | | | | EDCU 的本地关门按钮输出口故障 |
| 15 | DCU 低优先级故障 | | | √ | 存储器故障 |
| | | | | | 维护按钮故障 |
| 16 | 按钮故障 | | | √ | 外部开门按钮故障 |
| | | | | | 内部开门按钮故障 |
| | | | | | 本地关门按钮故障 |

## 第三节　塞拉门常见故障排查与处理

### 一、CRH3 型动车组车门常见故障(康尼平台)

1. 培训目的

动车组车门在运用过程中由于产品质量、运用维护不到位等因素会发生相应的故障,通过对康尼平台车门常见故障及解决措施进行简单介绍,使参培人员掌握车门(康尼平台)常见故障的处置方法。

2. 常见故障排查处置

(1)辅助锁故障

①表现形式:辅助锁舌规定时间未收回。

②故障原因:a. 辅助锁自身卡滞;

b. 电磁阀故障导致;

c. 由于限位开关故障、尺寸偏移导致限位开关未正常触发/释放。

③解决措施：a. 自身卡滞更换故障辅助锁，严格按照润滑周期执行保养；

b. 电磁阀故障更换故障电磁阀，进行常规开关门试验；

c. 根据软件监控辅助锁动作状态反馈限位开关 S5 的反馈值判断故障原因。

更换或按照要求重新调节限位开关(确保关门时辅助锁检测限位开关 S5 关门后被完全触发，开门时完全被释放)并施加规定扭矩。具体实物如图 4-3-1 所示。

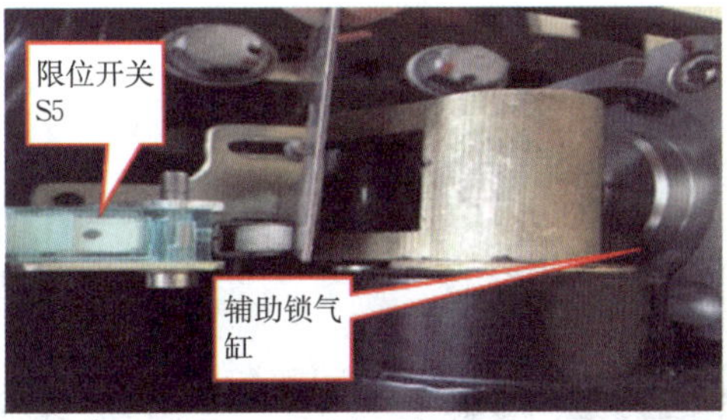

图 4-3-1 辅助锁动作及状态检测

(2)闪缝漏风故障

①原因分析

门扇下部气动锁舌与锁槽间隙较小，关门过程中因门扇跳动、门扇内外压差等因素影响，锁舌无法入锁槽，造成闪缝故障；具体如图 4-3-2 所示。

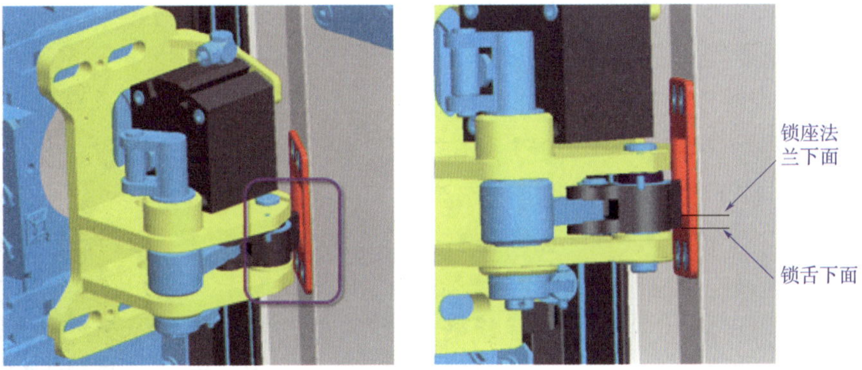

图 4-3-2 门扇下部气动锁

②处理措施

可以调整辅助锁的位置确保锁舌能正确入槽，若辅助锁故障及时更换处置。

(3)敏感边缘故障

①故障形式

a. 关门命令发出后，塞拉门无法关闭，内部控制面板上开关门按钮灯均点亮。

b. 车门重新执行打开后关闭动作。

②原理分析

敏感边缘的工作原理，门扇的前缘安装有两个互相独立的防夹手感应胶条。如果关门过程中遇到阻挡，则会向门控单元给出信号，激活相应的防夹保护功能，一旦车门达到关闭位置，防夹手功能自动断开失效。

③故障原因

a. 防挤压胶条存在贯穿性裂纹，导致感应开关接线破损。

b. 门扇上及门控器上接线松动或者破损。

c. 结构问题:门扇上角处,外部防挤压胶条与防尘胶条接茬处粘接结构存在缺陷,接茬面易开胶,洗车水及雨水侵入,使敏感边缘长期浸泡在水中,导致胶条内部进水,加速了敏感电阻的老化速度,造成敏感电阻连接失效,电阻脱落,造成回路断路进而产生防挤压故障;具体如图 4-3-3、图 4-3-4 所示。

④故障排查步骤

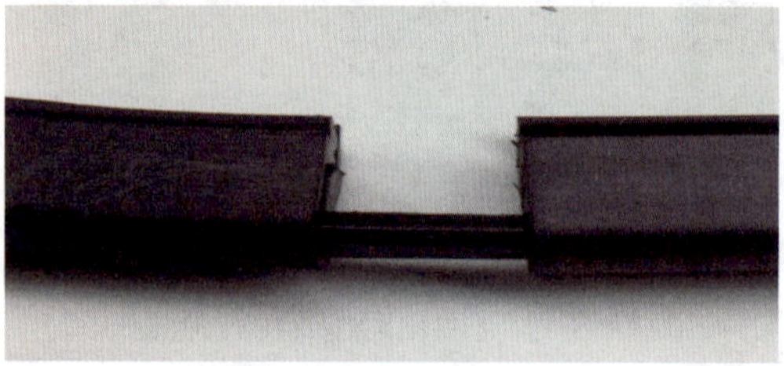

图 4-3-3 胶条接口示意

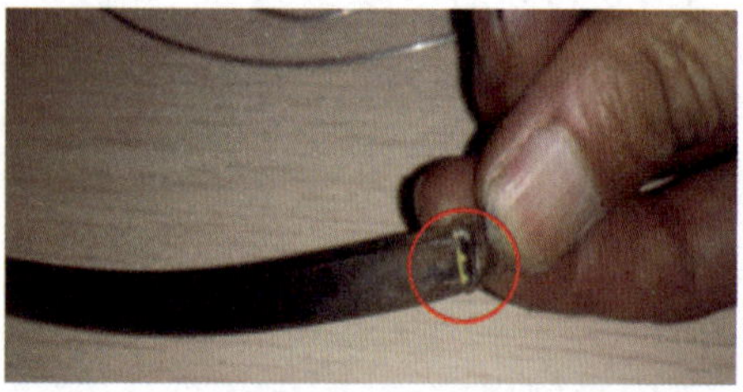

图 4-3-4 敏感电阻

a. 在列车供电供风条件下,如果发现门扇前缘防挤压胶条破损,打开车门,并关闭门控器开关 QF1,按现场作业标准对防挤压胶条整体进行更换。更换完毕后,复位 QF1 开关,测试防挤压功能。按下关门按钮,当门动作至中间位置,用手按压敏感边缘(具体如图 4-3-5 所示),门将缩回并再次尝试关门,连续 5 次操作后,门将保持在打开位置,查看故障代码消除,说明防挤压功能已恢复。

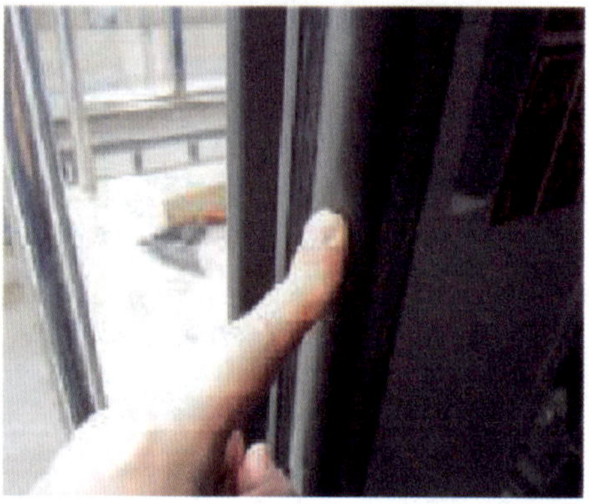

图 4-3-5 手动按压敏感边缘

b. 如果防挤压胶条无破损,检查门扇上接线是否松动或者破损,修复或者更换故障零件。检查门控器上防挤压电阻条连接插头是否松动,关闭门控器开关 QF1,重新接插头,复位 QF1 开关,进行 5 次防挤压试验,如果故障消除,说明防挤压功能已恢复。

(4)主锁故障

①表现形式

主锁无法正常完成解锁/锁闭;报解锁电磁阀锁闭/解锁故障;开关自身故障"锁到位"限位开关一直激活/不激活故障。

②故障原因

a. 供风风压低;

b. 侧立电磁阀 Y1、Y3 故障;

c. 主锁位置检测限位开关 S1 故障或位置偏移;

d. 安装调试不符合要求；

e. 线束插头异物、缩针关到位开关故障；

f. 主锁机械卡滞。

③解决措施

a. 待总风压力达到 700 kPa 后，检查供风电路是否有异常，如有异常则调节供风节流阀或更换供风电磁阀。

b. 根据门控器监控的主锁控制电磁阀 Y1、Y3，动作、反馈状态，如有异常排查供电线路或更换侧立电磁阀 Y1、Y3。

c. 安装调试不符合要求引发的故障，按照安装调试要求重新调整。

d. 根据监控 S1 的反馈信号状态，判断 S1 限位开关是否有故障，如故障更换故障 S1 限位开关或者按要求调整。

e. 侧立电磁阀线束插头、插针，松动缩针，紧固插头或更换插针。

f. 如是主锁机械机构故障，更换主锁总成。具体实物如图 4-3-6、图 4-3-7 所示。

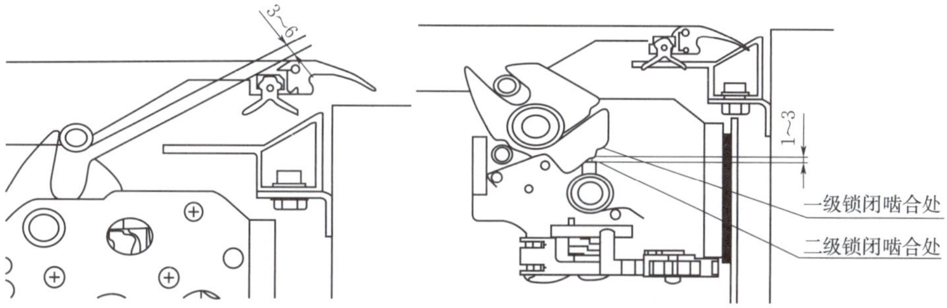


图 4-3-6　主锁结构

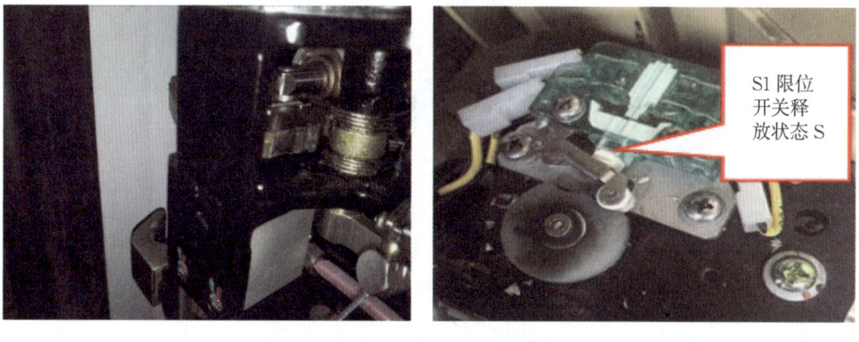


图 4-3-7　主锁动作状态检测限位开关

(5)过滤减压阀处漏风故障

①表现形式

a. 减压阀漏风；

b. 用风设备报相关故障，如辅助锁故障、站台补偿器故障、主锁解锁故障等。

②故障原因

供风管路故障或减压阀内部故障失效导致。

③解决措施

a. 确认风压表外观状态良好，无变形、裂纹、损坏，下部无积水。

b. 确认气管外观良好，无变形、扭曲，检查气动截断阀位置正位，关闭紧固，管路及接头处无漏气现象，压力在 $600^{+50}_{0}$ kPa($6^{+0.5}_{0}$ bar)之间。

c. 如果减压阀故障或管路漏风等，更换损坏供风管路或故障减压阀，具体实物如图 4-3-8 所示。

图 4-3-8　减压阀

(6)关到位限位开关 S4 故障

①表现形式

a. 车门无法打开或关闭报“关到位”限位开关一直不激活故障。

b. 车门无法打开或关闭报“关到位”限位开关一直激活故障。

②故障原因

a. 限位开关内部触点故障。

b. 限位开关尺寸偏移不能被正确触发。

c. 限位开关连接线速故障。

③解决措施

a. 根据门控器中限位开关的反馈状态，及测量限位开关触点，判断是否是限位开关故障，更换故障限位开关。

b. 检查确认 98%位置开关 S4 外观状态良好，无变形、裂纹、损坏等，安装螺栓齐全、紧固，防松标记清晰，无错位。开关悬臂角度位置正确。手动关门到二级锁闭位置，测量尺寸 $C_2$；手动关门到 98%位置开关 S4 触发时，测量尺寸 $C_1$，$C_2-C_1=(25\pm5)$mm。具体如图 4-3-9 所示。

(7)车门间隙补偿器故障

①故障形式

a. HMI 屏报车门站台补偿器不能及时收回(1CE4、1CE5、1CE6、1CE7)。

b. 列车状态为集控开关门或本地开关门时，车门不能开关。

c. HMI 屏车门状态页面该车门显示红色。

②原因分析

a. 站台补偿器异物卡滞(图 4-3-10)。

b. 站台补偿器缩回检测限位开关 S14、故障。

c. S14、S15 限位开关的线束或接插件故障。

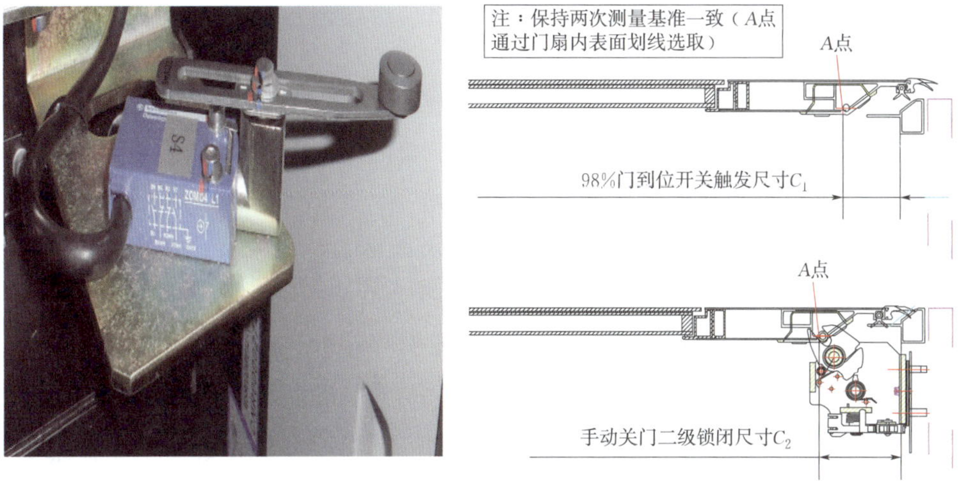


图 4-3-9　关到位限位开关 S4 尺寸调节要求

d. 站台补偿器供风侧立电磁阀 Y5 故障。

③解决措施

a. 检查站台补偿器是否有异物夹持，如果有及时清除。易出现异物卡滞的地方，如图 4-3-10 所示。

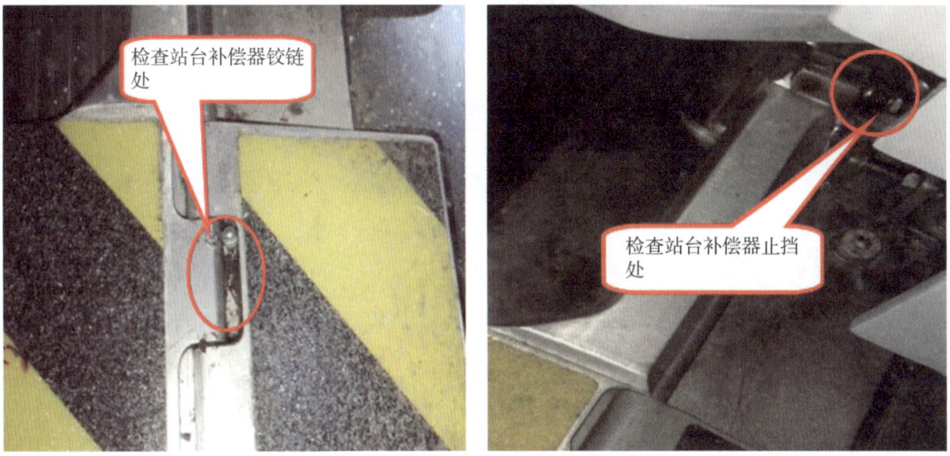


图 4-3-10　站台补偿器铰链及止挡

b. 对故障车门 S14、S15 限位开关的外观进行检查，确认是否受外力后偏移。然后手动翻起，放下站台补偿器确认 S14 限位开关的状态是否正常。检查连接线束是否受力破损或者断线。如发现异常及时更换。

c. 检查限位开关连接线束是否受挤压或接插件出现虚接的情况，如有异常及时更换或者调整。

d. 如果故障仍然存在检查站台补偿器供风电磁阀 Y5 供风是否正常，如果不正常更换 Y5 侧立电磁阀。

## 思考题

1. 请述说车门驱动杆检查标准。
2. 请述说车门 98%限位开关检查、调整方法及标准。
3. 请述说客动车组室侧门(康尼)门板密封胶条检查及润滑标准。
4. 动车组侧门(IFE)门控器是怎么分布的？其作用是什么？
5. 动车组侧门(康尼)门控器“ERROR CODE”数码管指示什么意思？请举例说明。
6. 请问动车组侧门(康尼)站台补偿器故障有哪些？有哪些原因引起？如何处理？

# 第五章 转向架实训

## 第一节 动车组单车检查

### 一、培训目的

单车检查作为动车组运用检修重要组成项目之一，直接影响动车组的安全运行。检修人员必须熟知车下所有部件名称及结构，并能够准确地掌握关键零部件的检修标准和磨耗或损伤限度。发现故障后能够及时准确的记录并反馈故障位置，部件名称等，便于后续故障处置，确保动车组状态良好。培训的目的是使受训人员能够符合上述标准，胜任动车组运用检修工作。

### 二、作业安全及注意事项

(1)作业人员在维修作业期间应遵守各种安全规定；必须始终穿着绝缘鞋、安全帽，并穿戴所从事工作要求的防护服和携带其他与人身安全相关的设施等。

(2)作业前确认安全防护号志已插设、状态良好。

(3)防止尖锐角边可能造成绊倒、挤伤事故以及皮肤割伤。

(4)作业时严格按照对讲机呼唤应答制度进行呼唤应答。

(5)车顶行走注意防止跌倒滑落。

### 三、检查项目

CRH3 型动车组裙板、底板及转向架部件。

### 四、检查标准

1. 头车外罩检查(图 5-1-1)

(1)检查开闭罩外观状态良好，无变形、损坏。

(2)目视检查头灯罩外观状态良好，无破损、裂纹。

(3)目视检查挡风玻璃无破损、裂纹。

(4)目视检查检查头罩锁锁闭螺栓无松动。

2. 底部导流罩检查(图 5-1-2)

(1)检查底部导流板各部件齐全，无变形、损坏。

图 5-1-1　头车导流罩

图 5-1-2　底部导流罩

(2)检查各螺栓装饰帽无缺失,螺栓安装牢固、防松标记无错位。(参照扭矩:27 N·m)

3. 转向架排障器及轮缘润滑装置检查(图 5-1-3、图 5-1-4)

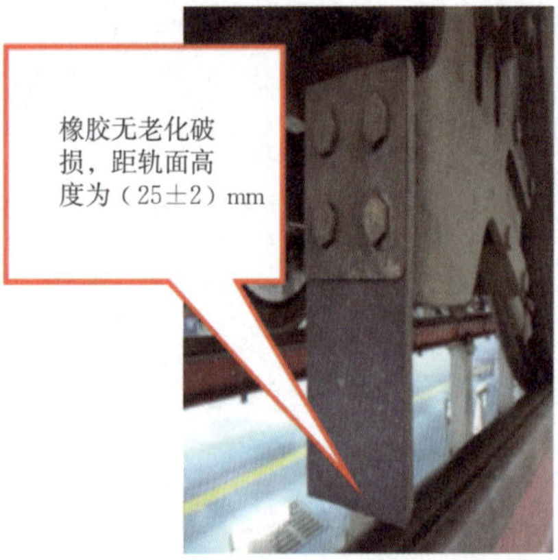


图 5-1-3　转向架排障器

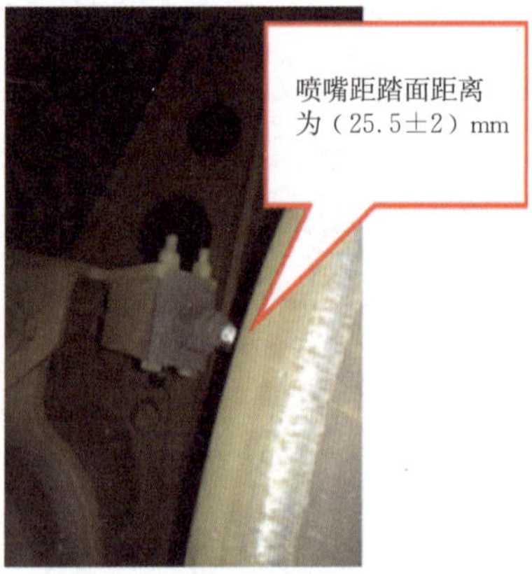


图 5-1-4　轮缘润滑装置

(1)目视检查转向架排障器装置、轮缘润滑装置无损伤,各零部件齐全、安装牢固无松动。

(2)目视检查各部螺栓牢固,防松标记无错位。

(3)使用钢直尺测量检查转向架排障器装置距轨面高度为(25±2)mm(改造后)。

(4)使用钢直尺测量检查轮缘润滑装置距踏面距离为(25.5±2)mm。

4. 撒砂装置检查(图 5-1-5、图 5-1-6)

(1)检查撒砂装置和排障器装置无明显机械损伤,各零部件齐全、安装牢固无松动;各支撑环局部不磨穿。

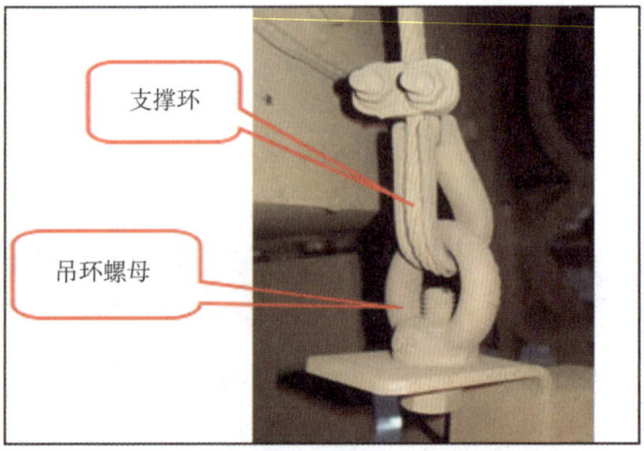


图 5-1-5　撒砂装置吊索

(2)检查撒砂装置吊装牢固,无丢

失;各吊环螺母厚度磨耗剩余量≥4.5 mm。

(3)目视检查各部螺栓安装牢固,防松标记无错位。

(4)使用钢直尺测量检查撒砂装置喷嘴距轨面高度头车为(67±2)mm(头车),(70±2)mm(中间车)。

图 5-1-6 撒砂装置

5. ATP 等天线检查(图 5-1-7、图 5-1-8)

(1)检查 TCR、BTM(CAU)天线组成各部件、无损伤,零部件齐全、安装牢固无松动,防松标记无错位。

(2)检查 ATP 天线保护罩与扫石器保护板无抗磨。

(3)检查天线梁螺栓连接状态,防松标记无错位。

注:TCR 天线距轨面高度为(210±10)mm;BTM(CAU)天线距轨面高度为(205±2)mm。

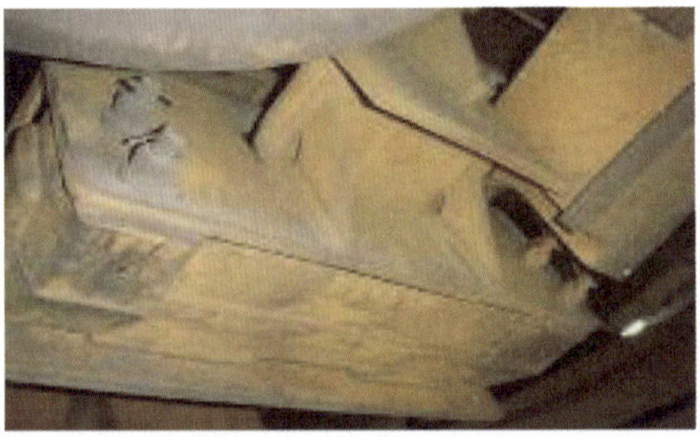

图 5-1-7 TCR 天线

图 5-1-8 BTM 天线

6. 动车轮对检查(图 5-1-9、图 5-1-10、图 5-1-11)

图 5-1-9 轮对踏面

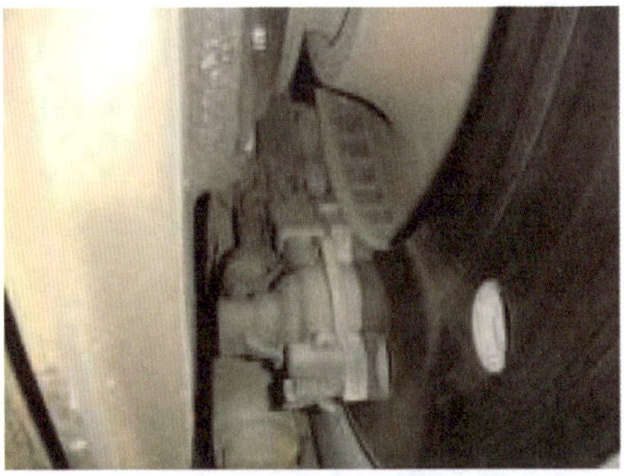

图 5-1-10 制动夹钳及制动盘

(1)目视检查车轮注油孔螺栓无松动、丢失。

(2)检查轮对轮径值、同轴轮径差、同架轮径差、同车轮径差、轮对内侧距不超限。

(3)检查踏面圆周磨耗、局部凹陷及擦伤深度、踏面剥离、踏面硌伤、轮缘厚度、轮缘高度、轮辋辗宽、车轮卷边等各部限度不超限,检查轮辋无裂纹,检查轮缘外观状态良好,无裂损,如发现毛刺或锋利的边角等应及时清除。

(4)目视检查轮对轴箱装置外观状态良好,无损伤,零部件齐全、无松动。

图 5-1-11　轮盘

(5)检查轮盘裂纹不过限,盘面裂纹沿半径方向长度不过限。轮盘螺栓安装牢固,防松标记无错位。

(6)目视检查轴身涂层表面,露出底漆或金属时须补漆。检查轴身擦伤、局部撞击损伤深度不超限。

(7)检查制动盘紧固件无松动、缺失。制动盘摩擦面刻痕深度≤1 mm,制动盘摩擦环厚度磨耗不得超过刻度线,两摩擦环厚度差≤2 mm。

(8)检查制动夹钳及制动盘:

①闸片托外观状态良好,安装牢固。

②闸片厚度不超限(闸片最薄处含钢背厚度≥5.5 mm)及闸片无反装。

③闸片托防翻转机构安装牢固,无变形、折断。

④制动夹钳装置配件齐全,状态良好;悬吊部件齐全、无裂纹,安装螺栓紧固无松动,防松标记无错位。

⑤制动盘摩擦片表面裂纹及厚度不超限,各螺栓安装牢固,防松标记无错位。

⑥冬季动车组入库热水除冰后,需检查夹钳单位活动部位的润滑脂,如缺少润滑脂须重新注入。

⑦制动盘摩擦面与闸片间隙 2～4 mm(缓解状态下测量,测量时将闸片压紧到盘面上,测量另外一侧间隙)。

⑧开口销安装正确,无断裂。

7. 牵引电机电气连接器检查(图 5-1-12)

(1)目视检查各牵引电机电缆无破损,固定良好。

(2)目视检查各螺栓安装牢固,防松标记无错位。

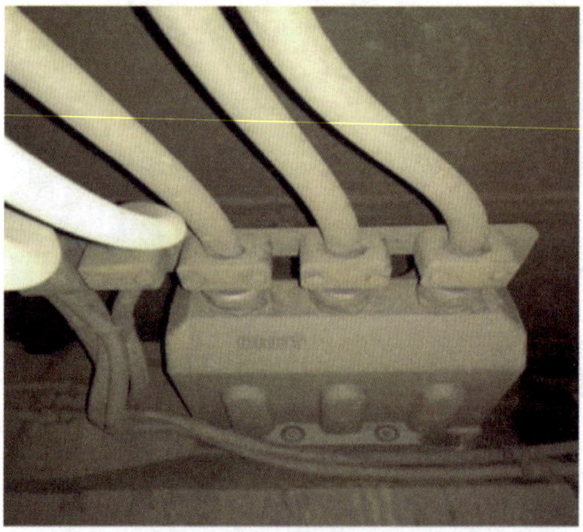

图 5-1-12　牵引电机电缆接线盒

8. 齿轮箱及C形支架检查(图 5-1-13～图 5-1-17)

图 5-1-13　C形支架

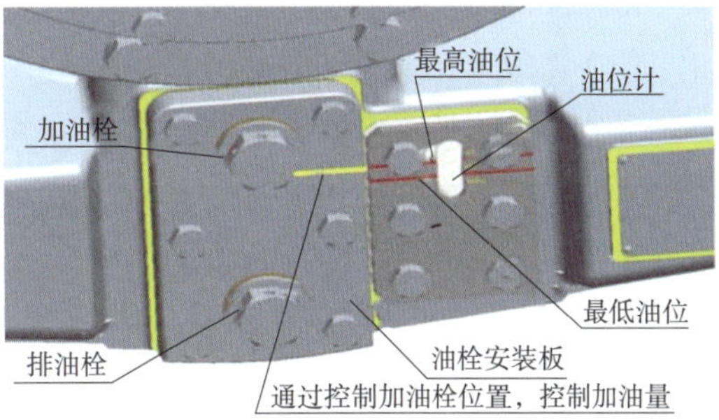


图 5-1-14　戚墅堰齿轮箱

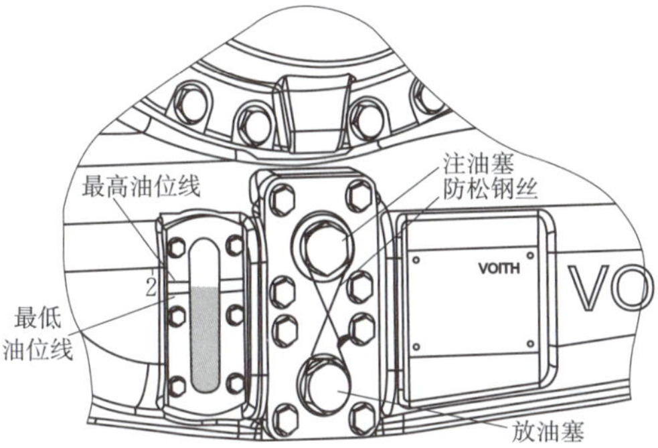


图 5-1-15　福伊特齿轮箱

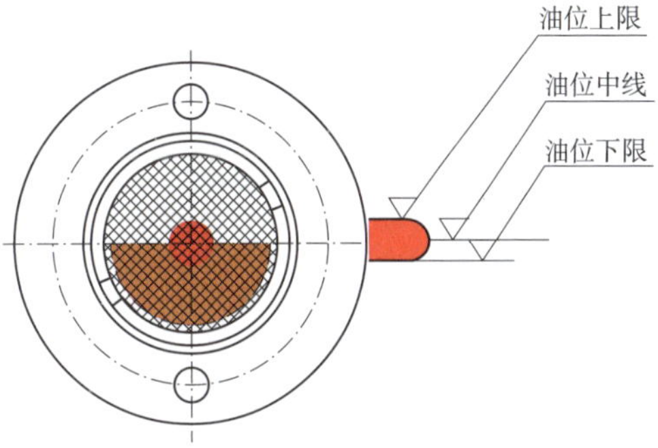


图 5-1-16　弗兰德

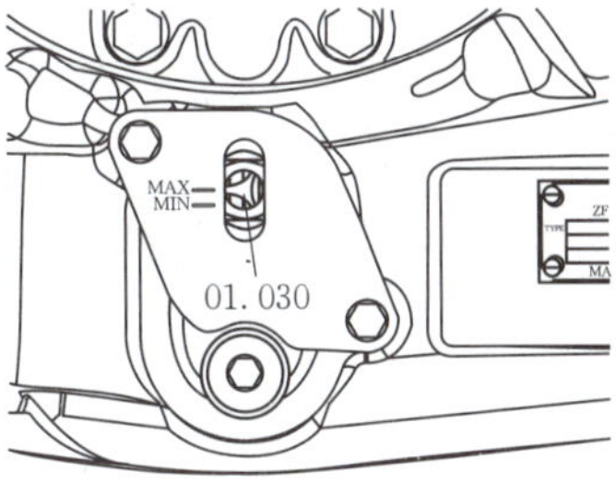


图 5-1-17　采埃孚 ZF

(1)在空车且停车状态 20 min 后，目视检查齿轮箱油位处于正常刻度范围内(弗兰德齿轮箱油位位于油位标记下限和中线之间)，油色正常；悬吊配件齐全，安装牢固。

(2)目视检查齿轮箱温度、速度传感器、注油孔盖、排油孔盖等安装紧固，防松铅丝状态良好无松脱。

(3)目视检查齿轮箱安全提吊安装紧固，无变形。

(4)目视检查齿轮箱外部不漏油。

(5)目视检查C形支架各部件齐全,无损伤、松动。检查C形支架叠层弹簧橡胶脱出、裂纹等限度不超限:

a. 橡胶与金属件结合面之间无开裂现象;

b. 橡胶表面无溶胶和明显块状橡胶脱出现象;

c. 橡胶表面裂纹深度≤2 mm;

d. 每层橡胶表面裂纹不超过3条;

e. 每层橡胶表面每两条裂纹相距≥10 mm。

(6)目视检查C形支架与齿轮箱连接各螺栓安装牢固,防松标记无错位。

(7)目视检查橡胶弹簧无裂纹。

(8)目视检查齿轮箱防水挡圈周边、齿轮箱(油位视窗口、注油堵、排油堵)周边、散热筋周边、小齿轮侧与车轮间的观察孔周边甩油、渗油情况,若轻微甩油、渗油,使用刀口布及清洁剂将甩油、渗油处擦拭干净;若较重甩油、渗油,则先确认油位在标准刻度线内、油色无变色,再使用刀口布及清洁剂将甩油、渗油处擦拭干净,并对该齿轮箱跟踪检查。

9. 联轴节检查(图5-1-18、图5-1-19)

(1)目视检查联轴节各部无明显机械损伤、配件齐全、安装牢固。

(2)目视检查各螺栓安装牢固,防松标记无错位。

图5-1-18 弗兰德联轴节

图5-1-19 采埃孚联轴节

10. 牵引电机及板弹簧悬挂吊架检查(图5-1-20～图5-1-23)

(1)目视检查电机吊架零部件无缺失,无裂纹、断裂、缺口,安全销无损伤,安装牢固。

(2)目视检查牵引电机组成部件无机械损伤,电机位移止挡无碰撞。各部件配件齐全、螺栓的安装牢固。

(3)目视检查电机吊架单元减振器橡胶节点无开裂、保护管无损坏、保护管无刮伤储油筒、漏油现象。

(4)目视检查板簧组成无裂纹、裂口、断裂、变形、锈蚀,复合弹簧的橡胶无裂纹。

(5)目视检查牵引电机通风道组成无损伤、安装螺栓紧固,各部件无松动、缺失。

图 5-1-20　牵引电机

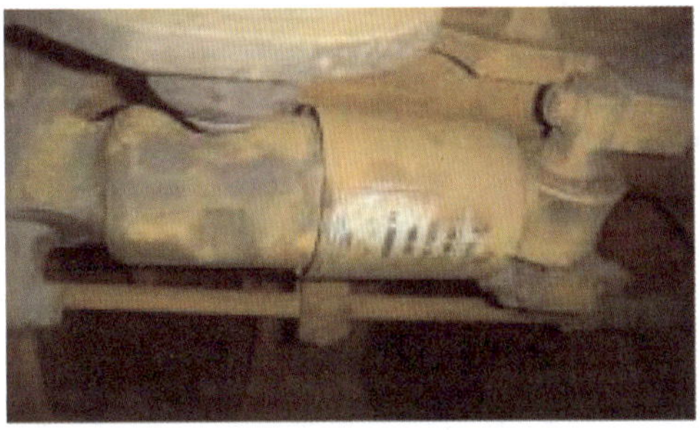

图 5-1-21　电机吊架单元减振器

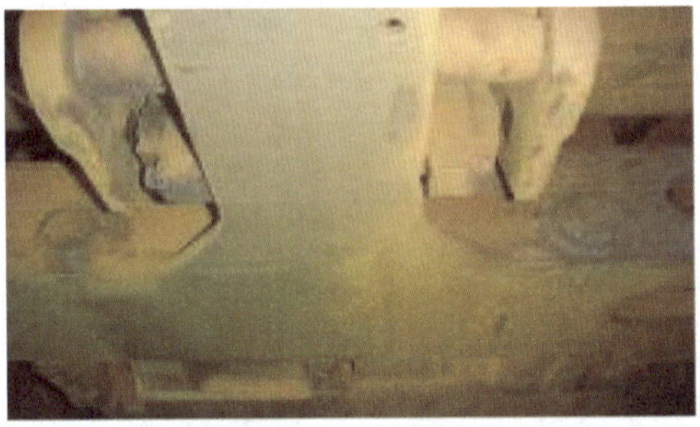

图 5-1-22　电机吊架

图 5-1-23　电机吊架安全销

11. 制动缸检查(图 5-1-24、图 5-1-25)

(1)目视检查制动缸及连接装置外观良好,无损伤,各零部件齐全、无松动。

(2)目视检查制动缸及连接装置各螺栓安装牢固,防松标记无错位。

图 5-1-24　制动缸(动车)

图 5-1-25　制动缸(拖车)

12. 横向减振器检查(图 5-1-26)

(1)目视检查横向减振器外观状态良好,无损伤、膨胀、裂纹及漏油,安装牢固。

(2)目视检查减振器座无裂纹,橡胶止挡无破损,各螺栓安装牢固,防松标记无错位。

13. 高度调整阀及连杆检查(图 5-1-27、图 5-1-28)

目视检查高度调整阀安装牢固,调整杆无变形,配件无缺失,无漏气(嘶嘶声)。

14. 车底各管线检查(图 5-1-29)

(1)目视检查车底各空气管路安装状态良好无裂纹、漏泄,零部件无松动、丢失。

(2)目视检查车底各连接线管无破损,绝缘胶皮无破损,固定良好。

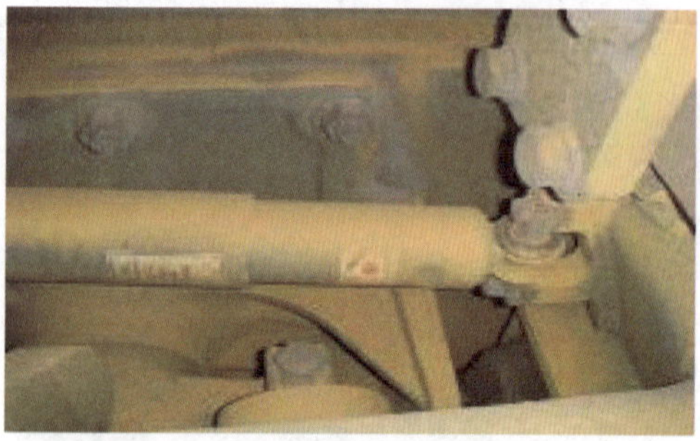

图 5-1-26　横向减振器

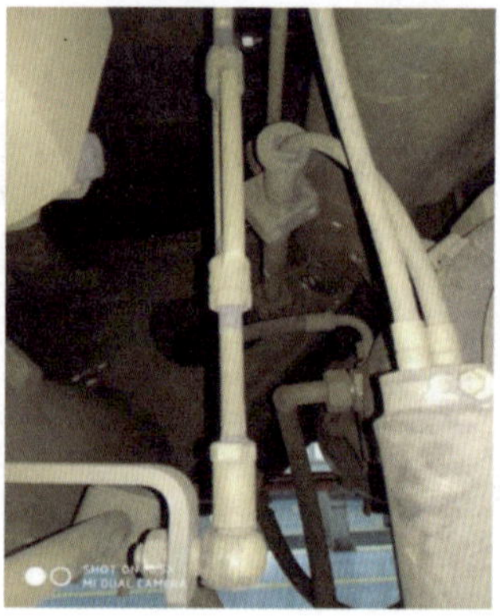

图 5-1-27　高度调整阀及连杆

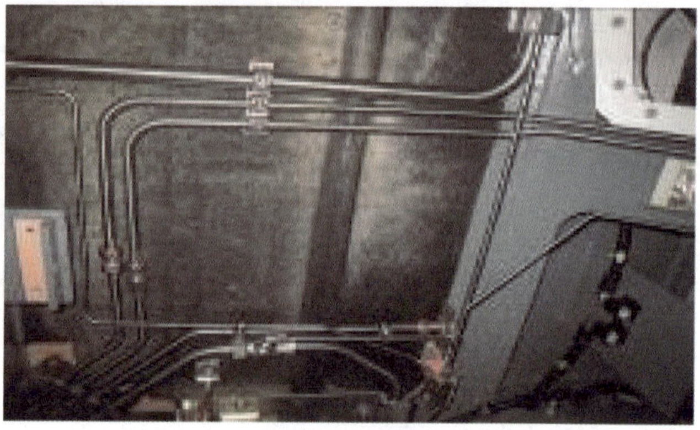

图 5-1-28　车底各管线

15. 横向止挡检查(图 5-1-29)

(1)目视检查横向止挡装置各部件齐全、无损伤,安装无松动,部件无缺失。

(2)使用钢直尺测量检查牵引中心销与横向止挡两侧距离之和为 $40^{+8}_{-4}$ mm,两侧距离之差≤25 mm。

16. 中心销检查(图 5-1-30)

(1)目视检查中心销各部无损伤,安装固定良好,无裂纹、变形。

(2)目视检查各部螺栓安装牢固,防松标记无错位。

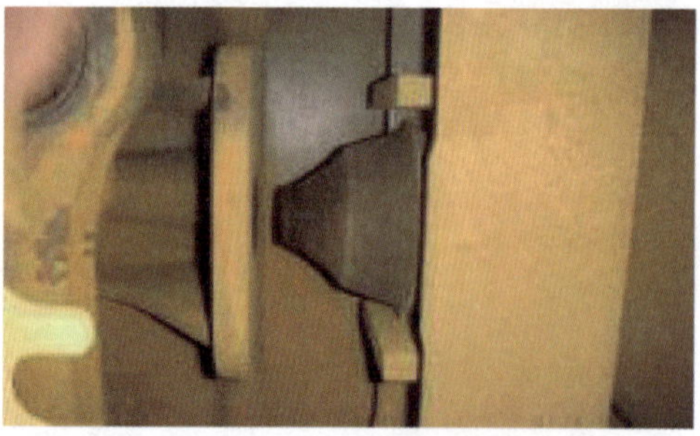

图 5-1-29　横向止挡

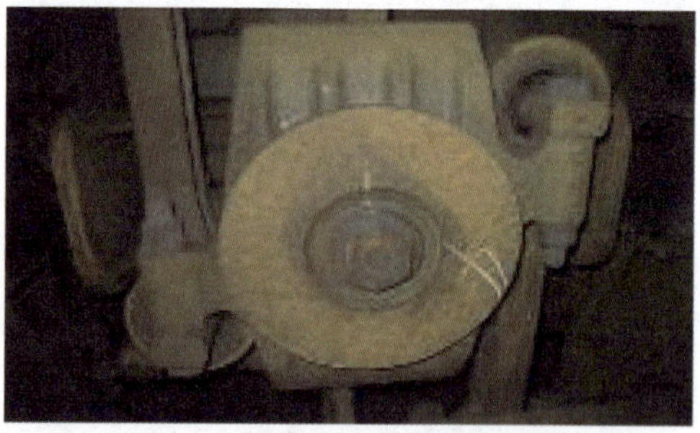

图 5-1-30　中心销

(3)目视检查枕梁组成外观良好,无裂纹、变形、异物击打、磕碰掉块、大面积掉漆。

17. 检查牵引拉杆(全列)(图 5-1-31)

(1)目视检查牵引盘应无损伤。

(2)目视检查连杆应无损伤。

(3)目视检查牵引拉杆橡胶节点无裂纹、腐蚀。

(4)目视检查压板应无损伤。

(5)目视检查螺旋连接无松动、缺失,防松标记无错位。

(6)目视检查拉杆轴承无损坏。

(7)目视检查牵引拉杆橡胶轴套(节点)裂纹不超限。

a. 橡胶与金属件结合面间无开裂现象;

b. 橡胶表面无溶胶和明显块状橡胶脱出现象;

c. 节点单面周向裂纹长度≤25 mm 或双面存在周向裂纹长度均≤15 mm。

18. 检查枕梁(全列)

目视检查枕梁外观良好,无裂纹、变形、异物打击痕迹、磕碰掉块、大面积掉漆等。

19. 检查牵引电机冷却风机底板(01 车、03 车、06 车、00 车)(图 5-1-32)

图 5-1-31　牵引拉杆

图 5-1-32　牵引电机冷却风机底板

(1)目视检查底板无明显变形及裂纹,板材内部铝蜂窝结构不外露,密封胶条无损坏。

(2)目视检查底板开口与冷却风机不相碰。

(3)目视检查底板螺栓防松标记清晰无错位。

(4)目视检查底板开口周边无裂纹。

20. 检查司机室空调冷凝风扇及底板(01、00 车)(图 5-1-33)

(1)目视检查风扇外罩及叶轮无损坏、

图 5-1-33　司机室空调冷凝风扇

断裂、变形。风扇内检查无异物，密封胶条无损坏。

(2)目视检查外罩螺栓安装牢固，防松标记无错位。

(3)目视检查底板无裂纹、变形，板材内部铝蜂窝结构不外露。

(4)目视检查底板螺栓防松清晰无错位。

21. 检查普通底板(全列)(图 5-1-34、图 5-1-35)

(1)目视检查底板无裂纹、变形，密封胶条无损坏。

(2)目视检查中间垂向约束螺栓无松动。(参考扭矩 28 N·m)

(3)目视检查底板螺栓防松标记清晰无错位。

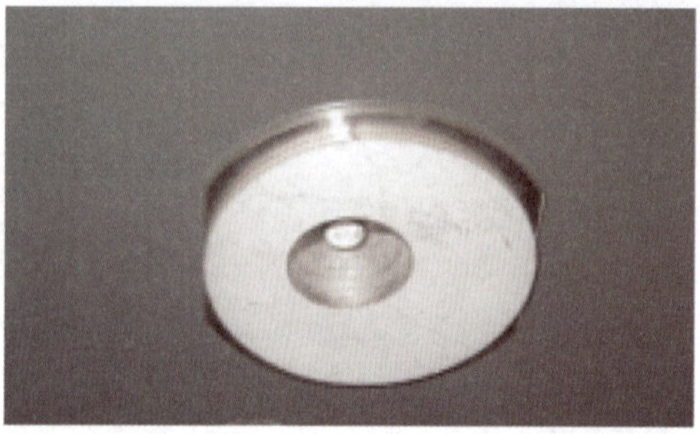

图 5-1-34　中间垂向约束螺栓

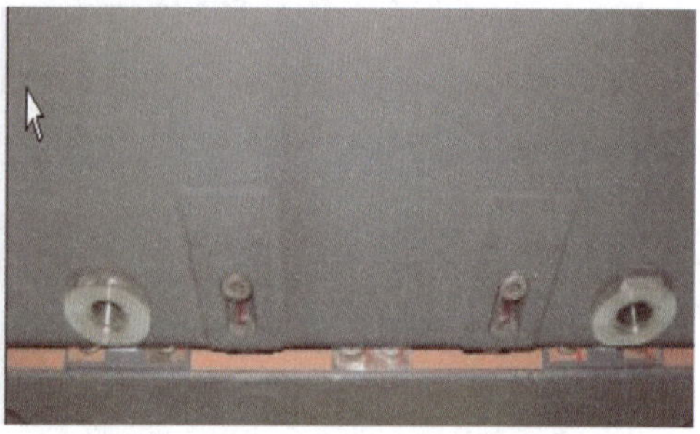

图 5-1-35　普通底板

22. 检查牵引变流器底板(01、03、06、00 车)(图 5-1-36)

(1)目视检查底板无变形、裂纹，密封胶条无损坏。

(2)目视检查各部螺栓安装牢固，防松标记无错位。

(3)视检查防松铁丝绑扎紧固、无松脱、断裂。

23. 牵引变流器冷却单元底板检查(图 5-1-37)

(1)目视检查底板无裂纹、变形，密封胶条无损坏。

(2)目视检查各部螺栓安装牢固，防松标记无错位。

(3)目视检查防松铁丝绑扎紧固、无松脱、断裂。

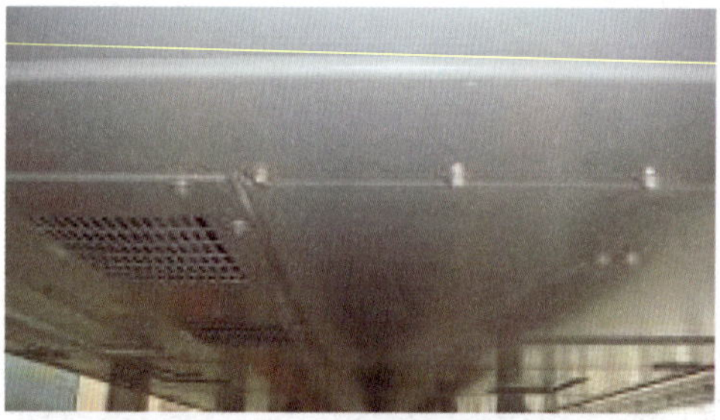

图 5-1-36　牵引变流器底板

图 5-1-37　多普勒雷达底板

24. 多普勒雷达底板检查

(1)目视检查底板无变形、裂纹，密封胶条无损坏。

(2)目视检查底板螺栓防松标记清晰无错位。

25. 电源终端箱下盖板检查(图 5-1-38)

目视检查盖板安装状态良好,螺栓安装紧固,防松标记无错位。

26. 排水口检查(图 5-1-39)

(1)目视检查排水口无损伤,固定良好,无堵塞。

(2)目视检查各紧固螺栓安装牢固,防松标记无错位。

(3)目视检查防寒层无缺损、脱落。

图 5-1-38 电源终端箱下盖板

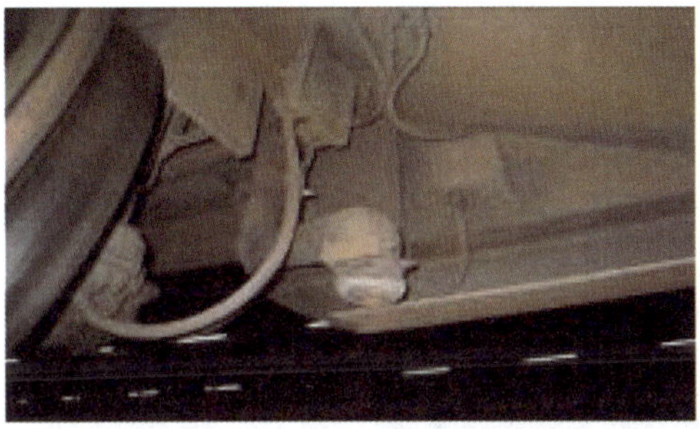

图 5-1-39 排水口

27. 拖车轮对检查(图 5-1-40)

(1)目视检查车轮注油孔螺栓无松动、丢失。

(2)目视检查车轮表面,任何部位不得有裂纹。

(3)检查轮对轮径值、同轴轮径差、同架轮径差、同车轮径差、轮对内侧距不超限。

(4)检查踏面圆周磨耗、局部凹陷及擦伤深度、踏面剥离、踏面硌伤、轮缘厚度、轮缘高度、轮辋辗宽、车轮卷边等各部限度不超限,检查轮辋无裂纹,检查轮缘外观状态良好,无裂损,如发现毛刺或锋利的边角等应及时清除。

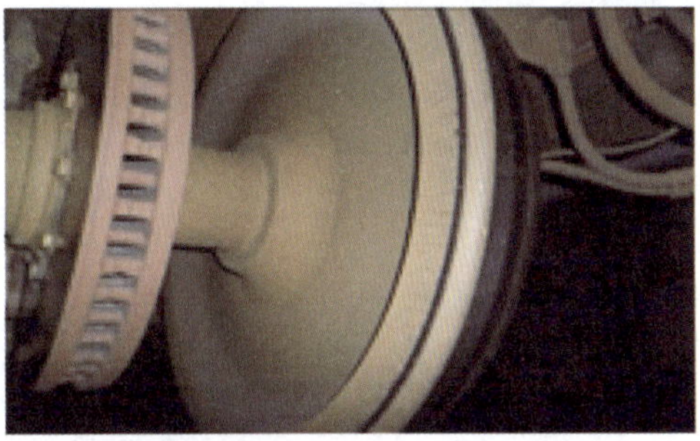

图 5-1-40 拖车轮对降噪板

(5)目视检查轮对轴箱装置外观状态良好,无明显机械损伤,零部件齐全、不松动。

(6)目视检查轴身涂层表面,露出底漆或金属时须补漆。检查轴身擦伤、局部撞击损伤深度不超限。

(7)检查制动盘紧固件无松动、缺失。轴盘裂纹不过限,盘面裂纹沿半径方向长度不过限。

(8)检查轮辋侧降噪板脱胶长度≤150 mm。

(9)检查制动夹钳及制动盘(图 5-1-41、图 5-1-42)

a. 闸片托外观状态良好,安装牢固。

b. 闸片厚度不超限,(闸片最薄处含钢背厚度≥5.5 mm),闸片无反装。

c. 闸片托防翻转机构安装牢固,无变形、折断。

d. 制动夹钳装置配件齐全,状态良好;悬吊部件齐全、无裂纹,安装螺栓紧固无松动,防松标记无错位。

e. 制动盘摩擦片表面裂纹及厚度不超限,各螺栓安装牢固,防松标记无错位(详细限度见限度表)。

f. 冬季动车组入库热水除冰后,需检查夹钳单位活动部位的润滑脂。

g. 制动盘与闸片间隙2~4 mm(缓解状态下测量,测量时将闸片压紧到盘面上,测量另外一侧间隙)。

h. 开口销安装正确,无断裂。

图5-1-41　拖车轮对

图5-1-42　拖车制动盘

28. 停放制动装置检查(图5-1-43)

(1)目视检查停放制动装置各部件无损伤,固定良好。

(2)目视检查各螺栓安装牢固,防松标记无错位。

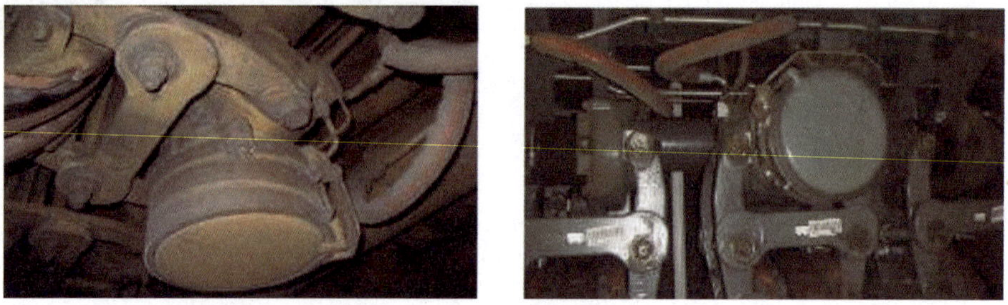

图5-1-43　停放制动装置

29. 牵引变压器底板检查(图5-1-44)

(1)目视检查底板无变形、裂纹,密封胶条无损坏。

(2)目视检查各螺栓安装牢固,防松标记无错位。

(3)目视检查防松铁丝绑扎紧固、无松脱、断裂。

30. 单辅助变流器底板检查(图 5-1-45)

(1)目视检查底板无明显、裂纹,密封胶条无损坏。

(2)目视检查各螺栓安装牢固,防松标记无错位。

(3)目视检查防松铁丝绑扎紧固、无松脱、断裂。

图 5-1-44　牵引变压器底板

图 5-1-45　单辅助变流器底板

31. 空压机底板检查(图 5-1-46)

(1)目视检查底板无变形、裂纹,密封胶条无损坏。

(2)目视检查底板螺栓无松动。

32. 双辅助变流器底板检查(图 5-1-47)

(1)目视检查底板无明显、裂纹,密封胶条无损坏。

(2)目视检查各螺栓安装牢固,防松标记无错位。

图 5-1-46　空压机底板

图 5-1-47　双辅助变流器底板

33. 牵引电机通风装置检查(图 5-1-48)

(1)目视检查牵引电机通风装置无损伤、缺陷。

(2)目视检查牵引电机通风装置上安装的零部件无松动、缺陷。

34. 安全阀(L06)检查(图 5-1-49)

(1)检查阀体与车体安装状态良好,无裂纹、损坏、异物击打痕迹,无漏气现象。

(2)目视检查镙箍防松标记清晰,无错位。

(3)手动检查铅封安装良好,无丢失、损坏。

(4)松开安全阀的手动通气螺栓,阀体自动排出内部存在的污物。

(5)洁完毕后旋紧手动通气螺栓,确认已关闭到位。

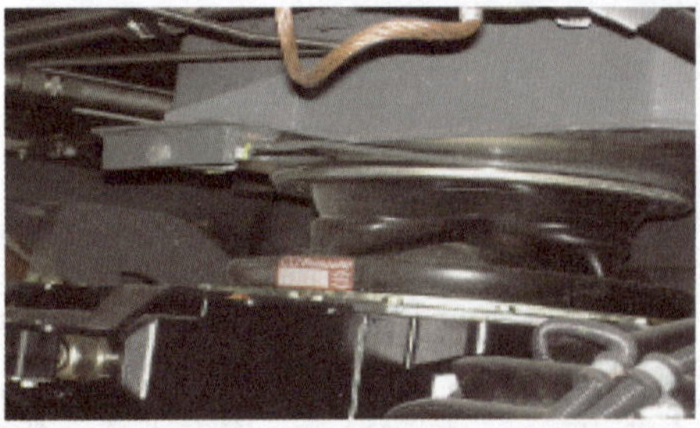

图 5-1-48　牵引电机通风装置

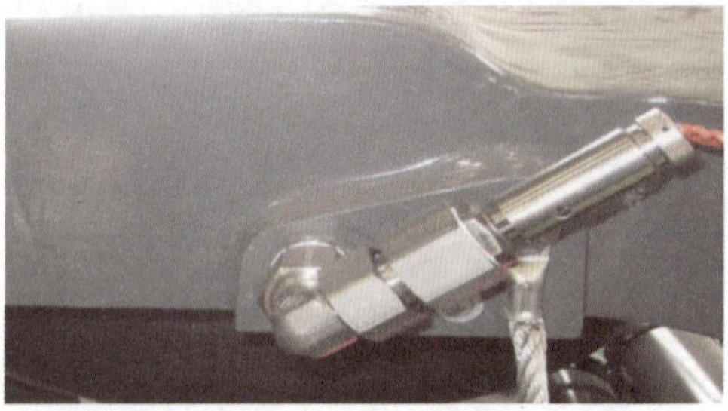

图 5-1-49　安全阀(L06)

35. 扫石器检查(图 5-1-50、图 5-1-51、图 5-1-52)

(1)检查安装吊座与天线梁连接螺栓、螺母防松标记清晰无错位,螺栓螺母无脱出、缺失等。

(2)目视检查安装支架外观状态良好,无变形、裂纹、开焊、异物击打痕迹等。

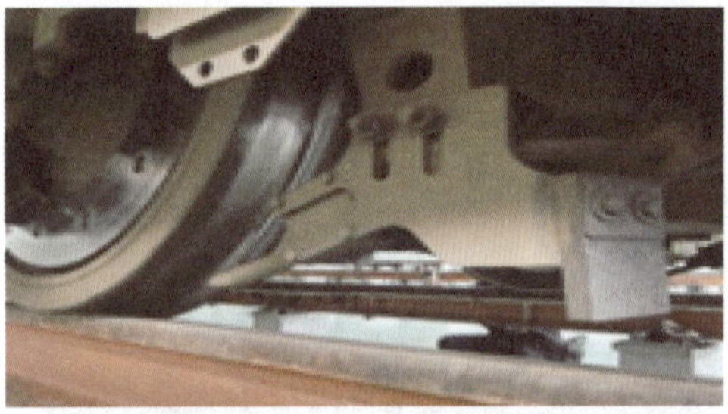

图 5-1-50　吊座安装螺栓

图 5-1-51　支架

(3)目视检查扫石器安装螺栓防松标记清晰无错位,平垫片完整,无松动、脱出、缺失、变形、破损等。

(4)用钢直尺测量扫石器下边缘距轨面(25±2) mm。

36. 外风挡见检查(图 5-1-53～图 5-1-57)

(1)目视检查外观状态良好,无变形、裂纹、掉漆、异物击打痕迹等。

图 5-1-52　安装螺栓

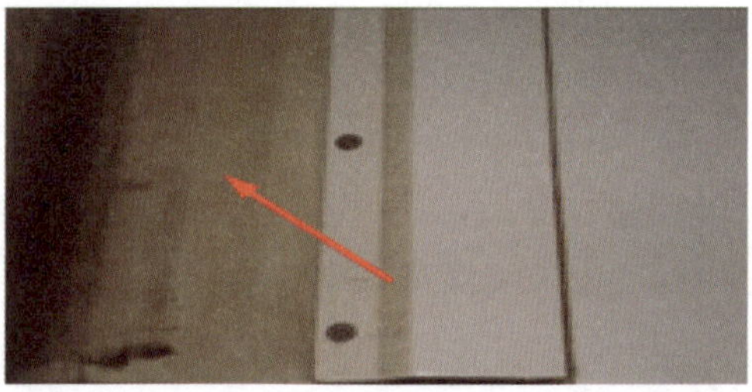

图 5-1-53　外风挡

(2)目视检查风挡胶囊外观状态良好,没有撕裂或掉漆,密贴紧密。

(3)目视检查外部固定胶囊的螺栓齐全、牢固,无松动,丢失。

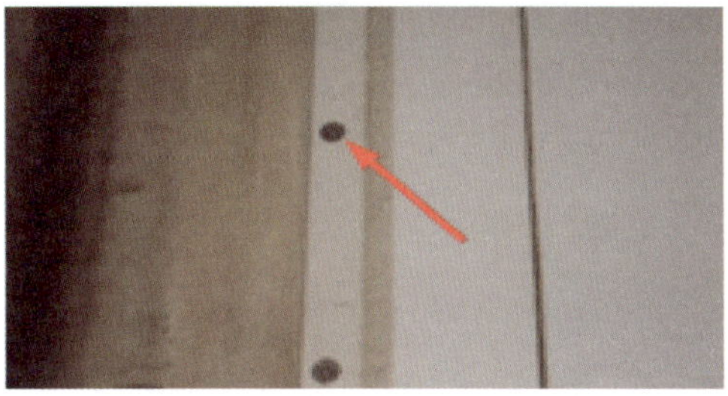

图 5-1-54　外风挡固定胶囊螺栓

图 5-1-55　外风挡固定安装框螺栓

(4)目视检查风挡中空部位无裂纹、损坏,固定螺母安装牢固,无松动,丢失。

(5)目视检查背面状态良好,无变形、裂纹、损坏等;固定螺母防松标记清晰,无错位。

图 5-1-56　外风挡背面

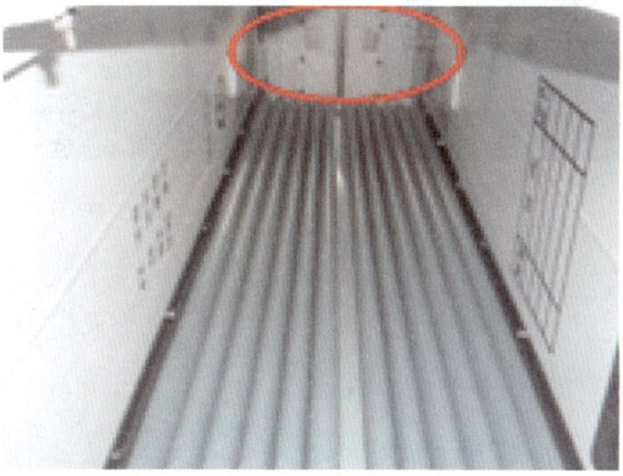

图 5-1-57　风挡上部

(6)目视检查风挡上部外观状态良好,无变形、裂纹;与车体间的安装螺栓齐全、紧固,防松标记清晰,无错位。

37. 注水口盖板检查(图 5-1-58～图 5-1-61)

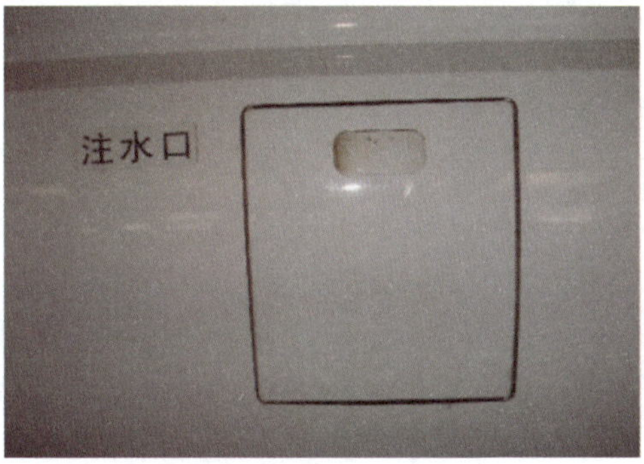


图 5-1-58　注水口盖板

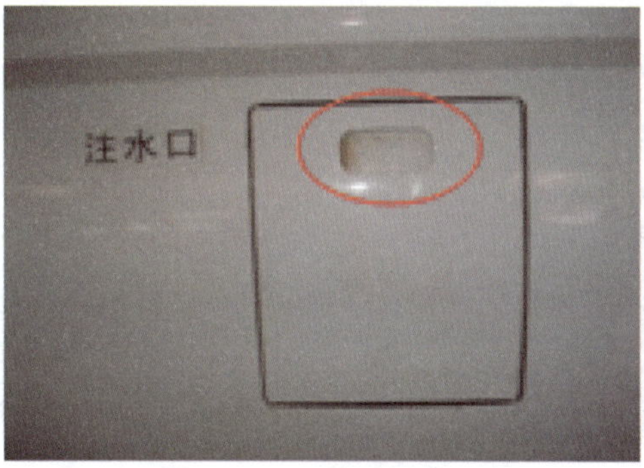


图 5-1-59　扣手

(1)目视检查外观状态良好，表面洁净、光滑、平整，无掉漆、划痕、裂痕、变形、磕碰、异物击打痕迹。

(2)目视检查扣手外观良好，无磕碰、变形，内部凹处无异物。

(3)手动检查向内推盖板时无卡滞、摩擦、异音等，作用良好。

(4)手动检查盖板向下拉时动作顺畅，无卡滞、摩擦、异音等。

(5)目视检查滑道外观状态良好，无变形、裂纹、摩擦痕迹等，使用清洁剂和抹布将滑道异物清洁干净。

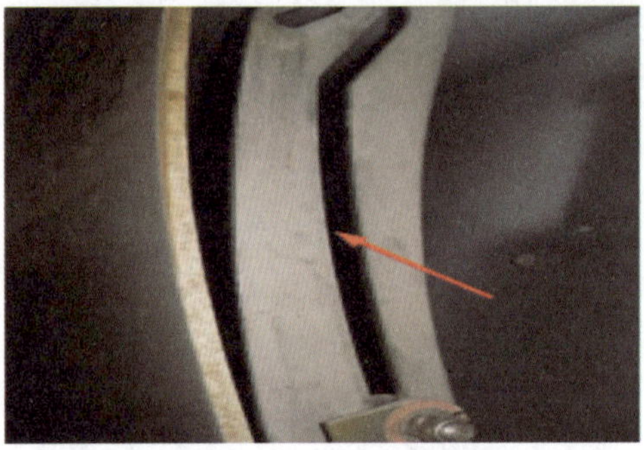

图 5-1-60　滑道

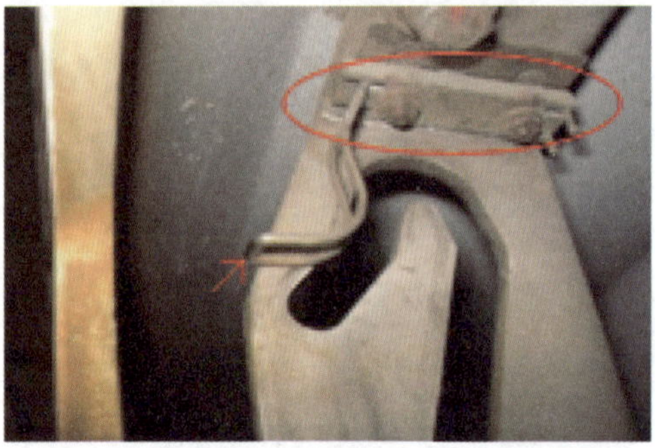

图 5-1-61　弹簧组件及安装座

(6)检查上部弹簧组件外观状态良好，无缺失、损坏、松动、变形等；安装座外观良好，安装螺钉齐全、紧固。

(7)检查盖板滑动机构固定螺钉、螺母齐全、紧固、无松动。

(8)目视检查盖板连接支架牢固，无变形、裂纹、开焊等。

(9)检查盖板背面螺钉，螺母齐全、紧固，无松动。

38. 污口盖板检查(图 5-1-62～图 5-1-77)

图 5-1-62　排污口盖板

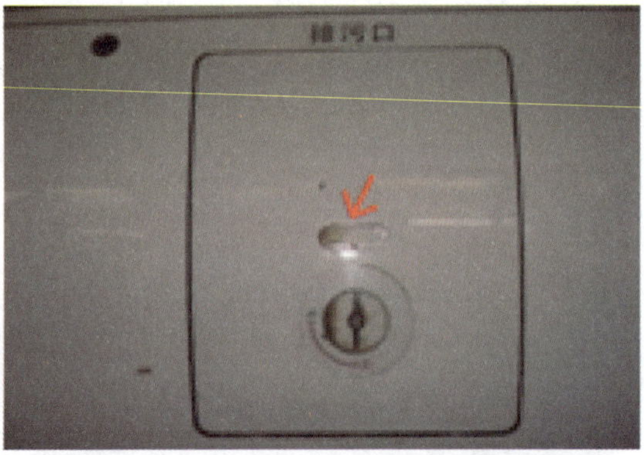


图 5-1-63　扣手

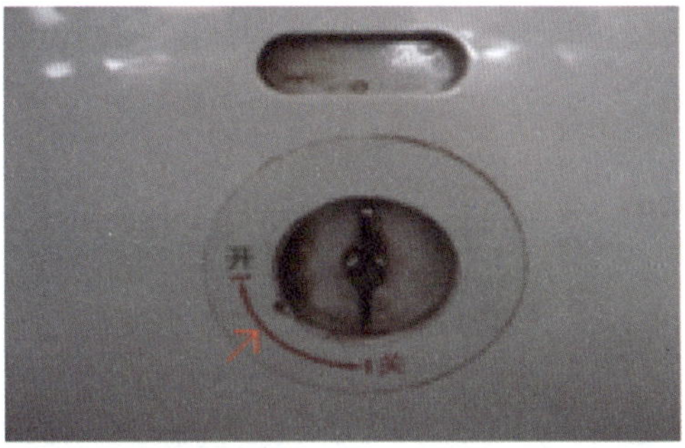


图 5-1-64　开关标识

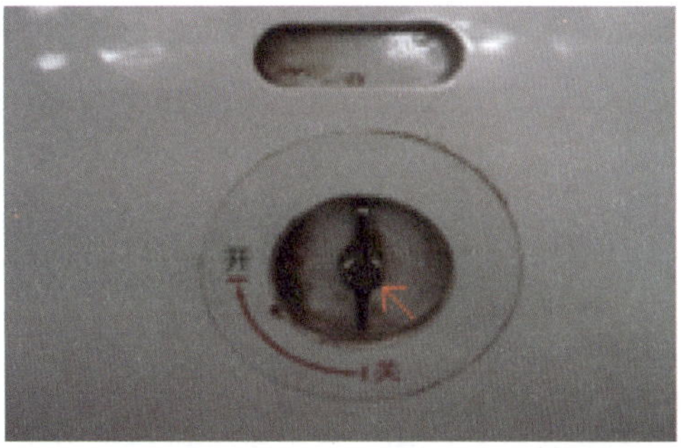


图 5-1-65　旋转开关

图 5-1-66　推开盖板

图 5-1-67　盖板全开位

图 5-1-68　打开过程

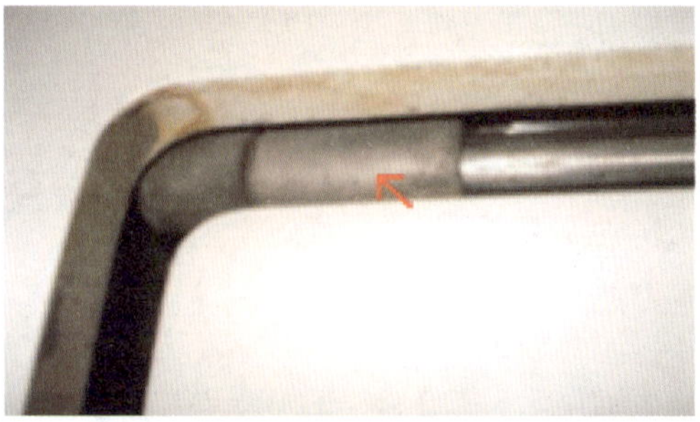

图 5-1-69　滑动套筒

图 5-1-70　安装螺钉、螺母

图 5-1-71　安装螺栓

图 5-1-72　安装座

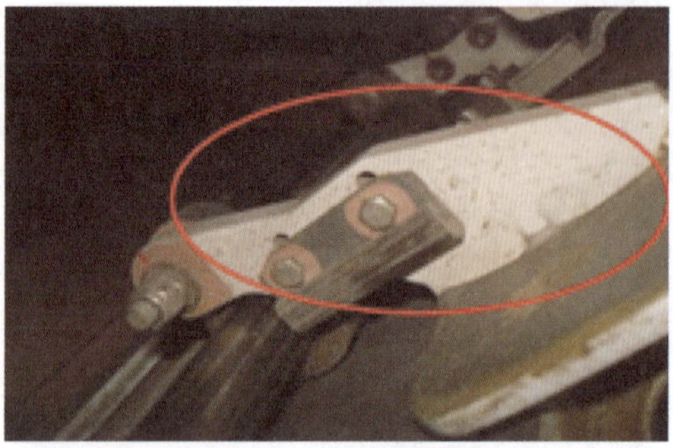

图 5-1-73　连接支撑

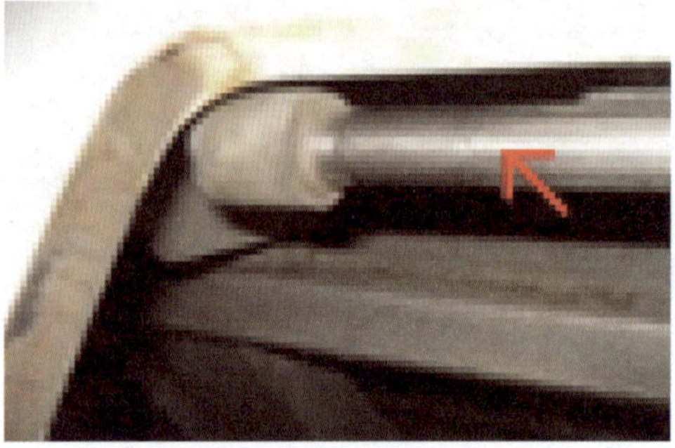

图 5-1-74　上滑杆

图 5-1-75　下滑杆

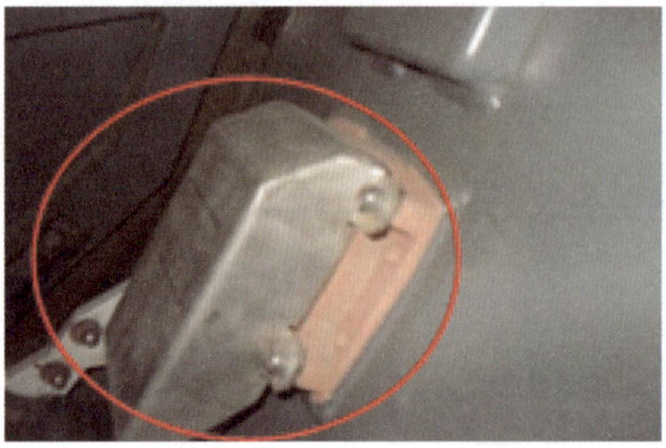

图 5-1-76　盖板内部螺栓

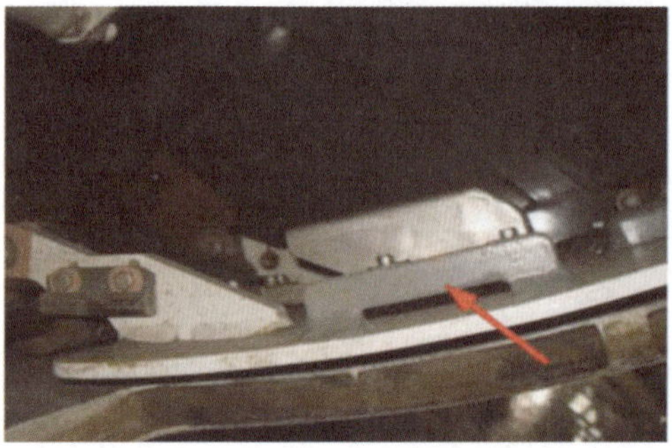

图 5-1-77　关门把手

(1)目视检查外观状态良好,表面洁净、光滑、平整,无掉漆、划痕、裂痕、变形、磕碰、异物击打痕迹。

(2)目视检查扣手外观良好,无磕碰、变形,内部凹处无异物。

(3)目视检查旋转开关标识清晰,开关外观状态良好,无裂纹、变形、丢失。

(4)手动检查旋动开关作用良好,旋转时运动自如顺畅,无卡滞、摩擦、异音等。

(5)将开关置“开”位,向上推盖板,检查盖板移动自如顺畅,无卡滞、摩擦、异音等。

(6)检查沿滑杆方向移动盖板至全开位。

(7)检查盖板在移动过程中无卡滞、摩擦、异音、难以开启等现象。

(8)目视检查盖板上与滑杆连接的套筒外观良好,无变形、裂纹、损坏、锈蚀等。

(9)检查套筒与盖板连接螺钉齐全、紧固,防松标记清晰、无错位。若松动则按一下力矩进行紧固,并重新涂打防松标记。

(10)检查上、下滑杆与车体安装的螺栓齐全、紧固,防松标记清晰、无错位。

(11)目视检查安装座外观良好,无变形、裂纹、锈蚀等。

(12)日视检查盖板连接支撑焊接牢固,无裂纹、变形、开焊、锈蚀等。

(13)目视检查上、下滑杆外观状态良好,无摩擦痕迹、变形、裂纹、扭曲、锈蚀等。

(14)检查锁闭机构外罩状态良好,无裂纹、变形等;安装螺钉齐全、紧固,无松动现象。

(15)目视检查关门把手外观良好,无松动、裂纹等。

39. 裙板检查(图 5-1-78)

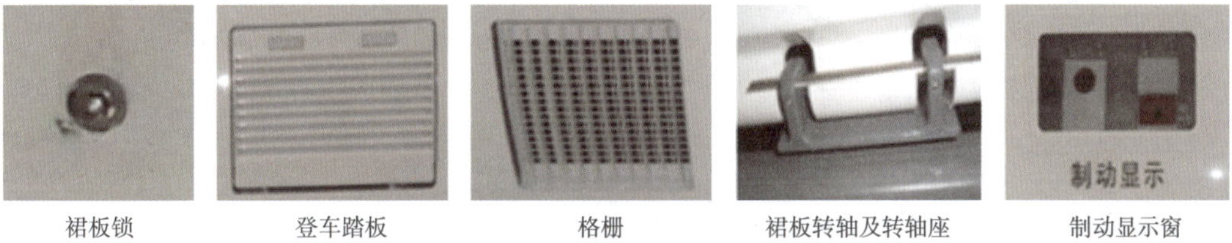


图 5-1-78　裙板相关部件

(1)目视检查裙板外观状态良好,表面无异物、变形、裂纹、脱漆,裙板与边梁接触面基本密贴,标识完整,字迹清晰,无磨损、刮擦等。

(2)检查内六角裙板锁外观良好,无变形,安装牢固,无松动、脱落、缺失,锁闭到位。

(3)检查踏板外观良好,固定牢固,表面无异物、裂纹、破损,拉开踏板确认折页状态良好,安装牢固无松动,转动灵活无卡滞。

(4)检查通风格栅外观良好,无异物、变形、脱漆、裂纹等。安装牢固,无松动,焊接部位焊接牢固无开焊,滤网外观良好,表面清洁,无变形、破损等。

(5)检查转轴座外观良好,无异物、变形、裂纹、断裂、锈蚀,安装牢固,无松动、移位、脱落等。

(6)视检查停放制动显示窗口外观良好,固定牢固,表面无异物、裂纹、破损、划痕。

40. 轴端盖检查(图 5-1-79～图 5-1-82)

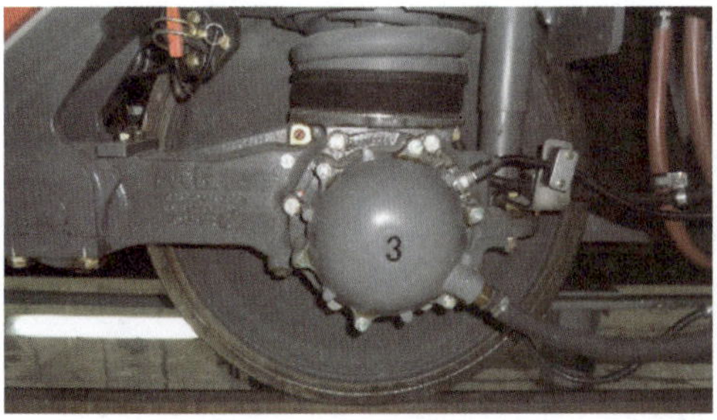

图 5-1-79　回流接地轴端

图 5-1-80　保护接地轴端

(1)目视检查轴端盖外观良好，表面无异物、变形、破损、裂纹等。

(2)目视检查轴端盖安装牢固，螺栓齐全、紧固，无松动、脱出、缺失等，防松标记清晰，无错位。

(3)视检查防松垫片状态良好，无缺失，防松标记清晰，无错位。

图 5-1-81　普通轴端

图 5-1-82　防滑轴端

41. 轴端传感器、接地线检查(图 5-1-83、图 5-1-84)

(1)目视检查传感器、接地线外观良好，无变形、破损、裂纹。

(2)目视检查安装螺栓紧固，无松动、脱出、缺失等，防松标记清晰，无错位。

(3)目视检查传感器配线防护层及接地线外皮无破损、老化、龟裂、烧损。

(4)目视检查配线安装座外观状态良好，无变形、破损、裂纹。

图 5-1-83　轴端接地线

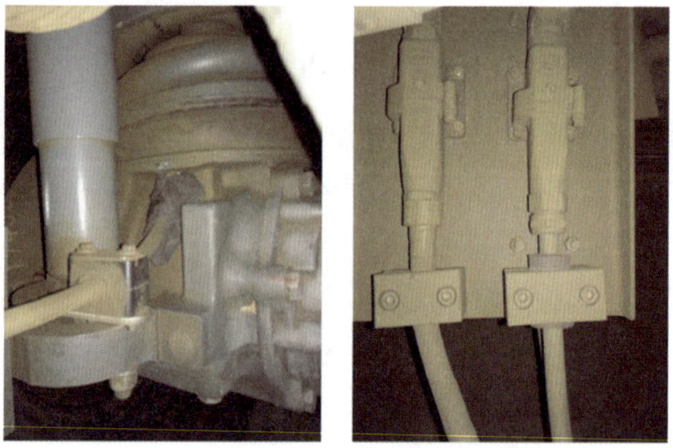

(a)　(b)

图 5-1-84　轴温传感器

42. 轴箱定位装置检查(图 5-1-85)

(1)检查连接涂漆应无明显损伤(如裂缝、变形等)，连接块涂漆无缺失。

(2)检查连接块紧固件无松动或缺失，防松标记无错位。

(3)检查轴箱转臂安全挡涂漆应无明显损伤(如裂缝、变形等)，安全挡涂漆无缺失。

(4)检查安全挡涂漆紧固件无松动或缺失，防松标记无错位。

(5)检查轴箱无明显损坏(如裂缝、变形等)，各零部件无松动或缺失，安装螺栓防松标记无错位。

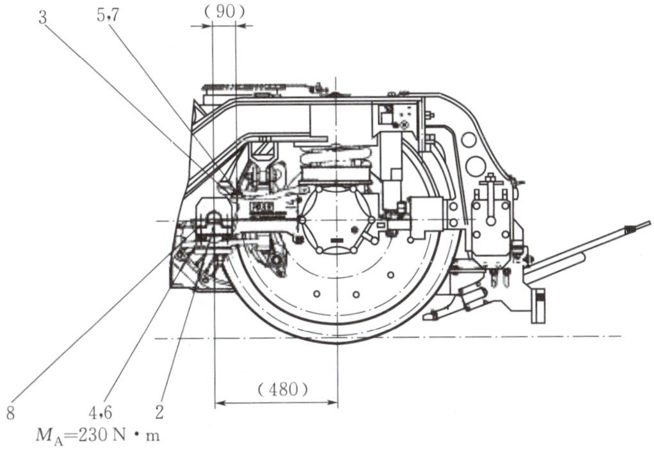


图 5-1-85　轴箱定位装置

1—轴箱节点;2—连接块涂漆;3—轴箱转臂安全挡涂漆;4—螺栓;5—螺栓;6—垫圈;7—垫圈;8—O 形密封圈

43. 一系垂向减振器检查(图 5-1-86)

(1)检查一系悬挂装置各部件无机械损伤,如裂纹、变形等。

(2)检查一系垂向减振器安装螺栓。

(3)检查一系减振器应无漏油。

44. 轴箱弹簧检查(图 5-1-87)

图 5-1-86　一系垂向减振器

图 5-1-87　轴箱弹簧

(1)目视检查内外螺旋钢弹簧外观状态良好,无裂纹、变形、破损。

(2)检查弹簧与转向架构架连接良好。

(3)检查弹簧与轴箱连接良好。

(4)检查叠层弹簧应无多条裂缝(视裂缝实际情况决定是否更换)、机械损伤、强烈膨胀、负载造成的损伤等现象。

(5)轴箱弹簧橡胶堆裂纹及破损表面裂纹深度≤2 mm;裂纹长度≤20 mm;橡胶与

金属结合面不允许存在开裂现象。

45. 二系垂向减振器检查

(1)目视检查外观良好,无变形、破损、漏油及异物击打痕迹。

(2)检查安装牢固,与固定座连接良好,紧固螺栓无松动、脱出、缺失等。

(3)检查防松垫片外观良好,无缺失等,防松标记清晰,无错位。

(4)目视检查橡胶节点外观良好,表面无异物、变形、破损等。

(5)检查减振器安装座状态良好,无变形、破损、裂纹及击打痕迹。

46. 空气弹簧检查(图 5-1-88)

(1)检查二系悬挂组成,将车身下放到紧急弹簧(给弹簧放气)上,清洁空气弹簧气囊的气囊环,空气弹簧气囊环内应无任何污物,胶囊与盖板接触处、与应急弹簧间是否有脏物。

(2)检查二系悬挂组成各部件应无机械损伤,零部件无松动或丢失等情况。

(3)空气弹簧裂纹不超限、无鼓包以及帘线外漏等现象。

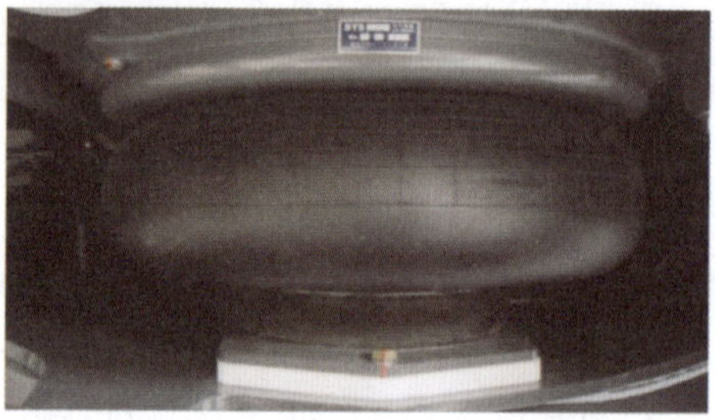

图 5-1-88 空气弹簧

①空气弹簧缺陷深度在充气状态下裂纹、磨损、外伤、龟裂等各类缺陷不得出现帘线外露(即裂纹深度不应扩展至帘布层,外表层距帘布层厚度约为 2 mm)。

②空气弹簧单处缺陷面积≤25 mm$^2$。

③鼓包:软鼓包直径≤50 mm。直径<50 mm时,按压有强烈气压感,判断气囊内层可能有漏孔时需更换;不具有典型鼓包特征的异常硬突起直径≤50 mm。

(4)空簧紧急弹簧裂纹深度≤5mm,裂纹长度≤50 mm;橡胶和金属粘接脱胶不大于 1/4 圆周;紧急弹簧周围不得出现橡胶瘤。

(5)检查空气弹簧安装螺栓、二系垂向减振器安装螺栓无松动或缺失,螺栓防松标记无错位;检查空气弹簧系统和车身上的连接接头是否固定紧密(细听是否有漏气声)。

47. 二系横向减振器检查(图 5-1-89)

图 5-1-89 横向减振器

(1)检查横向悬挂组成各部件无机械损伤、松动或者缺失。

(2)检查减振器凸耳和减振器支座应无机械损伤、裂缝和变形。减振器凸耳处焊缝或焊点无开裂。减振器紧固螺栓应无松动或缺失,防松标记无错位。

(3)检查横向减振器无漏油现象,橡胶节点无损伤。

48. 横向止挡检查(图 5-1-90)

(1)检查缓冲器,应无机械损伤、裂缝等;缓冲器紧固螺栓应无松动或缺失,防松标记无错位。

(2)检查橡胶件无深度裂纹、切口、老化和与金属表面分离现象,必要时应更换橡胶止挡。

图 5-1-90 横向止挡

(3)检查构架侧固定螺栓紧固,防松标记清晰,无错位。

(4)检查横向止挡板摇枕侧外观及安装状态良好,固定螺栓紧固良好,防松标记清晰,无错位。

(5)检查横向止挡垫片固定良好,无裂纹、腐蚀。

(6)牵引中心销与横向缓冲器距离两侧之和 $40^{+8}_{-4}$ mm;两侧之差:≤25 mm,原形:单侧:$20^{+4}_{-2}$ mm,两侧之差:≤2 mm;转向架组装状态下测量。

49. 抗侧滚扭杆检查(图 5-1-91、图 5-1-92)

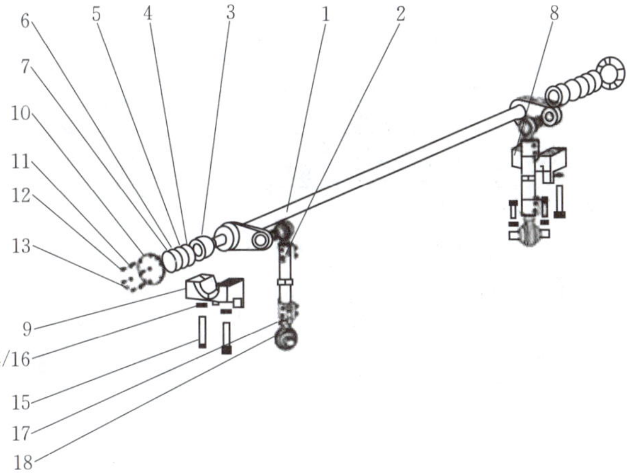


图 5-1-91 抗侧滚扭杆组成

1—抗侧滚扭杆;2—可调节连杆;3—组杆衬套;4—盘式垫片;
5—定距垫片 1 mm;6—定距垫片;7—定距垫片 5 mm;8—扭杆崖涂漆(左);
9—扭杆崖涂漆(右);10—压盖涂漆;11—六角螺栓;12—垫片;13—密封堵塞;
14—垫片;15—螺栓;16—堵塞;17—螺栓;18—垫片

(1)检查传动机构应无机械损坏、裂纹、变形,零件无松动或丢失。

(2)检查连杆的扭转弹簧轴承、球形接头,应无机械损伤、裂纹、变形、腐蚀迹象。

(3)检查扭杆衬套与扭杆端部的径向间隙不能过大,如果怀疑间隙过大,将车身向下到紧急弹簧上。必须对空心衬套的径向间隙进行检查。

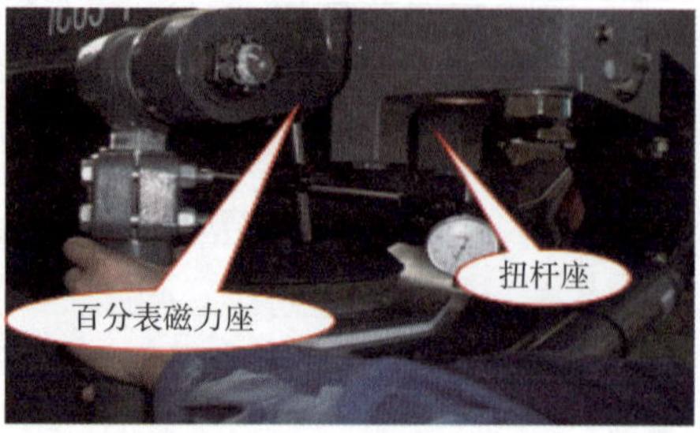


图 5-1-92　扭杆座

(4)间隙检查方法:将百分表磁力座固定在扭杆上,表头打在扭杆座下端面。无载扭力杆轴承的最大径向间隙不能超过 0.2 mm。间隙大于 0.2 mm 时更换扭杆衬套。

(5)可调节连杆及其球形接头:检查可调连杆无机械损坏、裂纹、变形或松动,部件无丢失。另外,还必须用手摇晃可调连杆,检查它们的球形接头间隙无过大。

(6)检查抗侧滚扭杆座无裂纹、变形等缺陷。

(7)防松垫片状态良好,无缺失;螺栓防松标记清晰,无错位。开口销状态良好,开口角度符合规定。

(8)与固定座连接安装状态良好,螺栓紧固,无松动、脱出、缺失等,防松标记清晰无错位。

(9)可调连杆关节轴承橡胶保护套不允许存在损坏。

50. 抗蛇行减振器检查(图 5-1-93)

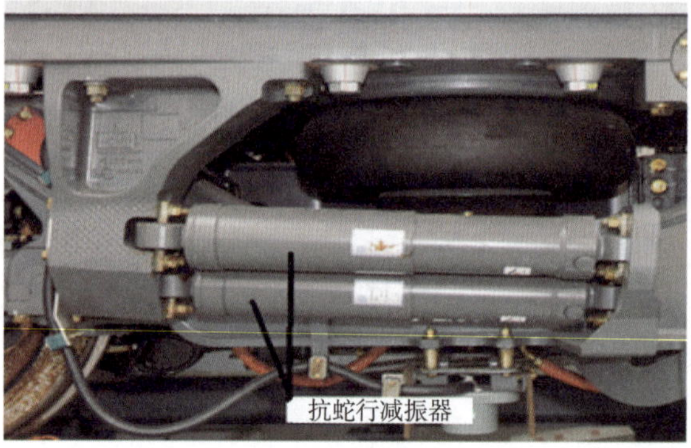


图 5-1-93　抗蛇行减振器组成

(1)目视检查抗蛇行减振器外观良好,表面无裂纹、破损、异物击打凹坑等。

(2)检查抗蛇行减振器与转向架构架、车体横向构件安装牢固螺栓紧固、防松标记无错位,垫片无丢失,对放松标记不清晰的重新涂打。

(3)检查抗蛇行减振器应无滴油现象。

(4)检查抗蛇行减振器橡胶节点状态。

(5)减振器渗油漏油状况的检查和处理(检查须在清洗之前进行)。漏油等级评判标准如图 5-1-94 所示。

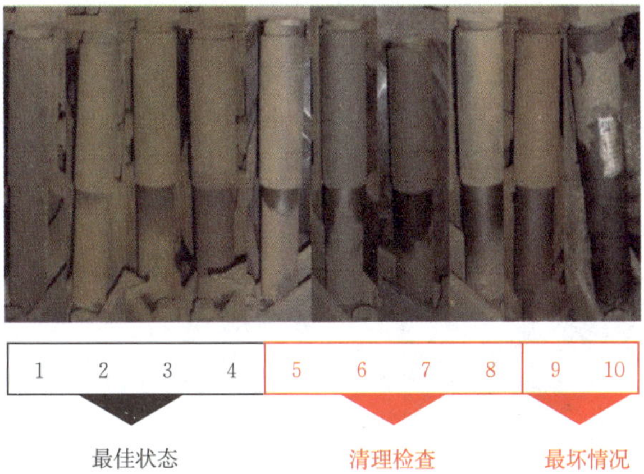


图 5-1-94　漏油等级评判标准

51. 动车制动缸检查(图 5-1-95)

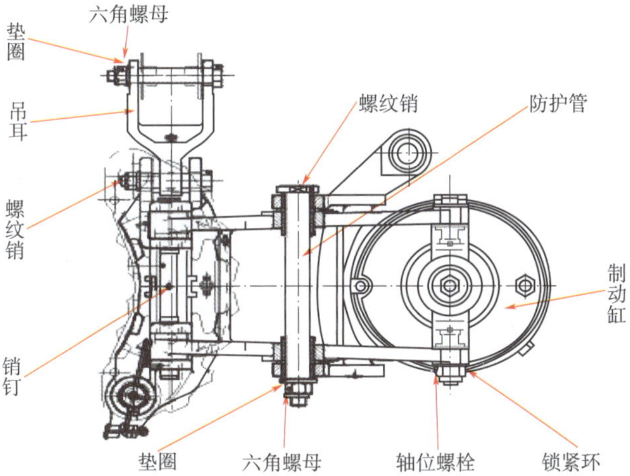


图 5-1-95　动车制动缸

(1)目视检查外观状态良好,无裂纹、变形、破损、异物击打痕迹等。

(2)检查安装牢固,安装座无变形、裂纹、损坏、异物击打痕迹等。

(3)检查缸体本身无漏气现象。

(4)检查橡胶波纹管外观状态良好,无老化、龟裂、破损、脱落等。

52. 制动风管检查(图 5-1-96)

图 5-1-96　制动风管

(1)目视检查外观状态良好,无裂纹、变

形、破损、漏风等。

(2)检查与制动缸管路连接牢固,密封良好,接头处无松动、泄漏等。

(3)检查橡胶管与钢管连接处过渡良好,无松动、漏风现象。

53. 夹钳检查(图 5-1-97)

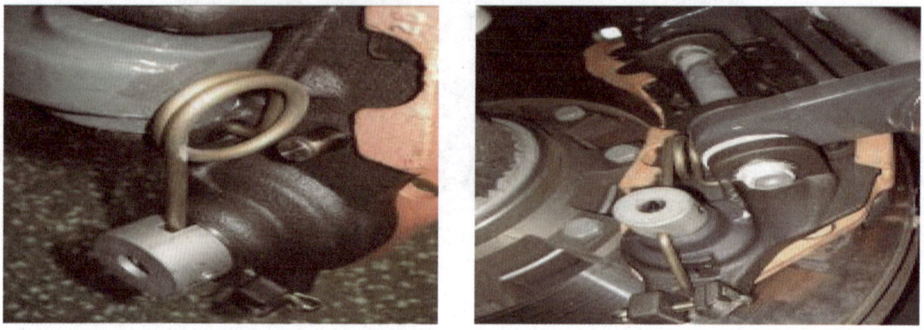

图 5-1-97　夹钳装置

(1)检查支点支座无裂损、错位、松动、异物击打痕迹等。

(2)目视检查拉杆外观良好,无裂纹、变形、破损。

(3)检查闸片托架无裂损、变形、松动。

(4)检查各螺纹销外观无异常、作用良好。

(5)目视检查转轴外观良好,无裂纹、变形、损坏等。

(6)用钢尺测量闸片厚度不超限,限度为:闸片最薄处≥5.5 mm(含钢背厚度),同意制动夹钳任一闸片到限同时更换。

(7)闸片与制动盘摩擦面间的间隙两侧之和 2~4 mm。缓解状态下测量,测量时将闸片压紧到盘面上,测量另外一侧间隙,原形:2~4 mm。

54. 拖车制动缸检查(图 5-1-98、图 5-1-99)

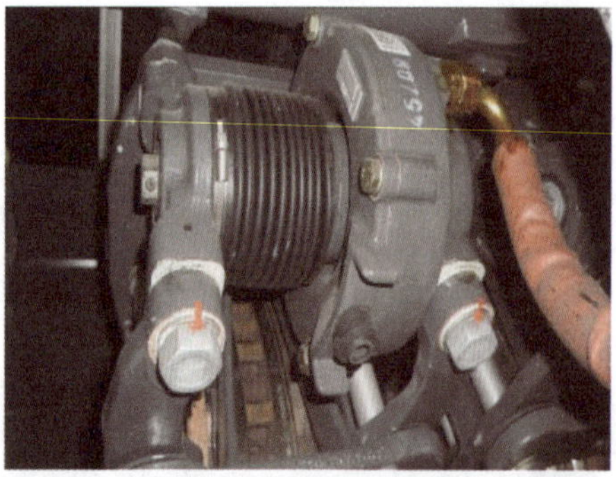

图 5-1-98　制动缸

图 5-1-99　带停放制动的制动缸

(1)目视检查外观状态良好,无裂纹、变形、破损、异物击打痕迹等。

(2)目视检查安装牢固,安装座无变形、裂纹、损坏、异物击打痕迹等。

(3)耳听检查缸体本身无漏气现象。

(4)视检查橡胶波纹管外观状态良好,无老化、龟裂、破损、脱落等。

## 第二节　关门车操作流程

### 一、培训目的

动车组运行途中因制动故障影响列车正常运营的现象数见不鲜。本节主要介绍空气制动(包括停放制动)结构原理。通过学习使参培人员深入了关门车操作及动作原理,从而将其运用到实际检修及故障排查中,确保运行途中制动故障。

### 二、注意事项

1. 停放制动夹钳位于02车、07(10、15)车厢(带受电弓拖车车厢)。

2. H29阀靠站台侧又需切除停放制动时,先通过非站台侧紧急拉绳缓解停放制动。手拉确认停放制动处于缓解状态后,通知司机将故障面板上停放制动监控回路故障开关打到“关”位(即水平位),动车组驶离站台后恢复回路故障开关,重新进行切除操作。

### 三、途中关门车操作处置流程

途中关门车操作处置流程如图5-2-1所示。

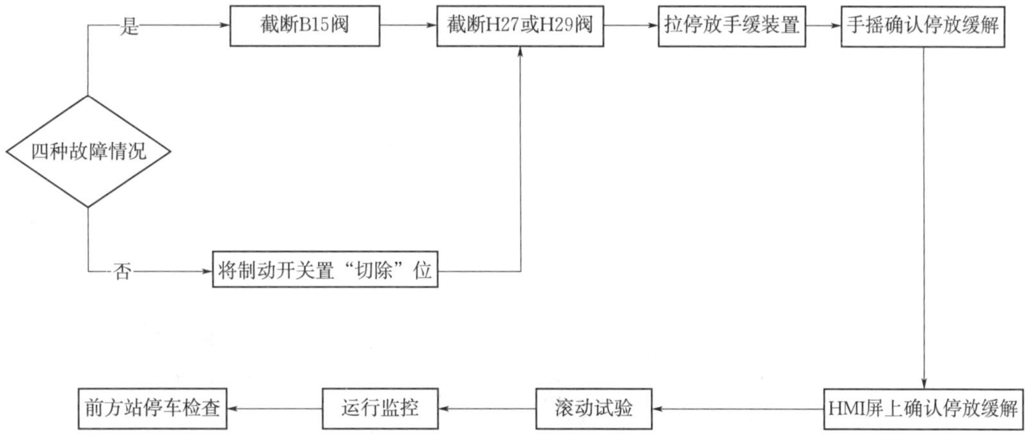


图5-2-1　途中关门车操作处置流程

### 四、处置步骤

1. 判断是否为以下四种故障情况:

(1)车厢控制面板供电故障

(2)BCU供电故障

(3)列车蓄电池断开

(4)制动开关置切除位后 HMI 屏仍显示制动不缓解

若不是步骤 4.1 中描述的四种情况:将车厢控制面板上制动开关置“切除”位。若是以上四种情况:则调整为将车下 B15 截断阀置于“关断”位。车上空气制动切除和车下空气制动切除分别如图 5-2-2 和图 5-2-3 所示。

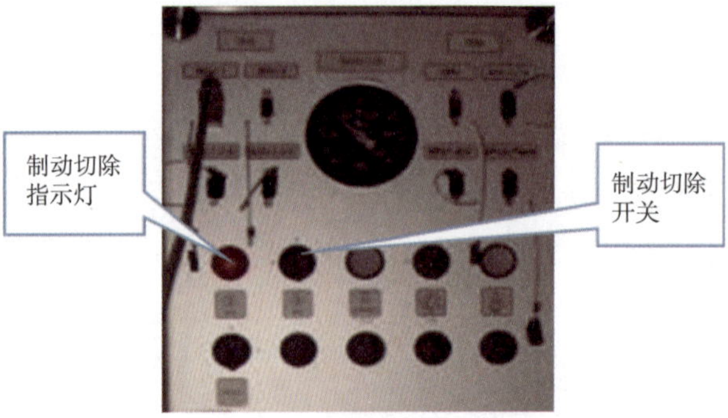


图 5-2-2 车上空气制动切除

注:制动开关置关位后,制动切除指示灯红灯亮,制动风压表指针为零。

图 5-2-3 车下空气制动切除

注意:若操作 B15 阀,完成后恢复裙板并确认其锁闭良好。

2. B15、H29 阀位置见表 5-2-1。

**表 5-2-1 B15、H29 阀位置**

| 主控端 \ 车号 | | 01 | 02 | 03 | 04 | 05 | 06 | 07 | 00 |
|---|---|---|---|---|---|---|---|---|---|
| 01 主控 | B15 | 右 | 右 | 右 | 右 | 左 | 左 | 左 | 左 |
| | H29 | | 左 | | | | | 右 | |
| 00 主控 | B15 | 左 | 左 | 左 | 左 | 右 | 右 | 右 | 右 |
| | H29 | | 右 | | | | | 左 | |

注:表中左、右均指列车运行方向的左侧、右侧。

3. 打开 02 或 07 车洁具柜后,打开洁具柜内小舱门并将 H27 阀截断或打开 H29 阀所在裙板,将车下 H29 阀操作至截断位,复位裙板。H29 阀如图 5-2-4 所示。

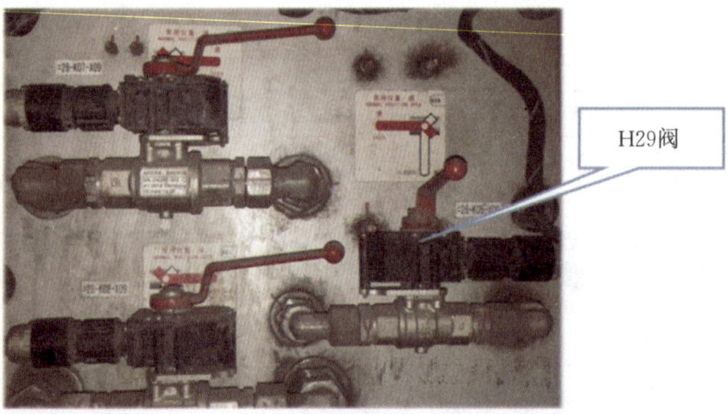


图 5-2-4 H29 阀

待空气制动无排风声(切除空气制动后约 2 min)后拉动紧急手缓装置(每个轴 1 个,共 4 个),

紧急手缓停放制动。操作成功时可感觉到高能弹簧释放的声音和振动(注意:故障车四根轴的紧急手缓装置全部要拉)。紧急手缓装置如图 5-2-5 所示。

手拉带停放制动缸的制动夹钳如图 5-2-6 所示,确认各停放制动夹钳已全部缓解。

图 5-2-5　紧急手缓装置

图 5-2-6　停放制动夹钳

4. 司机在 HMI 屏停放制动界面上进行“停放制动缓解”确认操作,如图 5-2-7 所示。

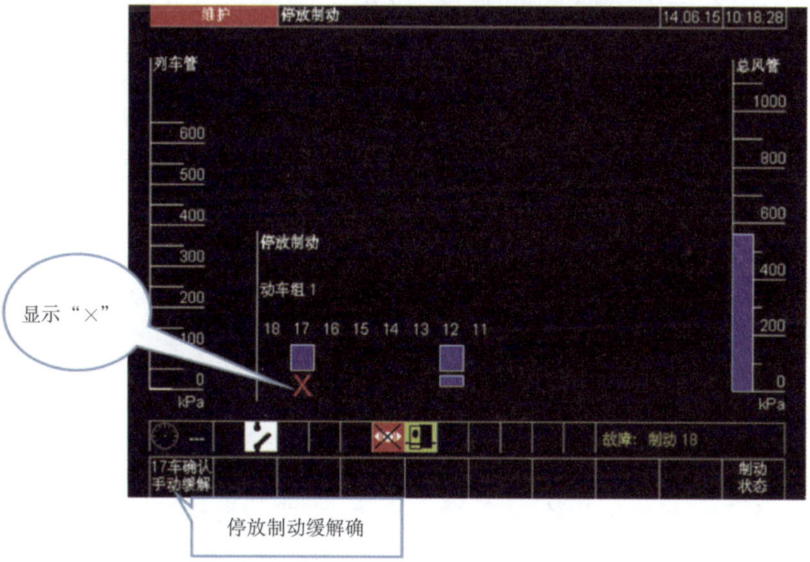


图 5-2-7　HMI 屏停放制动界面上进行“停放制动缓解”确认操作

5. 人工滚动试验确认:制动切除完毕后,随车机械师通知司机操纵动车组以不高于 5 km/h 的速度运行约 20 m,目视确认动车组轮对是否出现抱死、异音等,如图 5-2-8 所示。

6. 运行监控:运行过程中,机械师除进行必要的巡检外其余时间在制动切除车厢重点盯控,若走行部有异音通知司机停车并下车检查,巡检时通过 HMI 屏确认轴温情况。

7. 制动切除恢复运行后,随车机械师按规定申请前方站停车检查,对制动切除车厢制动盘进行点温,重点检查是否存在抱闸现象,如图 5-2-9 所示。

图 5-2-8　人工滚动试验确认

图 5-2-9　对制动切除车厢制动盘进行点温

# 第三节　齿轮箱排油、加油操作

## 一、培训目的

动车组齿轮箱为单级斜齿轮装置，内部有大、小两个齿轮相互啮合，其中小齿轮为输入端，大齿轮为输出端，主要负责动车组牵引力的传递。齿轮箱安装在动车组动车的转向架构架上，每节动车共计 4 个齿轮箱，每个标准组动车共 16 个齿轮箱。齿轮箱通过齿轮箱油进行润滑和冷却，运行状态时，齿轮箱油通过飞溅润滑给齿根面供油，最终回落至贮油器。齿轮箱油需要每隔 360 天或 40 万 km(以先到为准)进行更换。

通过培训，使新职人员熟悉 CRH3 型动车组齿轮箱排油和加油的操作标准，并具备使用维护能力。

## 二、作业安全及注意事项

作业人员应按规定穿戴劳保用品。作业前必须确认安全防护号志已插设；必须确认动车组处于降弓断电、静止、停稳的状态，且停放制动已施加。接触网需要无电。

## 三、齿轮箱排油、加油操作

1. 弗兰德齿轮箱排油、加油操作。

(1)所需工具及材料

所需工具及材料分别见表 5-3-1、表 5-3-2。

**表 5-3-1 工具清单**

| 序号 | 名 称 | 规格型号 | 单位 | 数量 | 备注 |
|---|---|---|---|---|---|
| 1 | 手电筒 | 通用型 | 只 | 1 | |
| 2 | 老虎钳 | 通用型 | 把 | 1 | |
| 3 | 克丝钳 | 通用型 | 把 | 1 | |
| 4 | 力矩扳手 | 5 N·m、80 N·m、100 N·m | 把 | 各 1 | |
| 5 | 油位计拆卸工装 | VMo-28608 | 套 | 1 | |
| 6 | 棘轮扳手 | 通用型 | 把 | 1 | |
| 7 | 套筒 | 24 mm | 个 | 2 | |
| 8 | 钢丝刷 | 通用型 | 把 | 1 | |
| 9 | 废油桶 | 通用型 | 个 | 1 | |
| 10 | 注油机/注油车 | 专用型 | 台/辆 | 1 | |
| 11 | 量杯 | 200 mL | 个 | 1 | |

**表 5-3-2 物料清单**

| 序号 | 名 称 | 物料号 | 单位 | 数量 | 备注 |
|---|---|---|---|---|---|
| 1 | 防松铁丝 | 1.2 mm | 根 | 若干 | |
| 2 | 新品密封圈 | | 个 | 若干 | |
| 3 | 乐泰 7063 | 014090001021 | 瓶 | 1 | |
| 4 | 齿轮箱油 | | 桶 | 1 | |
| 5 | 无纺布 | 017490000068 | 张 | 若干 | |
| 6 | 防护手套 | | 套 | 2 | |
| 7 | 乐泰 243 | | 瓶 | 1 | |
| 8 | 乐泰 572 | | 瓶 | 1 | |
| 9 | 乐泰 5188 | | 瓶 | 1 | |
| 10 | 油样瓶 | | 只 | 若干 | |
| 11 | 标记笔 | 018840000293 | 支 | 1 | |

(2)排油操作

①使用乐泰 7063 和无纺布清洁排油堵和注油堵表面及周围区域的油迹和污物,清

洁干净。

②用老虎钳拆除排油堵和注油堵上的防松钢丝。

③取下排、注油堵及密封环，密封环集中回收。

注意：

a. 排油操作最好在列车停稳断电后最短时间内进行操作，这时的油温较热，便于快速将润滑油排出，排油时注意戴防护手套，以避免被烫伤。

b. 排出的润滑油需专门收集处理，不可随意倾入下水管道污染环境。

c. 将齿轮箱内的残油排到接油桶内。

d. 待废油排出时，用事先准备好的油样瓶接取油样（100 mL 以上），并在油样瓶上注明对应的车列、车号、轴数以及采样日期送检。同时检查齿轮箱废油颜色，发现油色发黑、乳化立即通知技术人员到现场进行确认。

按图 5-3-1 要求检查排油堵磁针上的剥蚀材料。

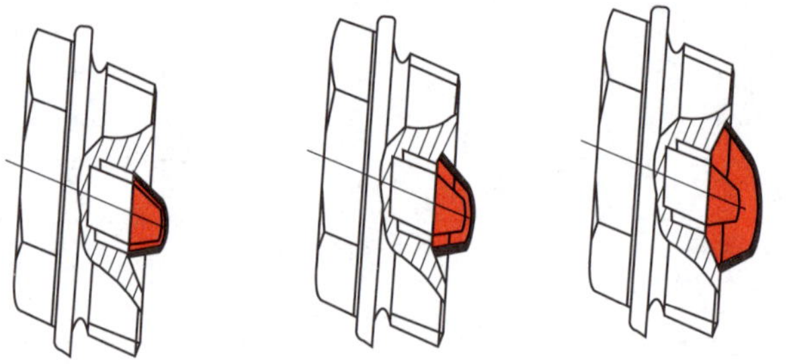
（a）最佳　（b）可接受的　（c）极限状态

图 5-3-1　排油堵磁针上的剥蚀材料检查要求

①细微的（粉状）剥蚀材料属正常、无危害的。

②对于剥蚀材料量的评估：车辆运行后的第一次和第二次换油时，图 5-3-1（c）还是允许的。此后，剥蚀材料必须更少。

③检查发现排油堵磁针存有较多小金属颗粒，就应停止使用该齿轮箱；对换下润滑油进行取样化验，发现金属元素超标时立即更换轮对。

④使用无纺布擦去排油堵和注油堵上的剥蚀材料，再用钢丝刷清理螺纹表面的乐泰胶，擦拭干净。

⑤确认齿轮箱润滑油排尽，同时检查油位镜处无润滑油。

（3）加油操作

①使用注油机（注油机过滤器为 25 μm）向齿轮箱内加入新的润滑油至如图 5-3-2 所示油位下限和中线之间。

注意：要确保给齿轮箱加入同样类型的润滑油，不能将不同类型的油或由不同制造商制造的润滑油混合。

②等待一段时间，待油中气泡散逸油位回落后再次观察油位，观察时视线与油位需在同一高度，若油位低于限度，则手动适量补油；若油位高于限度，则松开排油堵螺栓排去少部分油，确保油位在限度内。

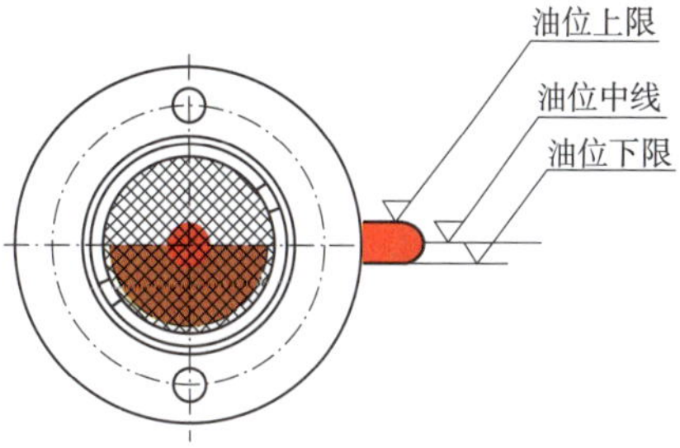


图 5-3-2 油位显示展示图

(4)复位操作

①更换新的密封圈后，用扭力扳手和套筒S24重新将注油堵安装到齿轮箱的注油口上拧紧，力矩为 100 N·m±5 N·m。

②紧固后再使用老虎钳对排油堵和注油堵捆绑防松钢丝。

③用乐泰 7063 和无纺布将排油堵和注油堵周围的残油清理干净，并涂打防松标记。

2. 采埃孚齿轮箱排油、加油操作。

(1)所需工具及材料

所需工具及材料分别见表 5-3-3 和表 5-3-4。

**表 5-3-3 工具清单**

| 序号 | 名　称 | 规格型号 | 单位 | 数量 | 备注 |
|---|---|---|---|---|---|
| 1 | 手电筒 | | 个 | 1 | |
| 2 | 力矩扳手 | 120 N·m | 把 | 1 | |
| 3 | 套筒扳手 | | 把 | 1 | |
| 4 | 棘轮扳手 | | 把 | 1 | |
| 5 | 套筒 | S24 | 个 | 1 | |
| 6 | 内六角套筒 | 12 mm | 个 | 1 | |
| 7 | 接油桶 | | 个 | 1 | |
| 8 | 注油机/注油车 | | 台/辆 | 1 | |
| 9 | 量杯 | 200 mL | 个 | 1 | |

**表 5-3-4 物料清单**

| 序号 | 物料名称 | 物料号 | 单位 | 数量 | 备注 |
|---|---|---|---|---|---|
| 1 | 新品密封圈 | | 个 | 若干 | |
| 2 | 乐泰 7063 | 014090001021 | 瓶 | 1 | |
| 3 | 齿轮箱油 | | 桶 | 1 | |
| 4 | 无纺布 | 017490000068 | 张 | 若干 | |
| 5 | 防护手套 | | 套 | 2 | |
| 6 | 标记笔 | 018840000293 | 支 | 1 | |
| 7 | 油样瓶 | | 个 | 若干 | |

(2)排油操作

①先用清水清洗排油堵和注油堵表面及周围区域,用乐泰 7063 和无纺布清洁干净。

②取下注油堵和密封环。检查磁堵,细微的(粉状)剥蚀材料属正常、无危害的。车辆运行后的第一次和第二次换油时可以发现磁堵上较多的剥蚀材料,这些磨损随运行里程会越来越少。如果发现大的金属颗粒物请联系供应商并对润滑油进行取样化验。

注意:

a. 排油操作最好在列车停稳断电后最短时间内进行操作,这时的油温较热,便于快速将润滑油排出,排油时注意戴防护手套,以避免被烫伤。

b. 排出的润滑油需专门收集处理,不可随意倾入下水管道污染环境。

c. 冷油温度≤40 ℃时,至少等待 60 min 油温>40 ℃时,至少等待 15 min。注油堵如图 5-3-3 所示。

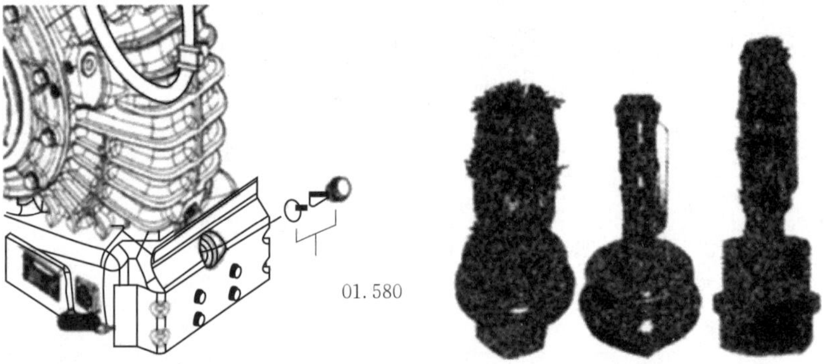


图 5-3-3 注油堵

d. 使用棘轮扳手和套筒拧下排油堵并拆除密封圈,如图 5-3-4 所示。

e. 将齿轮箱内的残油排到下面事先放置的桶中。

f. 待废油排出时,用事先准备好的油样瓶接取油样(100 mL 以上),并在油样瓶上注明对应的车列、车号、轴数以及采样日期送检。同时检查齿轮箱废油颜色,发现油色发黑、乳化立即通知技术人员到现场进行确认。

g. 彻底清洁排油堵和外壳的密封表面。

h. 待润滑油排净后,更换新的密封圈重新安装排油堵,拧紧力矩 70 N·m。

(3)加油操作

使用注油机(注油机过滤器为 25 μm)向齿轮箱内加入新的润滑油约 6 500 mL 至下图所

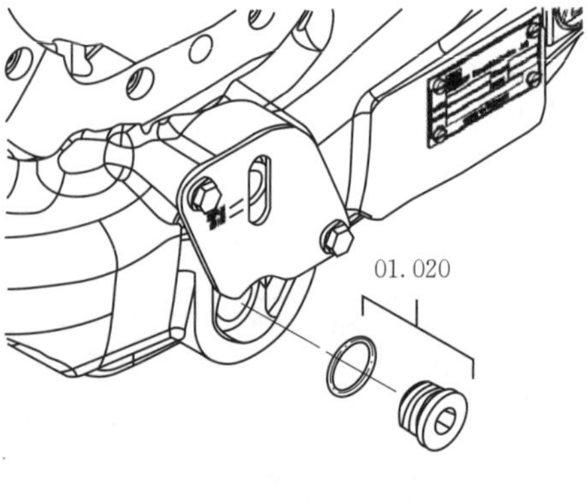


图 5-3-4 拧下排油堵并拆除密封圈

示规定刻度范围内。

注意:要确保给齿轮箱加入同样类型的润滑油,不能将不同类型的油或由不同制造商制造的润滑油混合

注完油后等待 2～3 min,使所有的油流到一起,再次检查油位,观察时视线与油位需在同一高度,若油位低于限度,则手动适量补油;若油位高于限度,则松开排油堵螺栓排去少部分油,确保油位在限度内,齿轮箱油位如图 5-3-5 所示。

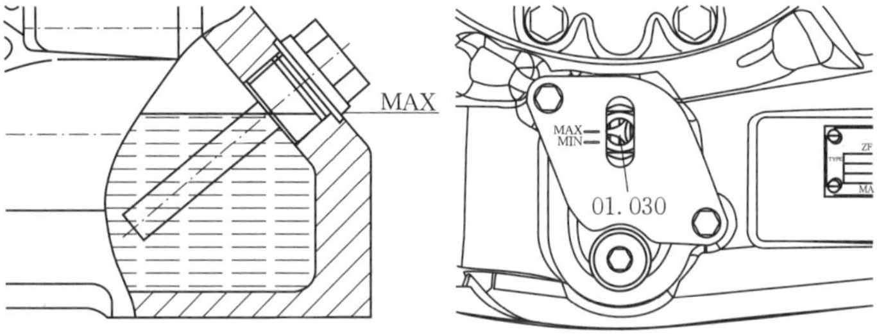


图 5-3-5 齿轮箱油位

(4)复位操作

①用无纺布擦去注油塞上的剥蚀材料。

②油位合格后,更换新的密封环,重新安装注油堵,拧紧力矩 70 N·m。

③使用乐泰 7063 和无纺布清洁注油口和排油口周围剩余油渍并涂打防松标记。

3. 戚墅堰齿轮箱排油、加油操作。

(1)所需工具及材料

所需工具及材料分别见表 5-3-5 和表 5-3-6。

**表 5-3-5 工具清单**

| 序号 | 名 称 | 规格型号 | 单位 | 数量 | 备注 |
|---|---|---|---|---|---|
| 1 | 手电筒 | | 个 | 1 | |
| 2 | 克丝钳 | | 把 | 1 | |
| 3 | 力矩扳手 | 120 N·m | 把 | 1 | |
| 4 | 套筒扳手 | | 把 | 1 | |
| 5 | 棘轮扳手 | | 把 | 1 | |
| 6 | 套筒 | S24 | 个 | 1 | |
| 7 | 钢板尺 | | 把 | 1 | |
| 8 | 废油桶 | | 个 | 1 | |
| 9 | 注油机/注油车 | | 台/辆 | 1 | |
| 10 | 量杯 | 200 mL | 个 | 1 | |

表 5-3-6　物料清单

| 序号 | 物料名称 | 物料号 | 单位 | 数量 | 备注 |
|---|---|---|---|---|---|
| 1 | 防松铁丝 | 1.2 mm | 根 | 若干 | |
| 2 | 新品密封圈 | | 个 | 若干 | |
| 3 | 乐泰 7063 | 014090001021 | 瓶 | 1 | |
| 4 | 润滑油 | | 桶 | 1 | |
| 5 | 无纺布 | 017490000068 | 张 | 若干 | |
| 6 | 防护手套 | | 套 | 2 | |
| 7 | 标记笔 | 018840000293 | 支 | 1 | |
| 8 | 油样瓶 | | 个 | 若干 | |

(2)排油操作

①先对注油栓的周围进行清洁,确保注油栓表面干净,如图 5-3-6 所示。

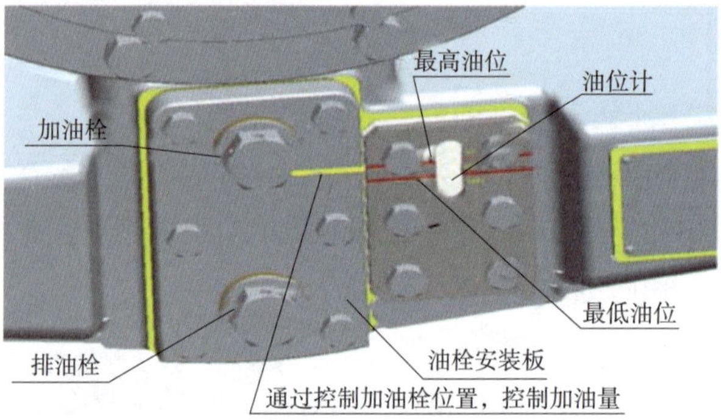


图 5-3-6　注油栓

②然后使用克丝钳将与排油栓和注油栓相连的防松钢丝拆掉。

③用棘轮扳手拆掉排油栓和注油栓并拆除密封圈。

④将齿轮箱内的残油排到事先放置的桶中。

⑤待废油排出时,用事先准备好的油样瓶接取油样(100 mL 以上),并在油样瓶上注明对应的车列、车号、轴数以及采样日期送检。同时检查齿轮箱废油颜色,发现油色发黑、乳化立即通知技术人员到现场进行确认。

⑥检查排油栓上的磁堵,细微的(粉状)剥蚀材料属正常、无危害的。车辆运行后的第一次和第二次换油时可以发现磁堵上较多的剥蚀材料,这些磨损随运行里程会越来越少。如果发现大的金属颗粒物请联系供应商并对润滑油进行取样化验,排油栓上的磁堵检查标准如图 5-3-7 所示。

⑦更换新的密封圈后重新安装排油栓,紧固力矩为 120 N·m。

| | 正常 | 异常 |
|---|---|---|
| 磁性排油栓 | 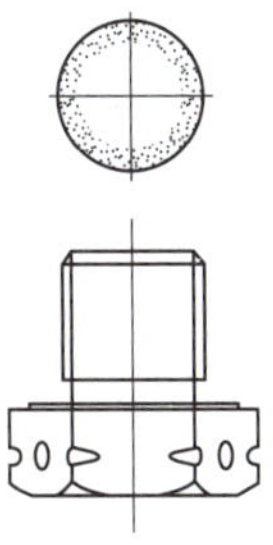 | 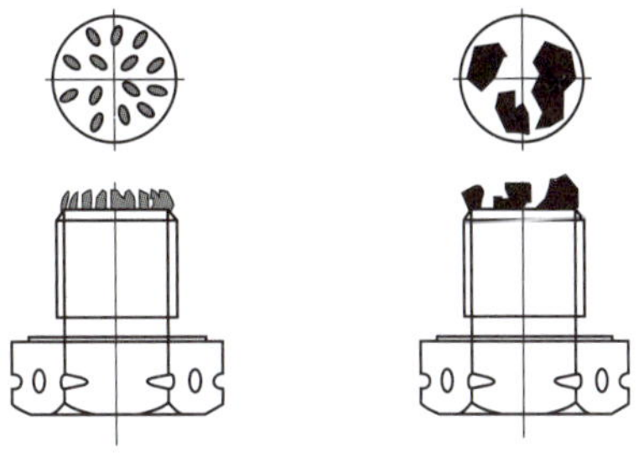 |
| ①最初的磨耗粉<br>（用手指触摸，无异物感）<br>②数粒有光泽的铁粉<br>（有铁屑等生产的压延铁粉） | | ③无光泽的大块铁粉<br>（有可能是轴承保持架破损）<br>④黑色的鳞状的薄铁皮大量粘附<br>（有可能是轴承旋翼烧坏） |
| 以上情形时，用擦油布擦干净 | | 以上情况出现，应进行拆卸检查 |

图 5-3-7　排油栓上的磁堵检查标准

（3）加油操作

使用注油机（注油机过滤器为 25 μm）向齿轮箱内加入新的润滑油约 4 500 mL 至图 5-3-8所示规定刻度范围内。

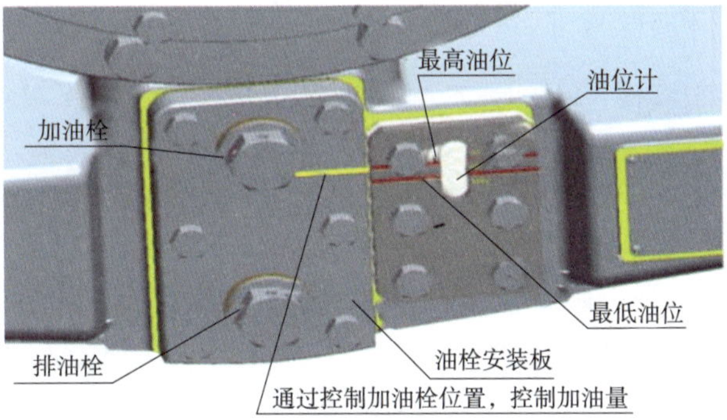


图 5-3-8　注油机规定刻度范围

注意：齿轮箱润滑油不允许将不同制造商生产的润滑油混合使用。如加注的齿轮箱润滑油制造商与更换前的润滑油制造商不一致时，必须将箱内的润滑油排放干净后，方可重新加入新油，排净标准为：1 滴/min。

注完油后等待 2～3 min，使所有的油流到一起，再次检查油位，观察时视线与油位需在同一高度，若油位低于限度，则切换手动模式适量补油；若油位高于限度，则松开排油堵螺栓排去少部分油，油位达到要求后，将换有新密封圈的注油栓安装到注油孔。

(4)复位操作

①先用棘轮扳手预紧注油栓,再用扭矩扳手校紧,紧固力矩为 120 N·m,并在注油栓和排油栓上穿入新的防松钢丝。

②使用乐泰 7063 和无纺布清洁注油口和排油口周围剩余油渍并涂打防松标记。

## 第四节　牵引电机注脂操作

### 一、培训目的

动车组三相异步电动机,采用强迫风冷却,安装在动车组动车的转向架构架上,每节动车共计 4 个牵引电机,每个标准组动车共 16 个牵引电机。牵引电机共两个轴承,通过轴承润滑脂进行润滑,需通过锥形注脂口向每个轴承加注涂覆润滑脂。润滑脂需要每隔 180 天或 20 万 km(以先到为准)重新加注一次。

通过培训,使新职人员熟悉 CRH3 型动车组牵引电机润滑脂加注的操作标准,并具备使用维护能力。

### 二、作业安全及注意事项

作业人员应按规定穿戴劳保用品。作业前必须确认安全防护号志已插设;必须确认动车组处于降弓断电、静止、停稳的状态,且停放制动已施加。接触网需要无电。

### 三、牵引电机注脂操作

1. 准备工作

(1)明确牵引电机驱动端与非驱动端:牵引电机共两个轴承,一个在驱动端,另一个在非驱动端。牵引电机靠近联轴节、齿轮箱一端为驱动端,远离联轴节、齿轮箱的一端为非驱动端,具体如图 5-4-1 所示标识。

(2)所需工具及材料分别见表 5-4-1 和表 5-4-2。

表 5-4-1　工具清单

| 序号 | 名　称 | 规格型号 | 单位 | 数量 | 备注 |
|---|---|---|---|---|---|
| 1 | 手电筒 | | 个 | 2 | |
| 2 | 注油枪(手动、气动)或加油车 | | 把或辆 | 1 | |
| 3 | 耐油手套 | | 副 | 2 | |
| 4 | 电子秤 | | 台 | 1 | |
| 5 | 铲刀 | | 把 | 1 | |

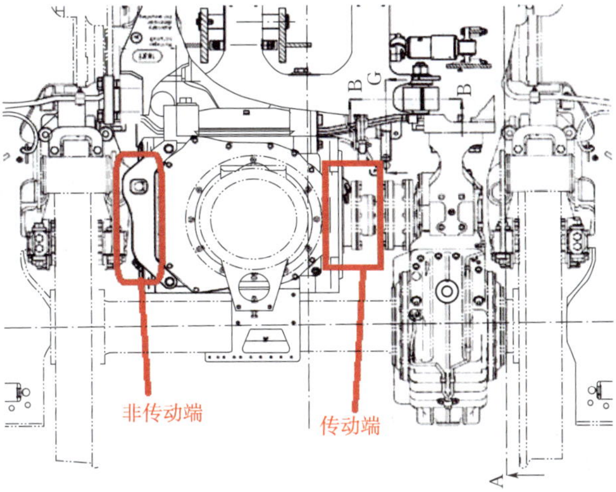


图 5-4-1　传动端与非传动端区分

**表 5-4-2　物料清单**

| 序号 | 物料名称 | 物料号 | 单位 | 数量 | 备注 |
|---|---|---|---|---|---|
| 1 | 润滑脂(Shell Retinax LX2) | | 罐 | 1 | |
| 2 | 乐泰 7063 清洁剂 | | 瓶 | 2 | |
| 3 | 无纺布 | | 捆 | 若干 | |

2. 注脂操作。

(1)向注油枪内添加润滑油脂,至少添加至内腔容量的 2/3。

(2)对注油枪进行试喷,在喷射流量稳定时,喷射 10 次,并用电子秤对这 10 次的油脂进行称重(图 5-4-2),从而得出每次喷射的重量(记为 A),要求 A 值≤3 g。

注意:每次油枪内油脂用完,重新添加油脂后,均需重新试喷计算 A 值。

(3)将润滑脂注入口帽从锥形润滑脂注入口取下。

(4)用无纺布和乐泰 7063 擦拭干净润滑脂注入口,如图 5-4-3 所示。

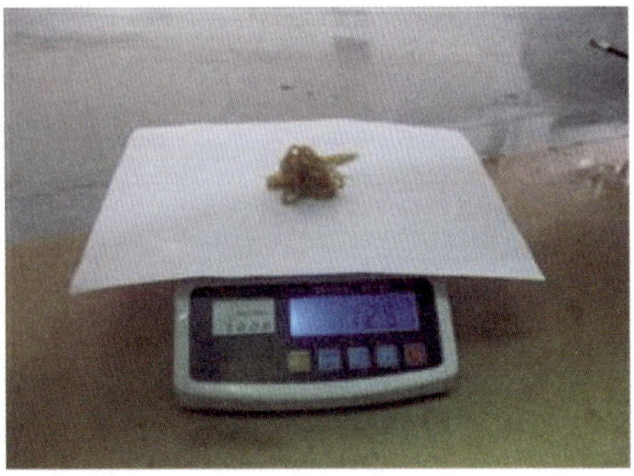

图 5-4-2　油脂称重

(5)给轴承传动端(靠近联轴节一端)注入(30±1)g 润滑脂。

(6)给轴承非传动端注入(15±1)g 润滑脂,传动端注油口和润滑脂注入口分别如图 5-4-4、图 5-4-5 所示。

图 5-4-3　清洁润滑脂注入口

图 5-4-4　传动端注油口

(7)再次用无纺布把润滑脂枪和润滑脂注入口擦拭干净,如图 5-4-6 所示。

图 5-4-5　润滑脂注入口

图 5-4-6　擦拭残余油脂

(8)将注油口帽盖紧注油口。

## 第五节　车下有关应急故障处理各阀门位置及各阀门常规状态

如果局部控制单元发生故障或用于常用制动隔离,可以使用下列球阀分别切除制动系统和耗风装置。各阀门及各阀门常规状态见表 5-5-1。

**表 5-5-1　各阀门及各阀门常规状态**

| 设备 | | 球阀设计 L 为长柄<br>T 为 T 形手柄 | 使　用 | 标　签 |
|---|---|---|---|---|
| 气动 | 电动 | | | |
| B15 | -28-K03 | L | 截断整车制动缸管的球阀(切断空气制动、转向架制动设备) | 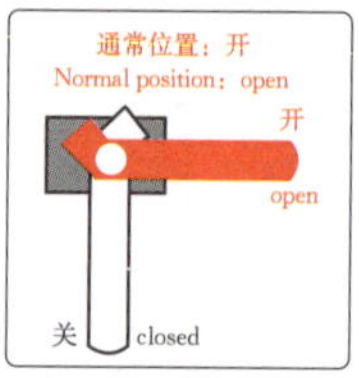 |
| B16 | -28-K06 | L | 截断整车列车管间接制动的球阀 | 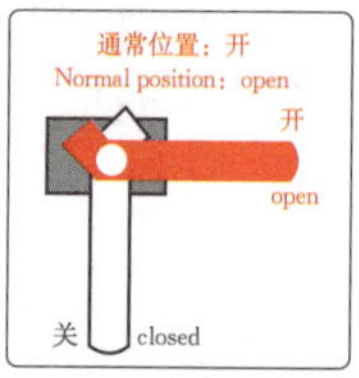 |

续上表

| 设备 | | 球阀设计 L 为长柄<br>T 为 T 形手柄 | 使　用 | 标　签 |
|---|---|---|---|---|
| 气动 | 电动 | | | |
| B20 | 28-K07 | L | 截断撒砂设备，仅在 VC03/IC06/IC11/IC14；仅在 TC02/TC07/TC10/TC15 车的受电弓设备 | 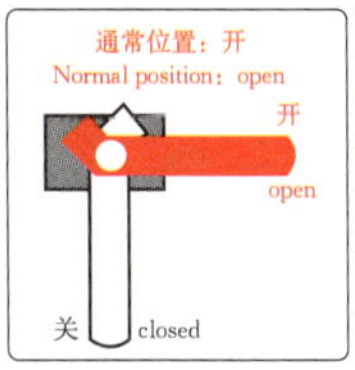 |
| B27 | -28-K08 | L | 软管断裂时，截断整车的球阀(制动机和二级消耗装置)。 | 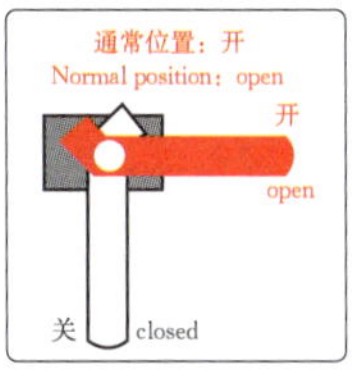 |
| H29 | -28-K05 | L | 截断弹簧加载制动机的球阀，仅 TC02/TC07/TC10/TC15 车 | 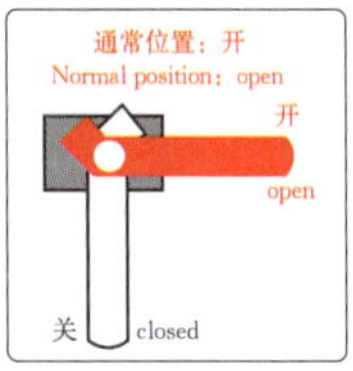 |
| L02 | — | L | 截断空气悬挂设备的球阀 | 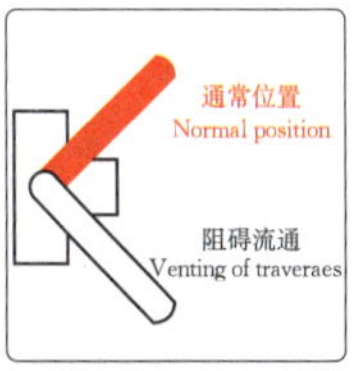 |
| V01 | — | T | 截断轮缘润滑设备的球阀 | 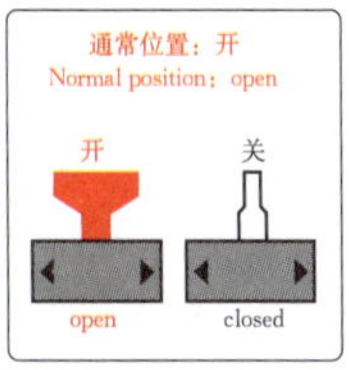 |
| Z08 | — | T | 断开挡风玻璃刮水器设备的球阀 | 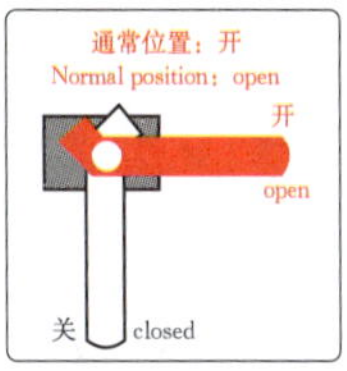 |
| Z13 | — | L | 截断列车管(BP)的球阀 | 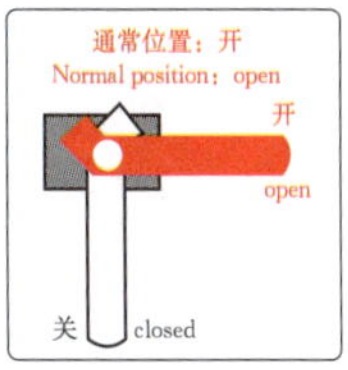 |

续上表

| 设备 | | 球阀设计 L 为长柄<br>T 为 T 形手柄 | 使　用 | 标　签 |
|---|---|---|---|---|
| 气动 | 电动 | | | |
| Z13/1 | — | L | 截断列车管(BP)的球阀 | 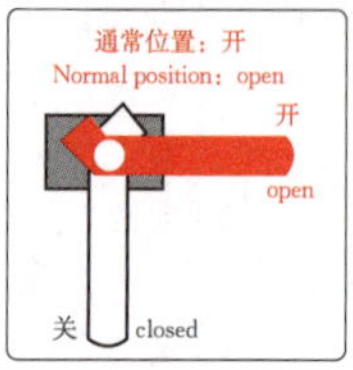 |
| Z13/2 | — | L | 截断列车管(BP)的球阀 | 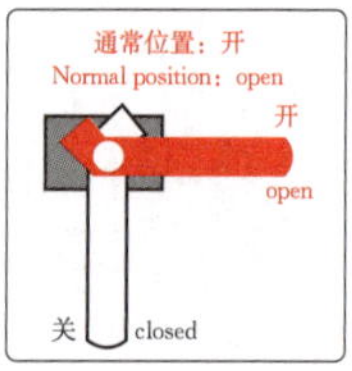 |
| Z17 | — | L | 截断总风管(MRP)的球阀 | 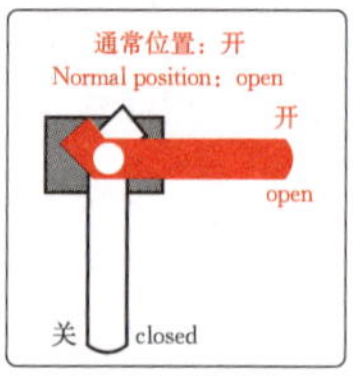 |
| Z17/1 | — | L | 截断总风管(MRP)的球阀 | 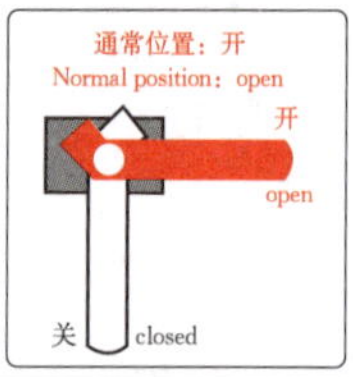 |
| Z17/2 | — | L | 截断总风管(MRP)的球阀 | 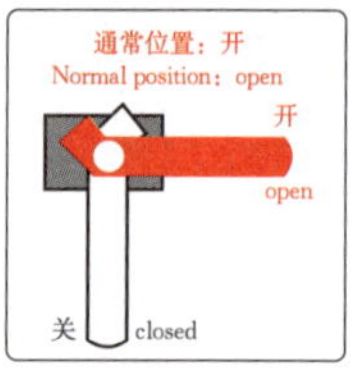 |
| Z18 | — | T | 断开卫生间设备的球阀 | 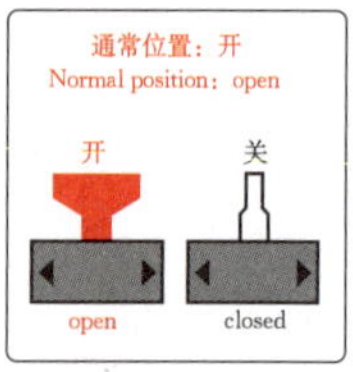 |
| Z21 | — | T | 球阀用于断开 04 车的空调和门 05 车的空调 | 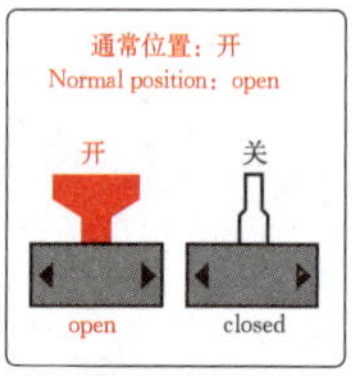 |

续上表

| 设备 | | 球阀设计 L 为长柄 T 为 T 形手柄 | 使　用 | 标　签 |
|---|---|---|---|---|
| 气动 | 电动 | | | |
| Z21/1 | — | T | 球阀用于断开 01/08 车的车门 02/07 车，03/06 车的空调和车门 | 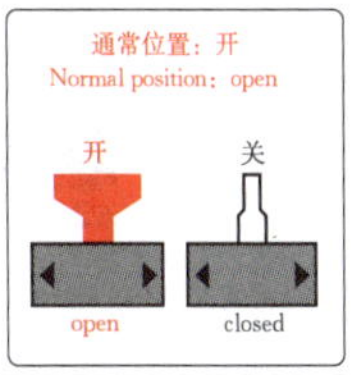 |
| Z21/2 | — | T | 用于断开 01/08 车，03 和 06 车的空调 02/07 车的车门 | 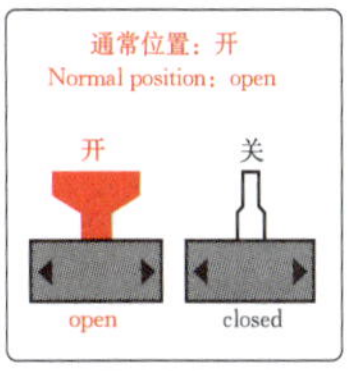 |
| Z30 | — | L | 经由止回阀（Z29）和球阀（Z30），主风缸可由来自用于救援的列车管的空气压力充风（例如用单管机车拖运），仅在 01/08 车 | 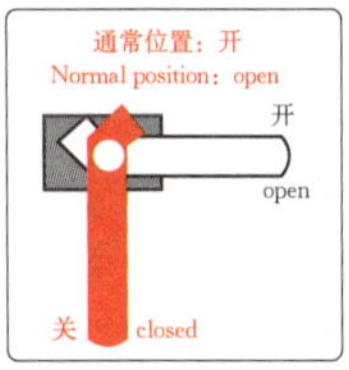 |

注意事项：通过分别操作球阀[（Z13）、（Z13/1）（Z13/2）用于列车管，（Z17）、（Z17/1）和（Z17/2）用于总风管]可在每辆车实现下列列车管（BP）/总风缸管（MRP）截断条件至关闭位置：在 01/08 车用球阀（Z13）/（Z17）断开列车管/总风管至自动车钩的压缩空气。

图 5-5-1～图 5-5-5 提供了车下球阀的详细位置（俯视图），关于单个球阀的信息，请参考表 5-5-1。

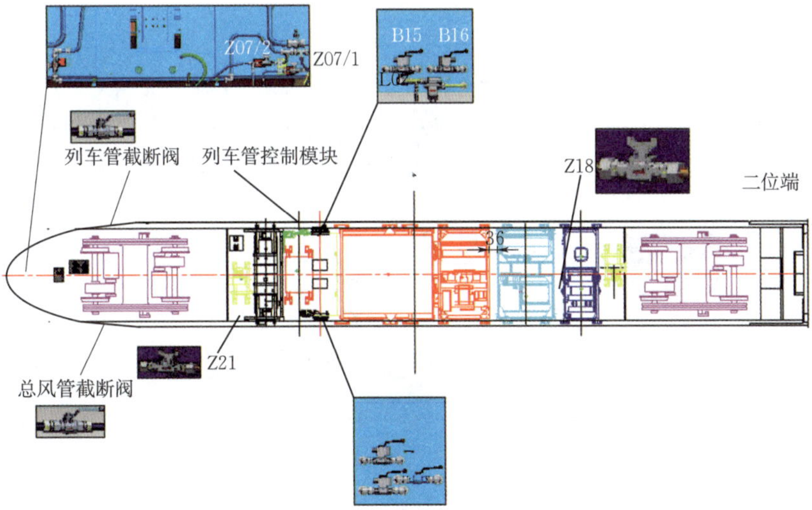


图 5-5-1　01/08 车的车下球阀布置

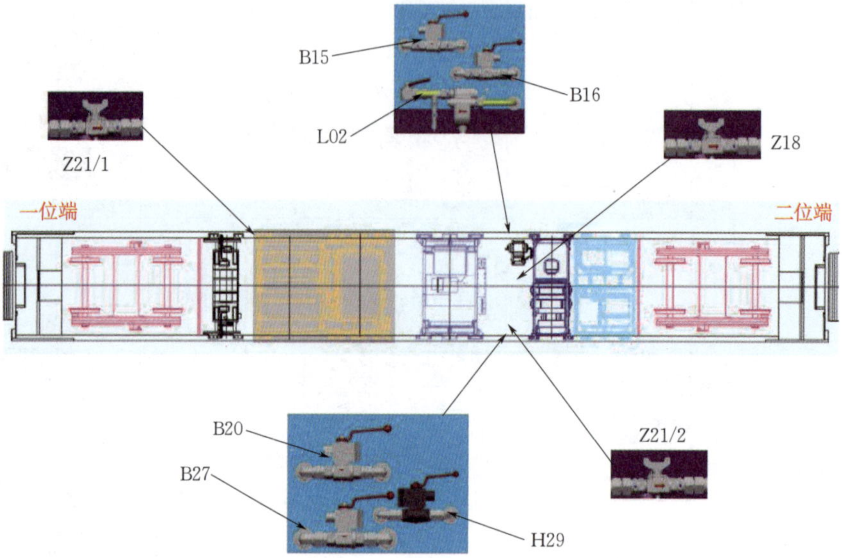


图 5-5-2　02/07 车的车下球阀布置

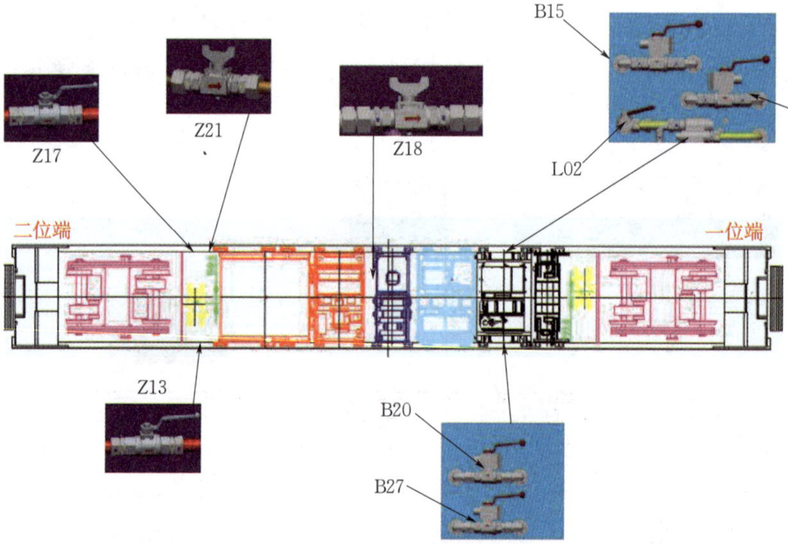


图 5-5-3　03/06 车的车下球阀布置

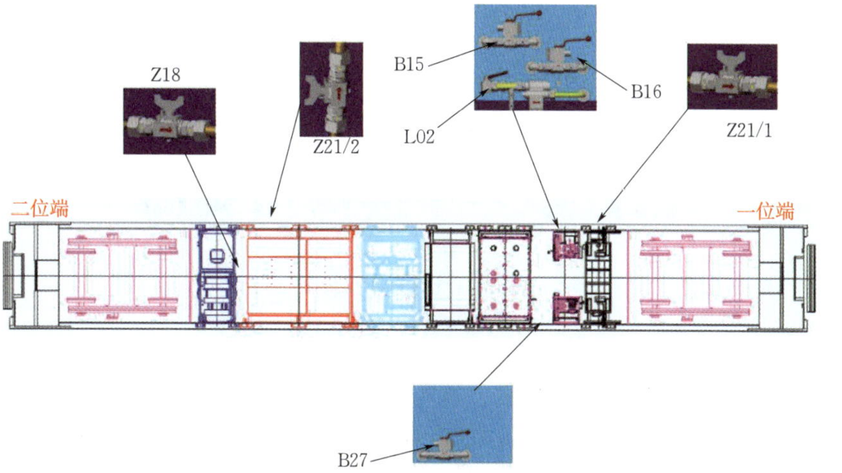


图 5-5-4　04 车的车下球阀布置

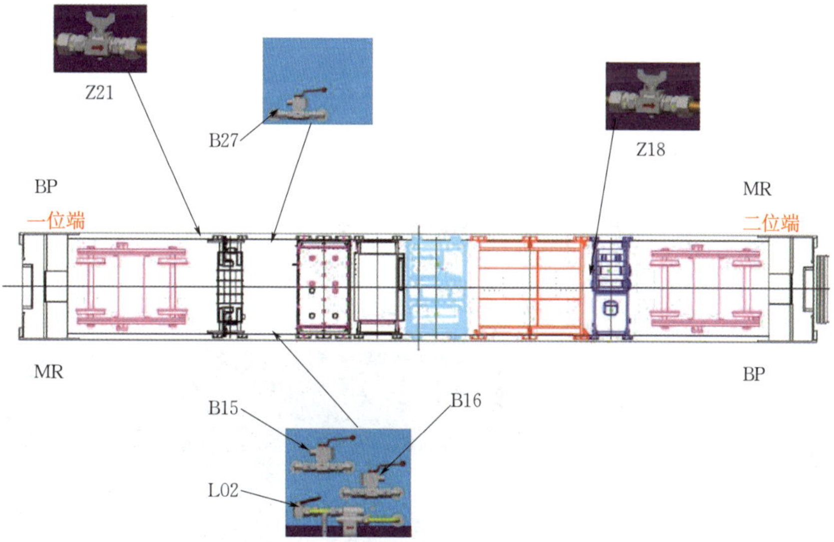


图 5-5-5　05 车的车下球阀布置

## 思考题

1. 请述说动车轮对检查标准。
2. 请述说制动夹钳及制动盘检查标准。
3. 请述说齿轮箱及 C 形支架检查标准。
4. 什么是转向架一系悬挂、二系悬挂?
5. 请述说 CRH380B 型动车转向架牵引力的传递过程。
6. 请述说 CRH380B 型动车组空气制动切除(关门车)操作方法。
7. 请述说 CRH380B 型动车组牵引电机注脂操作方法。
8. 请说出 CRH380B 型动车组 B15、B16、B27、H29、Z13、Z30 各阀的作用。

# 第六章　车顶高压实训

## 第一节　供断电操作流程

### 一、培训目的

动车组供断电操作流程属于动车组基础知识。本章主要介绍 CRH3 型动车组供断电操作流程，为新职人员提供学习资料。通过本章使参培人员深入了解动车组供断电操作流程及注意事项，从而将其运用到实际检修及故障排查中，确保车端装置运行状态良好。

### 二、动车组供电操作

1. 将电池开关打到“开”位，等待 HMI 屏配置完成，如图 6-1-1 所示。

2. 司机将方向开关置“前进”位(或“向后”位)，然后将司机室占用钥匙置“ON”位，观察司机室 HMI 是否进入司机 HMI 显示界面，如图 6-1-2 所示。

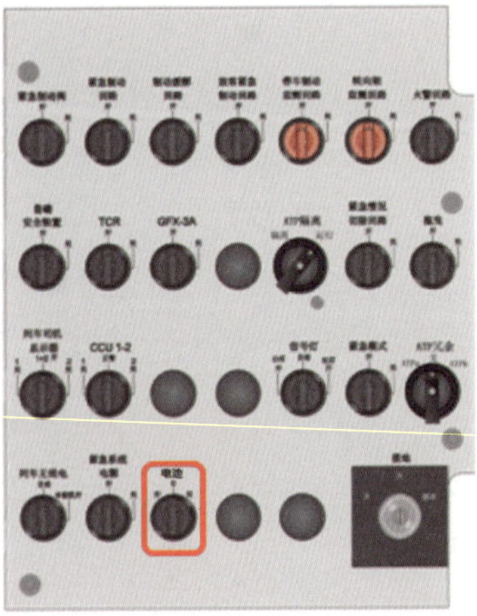

图 6-1-1　电池开关

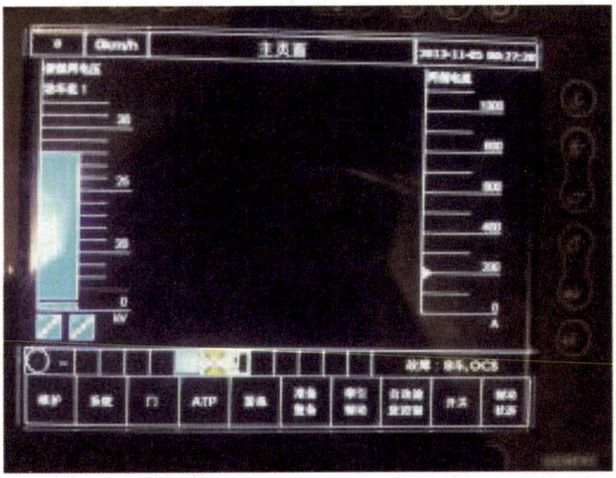

图 6-1-2　HMI 显示界面

3. 司机室占用成功后进行升弓、合主断路器操作，将升降弓按钮推至“升弓”位，如图 6-1-3 所示，确认受电弓升起后，将主断路器闭合按钮推至“主断路器合”位，如图 6-1-4 所示，待主断路器允许使能信号(蓝标)出现后，再次将主断路器闭合按钮推至“主断路器合”位，确认牵引变流器、辅助变流器、空调状态均处于工作状态，此时动车组供电操作完成。

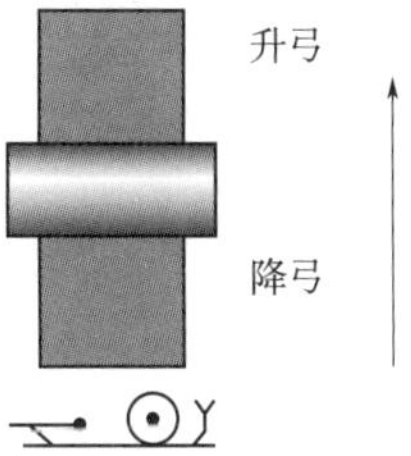


图 6-1-3　升降弓按钮

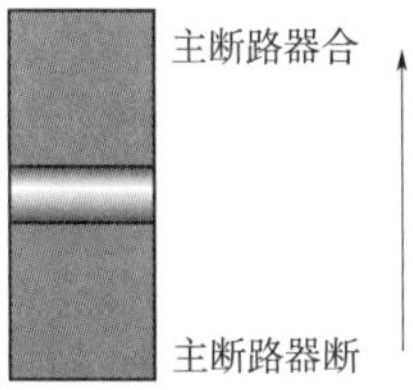


图 6-1-4　主断路器闭合按钮

### 三、动车组断电操作

1. 在占用端司机室将主断路器闭合按钮推至“主断路器断”位，然后将升降弓按钮推至“降弓”位，确认受电弓降下，如图 6-1-5、图 6-1-6 所示。

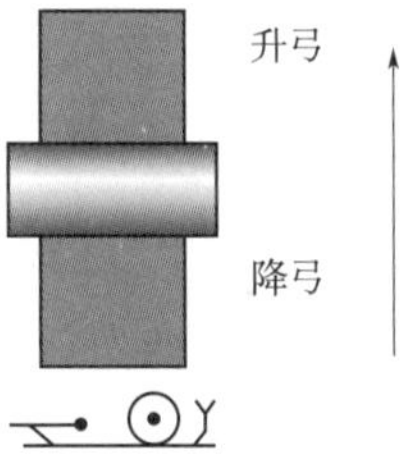


图 6-1-5　升降弓按钮

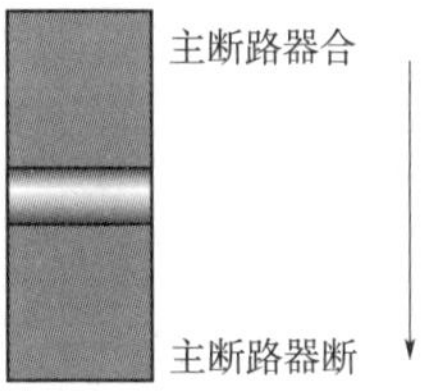


图 6-1-6　主断路器闭合按钮

2. 司机将方向开关置“0”位，然后将司机室占用钥匙置“OFF”位，待占用端司机室雨刮器返回至左侧后，将司机室右侧控制面板内的电池开关打到“关”位，退出司机室占用，动车组完成断电操作。

## 第二节　动车组受电弓电路及气路认知

### 一、培训目的

CRH3 型动车组受电弓时汲取接触网电能的主要设备，通过培训，使培训人员充分掌握受电弓结构、控制原理，掌握受电弓检查重点，提高故障的判断处理能力。

### 二、受电弓结构

受电弓是利用车顶接触网获取和传递电流的机械组成。受电弓由气囊组成的气动平衡系统控制，该气囊的压力空气由气动控制单元提供，在压力空气作用下气囊产生扭矩，通过凸轮及弹性连接轴作用在下臂的铰链处，从而使受电弓根据设定速度升弓。

通过气动控制单元调整压缩空气的压力，在该压力作用下不断改变受电弓的升弓高度，使弓头和接触线之间保持一定的接触力。如果压力空气供应中断或者低压电源供应发生故障,受电弓会自动降弓。降弓的控制方式是随着气囊内的压力空气排空后由重力作用自动实现。

受电弓组成及主要部件描述如图 6-2-1 所示。

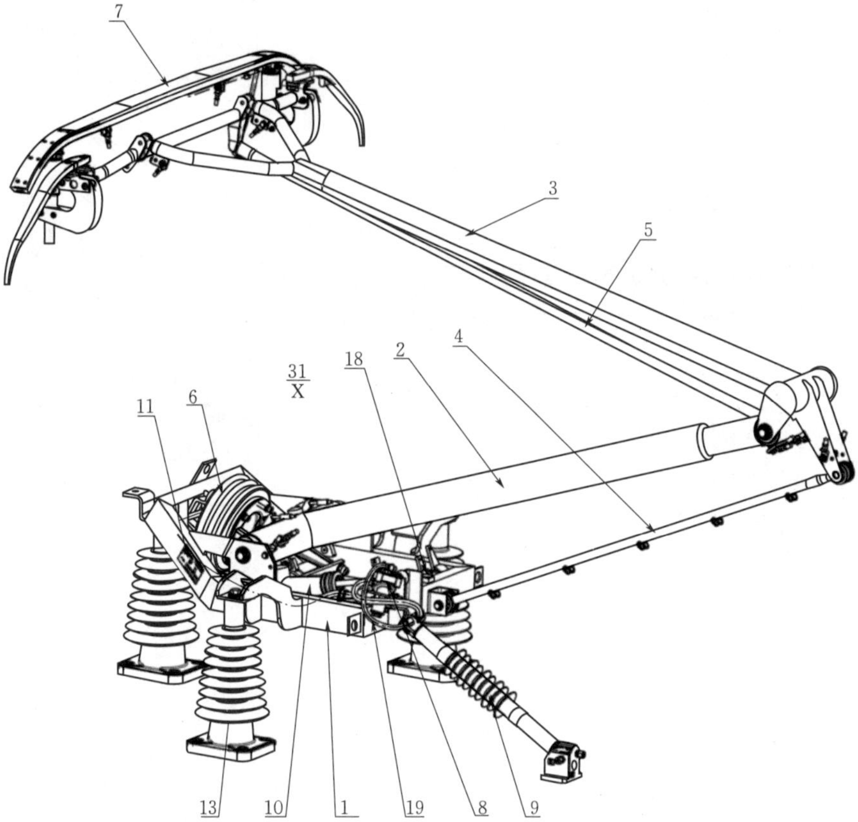


图 6-2-1　受电弓组成及主要部件

1—底架;2—下臂;3—上臂;4—下拉杆;5—上拉杆;6—平衡系统;
7—弓头;8—自动降弓装置;9—APIM 装置;10—减振器;11—铭牌;
13—绝缘子;18—止挡;19—管路;31—柔性联轴节

1. 绝缘子

绝缘子使受电弓与车顶机械连接,并实现电气绝缘。

2. 升弓气囊

通过压缩空气的充入、排放,在下臂的凸轮产生扭矩,实现受电弓升降功能。

3. 铰链系统

铰链系统包括受电弓上臂、下臂、上拉杆、下拉杆,其中上臂、下臂、下拉杆实现受电弓的升降功能,上拉杆使受电弓弓头保持水平。

4. 减振器

减振器安装在受电弓下臂与底架之间,通过减振器的阻尼缓冲作用,降低受电弓升降时对接触网及底架的冲击。

5. APIM 装置

APIM 装置为受电弓提供升弓压缩空气，同时将升弓状态的空气压力信号反馈至车内的受电弓气动控制单元，用于受电弓状态监控，也承担了电气绝缘的任务。

6. 自动降弓装置

自动降弓装置简称 ADD 系统，可以在碳滑板损坏时使受电弓自动快速地降弓。降弓之后，如果碳滑板未修复，它可以阻止受电弓升弓。

它以安装在受电弓支架上的一个气动 ADD 阀为基础，通过空气管（包括碳滑板）作用。

在正常运行情况下（碳滑板无损坏），气动阀是关闭的。在碳滑板损坏的情况下，排出压缩空气将气动阀打开，实现自动降弓。

7. 弓头

受电弓弓头由碳滑板、弹簧盒、弓角、编导线等组成。弓头在升弓状态，通过弹簧盒使碳滑板与接触网线紧密接触，实现动车组在高速移动状况下稳定接收电能的功能。

气动控制单元如图 6-2-2 所示。

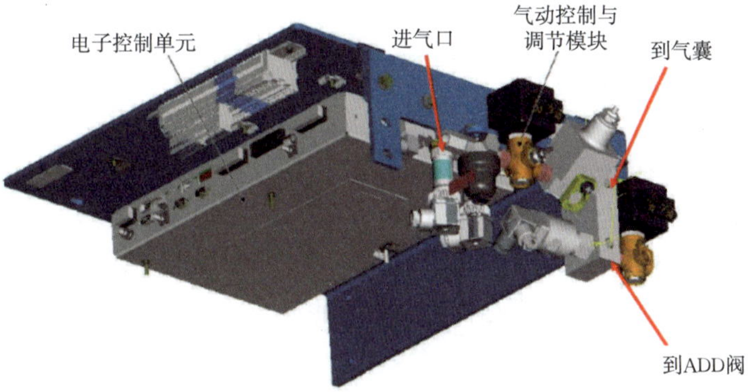


图 6-2-2　气动控制单元

气动控制单元安装在车厢通过台顶板内，是受电弓控制的核心部件，该控制单元有以下功能：

a. 受电弓升弓命令

b. 受电弓升弓速度控制

c. 受电弓降弓速度控制

d. 在额定静力下控制气囊内压力

e. 过滤气动控制单元的压力空气

f. 在维护过程中命令受电弓升弓

g. 提供受电弓升降弓信息

## 三、受电弓电路原理

受电弓在正常升弓受流状态，受电弓整体带有25 kV高压电源。为防止大电流对受电弓造成损坏，受电弓各活动连接部位均采用编导线跨接，避免电流流经活动连接部位，引起受电弓受流不稳定。

## 四、受电弓气路原理

受电弓气路原理如图6-2-3所示。

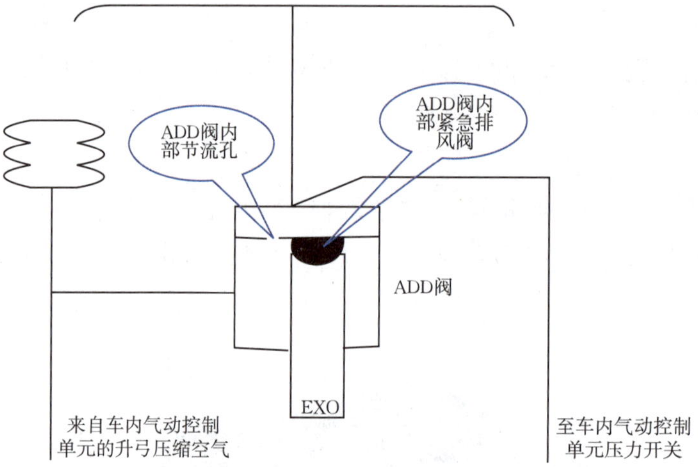


图6-2-3 受电弓气路示意

1. 升弓过程

在气动控制单元收到升弓命令后，打开升弓电磁阀，压缩空气充入升弓气囊升起受电弓，同时，经ADD阀内节流孔向碳滑板充入压缩空气。

2. 降弓过程

在气动控制单元收到降弓命令后，关闭升弓电磁阀，同时排出升弓气囊内压缩空气降下电弓。

3. 紧急降弓过程

当发生碳滑板磨耗超限、异物击打破损及供风管路异常漏风时，ADD装置内部紧急排风阀上部压力下降，来自升弓气囊压力大于上部压力时，打开紧急排风阀并快速排出升弓气囊内压缩空气，使受电弓实现快速降弓。

# 第三节 动车组受电弓及其他高压装置检查

## 一、培训目的

受电弓及其他高压装置是动车组关键设备，将接触网单相交流25 kV电源，输送到动车组，为动车组提供电能。通过培训，使新职人员熟悉 CRH3 型动车组车顶高压设备名称、按照位置、检查标准，并具备对车顶高压设备的日常检修维护能力。

## 二、作业安全及注意事项

确认车组受电弓已降下，接触网已断电，接地杆已挂设，动车组放电已结束，防护号志已设置，禁动牌已设置在司机室操作手柄上（注：后续受电弓试验时可撤除禁动牌）。

## 三、检查项目

受电弓、车顶高压跳线、电缆接头绝缘子、高压隔离开关及附属部件。

## 四、检查标准

1. 车顶高压跳线检查（图 6-3-1）

图 6-3-1　车顶高压跳线

(1)目视检查车顶高压跳线无破损，外观及安装状态良好，电缆自然下垂，和其他部件无碰撞，无破损。特高压保护橡胶套无磨损。

(2)目视检查夹钳和夹持器（铸铝零件）机械无损伤，裂缝及断裂。

(3)目视检查各非陶瓷绝缘子（硅橡胶绝缘子和环氧树脂绝缘子）伞裙剥离等表面缺陷不超限：

a. 同一绝缘子缺陷部位不超过 5 处，同一叶片不超过 2 处。

b. 同一叶片上有 1 处缺陷时，不大于叶片面积 10%；有 2 处缺陷时，均不大于叶片面积 5%。

c. 半径方向的长度≤30 mm。

d. 绝缘子本体没有缺陷。

检查伞裙缺损（缺口）不超限：

a. 同一绝缘子伞裙缺口不超过 5 处，同一叶片不超过 2 处；

b. 当同一叶片缺口为 1 处时，沿圆周方向的缺损长度≤50 mm；

c. 当同一叶片缺口为 2 处时,沿圆周方向的缺损长度均≤20 mm;

d. 径向缺口长度≤10 mm。

检查伞裙根部无裂纹,伞裙从边缘沿径向贯穿性裂纹≤10 mm,伞裙切向贯穿性裂纹≤20 mm。

2. 电缆接头绝缘子、保护接地装置、高压隔离开关检查(图 6-3-2、图 6-3-3、图 6-3-4)

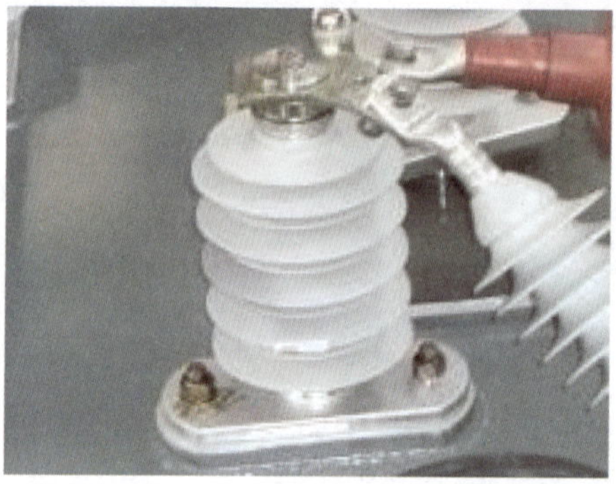

图 6-3-2　电缆接头绝缘子

图 6-3-3　保护接地装置

(1)目视检查各电缆接头(特高压连接电缆直接头,受电弓电缆接头,隔离开关、高压互感器的电缆接头等)外观及安装状态良好。螺栓紧固无缺失。

(2)目视检查各非陶瓷绝缘子(硅橡胶绝缘子和环氧树脂绝缘子)伞裙剥离等表面缺陷不超限:

a. 同一绝缘子缺陷部位不超过 5 处,同一叶片不超过 2 处;

b. 同一叶片上有 1 处缺陷时,不大于叶片面积 10%;有 2 处缺陷时,均不大于叶片面积 5%;

图 6-3-4　高压隔离开关

c. 半径方向的长度≤30 mm;

d. 绝缘子本体没有缺陷。

检查伞裙缺损(缺口)不超限:

a. 同一绝缘子伞裙缺口不超过 5 处,同一叶片不超过 2 处;

b. 当同一叶片缺口为 1 处时,沿圆周方向的缺损长度≤50 mm;

c. 当同一叶片缺口为 2 处时,沿圆周方向的缺损长度均≤20 mm;

d. 径向缺口长度≤10 mm。

检查伞裙根部无裂纹,伞裙从边缘沿径向贯穿性裂纹≤10 mm,伞裙切向贯穿性裂纹≤20 mm。

（3）目视检查陶瓷绝缘子（主断路器绝缘子）单个缺陷面积应≤30 $mm^2$，累计缺陷面积应≤3 $cm^2$；绝缘子表面无裂纹。

（4）清洗绝缘子防污闪，检查涂层是否有气泡、缺损等情况：

a. 表面涂层缺损不多于3处，每处≤1 $cm^2$，可继续使用，但应尽快安排修补；

b. 超出如上限度或有大面积脱落倾向的，应将其缺损或脱落部分彻底清除后重喷。

（5）目视检查主断路器、保护接地装置、浪涌放电器、隔离开关和高压互感器、电流互感器、高压母线、汇流排等外观及安装状态良好。安装基座焊接部位无损伤、裂纹及变形。高压隔离开关刀座、刀无异常。安装紧固，螺栓紧固无缺失。接触正常。

（6）目视检查各接地线安装紧固，导线的芯线无缺损。

3. 受电弓（图 6-3-5、图 6-3-6）

图 6-3-5　受电弓

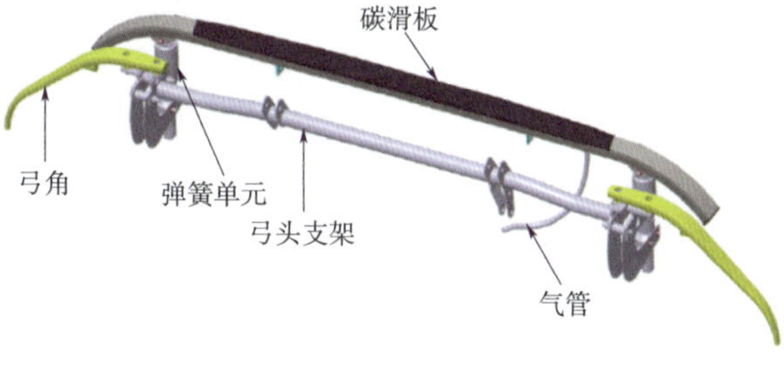


图 6-3-6　受电弓弓头及碳滑板

（1）目视检查碳滑板表面清洁，无贯穿至铝托架的侧面裂纹，上表面无纵向贯穿性裂纹，无裂到碳滑板边缘且宽度>0.3 mm 的横向裂纹（裂纹横纵向统一以车体方向为参照描述），摩擦区不超过3条以上裂纹；碳滑板边缘缺陷掉块占宽度方向应≤40%；厚度不超限（使用钢直尺取3处碳滑板磨损较严重之处进行测量，测量最小值（不包括碳滑条铝基板厚度）≥5 mm）。

（2）目视检查弓头无变形、裂纹，安装牢固；销子、开口销齐全；测量弓角三角台阶两个结合点处，弓角磨损厚度≤2 mm；框架表面平整，无变形、裂纹，安装牢固；网铜线外观无松动、无变形。支架及导流板无裂损。

(3)无气状态下观察升弓气囊,有下列情况之一则更换:

a. 可见内部帘布层;

b. 气囊龟裂深度>1.2 mm 且长度>25 mm。

(4)目视检查安装基座焊接部位无损伤、裂纹及变形。碳滑条基座螺栓连接处及表面无腐蚀,基座无裂纹,滑板基座表面孔洞直径≤2 mm,紧固件无松动。

(5)目视检查受电弓支撑绝缘子安装紧固;编导线的芯线缺损不超限≤导流线横截面积的10%。

(6)擦拭、清洁车顶各绝缘子和受电弓绝缘气管。

(7)目视检查受电弓摄像头以及导流罩上的检查窗,在表面比较脏时,需要用中性洗涤液的刀口布绞干后擦拭表面。(无此设备无需检查)

(8)目视检查主变压器硅胶干燥剂无半数或以上变为绿色(水饱和),若有则更换。

(9)目视检查油位在可视范围之内(西门子:油位高度在+20 ℃为正常,允许有(0,−1 cm)公差;ABB:油位高度与环境摄氏温度相当)。

(10)受电弓试验:检查受电弓上升、下降作用良好,并在升弓情况下使用试漏剂检测空气管路及气囊、碳滑板、ADD阀、压缩空气连接接头无漏泄。手动检查接头连接紧固。

## 第四节　受电弓视频监控装置操作与数据下载

### 一、培训目的

动车组运行途中随车机械师需要对受电弓等高压部件状态进行监控,受电弓视频监控装置能够完成受电弓等高压部件的实时监控,是我们监控受电弓状态的必要设备,同时当运行途中发生高压设备故障后,车组可以不停车确认高压部件状态是否良好,确保了动车组运行秩序与稳定。通过学习使参培人员深入了解受电弓视频监控装置操作流程及数据下载步骤。

### 二、受电弓监控设备信号传输原理

在受电弓附近安装摄像头,摄像头的实时视频画面经过编码,利用影视娱乐系统(VES)既有的同轴以太网总线将视频信号传输至乘务员室内的VER主机。VER将视频信号通过以太网线传输至机械师室的监控屏,监控屏集成视频解码播放模块,对以太网视频信号进行解码并显示,实时监控受电弓状态。STC接收GPS信息,并通过以太网线,将GPS信息传输至VER,方便受电弓视频监控的GPS定位,如图6-4-1所示。

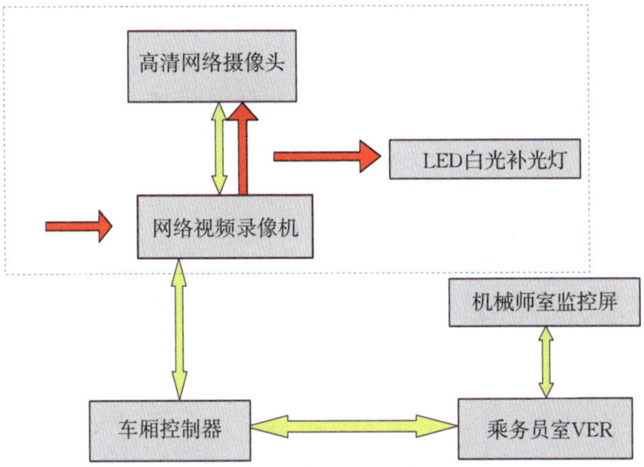


图 6-4-1　受电弓监控设备连接示意

## 三、受电弓监控装置设备组成

1. 网络视频录像机

网络视频录像机安装在 PIS 柜内，列车供电 DC 110 V；网络视频录像机 NVR，为 3U 高度(约 132 mm)19 英寸机箱，用于将摄像头传来的监控视频信号存储在内部的硬盘中，并将实时监控画面通过列车既有的同轴以太网总线传输至餐车乘务员室内的 VER。

2. 网络视频录像机主要功能如下：

①支持 1080P 高清预览。

②支持智能行为分析扩展。

③支持按事件查询、回放、备份录像文件，支持图片本地回放与查询。

④支持录像回放时智能搜索功能。

⑤支持数字水印。

⑥支持重要录像文件锁定功能。

⑦支持网络检测(网络流量监控、网络抓包、网络通畅)功能。

⑧硬盘支架设计为易拆卸插拔，拧松硬盘支架面板上的 2 个固定螺栓，从机箱前面板可插拔硬盘支架，不用拆开机箱即可取出硬盘直接拷贝录像文件，硬盘不支持热插拔。

⑨每台 NVR 内部可装 2 块硬盘。硬盘支架采用抗振技术，可有效减少车体振动对于硬盘读写时的损伤。

3. 摄像头

网络高清摄像头安装在 2 车车顶受电弓附近，具备云台旋转和电动变焦功能。摄像头可通过 NVR 供电，云台旋转和电动变焦功能通过以太网线远程控制。摄像头选用超低温网络高清高速智能球型云台摄像头，如图 6-4-2 所示，主要特点有：

①宽动态具有强光抑制功能；

②白天和黑夜模式自动转换；

③云台和电动变焦功能(可随意观察和放大受电弓范围内任何区域)；

④满足－40 ℃低温工作；

⑤防护等级为 IP66。

4. LED 白光补光灯

LED 白光补光灯安装紧邻摄像头，为防止反光影响摄像头成像效果，与摄像头分开安装，但与摄像头安装在通一个基座上，再固定在车顶，可通过 NVR 供电，如图 6-4-3 所示。LED 补光灯参数如下：

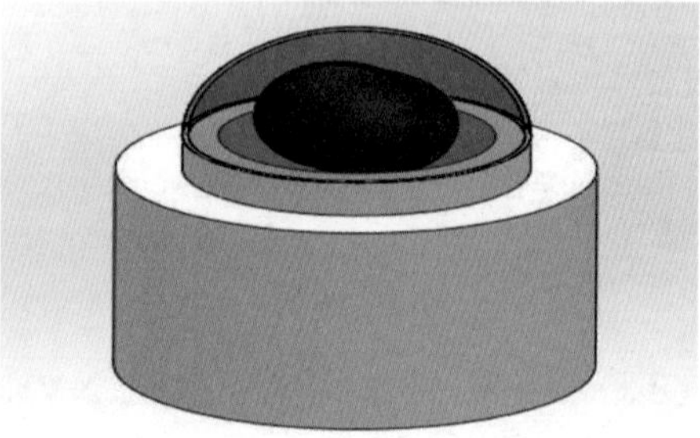

图 6-4-2　受电弓摄像头

图 6-4-3　LED 白光补光灯

①光源类型：LED；

②光源功率：12W；

③光源：大功率高亮度白光 LED；

④光通量：600 lm；

⑤输入电压：DC 12 V；

⑥工作环境温度：－40 ℃～70 ℃；

⑦防护等级：IP66。

5. 监控屏

监控屏安装在餐车的机械师室内，对乘务员室 VER 传输过来的以太网视频信号进行解码和显示。监控屏采用 12.1 寸液晶触摸屏，一个以太网 M12 接口，一个 DC 110 V 电源接口，一个 USB 接口。

一个 USB 接口支持鼠标和键盘操作，还可用于 U 盘拷贝下载录像。监控屏的参数如图 6-4-4、图 6-4-5 所示。

①12.1 英寸 TFT LCD；

②1 024×768 像素；

③亮度 450 $cd/m^2$；

④12.1 英寸电阻式触摸屏；

⑤以太网 M12 接口；

⑥USB 接口。

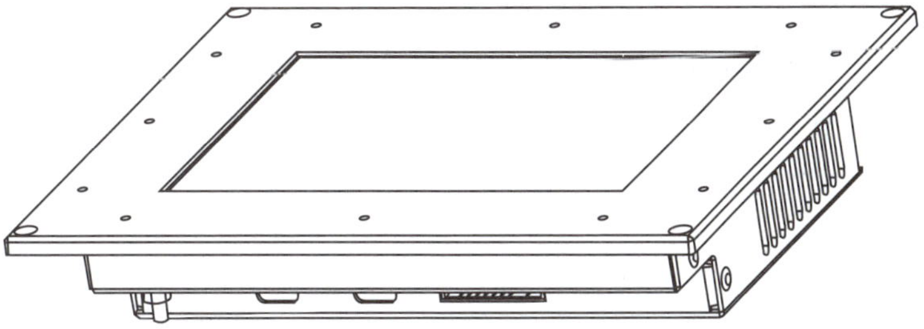

图 6-4-4　监控屏外形示意

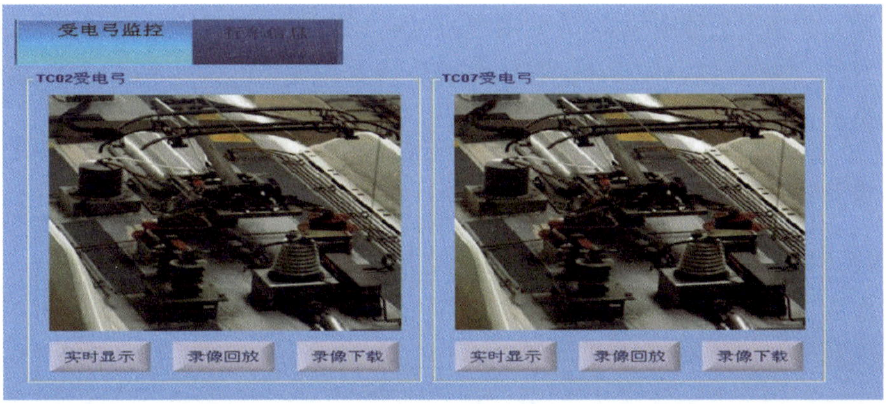


图 6-4-5　监控屏受电弓监控界面(效果参考图)

## 四、受电弓监控装置主要性能

1. 穿雾

实时视频透雾技术是一种基于大气光学原理进行图像处理的算法，该算法针对由烟尘、雾气等成像特征建模，区分图像不同区域景深与雾浓度进行局部增强滤波，采用图像处理技术有效恢复细节和色彩，从而获得准确、自然的透雾效果。

2. 防抖动

安装在车顶的摄像头由于车体振动，镜头会有轻微抖动。智能防抖动技术通过软件算法，提高成像模块的感光参数，同时加快快门，并针对成像模块上取得的图像进行分析，利用边缘图像进行补偿，从而监控到清晰稳定的画面。

3. LED 白光补光灯

LED 白光补光灯是采用白光 LED 为发光源的补光器材，能够很好地给摄像头夜视监控系统提供辅助照明，有效照亮监控场景，改决摄像头夜间由于照度不够而出现图像虚焦、昏暗、噪点等现象，还原摄像头高逼真色彩夜视监控，保证摄像头夜间能获取良好的夜视图像。

4. 清晰度

视频监控的视野范围覆盖整个受电弓，通过电动调焦光学放大，像素数能达到 90 个/$cm^2$（要清晰识别厘米级别物体，需像素数 80 个/$cm^2$），可识别受电弓表面的划伤或小螺栓的松动掉落。

5. 视频格式 H.264/MJPEG

支持 H.264/MJPEG 视频格式，H.264 编码格式在保证画质清晰的前提下，能获得较高的压缩比，节省存储容量。MJPEG"Motion Joint Photographic Experts Group"，运动静止图像（或逐帧）压缩技术，把运动的视频画面作为连续的静止图像来处理，这种压缩方式单独完整地压缩每一帧，每一帧画面之间没有关联算法。视频回放时，单个画面播放（逐帧），能获得最清晰画质，方便用户通过逐个视频画面回放来确定故障点。单位时间内的视频监控录像，MJPEG 的存储容量是 H.264 的 10 倍，是考虑视频监控存储容量，默认设置为 H.264。

## 五、设备安装布置

摄像头和 LED 灯通过固定孔安装在支架上，底座通过 10 个 M6 的螺栓与车体顶板固定；摄像头和支架之间，LED 灯和支架之间，支架和车体顶板之间，均有密封橡胶垫用于防水；车体布线通过车体顶板的开孔（直径 40 mm），在摄像头支架内部与摄像头、LED 灯的线缆连接，车体顶板开孔处可打胶密封。NVR 安装在受电弓所在车厢的 PIS 柜内。摄像头和 LED 补光灯安装如图 6-4-6，图 6-4-7 所示。

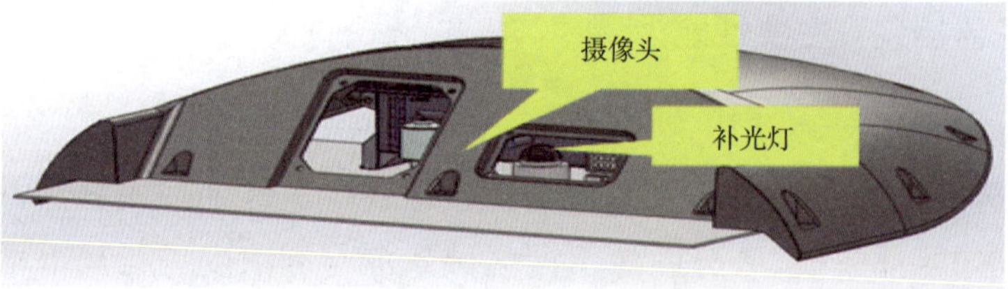


图 6-4-6　摄像头和补光灯安装正视图

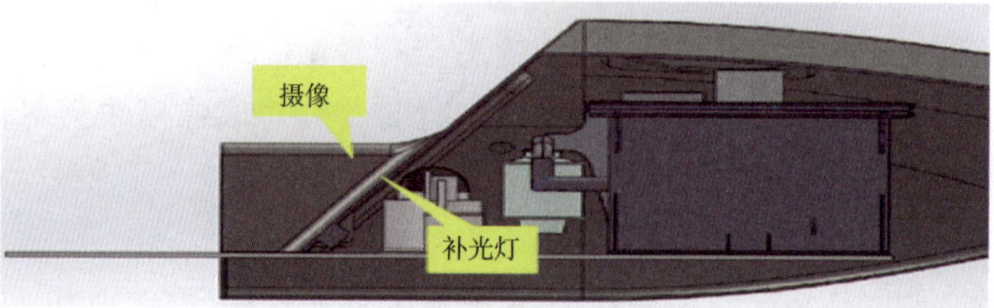


图 6-4-7　摄像头和补光灯安装侧视图

## 六、设备操作与数据下载

受电弓监控系统的监控屏为人机界面，通过对监控屏软件界面的操作，来完成对受电弓监控系统的操作和输入车次。

监控屏程序之前会有一段延时启动程序（图 6-4-8），为了保证 NVR 和摄像头全部上线之后才进行操作，如图 6-4-8 所示。

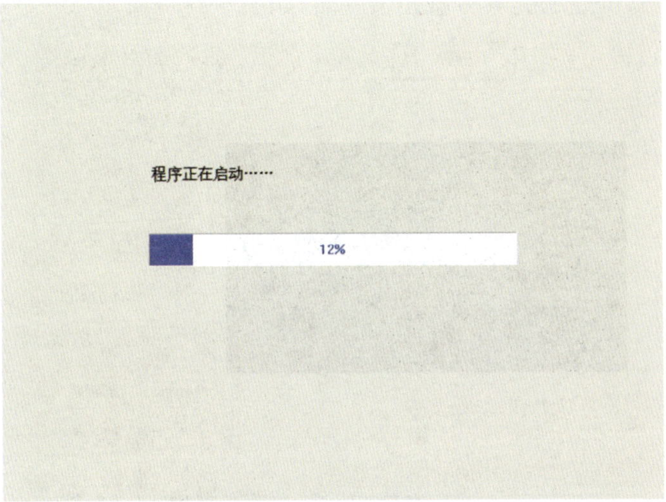


图 6-4-8　延时启动主界面

延时启动之后进入登录界面（图 6-4-9），输入用户名，密码。按用户权限不同，分为：超级管理员、管理员、操作员。

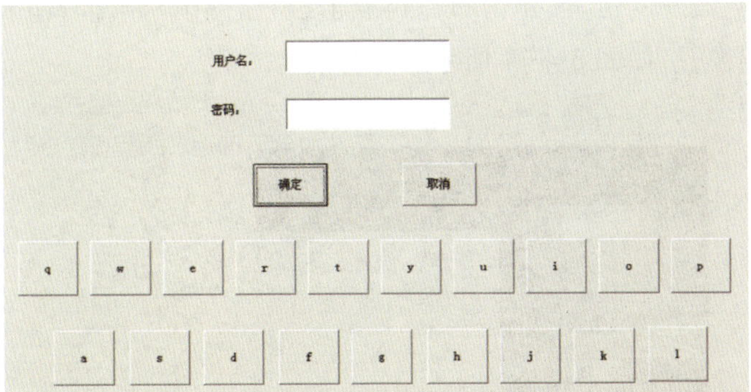


图 6-4-9　用户登录界面

超级管理员权限有：实时视频查看、视频回放、视频下载、设备管理和维护更新，以及添加、修改和删除管理员和操作员；用户名：sadmin 密码：6666。

管理员权限有：实时视频查看、视频回放、视频下载、设备管理和维护更新，以及添加、修改和删除操作员；用户名：admin 密码：7777。

操作员权限有：实时视频查看、视频回放。用户名：user 密码：8888。

若 10 s 内无人操作，默认以操作员登录，自动进入主界面，如图 6-4-9 所示。

进入主界面，默认显示受电弓监控子界面，如图 6-4-10 所示。

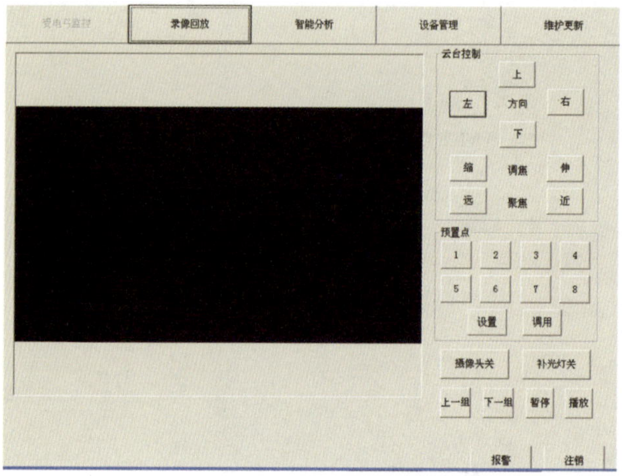


图 6-4-10 受电弓监控

点击云台控制按钮，实现“上”“下”“左”“右”方向移动，点击调焦按钮，“缩”实现画面拉远，“伸”实现画面拉近。点击聚焦按钮，可实现聚焦效果。

将视野调整到需要的位置，点击“1”，再点击设置，弹出密码框，输入密码 8888，点击确定，完成预置点设置，如图 6-4-11 所示。

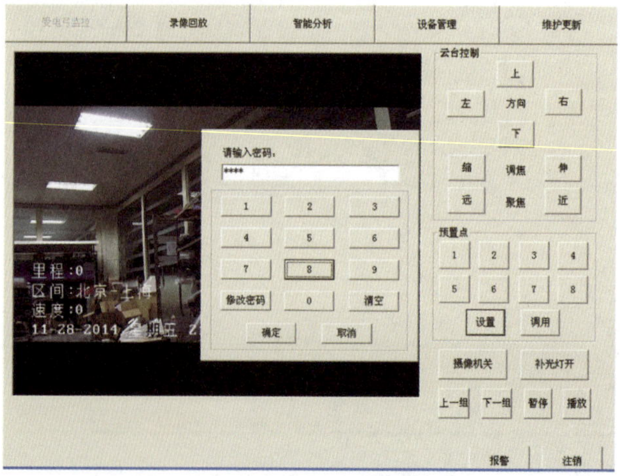


图 6-4-11 预置点设置

当视野旋转到其他位置，点击预置点 1，再点击“调用”，即完成预置点 1 的调用。

点击“摄像头关”，摄像头关闭，按钮变成“摄像头开”，如图 6-4-12 所示。

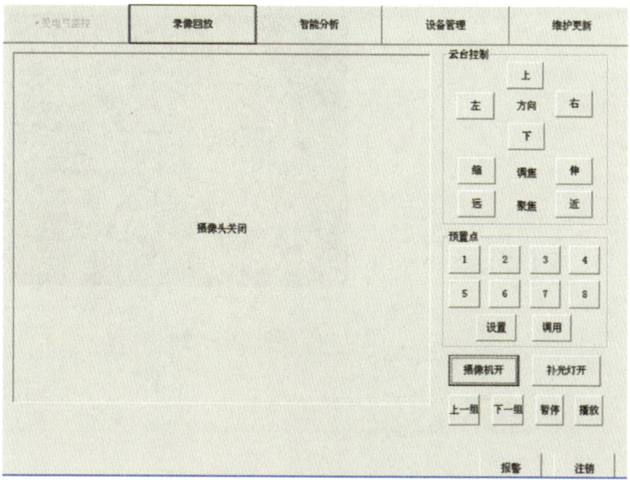


图 6-4-12　摄像头开关控制

再次点击“摄像头开”，摄像头再次打开，按钮变回“摄像头关”。

点击“补光灯开”，补光灯打开，按钮变成“补光灯关”，点击“补光灯关”，补光灯开，按钮再次变成“补光灯关”。

点击“上一组”，预览上一组摄像头，点击“下一组”，预览下一组摄像头，点击“播放”，开启摄像头轮询显示，点击“暂停”，关闭摄像头轮询显示。

点击“录像回放”，显示录像回放界面，如图 6-4-13 所示。

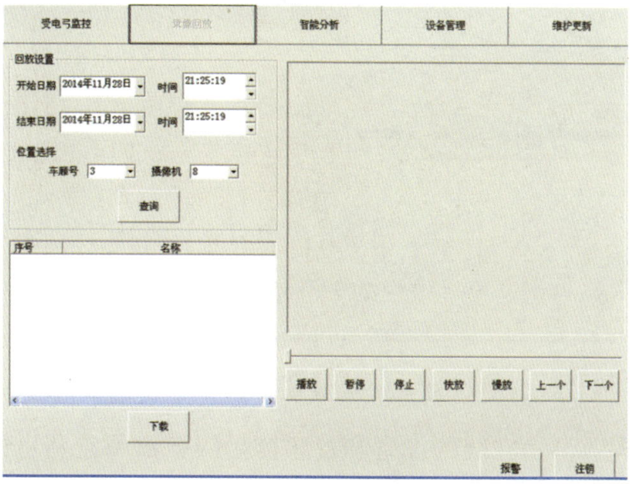


图 6-4-13　录像回放界面

选择所要回放的时间段，选择车厢号和位置号，点击“查询”，显示查询的时间内的录像文件，如图 6-4-14 所示。

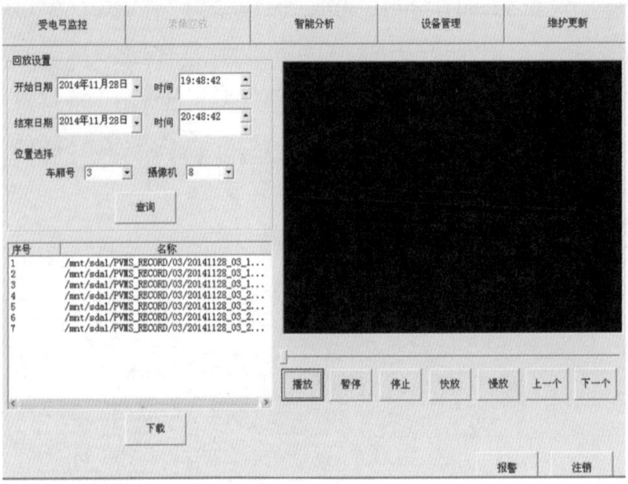


图 6-4-14　录像回放时间设置

选中要播放的文件，点击“播放”，播放对应的视频文件，点击“停止”，停止视频文件的播放，点击“上一个”，播放上一个视频文件，点击“下一个”，播放下一个视频文件。

选中要下载的视频文件，点击“下载”，选择要保存的文件路径（选择 U 盘），点击保存，显示“正在下载……”，下载完成后，显示“下载成功”，如图 6-4-15 所示。

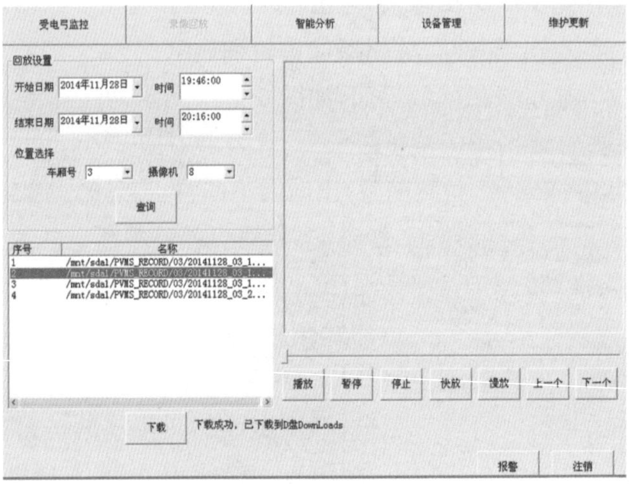


图 6-4-15　视频文件下载

点击“设备管理”，显示在线的设备和视频监控服务器硬盘利用情况，如图 6-4-16、图 6-4-17所示。

点击“车次设置”，弹出车次设置界面，填好要设置的车次，点击“确定”，如图 6-4-17 所示，车次会叠加到视频监控画面。

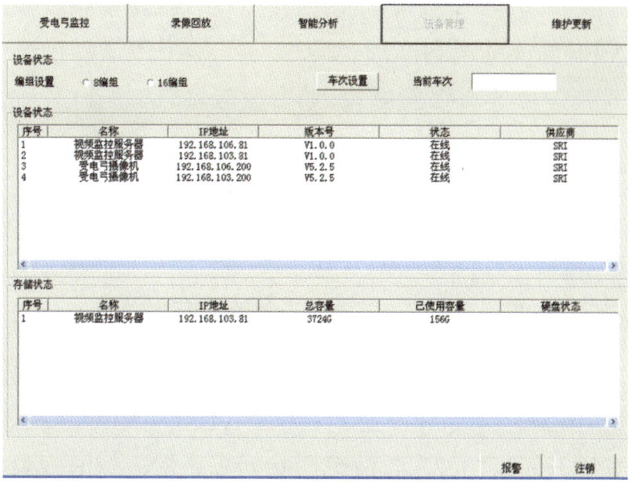


图 6-4-16

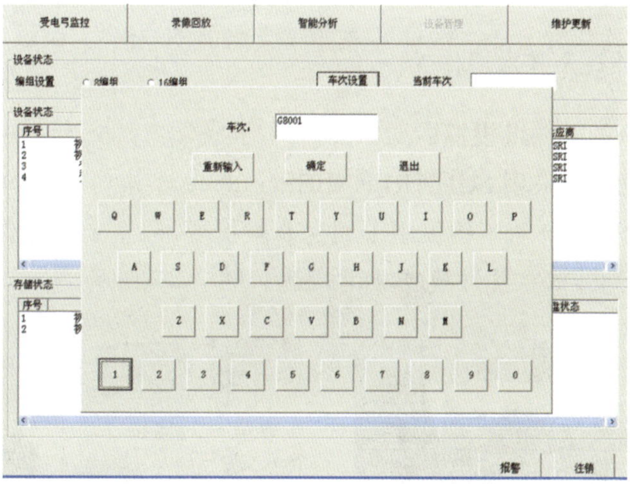


图 6-4-17

## 思考题

1. 气动控制单元安装在什么位置？具有哪些功能？
2. 受电弓升、降弓的气动原理是什么？
3. 请述说受电弓视频监控装置数据下载方法。

# 第七章　车 钩 实 训

## 第一节　车端装置检查维护

### 一、培训目的

动车组运行途中因开闭机构及车钩故障影响列车正常运营的现象数见不鲜。本节主要介绍开闭机构及车钩的日常检查与维护工作。通过学习使参培人员深入了解车端装置的检修与维护工作,从而将其运用到实际检修及故障排查中,确保车端装置运行状态良好。

### 二、车钩结构原理及基本操作

1. 半自动车钩的部件组成

CRH380BL 动车组采用 SCHARFENBERG ® 10 型半自动车钩,所谓半自动就是手动伸缩自动锁闭。半自动车钩仅用于回送及救援要求,主要由车钩头、风管接头、钩身、连接 f 卡环、接地线等零部件组成,如图 7-1-1、图 7-1-2 所示。

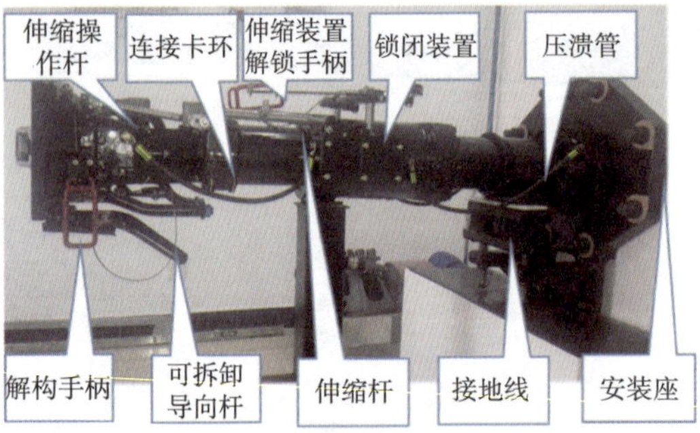


图 7-1-1　半自动车钩结构

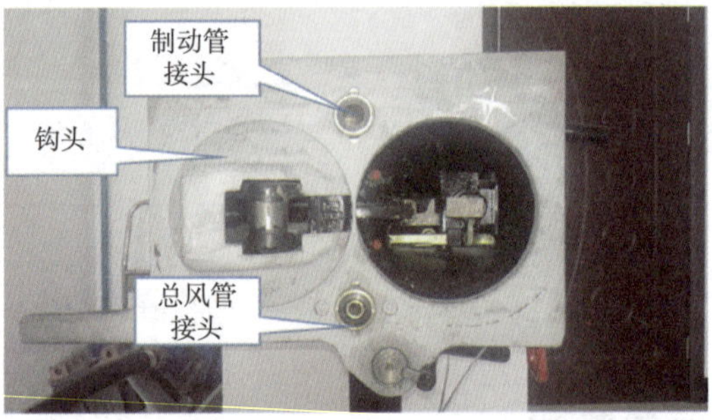


图 7-1-2　半自动车钩端面结构

2. 半自动车钩手动伸出,其操作步骤示意如图 7-1-3 所示。

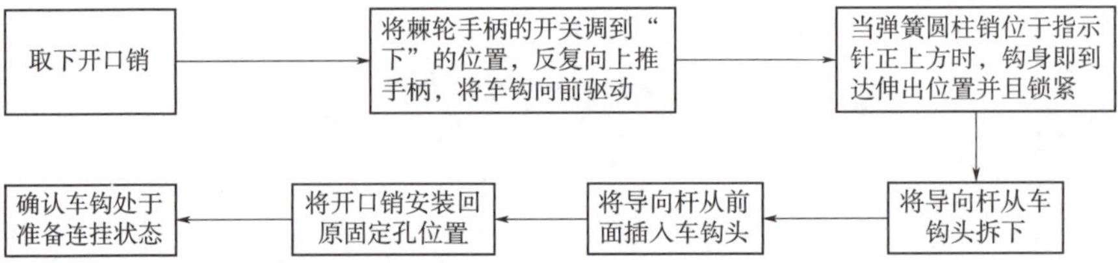


图 7-1-3　半自动车钩手动伸出操作步骤

步骤 1 如图 7-1-4 所示：取下开口销。

步骤 2 如图 7-1-5 所示：将棘轮手柄的开关调到“下”的位置，反复向上推手柄，将车钩向前驱动。

图 7-1-4　步骤 1

图 7-1-5　步骤 2

步骤 3 如图 7-1-6 所示：当弹簧圆柱销位于指示针正上方时，钩身即到达伸出位置并且锁紧(必须确保钩身锁紧到位，否则拖拽时会损伤车钩)。

步骤 4 如图 7-1-7 所示：将导向杆从车钩头拆下。

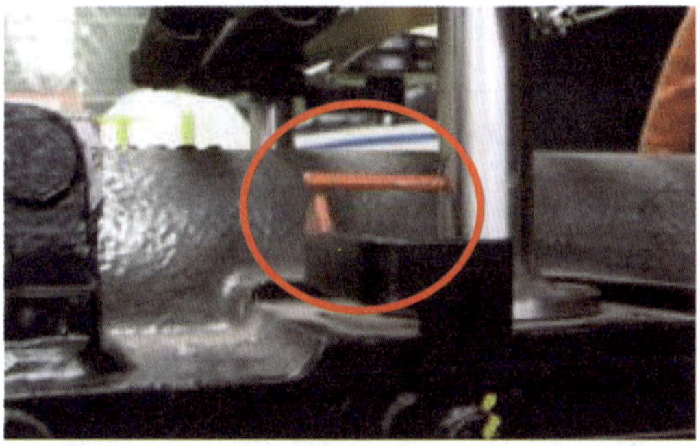

图 7-1-6　步骤 3

图 7-1-7　步骤 4

步骤 5 如图 7-1-8 所示：将导向杆从前面插入车钩头。

步骤 6 如图 7-1-9 所示：将开口销安装回原固定孔位置。

图 7-1-8　步骤 5

图 7-1-9　步骤 6

步骤 7 如图 7-1-10 所示：确认车钩处于准备连挂状态，即钩舌位于凸锥边缘，棘轮杆从钩头侧部伸出。

图 7-1-10　步骤 7

3. 半自动车钩的手动缩回，其操作步骤示意如图 7-1-11 所示。

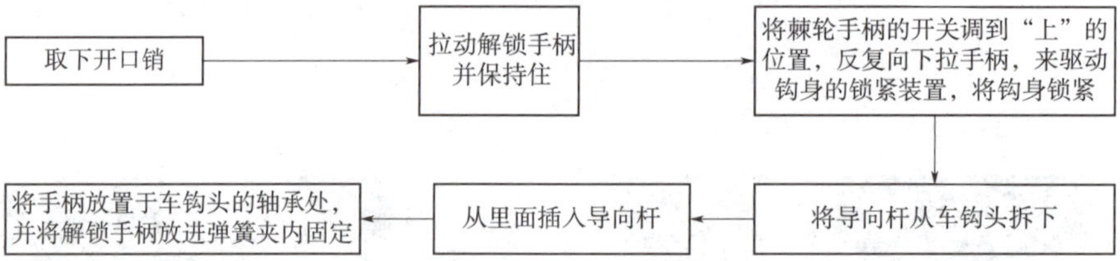


图 7-1-11　半自动车钩的手动缩回操作步骤示意

步骤 1 如图 7-1-12 所示：取下开口销。

步骤 2 如图 7-1-13 所示：拉动解锁手柄并保持住，此时钩身解锁，弹簧圆柱销偏离指示针正上方。

图 7-1-12　步骤 1

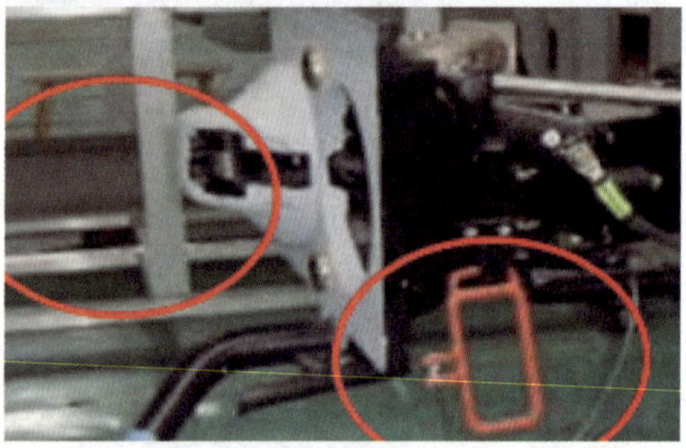

图 7-1-13　步骤 2

步骤 3 如图 7-1-14(a)、图 7-1-14(b)所示：将棘轮手柄的开关调到“上”的位置，反复向下拉手柄，来驱动钩身的锁紧装置，将钩身锁紧。

步骤 4 如图 7-1-15 所示：将导向杆从车钩头拆下。

步骤 5 如图 7-1-16 所示：从里面插入导向杆。

步骤 6 如图 7-1-17 所示：将手柄放置于车钩头的轴承处，并将解锁手柄放进弹簧夹内固定。

(a)　　　　　　　　　　　　(b)

图 7-1-14 步骤 3

图 7-1-15 步骤 4

图 7-1-16 步骤 5

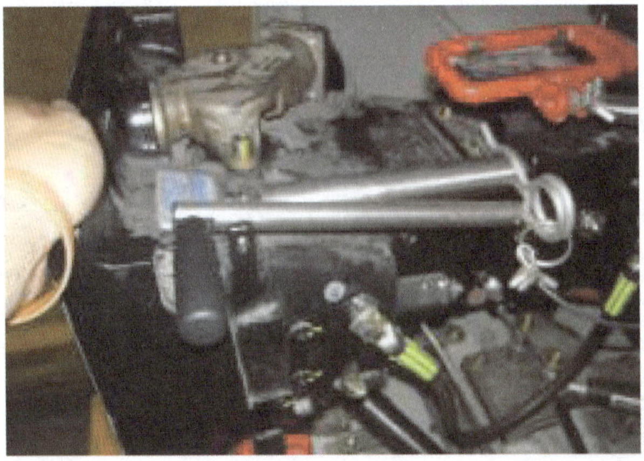

图 7-1-17 步骤 6

4. 全自动车钩手动伸出，其操作步骤示意如图 7-1-18 所示。

步骤 1 如图 7-1-19 所示：关闭两个车钩头上电气车钩操作装置的阀 A1。

步骤 2 如图 7-1-20 所示：关闭用于钩身伸缩气缸的自动压缩空气供给阀 A2。

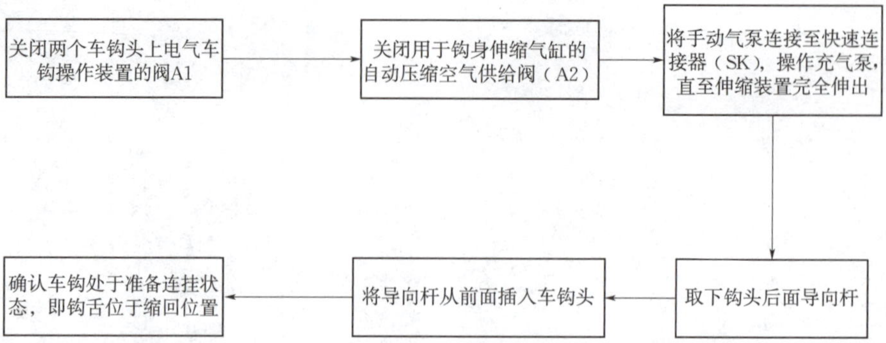


图 7-1-18　全自动车钩手动伸出操作步骤示意

图 7-1-19　步骤 1

图 7-1-20　步骤 2

步骤 3 如图 7-1-21 所示：将手动气泵连接至快速连接器（SK）。操作充气泵，直至伸缩装置完全伸出。

步骤 4 如图 7-1-22 所示：取下钩头后面导向杆。

图 7-1-21　步骤 3

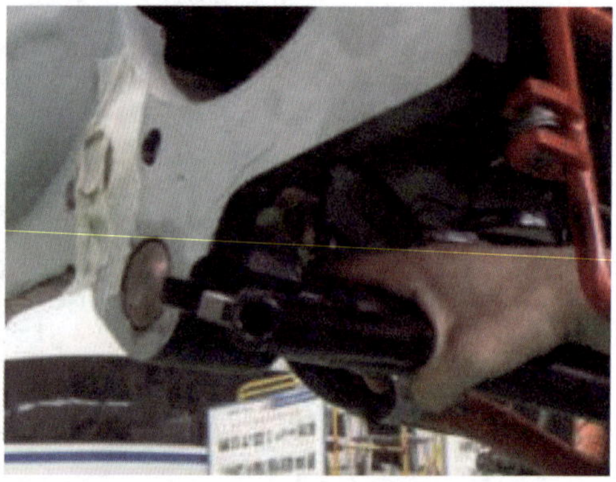

图 7-1-22　步骤 4

步骤 5 如图 7-1-23 所示：将导向杆从前面插入车钩头。

步骤 6 如图 7-1-24 所示：确认车钩处于准备连挂状态，即钩舌位于缩回位置。

图 7-1-23　步骤 5

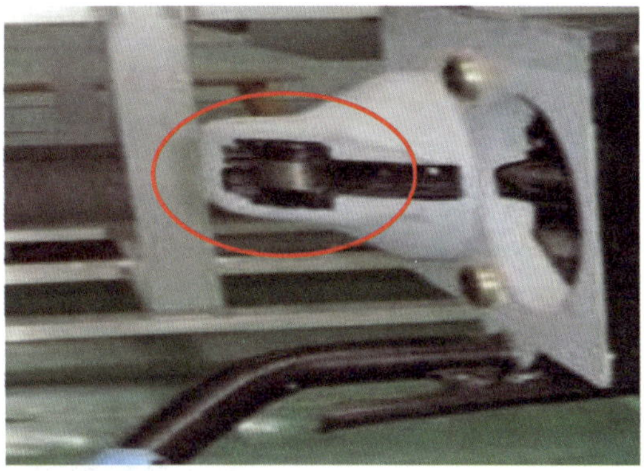

图 7-1-24　步骤 6

5. 全自动车钩的手动缩回，其操作步骤示意如图 7-1-25 所示。

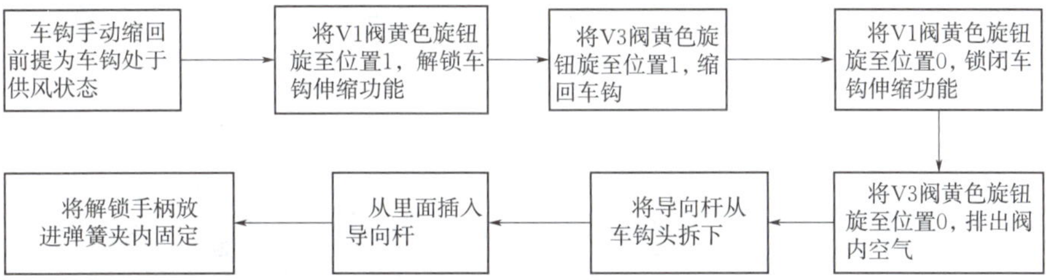


图 7-1-25　全自动车钩的手动缩回操作步骤示意

步骤 1：车钩手动缩回前提为车钩处于供风状态。

步骤 2：如图 7-1-26 所示，车钩控制阀组从前往后（图片中右边为前，左边为后）依次为 V1，V2，V3。每个阀都有两个位置 0/1，V1 用于锁闭/解锁车钩的伸缩功能，V2 用于伸出车钩，V3 用于缩回车钩。

图 7-1-26　步骤 2

操作步骤如下：

a. 将 V1 阀黄色旋钮旋至位置 1，解锁车钩伸缩功能。

b. 将 V3 阀黄色旋钮旋至位置 1，缩回车钩。

注意:车钩缩回过程可能会对人造成伤害,请保持安全距离。

c. 将 V1 阀黄色旋钮旋至位置 0,锁闭车钩伸缩功能。

d. 将 V3 阀黄色旋钮旋至位置 0,排出阀内空气。

步骤 3 如图 7-1-27 所示:将导向杆从车钩头拆下。

步骤 4 如图 7-1-28 所示:从里面插入导向杆。

图 7-1-27 步骤 3

图 7-1-28 步骤 4

步骤 5 如图 7-1-29 所示:将解锁手柄放进弹簧夹内固定。

图 7-1-29 步骤 5

## 三、半自动车钩维护

1. 车组状态确认

①确认车组号及股道与作业计划单相同。

②确认作业股道接触网已断电,接地杆已挂。

③确认作业车组已放电,受电弓降下。

2. 检查工具、材料

①按工具清单和物料清单清点物品,其清单见表 7-1-1。

②检查工具性能状态良好。

表 7-1-1　工料清单

| 序号 | 名　称 | 单位 | 数量 |
|---|---|---|---|
| 1 | 手电筒 | 个 | 1 |
| 2 | 弯曲六角扳手 | 把 | 1 |
| 3 | 检验锤 | 把 | 1 |
| 4 | 头车检修平台 | 架 | 1 |
| 5 | 注油枪 | 个 | 1 |
| 6 | 毛刷 | 把 | 1 |

3. 车钩钩头清洁

①用软毛刷清扫车钩连接面、钩头、钩板和钩板腔，去除内部杂物，彻底清除上面的尘土、污渍、油迹等。

②使用无纺布将车钩表面清洁干净。

③使用无纺布将车钩润滑油嘴清洁干净。

4. 车钩钩头检查

车钩钩头检查如图 7-1-30～图 7-1-35 所示。

①目视检查车钩连接面外观状态良好，表面平整，无变形、裂纹、损坏、缺损等。

②目视检查钩头外观状态良好，表面平整，无变形、裂纹、损坏、缺损等。

③检查钩腔内钩板、连杆、触发器外观状态良好，无机械性损伤、变形、裂纹等。

④检查钩腔内注油口帽齐全，无缺失、松动、损坏等。

⑤检查主风管(MRP)、制动管(BP)橡胶垫圈无老化、损坏、漏泄、缺失，不良时进行更换。

⑥用无纺布清洁风管接头处的套筒和垫圈。

⑦检查钩锁弹簧外观状态良好，安装坚固，无变形、脱落、损坏等。

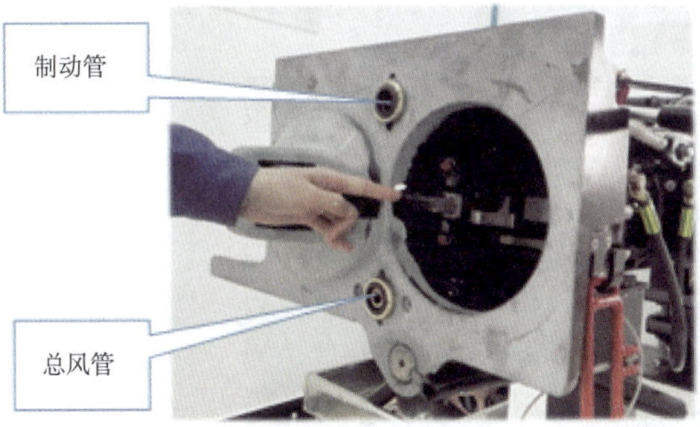


图 7-1-30　车钩连接面与沟头外观检查

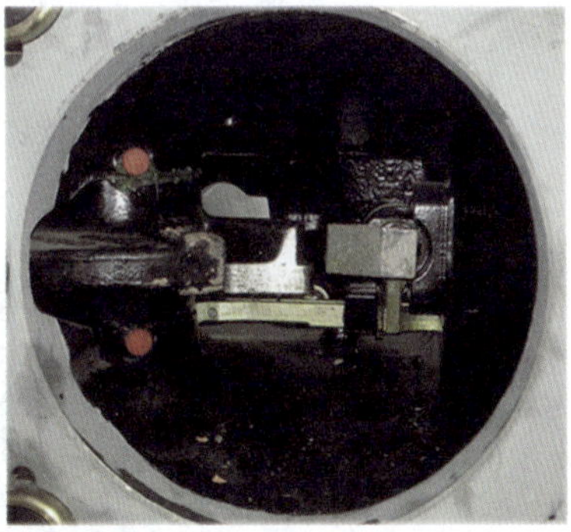

图 7-1-31　钩腔部件检查

⑧用触发杆抵住钩腔内的触发器,使钩头伸出。

⑨在伸出过程中检查钩板转动顺畅,车钩头钩锁运行平滑,无卡滞、摩擦、异音等。

⑩检查钩舌伸出状态良好、到位,无卡滞、摩擦、异音等。

图 7-1-32 钩锁部件检查

图 7-1-33 钩腔触发器检查

图 7-1-34 钩板检查

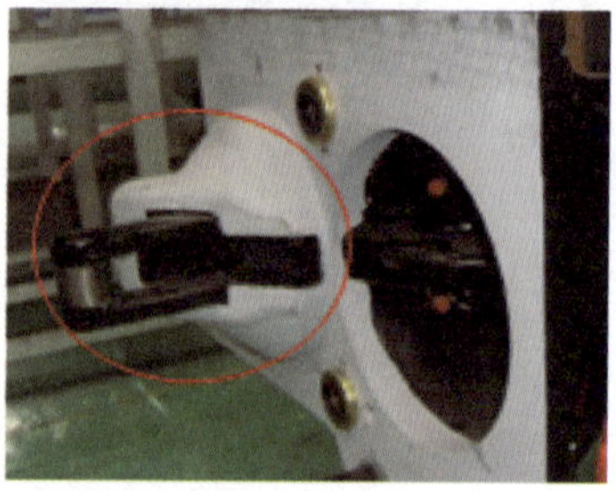

图 7-1-35 钩舌检查

5. 伸出、缩回车钩检查

伸出、缩回车钩检查如图 7-1-36～图 7-1-45 所示。

①伸出和缩回操作见前二。

②伸出和缩回伸缩系统几次,检查伸缩系统运作良好,检查压馈管是否已动作。

③用 PVC 锤轻敲压溃管并听声音判断:若为尖锐金属声,则表示压溃管已预先充分受压并固定。若声音低沉,则更换压溃管。

④检查下卡环的安装孔与螺栓之间是否有滑脂,如有必要,重新涂抹润滑脂润滑。

⑤检查完毕后重新恢复车钩使至于待连挂位置。

图 7-1-36 伸出、缩回系统检查

图 7-1-37　压溃管检查

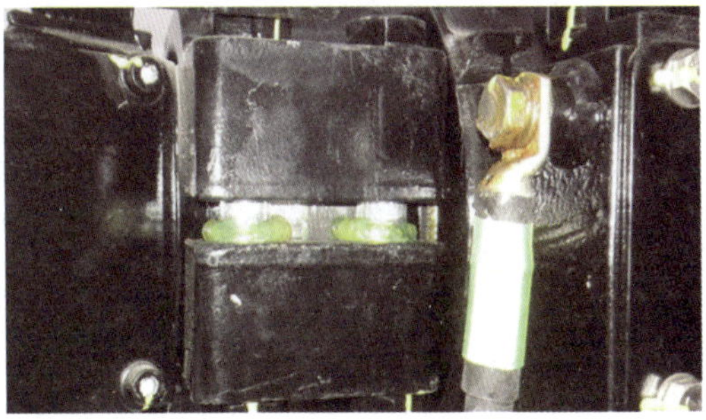

图 7-1-38　卡环检查

图 7-1-39　待连挂位置检查

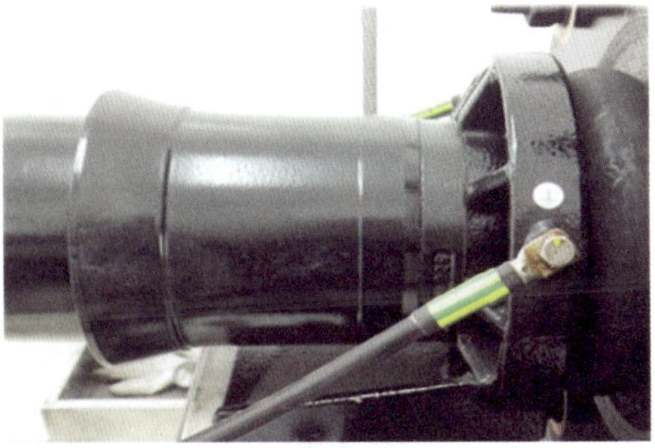

图 7-1-40　钩体检查

图 7-1-41　解锁手柄检查

图 7-1-42　摇杆、指示器检查

图 7-1-43　总风软管检查

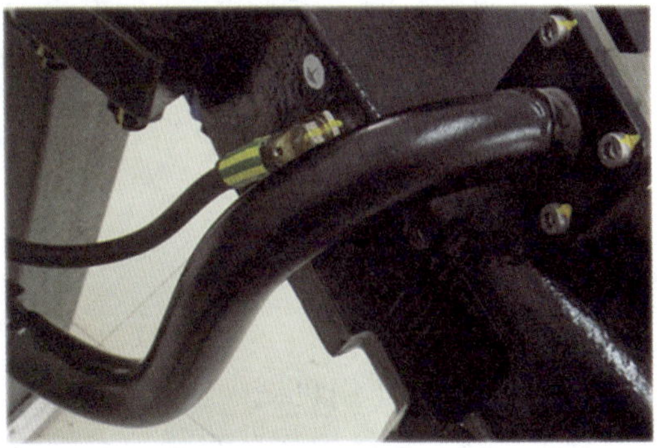

图 7-1-44　制动软管检查

6. 构体检查

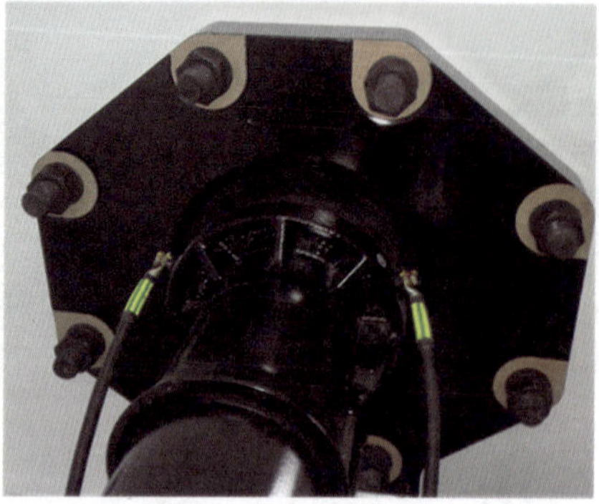
图 7-1-45　轴承检查

①目视检查外观状态良好，无裂纹、变形、扭曲、开焊、机械性损伤等。

②检查缓冲器作用良好，周围无漏油等现象。

③检查接地线安装牢固，螺栓紧固，无丢失；线体无老化、灼烧痕迹等。

④检查解锁手柄、解钩手柄外观状态良好，无断裂、损坏等。

⑤检查摇杆作用良好，无变形、裂纹、损坏等。

⑥检查指示器作用良好，无异常现象。

⑦检查总风软管、制动软管作用良好，无老化、龟裂、漏风等现象；接头处连接紧密，无漏风现象。

⑧检查后部安装轴承外观状态良好，无变形、裂纹、变形等；安装螺栓、螺母紧固，防松标记清晰，无错位。检查上部钢丝组成外观良好，安装紧固，运动灵活，弹簧良好，无断裂、松脱、失效等。

7. 车钩润滑

①按照下列润滑点给车钩涂抹润滑油脂。

②润滑中心枢轴：拆下润滑喷嘴的保护盖，使用手动胶枪注入润滑脂，注油后安装保护盖。

## 第二节　检修动车组重联解编操作

### 一、培训目的

动车组上线运行，因各交路客流量不同，所以配备动车组的编组情况也不尽相同。为满足不同交路的客运需求，动车组需要进行重联解编操作。本节主要介绍动车组重联解编作业流程及相关的注意要点，以期作业者熟练掌握重联解编操作，作业中能够快速高效的完成作业。

### 二、重联解编作业简介

1. 人员分工

主动重联动车组机械师负责主动重联动车组的准备工作和整个重联过程的进度指挥，被重联动车组机械师负责被重联动车组的准备工作。两机械师在连挂过程中分别卡控各自动车组的连挂过程，共同确认两车的连挂状态。

2. 基本分工界面

线上重联解编作业，由随车机师和司机配合完成，所内作业由地勤机械师和地勤司机配合完成。两名机械师和两名地勤司机各自负责1组动车组重联解编相关工作，由主动重联动车组机械师负责整体协调。

3. 重联工况分为两种

平直道重联及曲线(小曲线或道岔处附近的重联)连挂。

4. 整体上，CRH380B统型动车组车钩分为Voith车钩及四方所车钩两种。

5. 曲线连挂时，各车钩均需手工协助调整车钩至匹配位置，Voith车钩需关闭对中供风塞门。四方所车钩对中机构未设置供风塞门，无需进行塞门截断操作。

6. 注意事项：

①作业人员应按规定穿戴劳保用品。

②连挂解编作业前要做好广播通知，两组车内人员做好沟通。

③车钩连挂解编过程中，作业人员应当与车钩保持至少1 m的安全距离。尤其是车钩对中及电钩公用供风阀门开启时，会推动车钩朝中心摆动，注意作业安全。解钩时，若原车钩间存在作用力，解钩后车钩会动作。

④升弓供电时禁止进行手动解构操作。

⑤线上作业时，按相关行车组织要求做好下车请令相关工作，做好安全防护。

⑥动车组重联前必须确认两动车组软件版本一致，软件版本不一致不允许重联。

⑦重联动车组必须同时升起相同车号受电弓，如被重联动车组升2车受电弓，主重联动车组也升2车受电弓。

⑧重联作业前，须安排人员对计划重联车组的车钩高度进行测量，确认车钩高度在检修范围内。

⑨动车组重联前必须确认两动车组软件版本一致，软件版本不一致不允许重联。

⑩重联作业前，须安排人员对计划重联车组的车钩高度进行测量，确认车钩高度在检修范围内。

## 三、连挂作业

1. 被重联动车组平直道连挂前准备工作

①司机在被重联动车组激活端司机室HMI屏选择“系统”页面，然后选择“连挂”显示页面，按动软键“列车就绪 Secure Train ”来将动车组固定，动车组自动施加停放制动及紧急制动，如图7-2-1所示。

②司机确认动车组停放制动和紧急制动已施加。若动车组制动施加成功，则司机室HMI的状态栏中会出现“列车已就绪”图标，如图7-2-2所示。

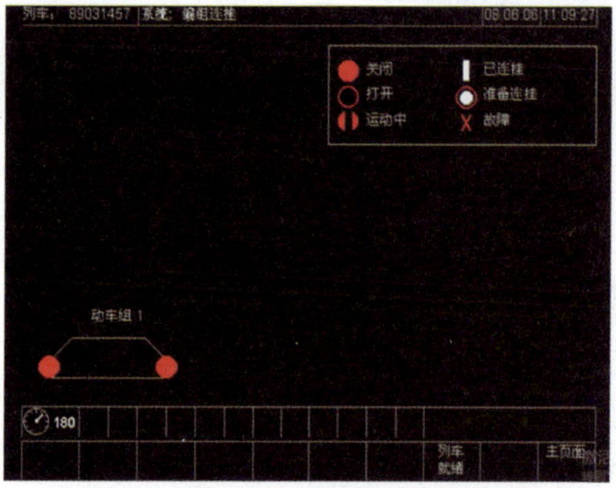


图 7-2-1　连挂准备界面

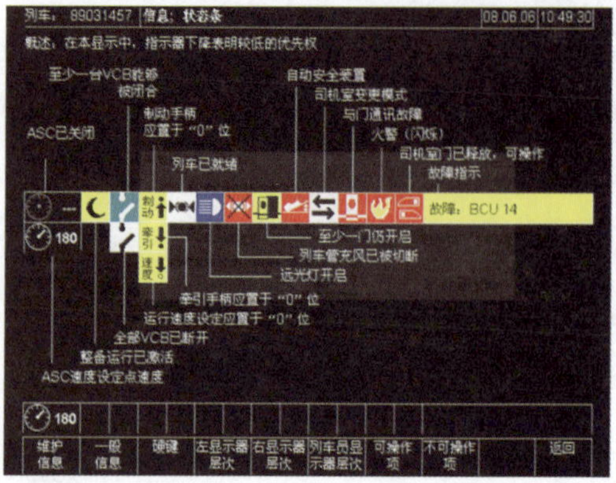


图 7-2-2　列车已就绪图标

③司机 打开导流罩，伸出车钩。连挂端在激活端司机室侧时使用 HMI 软键“前车钩罩开”打开前车钩罩、伸出车钩。

④机械师和司机确认车组动作正常，未报相关故障。出现有关故障时，按 HMI 提示进行处理，如图 7-2-3 所示。（注意：若故障车组无法检测到车钩的最终位置，机械师车下确认开闭机构已打开并锁闭好，车钩已伸出并锁闭，用力扳动时导流罩不会移动后，通知司机在 HMI 上按“确认：前车钩罩开启”按钮，确认车钩罩开启、车钩已伸出）

⑤机械师确认车组处于连挂准备就绪状态。前端导流罩内白色“连挂准备就绪”指示灯亮起，指示对面车组可以连挂，如图 7-2-4 所示。

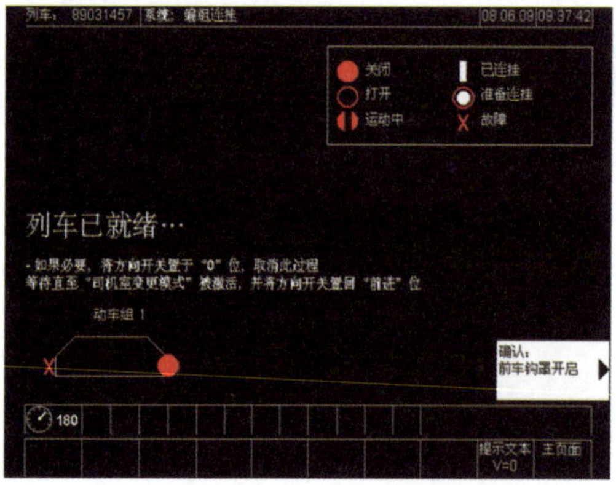


图 7-2-3　列车已就绪界面

图 7-2-4　连挂就绪状态

⑥机械师将车组置于待连挂状态，机械师车下进行如下作业：

a. 机械师关闭连挂端司机室风笛截断塞门，确保车端作业时不发生听力伤害事件。

b. 机械师检查连挂端总风管、列车管截断塞门处于导通位。

c. 若为 CRH380B 统型动车组，需安装导向杆，安装时需保证连挂端两车钩导向杆中心对称安装，如图 7-2-5 所示。

d. 机械师检查确认前端机构状态，自动车钩伸出、锁闭到位、处于对中状态，自动车钩电气钩头的供风阀门处于与管路平行的导通状态；检查车钩连接处各风管无异物堵塞，供风管路无漏风声，车钩端面及凹锥处无异物。确认车钩处于待挂状态，如图 7-2-6 所示。

图 7-2-5　安装导向杆

图 7-2-6　电气车钩阀

e. 机械师上车恢复重联端司机室风笛截断塞门。

f. 被连挂车组与连挂车组机械师协调好，分别做好各自车组 PIS 系统主从设置和车厢号设置。

g. 机械师确认完毕后通知司机 退出司机室占用。

⑦司机在 HMI 确认“系统；连挂”显示页面上通过红圈中的白色点指示已达到“准备连挂状态”，将“方向开关”（=22-S01）回零，通知机械师已退出占用，如图 7-2-7 所示。

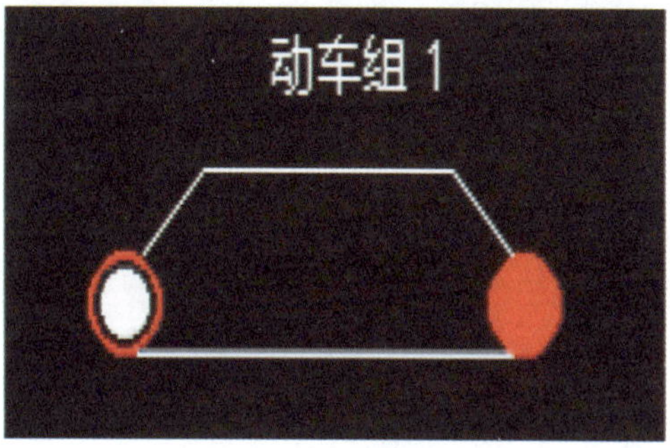


图 7-2-7　准备连挂状态

⑧机械师到达连挂点本车前进方向的右侧，使用对讲机通知本车组的司机及实施连挂动车组的机械师：“××××车组的连挂准备完毕。”

⑨司机收到机械师的信息后，使用对讲机回复：“××××车组司机明白，随时准备连挂作业。”

2. 主动重联动车组平直道连挂前准备工作

①司机驾驶主动重联动车组停在距离被重联动车组 5 m 以外的位置，车组停稳后施加停放制动。

②司机打开导流罩，伸出车钩。司机在激活端（连挂端）司机室使用司机台“前车钩罩开 2 km/h”，如图 7-2-8 所示，按钮打开前车钩罩、伸出车钩。司机在 HMI 上检查前车钩罩打开、锁定情况（车钩罩图标为空心红圈）。

注意:发生故障情况下,司机通知机械师下车检查车钩和导流罩状态,机械师确认开闭机构已打开并锁闭好,用力扳动时导流罩不会移动,通知司机在HMI上确认车钩罩“开启”。

③实施重联的动车组司机在收到本车机械师可以连挂作业通知后,再次操作按钮“前车钩罩开 2 km/h”(=74-S06)执行ASC连挂功能。

④机械师确认前端导流罩内两个白色“连挂准备就绪”指示灯亮起。指示对面车组可以连挂。

⑤机械师将车组置于待连挂状态。机械师车下进行如下作业:

a. 机械师关闭连挂端司机室风笛截断塞门,确保车端作业时不发生听力伤害事件。

b. 机械师检查连挂端总风管、列车管截断塞门处于导通位。

c. 若为CRH380B统型动车组,需安装导向杆,安装时需保证连挂端两车钩导向杆中心对称安装,如图7-2-9所示。

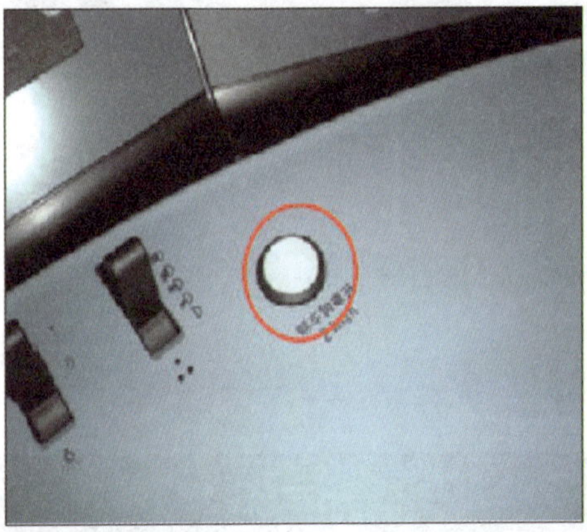

图7-2-8 “前车钩罩开 2 km/h”按钮

图7-2-9 安装导向杆

d. 检查确认前端机构状态,自动车钩伸出、锁闭到位、处于对中状态,自动车钩电气钩头的供风阀门处于与管路平行的导通状态;检查车钩连接处各风管无异物堵塞,供风管路无漏风声,车钩端面及凹锥处无异物。确认车钩处于待挂状态,如图7-2-10所示。

e. 机械师上车恢复重联端司机室风笛截断塞门。

f. 连挂车组与被连挂车组机械师协调好,分别做好各自车组PIS系统主从设置和车厢号设置。

⑥实施重联动车组的机械师在完成开闭机构及自动车钩的状态确认后,到达连挂点本车前进方向的右侧。在收到被重联动车组机械师连挂准备完毕后,使用对讲机通知实施重联车组的司

图7-2-10 车钩待挂状态

机:“××××车组连挂准备完毕,可以连挂作业。”

⑦实施重联动车组的司机 在收到机械师可以连挂作业的通知后,使用对讲机回复:“××××车组司机明白,随时准备连挂作业,请注意!”

3. 平直道连挂作业

①主动重联动车组司机检查运行前方被重联动车组导流罩内两个白色准备就绪指示灯处于亮起状态并确认机械师连挂信号后,鸣笛,准备进行动车。

②主动重联动车组司机 缓解停放制动,如图 7-2-11 所示。

③主动重联动车组的司机使用对讲机通知本车机械师及被重联动车组的司机 :“现在开始连挂作业,请注意!”。主动重联动车组的司机调整定速手柄,接近期间设置为>50%,与连挂列车之间距离大约为 5 m 时设置为<50%。操作牵引手柄进行零位确认后,牵引车组进行连挂。

④主动重联动车组和被重联动车组的司机 分别确认各自动车组司机室的二级操作区上“已连挂”(=74-P01)指示灯亮起,确认 HMI 显示屏无故障信息。

⑤两动车组机械师 在各自连挂端头车前进方向的右侧监视联挂的整个动作过程,确认机械钩及电钩均正常连挂。

注意:连挂过程中出现异常情况,机械师立即使用对讲机通知主动连挂动车组司机紧急停车。两动车组机械师确认机械钩钩面紧贴,列车管、总风管连接状态良好,接头处无漏风声。

a. 四方所车钩需观察车钩连挂到位机械指示器(图 7-2-12)是否基本重合,若重合,则连挂到位。

b. 一次连挂不成功,实施重联车组应退出 5 m,经由两机械师共同检查车钩状态良好后再做连挂。

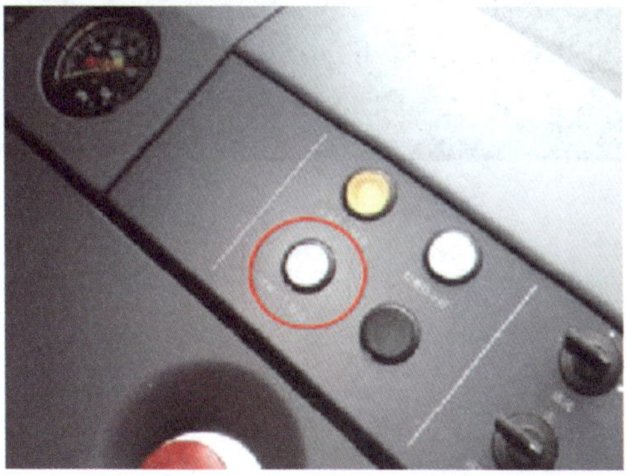

图 7-2-11　施加停放制动

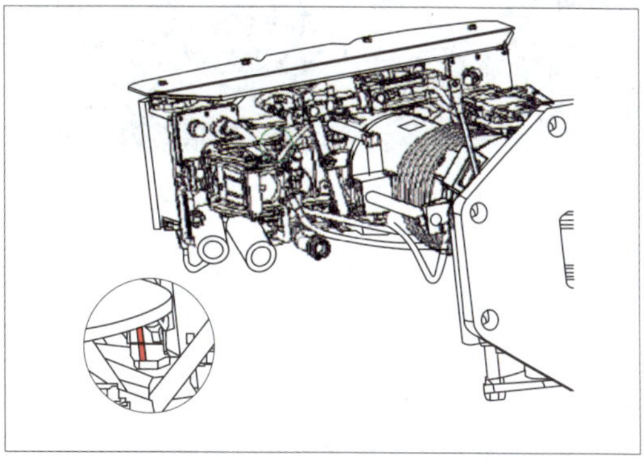

图 7-2-12　四方所车钩连挂到位指示

⑥两车机械师分别确认各自车组连挂端总风管 Z17 及制动管阀门 Z13 处于开启位置。

⑦连挂完成后,待网络调整完成后,主动重联动车组司机将“方向开关”(=22-S01)回 0,拔取司机室钥匙。

4. 重联后车组的激活与配置

①司机换端，激活外端司机室(非重联端)，激活司机室钥匙及“方向开关”(=22-S01)。

②司机在 HMI 的显示页面“系统:确认列车配置”上确认新的列车配置正确，根据要求进行相关制动试验。

③机械师要求对 PIS 系统主从设置和车号配置进行检查，确保 PIS 系统重联成功且正确。

④ 连挂成功后，司机动车进行试拉，确保连挂正常。

5. 解编

①外端司机室(远程)解编

a. 司机通过对讲机通知两列动车组相关人员车组即将解编。

b. 司机在引导动车组 1 中司机 HMI 的基本显示页面上选择“系统”显示页面，然后选择“解钩”显示页面，操作 HMI 软键“列车就绪”来固定列车组，车组自动施加停放制动及紧急制动，如图 7-2-13 所示。

c. 司机按动 HMI 软键“解钩”，启动解钩程序。在显示页面“系统:确认列车配置”上确认动车组已解编，如图 7-2-14 所示。

d. 解钩后，司机查看所有司机室内的“已连挂”(=74-P01)指示灯均熄灭。

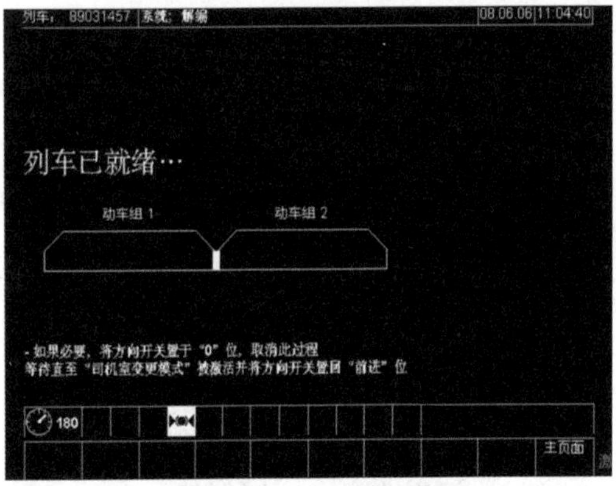


图 7-2-13　列车解编准备就绪

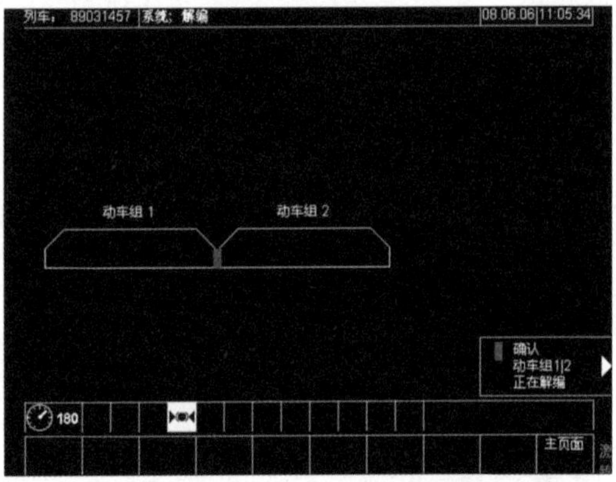


图 7-2-14　确认列车解编状态

②在重联处司机室(本地)解编

a. 司机通过对讲机通知两列动车组相关人员车组即将解编，退出原激活端司机室占用。

b. 机械师在重联处司机室中操作按钮“近端解编”(=74-S18)至少 3 s，车组自动施加停放制动及紧急制动。解钩后，司机和机械师查看所有司机室内的“已连挂”(=74-P01)指示灯均熄灭。

6. 解编后两动车组收尾作业

①司机占用主控钥匙和“方向开关”(=22-S01)，在司机 HMI 的显示页面“系统:确认列车配置”上确认新的列车配置正确，车组缓解停放制动及紧急制动，然后操作动车

组向外侧(非连挂方向)移动 5 m 以上距离。

②机械师检查车钩各风管无漏风,车钩外观状态良好,并将车钩导向杆拆除复位。

③司机通过 HMI 显示页面“系统”上的软键“关闭车钩罩”关闭已开启的车钩罩。

④机械师检查 HMI 显示正常,未报相关故障。

⑤机械师更改 PIS 配置为“单列”。

## 思考题

1. 请述说全自动车钩手动缩回操作步骤。
2. 请述说 CRH3 型动车组重联作业流程及注意项点。
3. 请述说 CRH3 型动车组解编作业流程及注意项点。

# 第八章　司机室实训

## 第一节　HMI 屏认知与操作

### 一、CRH3 型动车组 HMI 屏认知与操作的培训

1. 培训目的

HMI 装置用来在铁路车辆驾驶室和列车乘务员室内显示信息和输入命令。根据工业用个人计算机专门为铁路车辆驾驶室和列车乘务员室设计的，配备有背光平板显示器和环境温度管理控制器以及各种专用功能。显示纯文本和图形混合信息，还能利用声信号和话音输出与用户进行联络。装配有背光亮度控制，不论环境光如何，都能保持均匀一致的照明。终端上还配备有加热器，保证能在较大的温度范围内进行工作。通过集成在前面板上的键盘可以很容易地实现控制和诊断系统与用户之间的交互对话。

通过培训，使新职人员熟悉 CRH3 型动车组 HMI 屏相关按键及界面名称、检查标准，并具备对使用维护能力。

2. 作业安全及注意事项

作业人员应按规定穿戴劳保用品。作业前必须确认安全防护号志已插设；必须确认动车组处于静止、停稳的状态，且停放制动已施加。动车组需升弓供电且占用司机室。

3. 检查项目

HMI 的操作。

### 二、HMI 屏介绍

1. HMI 屏的布置如图 8-1-1 和图 8-1-2 所示。

CRH380B 型动车组两端司机室均配有两个 HMI 屏，每个司机室均有左右两个 HMI 屏。

(1)司机操作台左侧 HMI 显示屏

①有人驾驶的司机室。

a. 一般司机 HMI 功能，例如语言选择和故障显示；

b. 控制和监测除制动系统之外的车辆系统；

c. 显示冗余司机操纵台右侧 HMI 的控制和监测功能；

②无人驾驶的司机室：显示冗余乘务员 HMI 的控制和监测功能。

(2)司机操纵台右侧 HMI 显示屏功能

在有人驾驶的司机室：

①一般 HMI 功能，如语言选择和故障显示；

②控制和监测制动系统；

③显示冗余司机操作台左侧 HMI 的控制和监测功能。

图 8-1-1　司机室概览

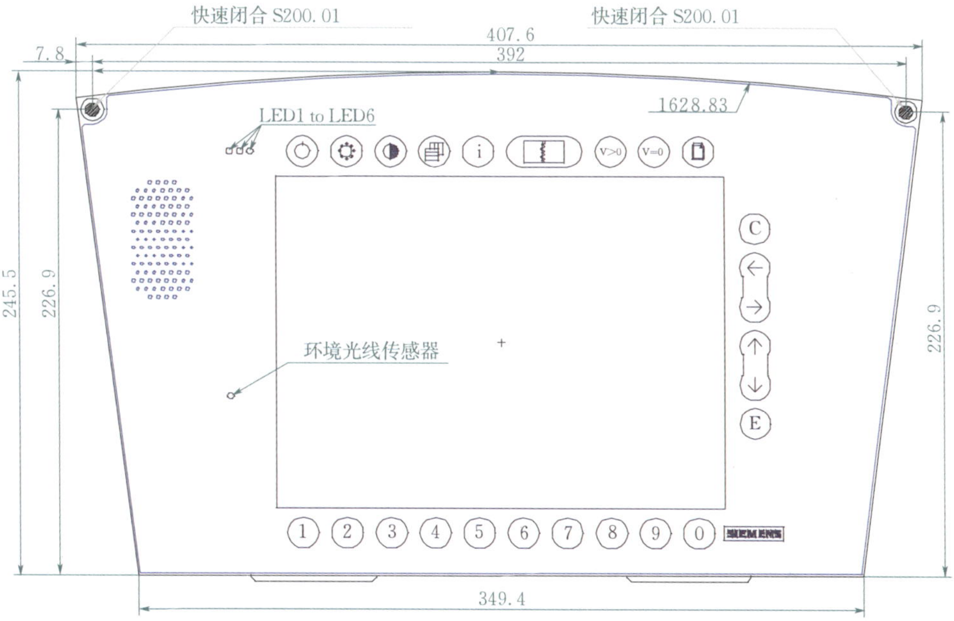


图 8-1-2　HMI 屏外观

(3)BC04 车车内的乘务员室装有一个乘务员 HMI，可提供车辆技术并开展如内部照明和空调等操作。

2. HMI屏功能介绍

(1)HMI屏幕上各个软键功能如图8-1-3所示。

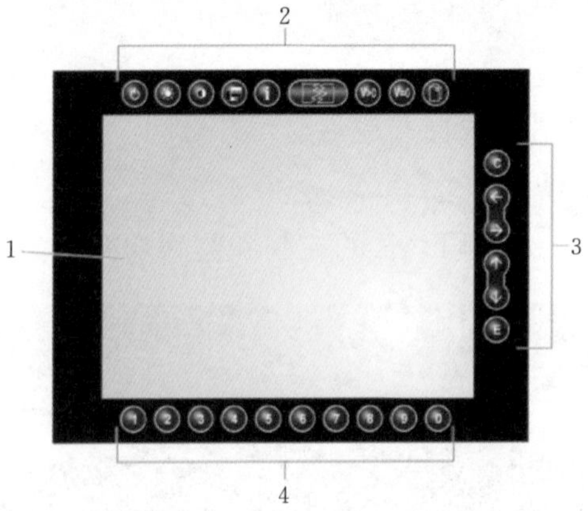


图8-1-3　HMI屏各软键

1—页面;2—操作硬键;3—光标和输入硬键;4—键盘软键(10位)

(2)屏幕显示布局概述

显示器可以分为四个区域:如图8-1-4所示。

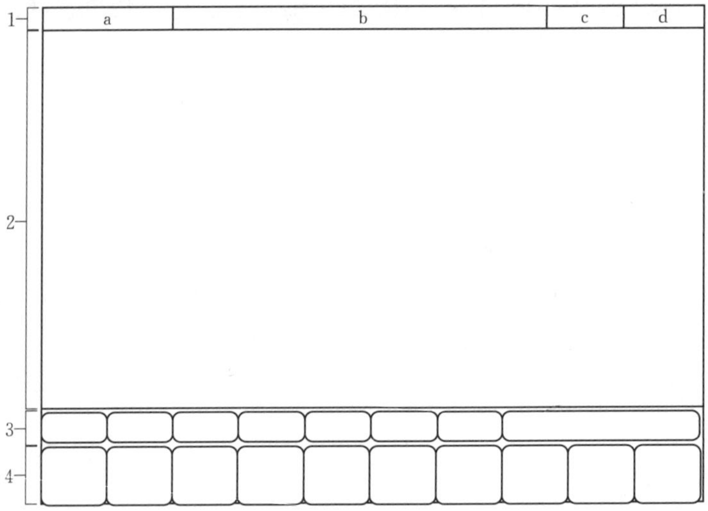


图8-1-4　屏幕布局

①标题栏:列车编号(a);屏幕标题(b);日期(c);时间(d)。

②显示区:此区域将显示实际的屏幕内容。

③列车运行状态状态栏:列车运行状态显示栏显示指示灯和故障指示器的信息。除乘务员冗余模式外,所有的司机显示屏中都会显示指示灯信息。在乘务员冗余模式下,乘务员显示屏仅显示"乘务员显示器"和"司机门释放"指示灯的信息,状态屏幕仅显示"FR-W"(司机室更换)指示灯。故障指示器显示的包括车辆编号和子系统代码信息,作为短消息显示在状态栏(三个功能键的宽度)的最右边的字段显示,同时发出声信号。

④功能键栏：功能键栏将显示所有当前可操作的功能键。

(3)硬键概述

具体硬键见表 8-1-1。

**表 8-1-1　具体硬键说明**

| 硬　　键 | 名　　称 | 功　　能 |
| --- | --- | --- |
|  | 屏幕开/关 | 在屏幕背光开和关之间切换。该操作仅适用于相同的显示器 |
| 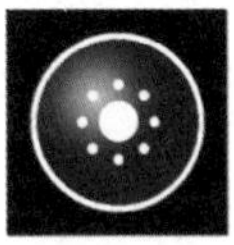 | 亮度对话框 | 调节屏幕背光亮度 |
| 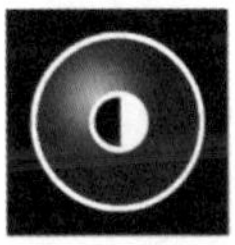 | 日/夜切换 | 在日夜设计模式间切换，对于司机室两个司机 HMI 均适用 |
|  | 语言选择 | 更改 HMI 显示器语言，对于司机室两个司机 HMI 均适用 |
|  | 信息盒 | (1)访问由工厂维修人员输入的特定车辆信息<br>(2)查看司机 HMI 和列车乘务员 HMI 上的操作信息和描述 |
|  | 故障总览 | 访问故障总览，将选择栏设置为最新未确认故障 |
|   | 校正 $v>0$ | 行驶期间，显示校正措施。可放大查看 |
|   | 校正 $v=0$ | 静止时，显示校正措施。使用正常字体查看。 |
|  | 显示器切换 | HMI 切换至其他司机 HMI 上的显示功能(如从右司机 HMI 上访问左司机 HMI 的屏幕) |

续上表

| 硬　键 | 名　称 | 功　能 |
|---|---|---|
|  | 修正值 | (1)终止输入<br>(2)返回至上一显示页面 |
| 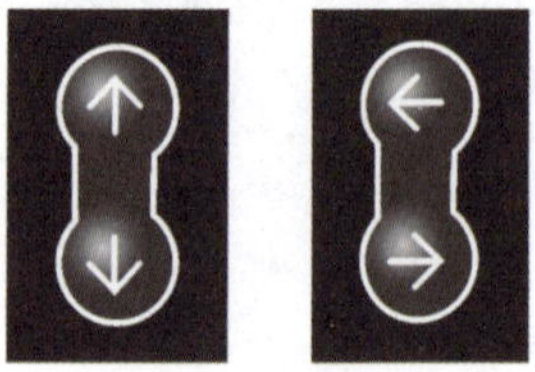 | 光标硬键 | (1)在同页中上下逐行切换光标所在行，需要时，可适当滚动浏览<br>(2)在屏幕中将光标向右/左/上/下移动一位，在该屏幕中，列车可操作组件以逐车矩阵(如光开关矩阵)的形式显示，也可进行多次(数字)输入 |
|  | 输入 | “输入”“确认输入” |
|  | 键盘软键 | 使用键盘软键可访问显示页面，显示页面内容与各屏幕上的软键含义相关。相应的含义将在软键上方区域出现 |

(4)显示屏幕元器件操作

显示屏幕中包括：可操作元件和不可操作元件。操作者可以先选择后改变可操作元件，例如，空调控制的操作元件(开/关)或牵引控制元件(受电工的升降、接通或切断主断路器)。

这些元件可以通过光标硬键来选择。选定的元件/字符段将会突出显示和(或)闪烁，可以通过软键来改变和操作这些元件，如图 8-1-5 所示。

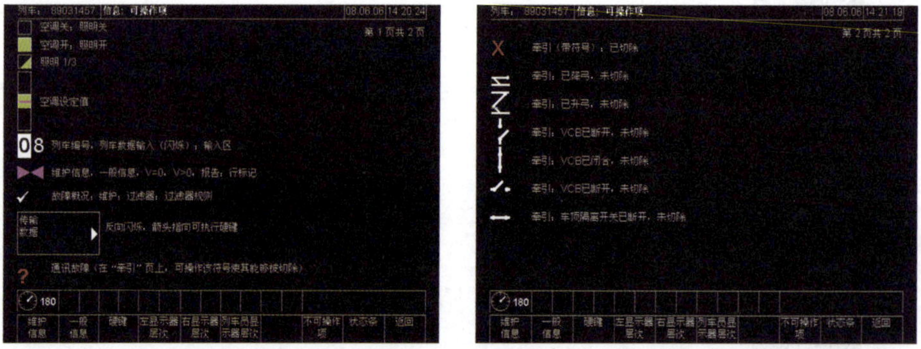

(a)　　　　(b)

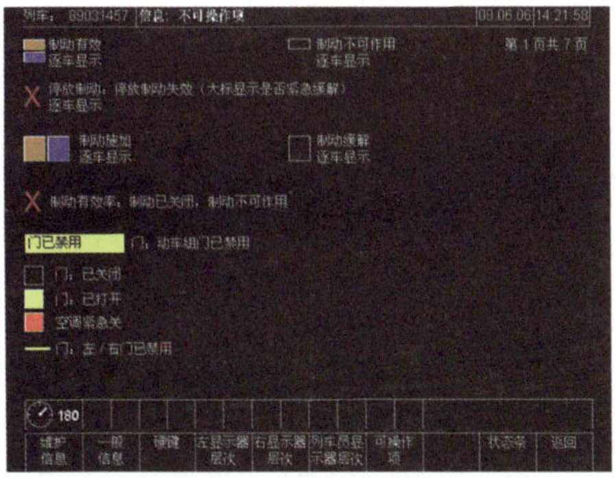

(c)

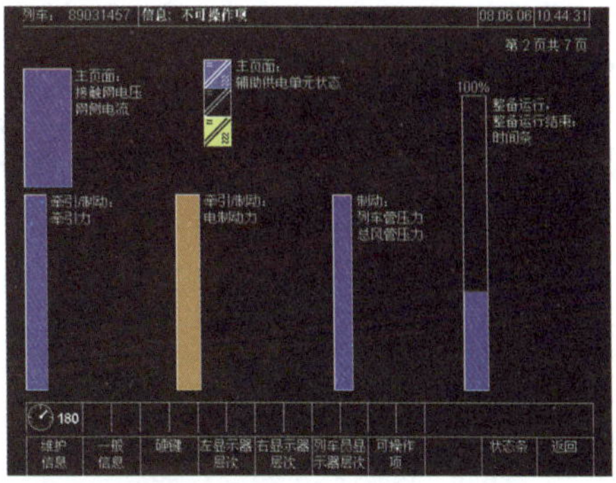

(d)

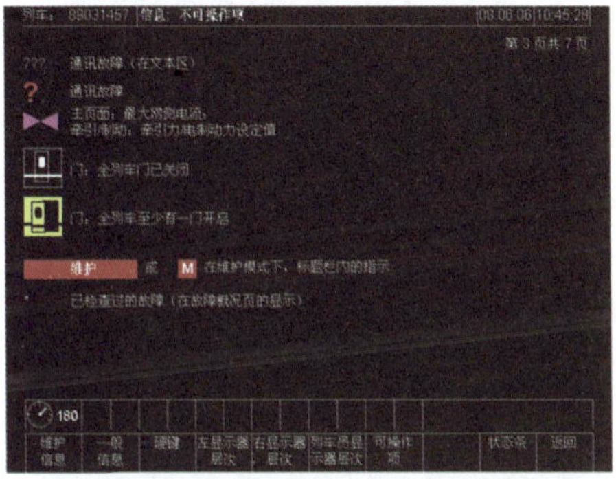

(e)

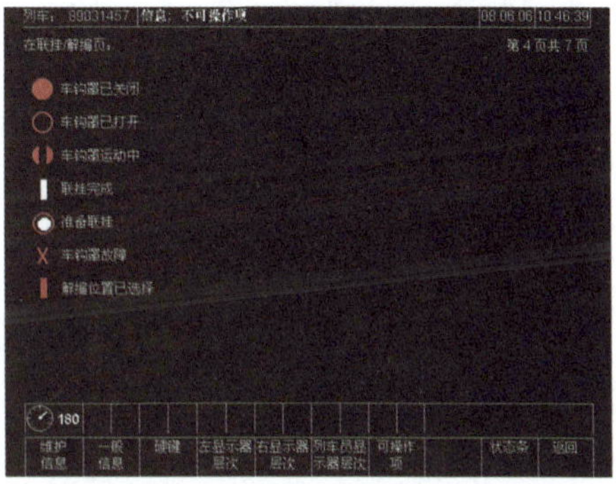

(f)

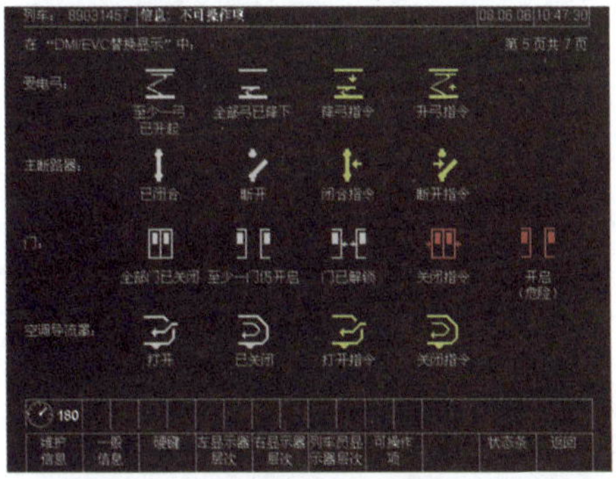

(g)

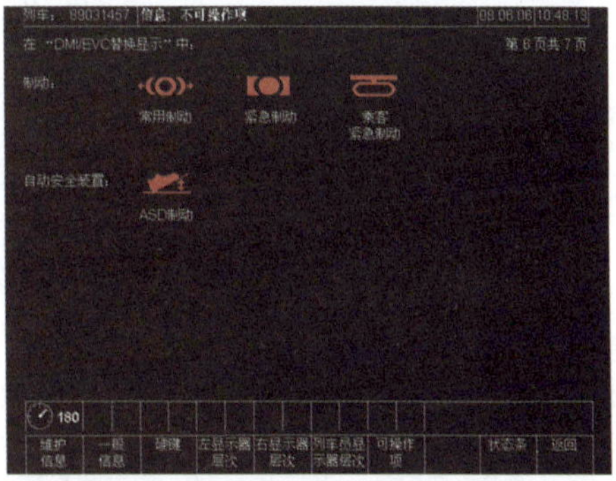

(h)

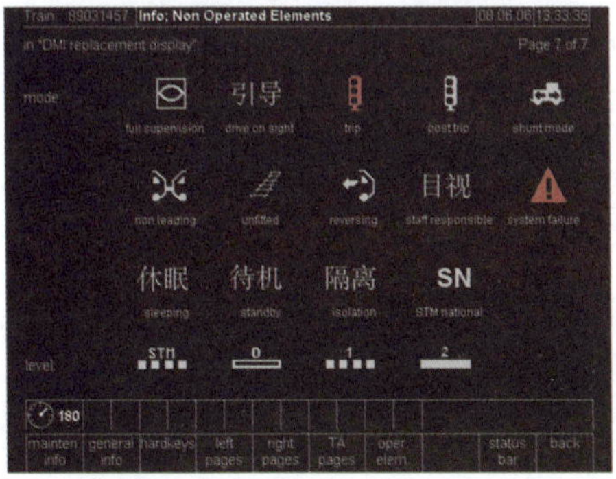

(i)

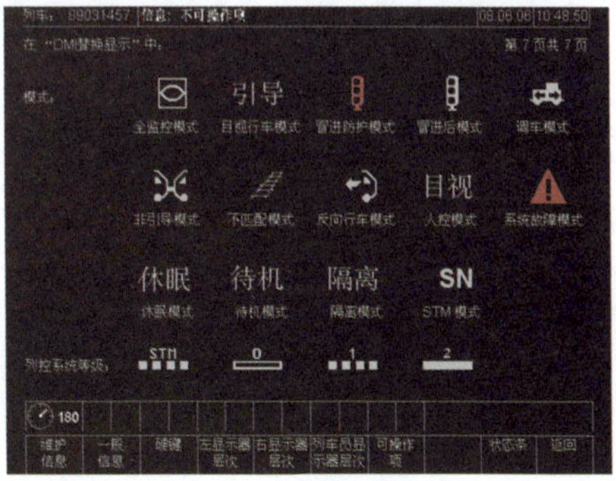

(j)

图 8-1-5　屏幕显示示意

(5)显示屏结构

①左侧司机 HMI 显示屏结构。

注意,在每个屏幕中均可以使用热键""转换至"基本屏幕"。

a. 本页面结构如图 8-1-6 所示。

"1"—"维修"屏幕画面。

"2"—"系统"屏幕画面。

"3"—"车门"屏幕画面。

"4"—"列车自动保护系统"屏幕。

"5"—"紧急"屏幕画面。

"6"—"准备/稳定"屏幕画面。

"7"—"制动/牵引"屏幕画面。

"8"—"自动速度"控制。

"9"—"切换"屏幕画面。

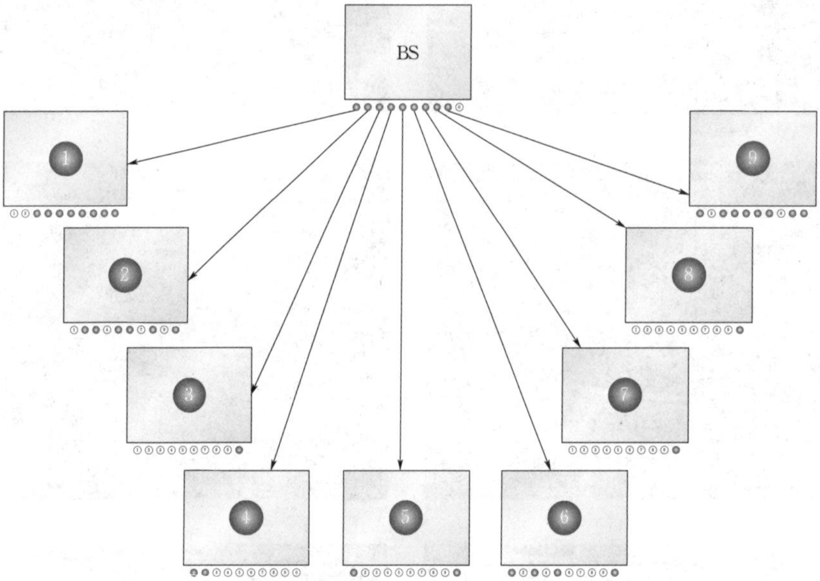


图 8-1-6　基本页面结构

b. 维修屏幕画面结构如图 8-1-7 所示。

"3"—"手动输入错误图"屏幕画面。

"4"—"远程数据传输"屏幕画面。

"5"—"牵引直流链接"屏幕画面。

"6"—"版本/硬件配置"屏幕画面。

"7"—"V—设定点传感器值"屏幕画面。

"8"—"牵引力控制器传感器设定点"屏幕画面。

“9”—“能量表”屏幕画面。

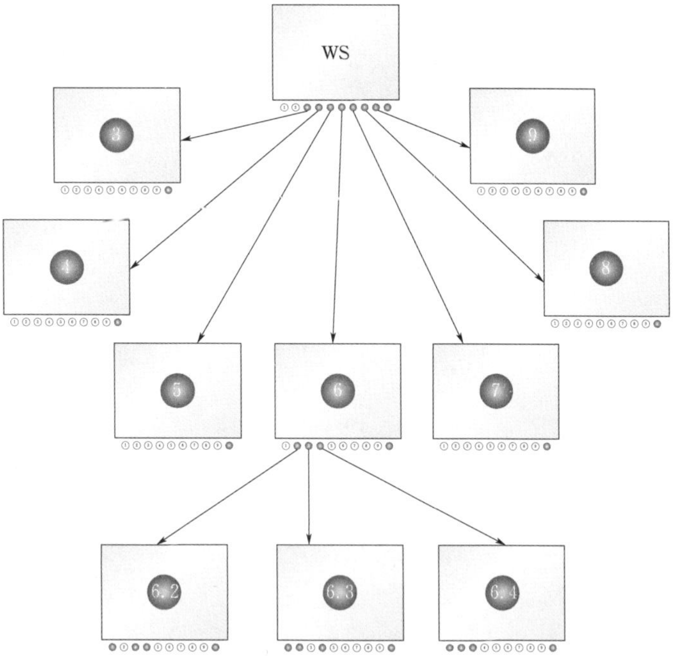


图 8-1-7　维修屏幕画面结构

c. 系统结构屏幕画面如图 8-1-8 所示。

“2”—“列车配置显示”画面。

“3”—“110V 电池电压”画面。

“5”—“未连挂”画面。

“6”—“连挂”画面。

“8”—“后车钩罩关闭”。

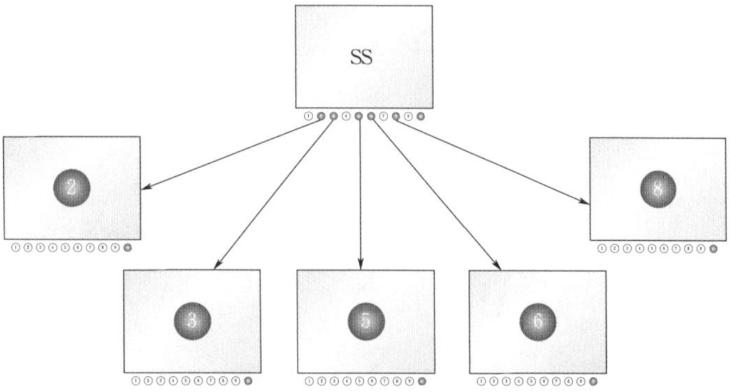


图 8-1-8　系统结构屏幕画面

车自动保护系统结构屏幕如图 8-1-9 所示。

“1”—DMI 更换显示屏。

“2”—EVC 更换显示器。

d. 紧急显示结构画面如图 8-1-10 所示。

“1”—紧急模式画面。

准备/稳定显示结构如图 8-1-11 所示。

“1”—列车车次和 YD 编号显示结构。

“3”—开始稳定运行显示画面。

“5”—稳定结束显示结构。

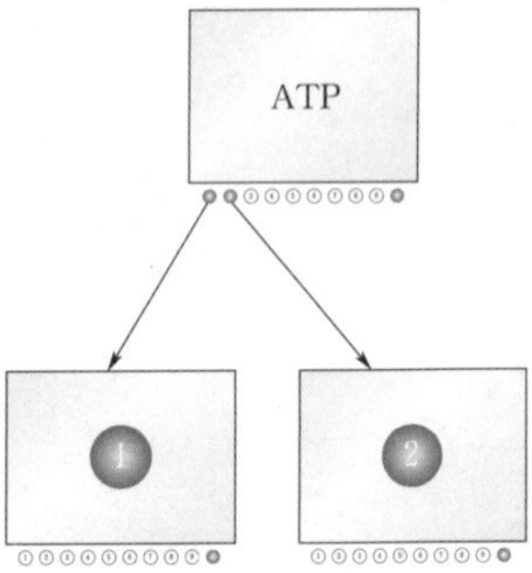


图 8-1-9　列车自动保护系统结构屏幕

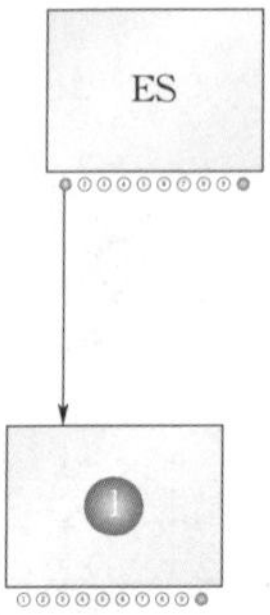


图 8-1-10　紧急显示结构

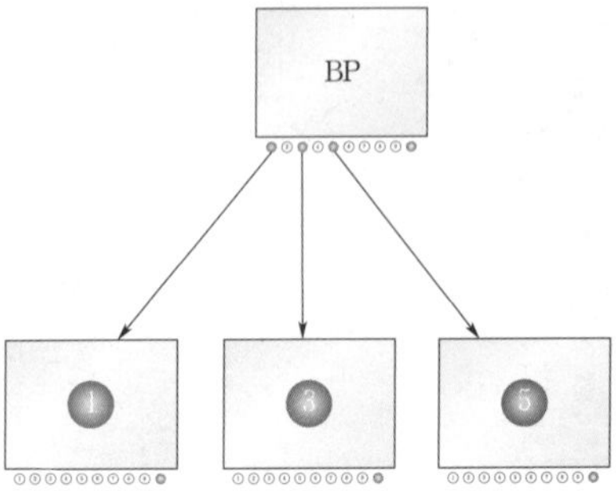


图 8-1-11　准备/稳定显示结构

e. 切换显示结构如图 8-1-12 所示。

“1”—线路限流显示结构。

“3”—风扇显示结构。

“4”—牵引显示结构。

“5”—空调显示结构。

“6”—照明显示结构。

“7”—冲洗显示结构。

“9”—前窗加热显示结构。

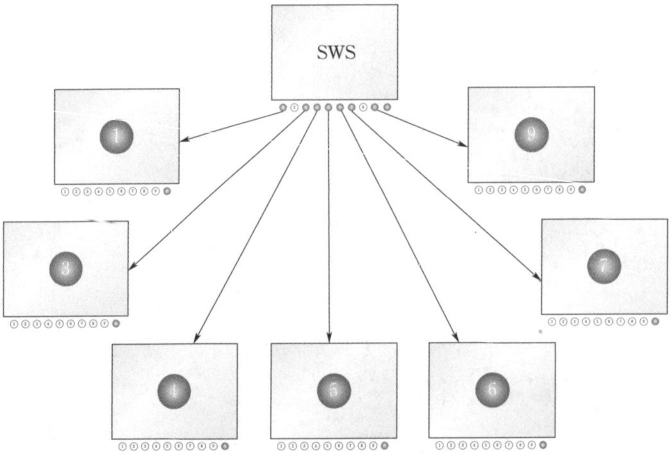


图 8-1-12　切换显示结构

②右显示器结构

注意:在每个屏幕中均可以使用热键“”切换到“制动状态显示屏幕”。仅下列屏幕具有此屏幕转换功能,因此,在后面显示的图中,无这些屏幕画面:制动状态切换显示界面、停放制动显示界面、主风缸压力显示界面。

a. 制动状态显示界面如图 8-1-13 所示。

“3”—制动显示界面。

“4”—制动功能显示界面。

“5”—制动测试显示界面。

“6”—停放制动显示界面。

“8”—主风缸压力显示界面。

b. 制动力显示界面如图 8-1-14 所示。

“4”—制动力。

“6”—最大制动力显示界面。

“8”—最后制动测试显示界面。

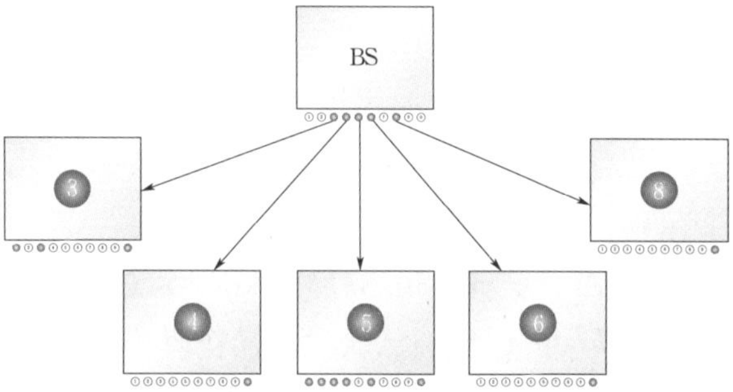


图 8-1-13　制动状态显示界面

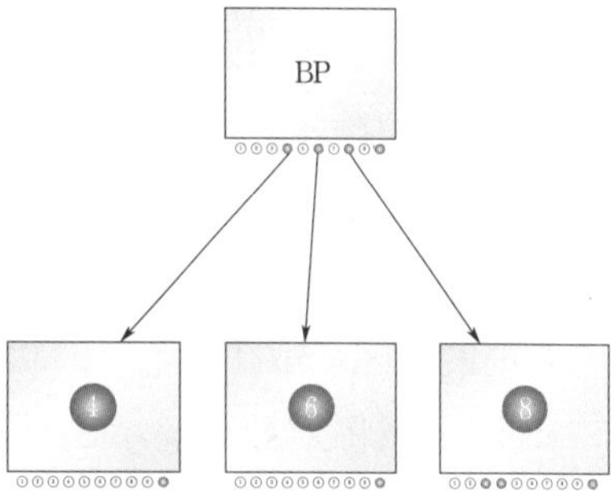


图 8-1-14　制动力显示界面

c. 动力测试显示界面如图 8-1-15 所示。

“2”—直接制动试验显示界面。

“3”—紧急制动试验显示界面。

“4”—MRP 连续试验屏幕。

“5”—BP 泄漏试验显示界面。

“6”—间接制动试验显示界面。

“7”—BP 连续试验显示界面。

“8”—最后制动测试结果显示界面。

③乘务员 HMI 显示界面结构组成如图 8-1-16 所示。

“1”—空调显示界面。

“2”—照明显示界面。

“3”—车门显示界面。

“5”—列车配置显示界面。

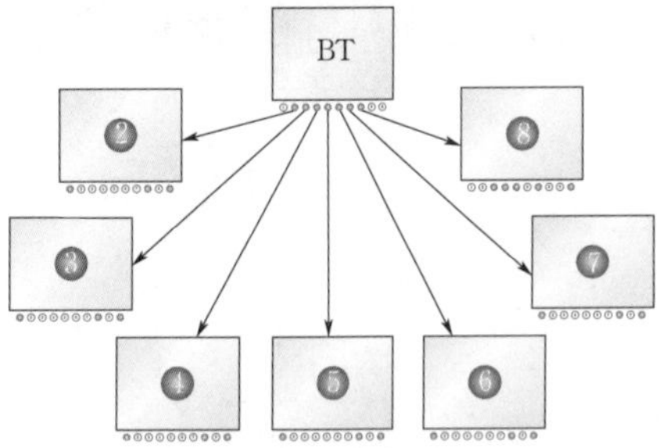


图 8-1-15　制动力测试显示界面

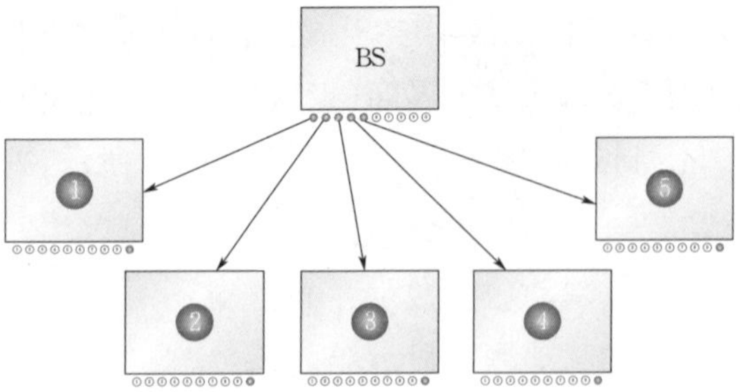


图 8-1-16　乘务员 HMI 显示界面结构组成

(6)HMI 中的故障管理

①故障指示

HMI 所显示的是重要车辆系统的功能限制。故障管理的操作方法适用于电动车组所有的 5 个 HMI 显示器(4 个司机 HMI 显示器和 1 个乘务员 HMI)。

未出现故障时,分为两种状态:

a. 当前未定故障自发生后,还未经司机或乘务员处理;

b. 确认故障消息显示故障尚未消除,处于待定状态。通过选择相应的补救性措施,以确认故障信息。

故障总揽中,不会显示已排除(复位)故障信息。

当前的故障显示在每个画面状态行右侧黄色字段。故障指示灯具有两种未定故障状态:

a. 该区域将闪烁并显示出现故障的车号以及最近未确认故障的操作码:

一旦故障发生,故障信息将自动显示在屏幕上,并指示应该采取的补救措施。如几种未确认的故障信息同时存在,则只显示最近故障。

b. 该区域将持续点亮并显示故障信息:

此中显示状态显示的信息仍然有故障未定,但是,这些故障信息均已得到确认。

使用“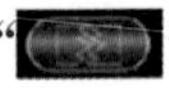”——故障硬键查询未定的故障信息状态;

故障信息总揽栏将按照故障发生的顺序显示故障信息,最新的故障信息将排在首位。

除了显示故障发生的车号和编码之外,还将显示每种故障发生的日期、时间和短报告。已经确认的故障信息,均在信息行的起始部分带有“ * ”标记。可使用光标选择单个故障信息。当前的故障信息均带白色边缘。

选定“故障总揽”显示画面后,光标将自动置于第一个未确认的消息前。使用“删除标记”软键,可以删除所有故障信息的确认标记。

使用“报告软键”可以调出各种未确认的故障信息。操作“故障总揽”功能键,用户可以返回故障总揽画面,用“返回”功能键,用户可以选择最后选定的 HMI 画面。

②当前未定的 HMI 操作

如图 8-1-17 所示，为了确认当前未定的故障信息需要执行如下操作：

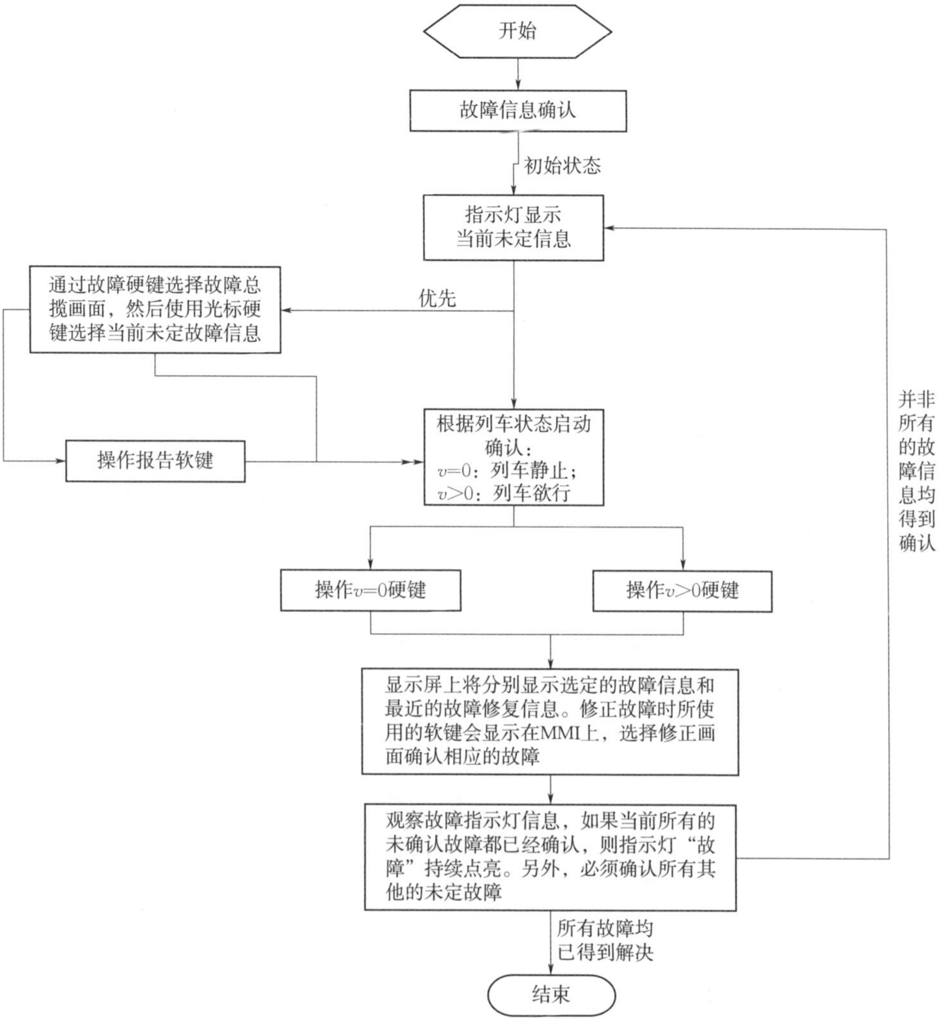


图 8-1-17　故障确认流程

对于当前未确认的故障信息，可以直接选择两个画面，即行驶($v>0$)和静止($v=0$)时，当使用硬键“ ”和“ ”采取补救措施，此故障信息将通过选择修正屏幕画面来确认。

还可以使用“fault”硬件 选择“fault overview”画面。这样就可以选择当前的未确认故障及瞬时顺序启动修正措施。更多有关未确认故障的详细信息，可操作“Report”软件查询。

针对不同的列车的运动状态($v=0$，$v>0$)相应的补救措施也不同，因此必须选择正确画面。在“$v=0$”/“$v>0$”字段左侧的标题栏中可以显示秒表信息，以便于帮助组你确定采取修正措施的时间段。

(7)HMI上的位置和独立状态诊断信息

通过操作硬键,可以把所有的司机HMI和乘务员HMI显示器上的当前故障信息显示在故障总览画面中。每条故障信息均包含车号、子系统的名称、短路故障文本和故障发生时间。最近的故障信息显示在列表的顶部,按时间顺序以此向下排。已确认故障(即操作者已访问的故障的帮会组文本)标有“ * ”。已解决的故障(清除的)从此列表中除去。

HMI显示中的“报告”项将向你提供相应的故障的简短介绍。

按钮显示在列车行驶时,司机采取的措施,而对于乘务员来说,$v=0$和$v>0$没有什么区别,如果操作故障总览画面中的按钮,则显示选定的未确认的故障信息。否则,将显示针对最近未确认的故障的修正措施。

按钮显示了司机在列车静止状态下采取的修正措施,而对乘务员来说,$v=0$和$v>0$没有什么区别。

某些修正措施画面允许直接启动切换操作及进入其他画面,这些操作软键均突出显示为黄色。在“$v=0$”/“$v>0$”字段左侧的标题栏中可以显示秒表信息,以便于帮助确定采取修正措施的时间段。

(8)声音输出

HMI将通过发出声音信号,把HMI上的重大变化通知给您。这些信号分为三种声音文件:

①“ding-ding”——每次故障发生时,HMI将发出此种声音;

②“ding”——此声音将每隔30秒产生一次,直到所有的故障信息全部确认;

③“pamm”——当状态栏有重大变化时,将会发出此类声音,指示灯将闪烁。

(9)手动启动远程数据传输

无论列车处于行驶还是静止状态,所有的已由动车组中央诊断系统自动记录以及乘务员手动记录的维修事件可提前通过远程数据传输报告给永久监测站。

①通过功能键选择所需要传输的相应数据(诊断数据、和/或记录数据,和/或操作数据)。

②通过功能键“触发远程数据传输”启动数据传输。

GSM移动无线系统用于进行远程数据传输,传输信息包括每个诊断事件的故障的诊断识别码、事件发生的车代码以及故障发生和消失的时间。

3. HMI的原理

HMI外部接口如图8-1-18所示。

HMI屏各接口功能见表8-1-2。

×1为电源电压连接,MMI显示器由110V DC(BD)直接供电,如图8-1-19所示。

表 8-1-2　HMI 屏各接口功能

| 连接器 | 功能 | 连接器类型 |
|---|---|---|
| ×1 | 电源电压 | Air LB,5-线柱,公插座大号 |
| ×3 | 插槽编码和扬声器连接 | M12,8-线柱,母插座 |
| ×4 | MVB | 9-线柱,母插座 |
| ×5 | MVB | 9-线柱,母插座 |
| ×6 | COM1：RS232 | Sub-Min-D,9-线柱,公插座 |
| ×10 | 10/100 的 10 兆位以太网 | M12,D-编码,母插座 |
| ×11 | 10/100 的 10 兆位以太网 | M12,D-编码,母插座 |
| ×20 | USB 2.0 | M8,4-线柱,母插座 |

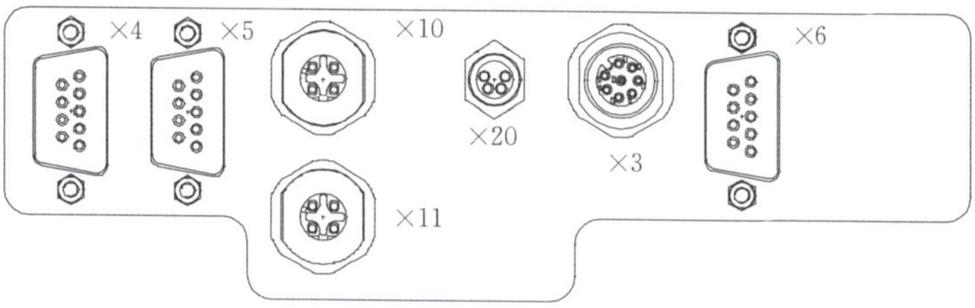

图 8-1-18　HMI 外部接口

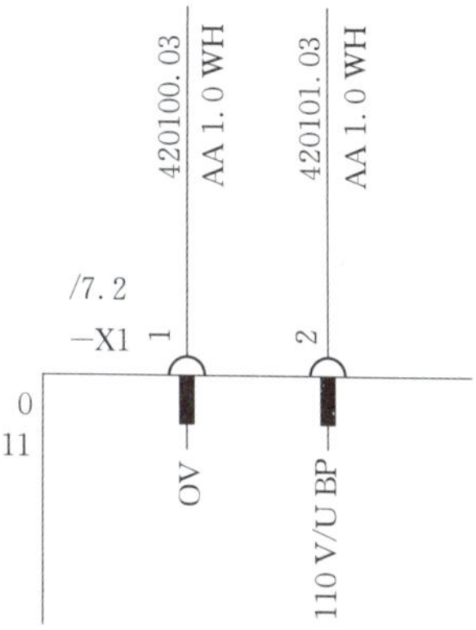

图 8-1-19　×1 电源连接

手动闭合＝42-F01、＝42-F06 后，显示器接通，继电器＝42-k11 得电，开关 33、34 吸合。故障开关＝42-S04 接通，处于可控状态。＝42-S04 的 3、4、5、6 端分别控制左右侧 MMI 的通断，1、2、7、8 端控制故障信号的通断。故障开关打在中间处于正常位，此时＝42-S04 的 3、4、5、6 均接通，左右侧 MMI 均正常工作，1、2、7、8 断开，SKS6 没有接通，不会给 Klip 站任何 MMI 故障信号；故障开关处于左位置，＝42-S04 的 3、4、7、8 断开，5、6 仍然接通，将关闭左侧 MMI，右侧 MMI 正常。1、2 接通，SKS6 将给 Klip 站左侧 MMI 故障信号；处于右位置时，3、4 接通，5、6 断开，左侧 MMI 正常，右侧 MMI. 关断。1、2 断开，7、8 接通，SKS6 给 Klip 站右侧 MMI 故障信号，如图 8-1-20 所示。

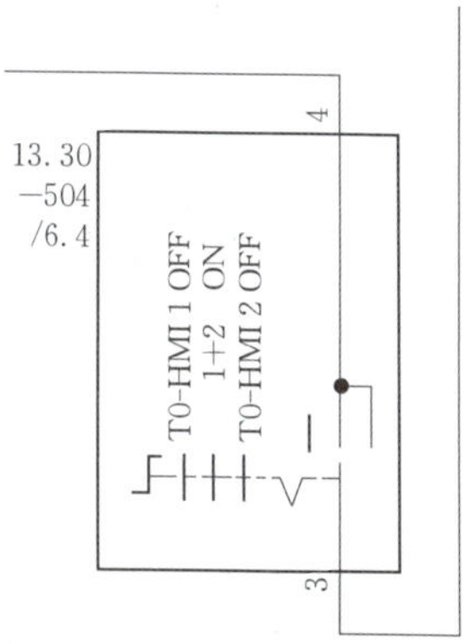

图 8-1-20　故障开关

×3 是插槽编码和扬声器连接，如图 8-1-21 所示。L-GND(SND_GND_L)与 L＋(SND_L)端连接的是蜂鸣器，处于就绪状态，等待 CCU 给其信号。蜂鸣器位于

MMI面板左侧，在火警、司机室占用、门远程控制的时候会报警。插槽码利用电缆连接器上的跳线进行定义代码，由环境控制器进行查询，在软件上载时会用到。显示码允许值为0到7，所有显示码必须与插针5连接。显示码可通过将插针3、4、8链接到插针5(接地)。每个MMI都有自己的代码，MMI1的连接方式是5、8相连，所以其代码为6；MMI2连接方式是5、3相连，其代码为5；而乘务员室的MMI没有任何连接，其代码为7。代码定义见表8-1-3。

**表8-1-3　代码定义**

| DISPL_CODE<2> | DISPL_CODE<1> | DISPL_CODE<0> | Display code |
|---|---|---|---|
| Open/开 | Open/开 | Open/开 | 7(FFh) |
| Open/开 | Open/开 | To GND/到GND | 6(FEh) |
| Open/开 | To GND/到GND | Open/开 | 5(FDh) |
| Open/开 | To GND/到GND | To GND/到GND | 4(FCh) |
| To GND/到GND | Open/开 | Open/开 | 3(FBh) |
| To GND/到GND | Open/开 | To GND/到GND | 2(FAh) |
| To GND/到GND | To GND/到GND | Open/开 | 1(F9h) |
| To GND/到GND | To GND/到GND | To GND/到GND | 0 (F8h) |

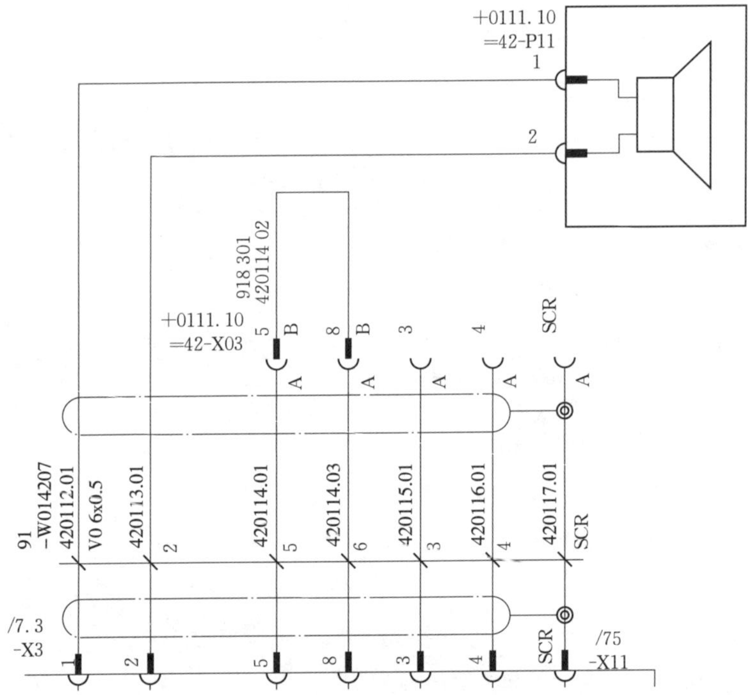


图8-1-21　×3示意

×6 是 RS-232，是目前最常用的一种串行通信接口。DB-9 连接器，作为提供多功能 I/O 卡或主板上 COM1 和 COM2 两个串行接口的连接器。它只提供异步通信的 9 个信号。接口定义如下：

(1)DCD　载波检测：用于确认是否收到 Moderm 的载波；

(2)RXD　接收数据：

(3)TXD　发送数据

(4)DTR　数据终端准备好，告知本机数据终端处于待命状态。

(5)SG　信号地

(6)DSR　数据准备好，告知本机在待命状态

(7)RTS　请求发送

(8)CTS　允许发送，回应对方发送的 RTS 的发送许可，告诉对方可以发送

(9)RI　振铃提示当 DCE 收到交换台送来的振铃呼叫信号时，是该信号有效(on)

一般情况下只需要 RXD、TXD、SG 三个端子实现数据的接收与传送。数据传输至=48 功能组(列车无线电)的 RS-232 接口。

×10、×11 是 10Base 的以太网连接。10Base T 以太网成本低，可靠性高，10 Mbps 的传送速率，双绞线电缆。Tx 进行信号的输出，Rx 进行数据的输入。其中 MMI1 的×10与 MMI2 的×11 连接。

×20 是 USB 连接器，用来进行设置连接外接键盘，一般情况下不使用。

5 个 MMI 之间通过各自的 MVB 接口相连，若 MVB 总线出现通信错误，司机室 MMI 之间的数据交换可通过以太网进行。司机室 MMI 与总线上的其他设备经 MVB 进行数据传输。两个司机室的 MMI 经 WTB 进行数据传输。通过 RS-232 进行远程数据传输。

## 三、检查标准

1. 查看 HMI 屏外观状态良好，显示内容清晰，无黑屏、乱码现象；屏幕显示色彩正常，无偏色、局部色差等现象；检查屏幕背光正常，漏光或局部无光现象；检查 HMI 各个按键外观，无破损，按压阻力正常，松开后反弹正常。

2. 查看 HMI 屏软件版本如图 8-1-22 所示。

(a)在基础页面下操作 1：维护。

(b)在维护下操作 1：维护模式开启。

(c)开启维护模式情况下操作 6：版本/软件配置。

(d)选择 1：1 号车版本。

需要确认 TD-HMI1 和 TD-HMI2 软件编号一致。

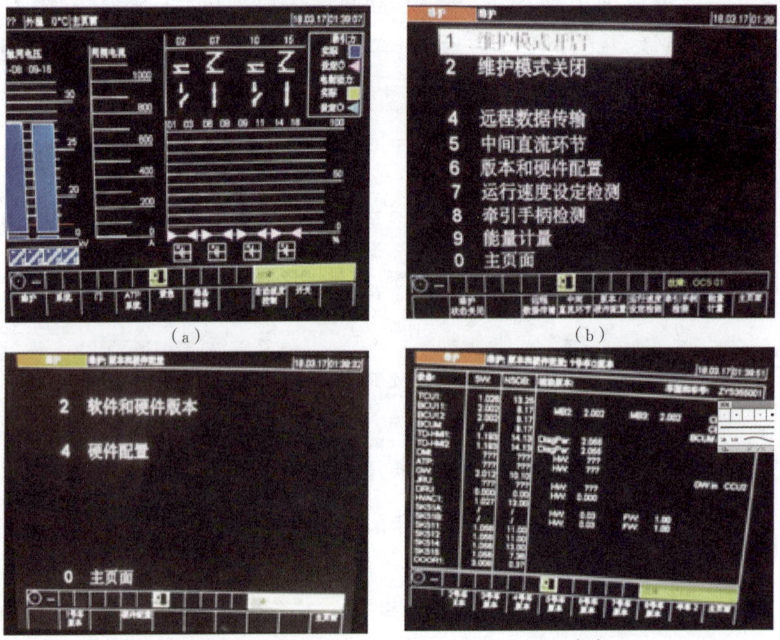


（a）（b）（c）（d）

图 8-1-22　版本号确认流程

3. 查看空调、车门及照明状态如图 8-1-23 所示。

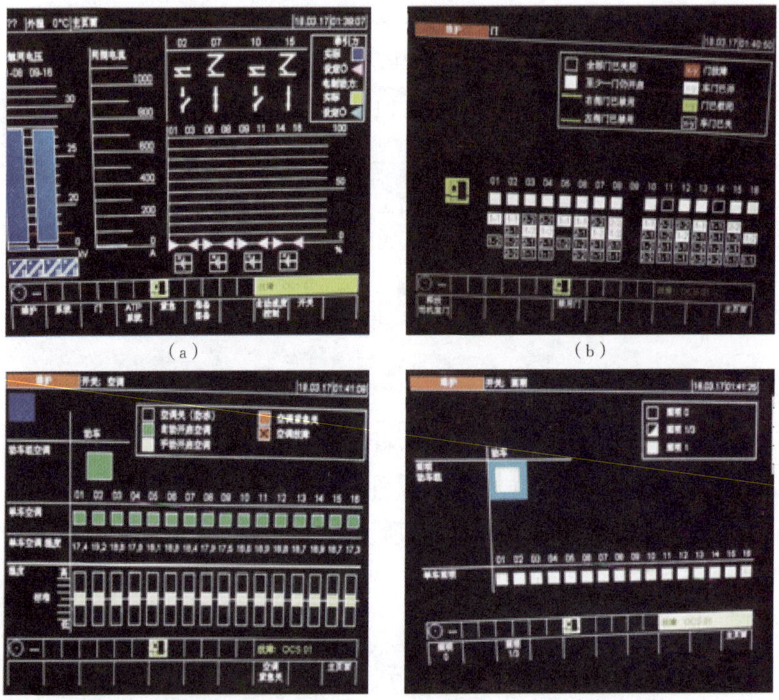

（a）（b）（c）（d）

图 8-1-23　空调、车门及照明状态

"5"—空调显示结构。

"6"—照明显示结构。

(a)在基础界面操作 3:车门。

(b)在基础界面操作 9:开关。

(c)在开关界面操作 5:空调。

(d)在开关界面操作 6:照明。

4. 查看故障情况:如图 8-1-24 所示。

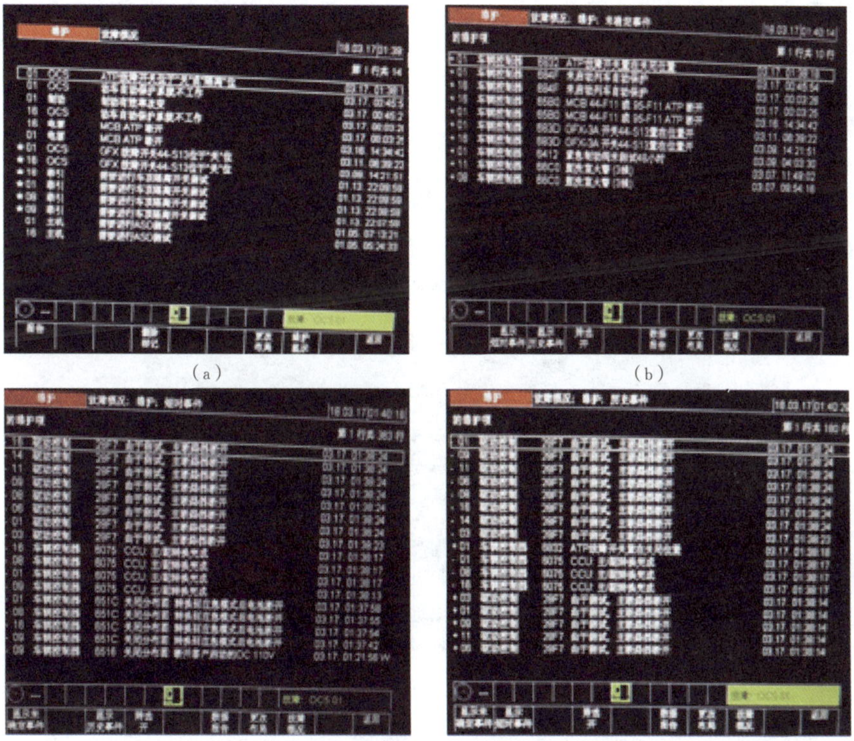

(a)　(b)　(c)　(d)

图 8-1-24　查看故障情况

(a)使用故障查询键""进行故障查看。

(b)在开启维护模式时使用 8:维护显示,再使用 1:显示未确定事件。

(c)在开启维护模式时使用 8:维护显示,再使用 2:显示短时事件。

(d)在开启维护模式时使用 8:维护显示,再使用 3:显示历史事件

## 四、检修标准与操作要求

1. 动车组升弓供电、降弓断电、大复位操作

(1)确认动车组所在股道接触网有电,无电作业项目结束。

(2)动车组投入蓄电池,蓄电池开关右旋至"蓄电池开"位,如图 8-1-25 所示。

（3）投入主控，并右旋至占用位。

（4）HMI 显示屏启动后，出现“请占用”提示后，方向开关打至“前进”位，如图 8-1-26 所示。

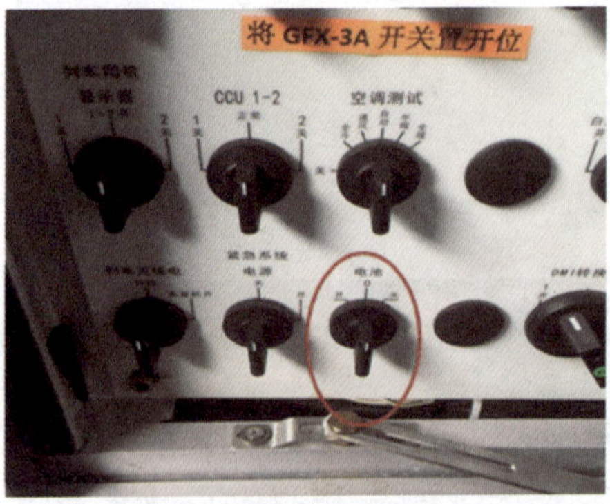


图 8-1-25　蓄电池开关

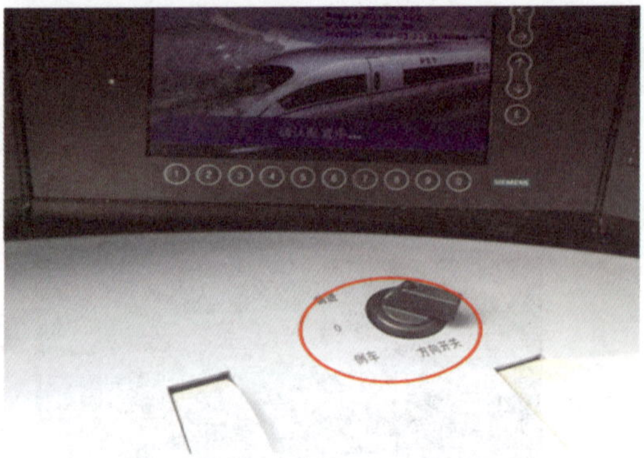

图 8-1-26　方向开关

（5）HMI 进入主界面后，出现“系统配置”提示后，点击“■”键确认进行系统配置，如图 8-1-27 所示。

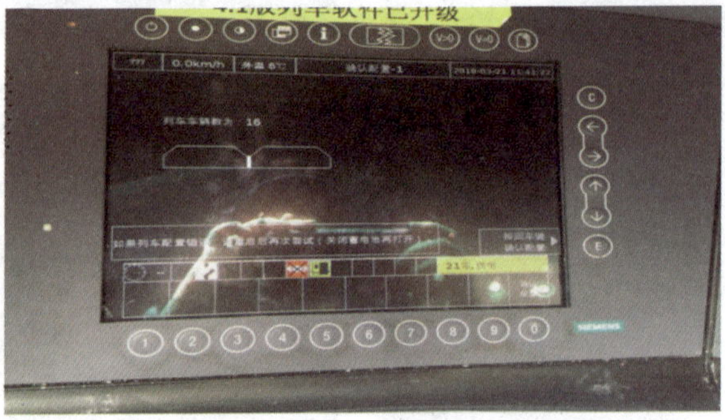

图 8-1-27　系统配置界面

（6）系统配置成功后，在左屏点击“9”号键（开关），在点击“4”号键（牵引）进入牵引界面。确认界面无异常，在操作台上推“受电弓升”开关 1 s 以上（默认升后弓），确认受电弓升起后，待屏上“合主断准备提示键”泛蓝后，推“VCB 合”开关 1 s 以上（初送电时由于系统牵引测试，主断会自动断开一次，需待“准备提示键”第二次范蓝后再合一次 VCB）。如图 8-1-28 所示。

（7）主断合上后，确认车组全列辅助变流器启动正常，网压正常。

“降弓断电”操作是“升弓供电”的反向操作，在车组升弓供电的情况下，投入主控占用司机室后，操作“VCB 断”开关，确认主断断开后，操作“受电弓降下”开关，确认受电弓降下后，方向开关至于“0”位，HMI 屏上出现换端提示后拔取主控（车组风压不足情况不会出现换端标志，可继续操作），最后将蓄电池开关至于关位。（注意断电操作中，必须先断 VCB 后降弓！）

“大复位”操作指的是，在车组升弓供电的情况下，降弓断电，待车组完全无电 3 min 后重新进行升弓供电的操作过程。

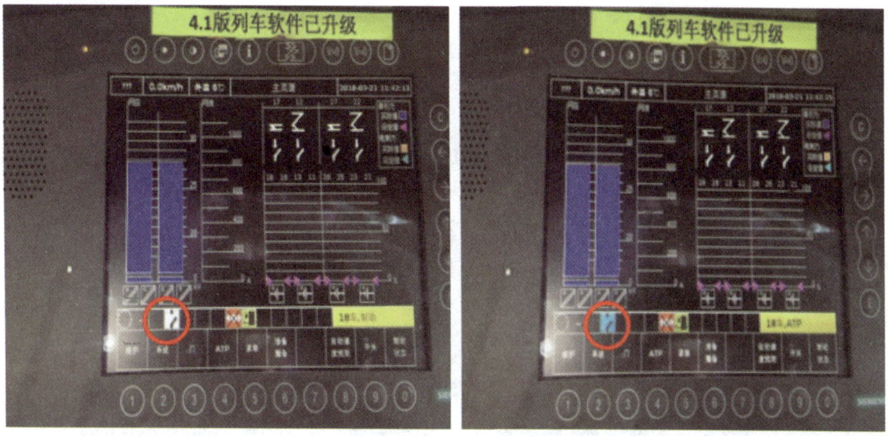


图 8-1-28 牵引界面

2. 制动试验

制动试验分为：直接制动试验，紧急制动 UB 试验，总风管(MRP)贯通试验，列车管(BP)泄漏试验，间接制动试验，列车管(BP)贯通试验。

制动试验前提要求车组升弓供电，全列制动缓解。

在 HMI 右屏上点击“5”键(制动测试)，出现制动测试项目，确认全列制动缓解后按项目进行制动试验。

(1)直接制动试验：点击“开始试验”后，按屏上提示操作，施加 3 级制动(将制动手柄打至“3”位)，系统确认全列施加 3 级制动后提示缓解制动，将制动缓解(将制动手柄打至“0”位)。系统确认缓解成功后，提示试验正常，退出当前试验步骤，进行下一步，如图 8-1-29所示。

(2)紧急制动 UB 试验：点击“开始试验”后，按屏上提示操作，施加“UB”紧急制动(将制动手柄打至“UB”位)，系统确认全列施加“UB”紧急制动后提示转“EB”紧急制动(将制动手柄打至“EB”位)，统确认全列施加 EB 紧急制动后提示缓解制动，将制动缓解(将制动手柄打至“0”位)。系统确认缓解成功后，提示试验正常，退出当前试验步骤，进行下一步，如图 8-1-30 所示。

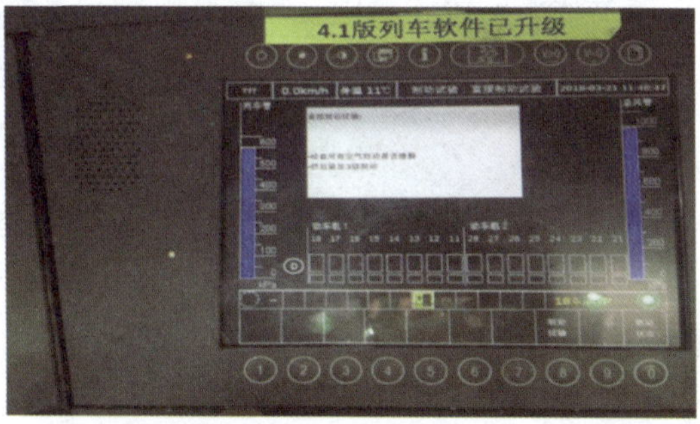


图 8-1-29 直接制动试验

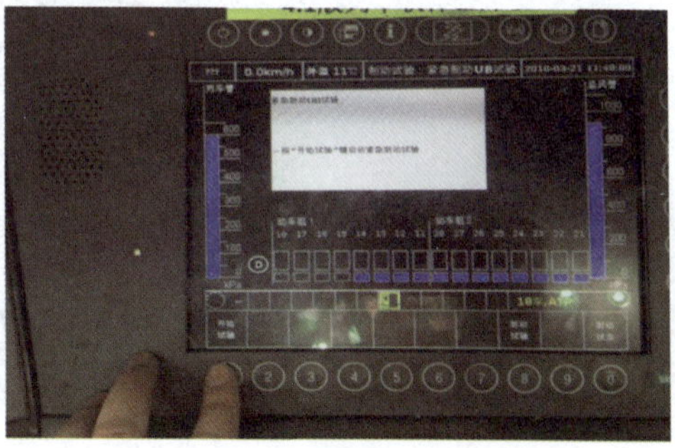

图 8-1-30 紧急制动 UB 试验

(3)总风管(MRP)贯通试验:点击“开始试验”后,按屏上提示操作,施加几次最大常用制动(将制动手柄打至“7”位)将总风管风压降到 900 kPa 以下,系统确认全列总风管风压降到 900 kPa 以下后提示等待总风管风压充风,当系统检测全列总风管风压在规定时间内上升到正常压力范围后,提示试验正常,退出当前试验步骤,进行下一步,如图 8-1-31 所示。

(4)列车管(BP)泄漏试验:点击“开始试验”后,按屏上提示等待系统检测列车管保压试验,系统在规定时间内检测列车管风压稳定,提示试验正常,退出当前试验步骤,进行下一步,如图 8-1-32 所示。

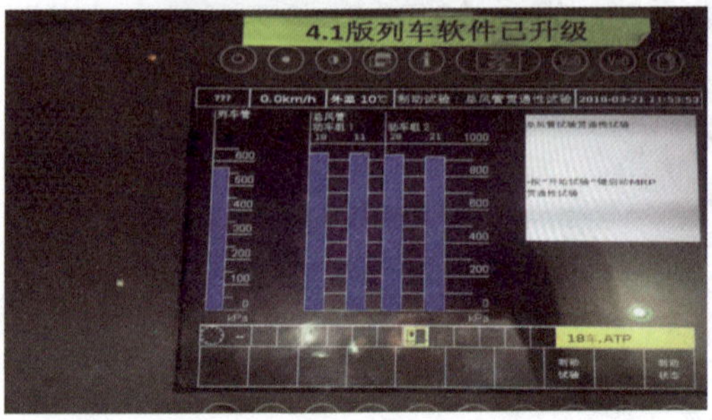


图 8-1-31　总风管(MRP)贯通试验

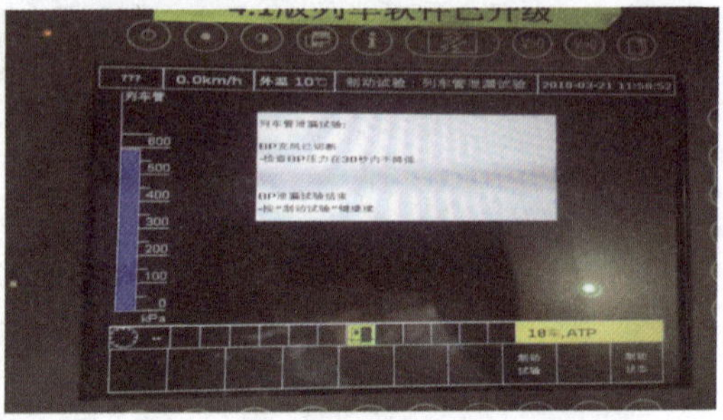


图 8-1-32　列车管(BP)泄漏试验

(5)间接制动试验:点击“开始试验”后,按屏上提示点击“3”键(BP 排风),系统检测头车 BP 排风后压力低于 260 kPa 后提示点击“5”键(停止排风)。系统检测到列车管风压上升到正常压力范围后,空气制动缓解,提示试验正常,退出当前试验步骤,进行下一步,如图 8-1-33 所示。

(6)列车管(BP)贯通试验:点击“开始试验”后,系统通过后头车紧急制动阀使 BP 排风,检测到列车管压力低于 260 kPa 后,提示点击“5”键(停止排风)。系统检测到列车管风压上升到正常压力范围后,空气制动缓解,提示试验正常,退出当前试验步骤,进行下一步,如图 8-1-34 所示。

(7)查看制动试验结果和制动有效率:点击“8”键,查看上次试验结果,再点击“3”键查看制动有效率。如图 8-1-35、图 8-1-36 所示。

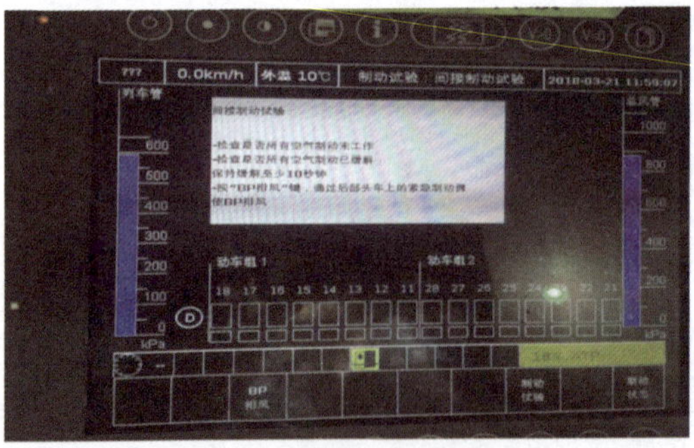


图 8-1-33　间接制动试验

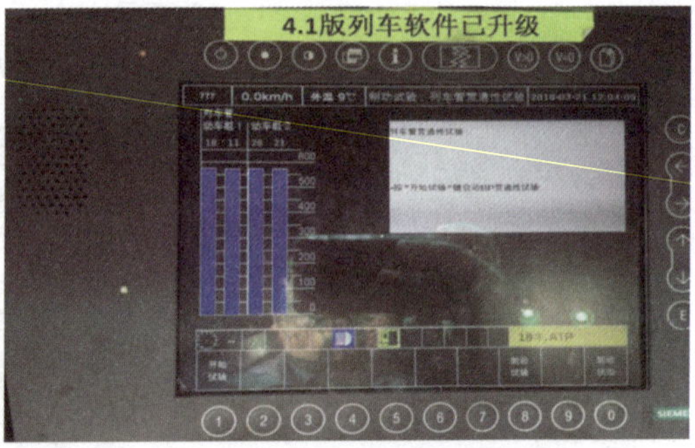


图 8-1-34　列车管(BP)贯通试验

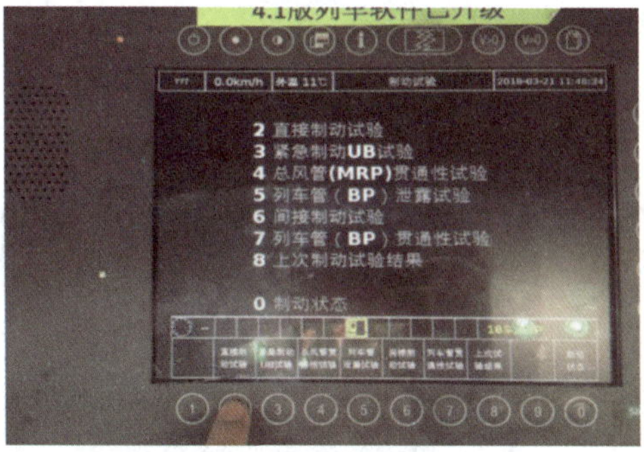


图 8-1-35　查看制动试验结果

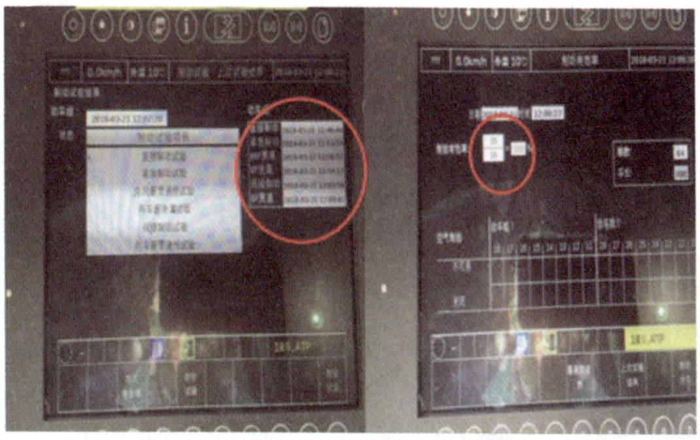

图 8-1-36　制动有效率

3. 常规检查与操作

车门试验与检查：HMI 左屏基本界面“3”键（车门）进入屏幕，确认全列车门无异常后，通过控制放大器（车内通话）通报车门试验开始，通过操作台左右侧“车门解锁”按钮释放全列侧门，在 HMI 屏上确认全列车门解锁后，操作左右侧“车门打开”按钮打开车门，在 HMI 屏上确认全列车门打开正常，操作左右侧“车门关闭”按钮关闭车门，确认全列车门关闭正常并自动锁闭。重复以上操作一次，结束试验，如图 8-1-37 所示。

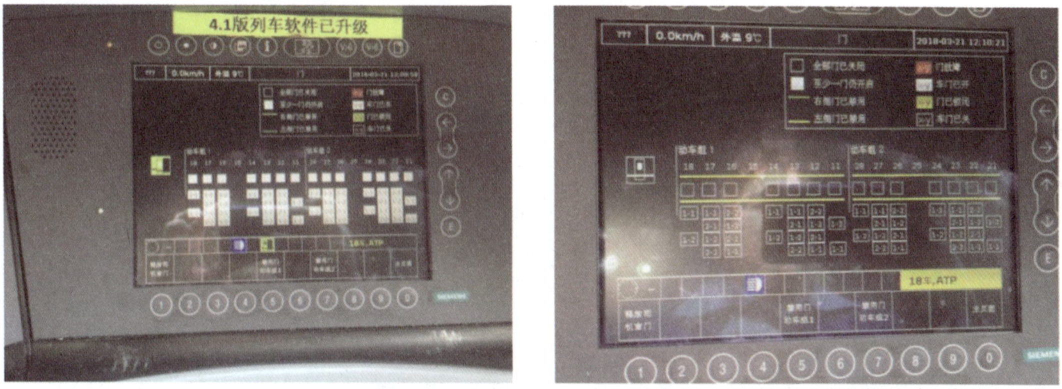


图 8-1-37　车门试验与检查

空调检查与切除：HMI 左屏基本界面“9”键（开关），再进入“5”键（空调）空调界面，查看空调界面，可以使用方向键选择全列或单列车空调组，并使用当前界面“0”（回复）、“3”（切除）对空调进行手动切除和恢复，如图 8-1-38 所示。

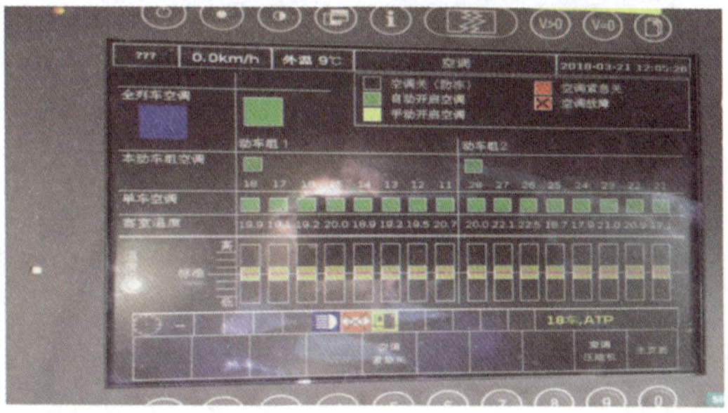

图 8-1-38　空调检查与切除

蓄电池电压、轴温、牵引电机、齿轮箱温度检查：HMI 左屏基本界面“2”键（系统），再分别进入“3”“4”“9”相应界面查看温度，如图 8-1-39 所示。

牵引电机通风机速度模式检查和高低速试验：HMI左屏基本界面“7”键（牵引/制动），进入“3”键（风扇）界面后，检查风扇是否处于自动位。高低速试验：通过“1”“3”“5”键选择高速模式和低速模式，如图8-1-40所示。

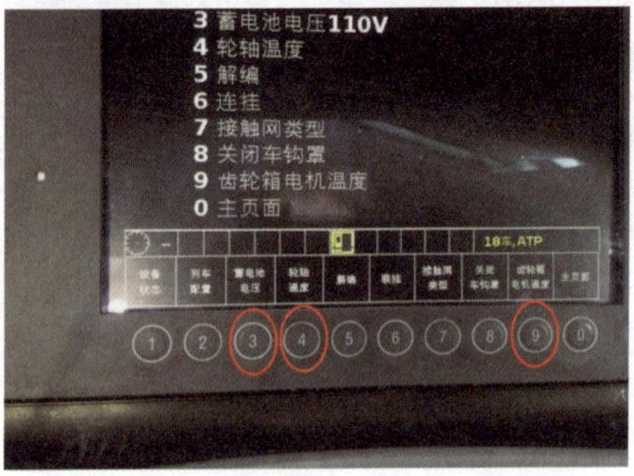


图8-1-39　蓄电池电压、轴温、牵引电机、齿轮箱温度检查

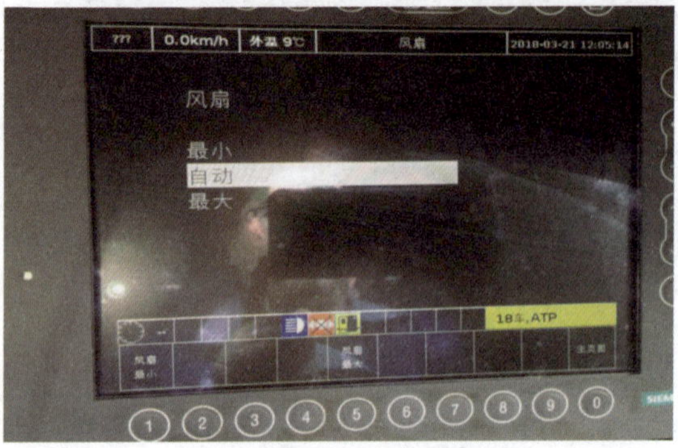


图8-1-40　牵引电机通风机速度模式检查和高低速试验

4. 三键复位

车组断VCB降弓后，保留蓄电池，操作HMI左屏基本界面“1”键，选择维护模式开启，将操作台上前照明开关推至最大位。此时，在1 s内同时操作照明开关至次最大位、受电弓降、VCB断三个键，并保持3～5 s，如图8-1-41所示。

5. 牵引试验

试验前提：车组升弓供电，全列制动缓解，停放制动已施加，车门关闭。此时，施加最大常用制动（制动手柄至“7”位），缓解停放制动，确认常用制动施加、停放制动缓解后，将牵引手柄推至3～4挡，观察HMI左屏基本界面上牵引变流器是否有电流输出（蓝色条形即为电流值输出）。确认试验正常后，施加停放制动，缓解常用制动。（操作时注意，车组有可能位移，谨慎小心，防止碰撞！）如图8-1-42所示。

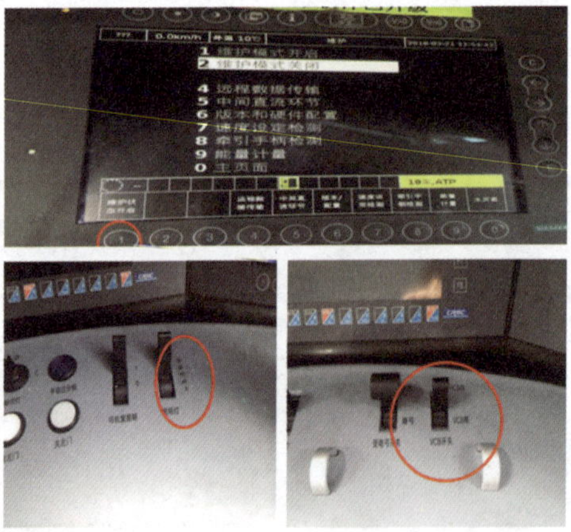

图8-1-41　三键复位

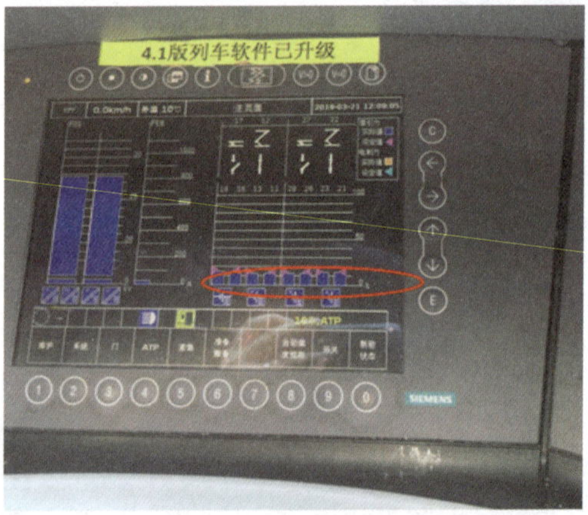


图8-1-42　牵引试验

6. 重联操作与开关头罩

重联作业时，车组要求升弓供电，全列车门关闭，总风管风压大于 650 kPa；开关头罩作业只需总风管风压大于 650 kPa，若风压不足，需升弓供电对总风管充风。

（1）重联作业：重联车组作业前需提前将两车车号设定好，1 号作业人员于被撞车组重联端司机室占用主控，操作 HMI 左屏基本界面“2”（系统），进入“”（连挂）界面，点击：“8”列车就绪，并点击“E”键确认，2 号作业人员确认头罩打开后，1 号人员确认屏上头罩打开无故障后，按照屏幕提示将方向开关至于“0”位，确认屏上显示重联准备完成并自动黑屏后拔取主控。2 号作业人员在车下将重联端车钩的导向杆安装至导向位，并检查车钩外观状态，风管连接口是否有异物遮挡，确认车钩上方重联准备指示灯是否亮起。联挂作业准备完成，车下人员撤离，由 1 号位指引动车组司机进行连挂作业。车钩连挂成功后，至前列 01 车或者后列 00 车 HMI 屏确认连挂状态，是否有相关故障报出，如图 8-1-43 所示。

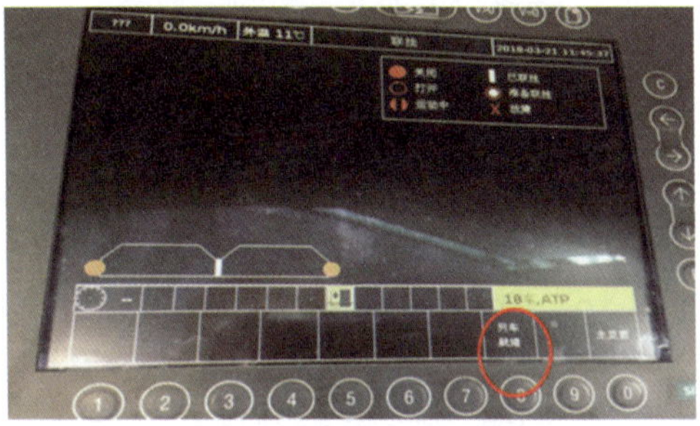

图 8-1-43　重联操作与开关头罩

（2）解编作业：动车组由司机操作解编程序，1 号作业人员确认车组车钩解开后，通知司机解编成功，待车组停稳后 2 号作业人员将解编车组重联端车钩导向杆恢复至原位。1 号位在重联端司机室操作将重联端车钩罩关闭。（具体操作参照开关头罩的方法）。

（3）开关头罩：

开头罩：1 号作业人员占用作业端司机室，在 HMI 左屏基本界面“2”键，进入“连挂准备”界面，操作“0”键（打开前头罩）并点击“E”键确认，2 号作业人员确认头罩打开情况。或者 1 号作业人员在 HMI 左屏基本界面“2”键，进入“关闭车头罩”界面，操作司机台最左侧“2 km/h 开头罩”按钮，2 号作业人员确认头罩打开情况。

关头罩：或者 1 号作业人员在 HMI 左屏基本界面“2”键，进入“关闭车头罩”，点击“0”键（关闭前头罩），点击“E”键确认，2 号作业人员确认头罩关闭情况。

## 第二节　司机室试验操作

### 一、关于 HMI 屏认知与操作的培训

1. 培训目的

司机室相关试验可判断各功能是否正常，各电气部件工作状态是否良好，从而保证运行状态正常。通过培训，使新职人员熟悉 CRH3 型动车组司机室相关设备状态、功能，掌握试验项目及操作办法，并具备基础的设备状态判断能力。

2. 作业安全及注意事项

(1)作业人员应按规定穿戴劳保用品；

(2)作业前必须确认安全防护号志已插设；

(3)必须确认动车组处于静止、停稳的状态，且停放制动已施加。

3. 司机室试验项目

(1)侧门试验。

(2)空调检查。

(3)雨刮器试验。

(4)头灯试验。

(5)汽笛试验。

(6)ASD踏板试验。

(7)遮阳帘功能试验。

(8)制动试验。

## 二、司机室试验操作及确认

1. 侧门试验

(1)进入HMI屏门界面，如图8-2-1所示。

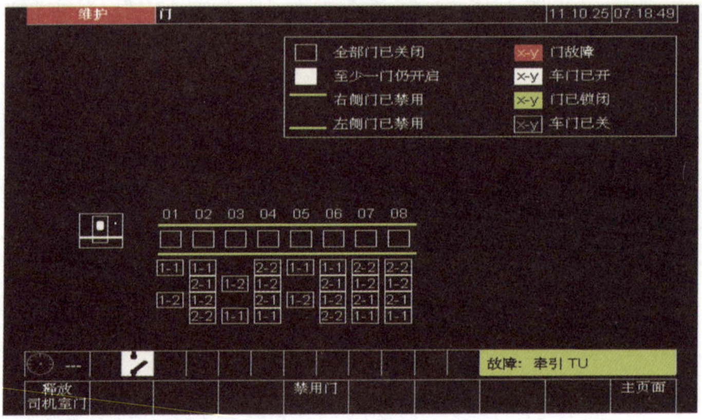


图 8-2-1　HMI屏门界面

(2)在司机室驾驶控制台上：操作“左侧外门释放”(=80-S01)左侧门释放及右侧外门释放(=80-S03)右侧门释放。

(3)待两侧侧门释放后，操作车门打开、关闭按钮、关门，查看车门打开及关闭状态。

2. 空调检查

(1)进入HMI屏空调界面，如图8-2-2所示。

(2)操作 HMI 屏软键上、下、左、右软键进入单个空调选项，进行空调"紧急关"、温度调节设置，如图 8-2-3 所示。

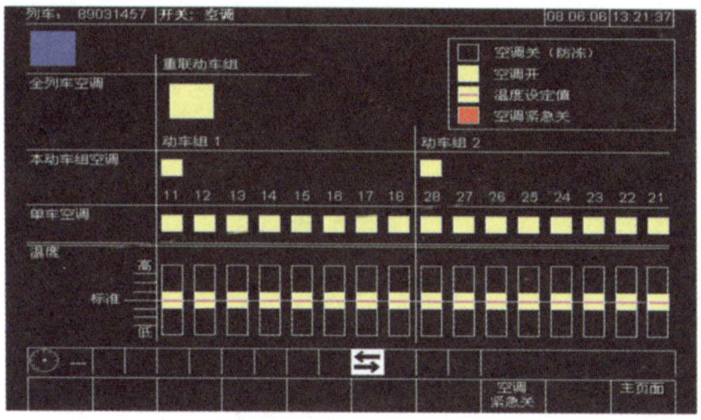


图 8-2-2　HMI 屏空调界面

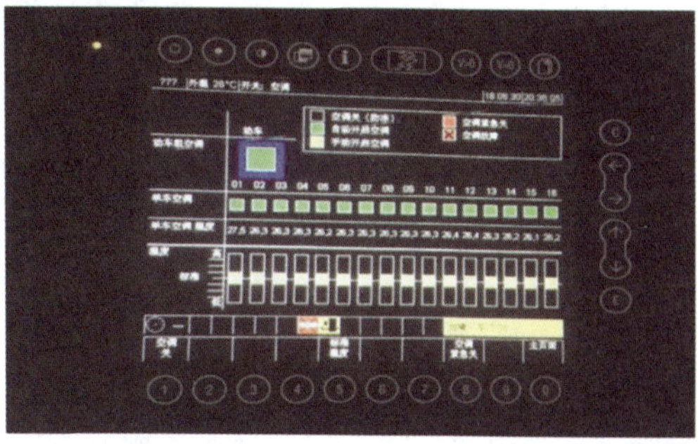

图 8-2-3　HMI 屏空调界面

3. 雨刮器试验

(1)通过司机操纵台上的控制开关"风挡玻璃雨刮器"(＝71-S03)可启动以下手动功能：

"0" 位置：雨刮器上无压力，即雨刮器可在前挡风玻璃上自由移动。

"I"(停止位置)：雨刮器臂上有压力，并保持在停止位置(从占用端司机室看，位于左侧)。

"Ⅱ"(间歇刮水)：雨刮器臂开始清洁，随后保持在停止位置直至时间间隔(8 种设置)结束。时间间隔可通过控制开关"雨刮器速度"(＝71-S06)设置，共有 8 种设置。

"Ⅲ"(连续刮雨)：雨刮器臂持续刮水，使用控制开关"雨刮器速度"(＝71-S06)可设置雨刮器速度，共有 8 种不同的设置。

(2)使用按钮"清洗"(＝71-S04)可将含玻璃清洁剂和/或防冻剂的水喷至前挡风玻璃上。

(3)使用控制开关可调节刮水器快慢。

4. 头灯试验

操作外部照明：

(1)拨动开关"前照灯/信号灯/远光灯"(＝51-S11)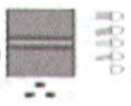。

相应的信号由人操作，EC01 / EC08 车在向前行驶时通过拨动开关来接通电源。有五个切换位置：

——远光灯点亮

——远光灯变暗

——信号灯(基本设定)

——信号灯变暗

——关闭 D

(2)位于故障开关控制面板上的旋转开关“近端前灯或尾灯”(＝51-S12)。

使用此 EC01 / EC08 近端开关可将头灯从“自动”(即头灯由车辆控制系统控制)模式切换为“白灯点亮”或“红灯点亮”模式。从而可以在特殊情况下(例如当列车被拖曳或灯控制系统出现故障时)手动将三个白色信号灯或两个红色尾灯电源接通。“白灯亮”和“红灯亮”设置优先于所有其他的启用设置。

5. 汽笛试验

通过将开关“喇叭”(＝71-S09)调至上端(高音)或下端(低音)来起动相应的喇叭。此外,通过操作位于司机台下方脚踏处的杠杆阀（P07),可同时激活两个喇叭。

6. ASD 脚踏试验

持续操作 ASD 脚踏(图 8-2-4)30 s,即发出报警声。

7. 遮阳帘功能检查

操作遮阳帘按钮,检查遮阳帘功能状态,如图 8-2-5 所示。

图 8-2-4　ASD 脚踏

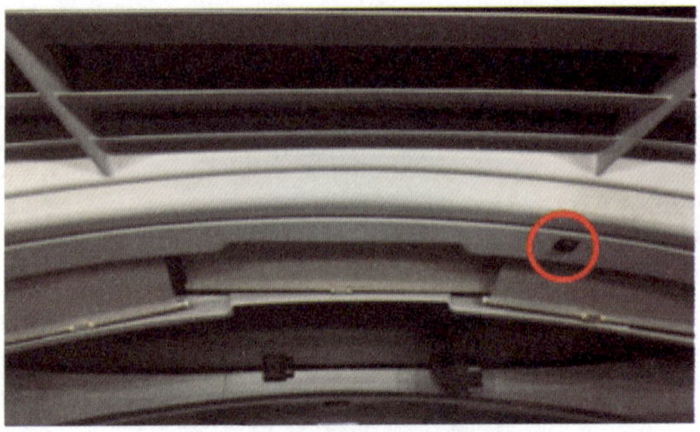

图 8-2-5　遮阳帘按钮

8. 制动试验

通过 HMI 屏进入制动试验界面,如图 8-2-6、图 8-2-7 所示。

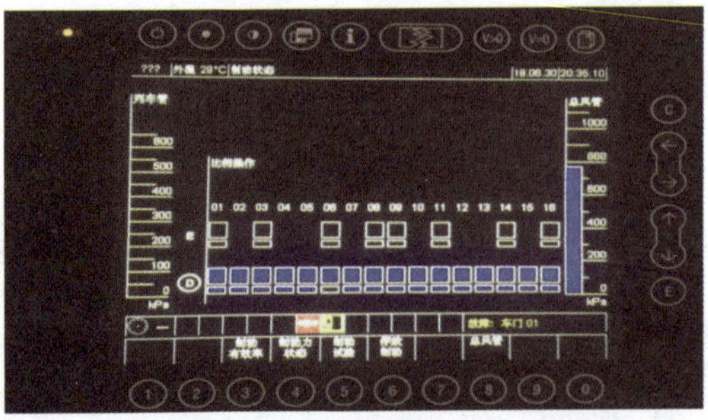

图 8-2-6　制动界面

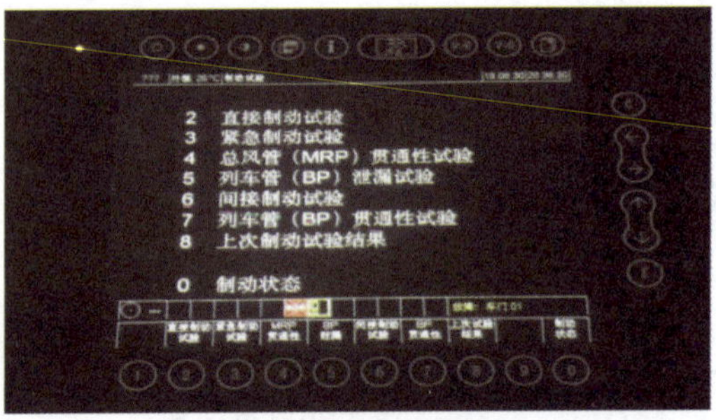


图 8-2-7　制动试验界面

(1)直接制动试验,如图 8-2-8 所示。

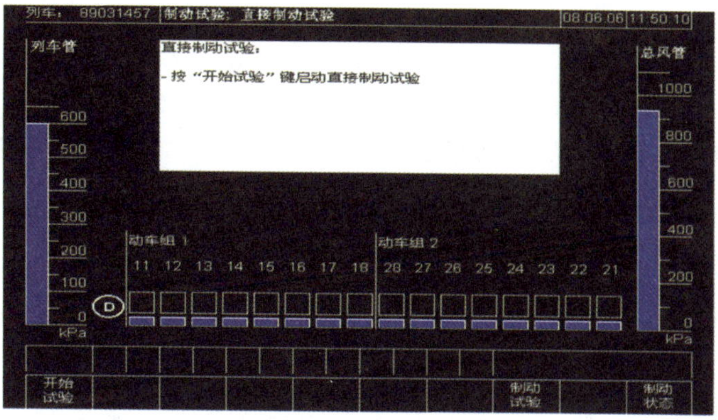


图 8-2-8　直接制动试验

直接制动试验过程见表 8-2-1。

**表 8-2-1　直接制动试验**

| 步骤 | 2 直接制动试验 |
|---|---|
| 1 | 操作显示页面"制动试验"中的软键 direct brake |
| 2 | 通过操作显示页面"制动试验;直接制动试验"中的软键 start test 开始直接制动试验 |
| 3 | 检验没有出现紧急制动请求 |
| 4 | 在双针压力表"列车管和总风管"(-28-P05/ C06)(黄色指针)和在显示页面上检查列车管压力是否符合 600 kPa 的正常工作压力 |
| 5 | 操作"司机制动阀"(-28-S01)至"REL"位并在显示页面上检查全部车辆中的空气制动机是否缓解 |
| 6 | 操作"司机制动阀"(-28-S01)至制动 3 挡并在显示页面上检查全部车辆中的空气制动机是否在最少 10 s 内实施制动 |
| 7 | 操作"司机制动阀"(=28-S01)至"REL"位并在显示页面上检查全部车辆中的空气制动机是否在最少 10 s 内缓解和全部车辆中的空气制动是否可用 |
| 8 | 完成试验时,操作软键 制动试验 退出试验并返回到显示页面"制动试验" |

(2)紧急制动试验,如图 8-2-9 所示。

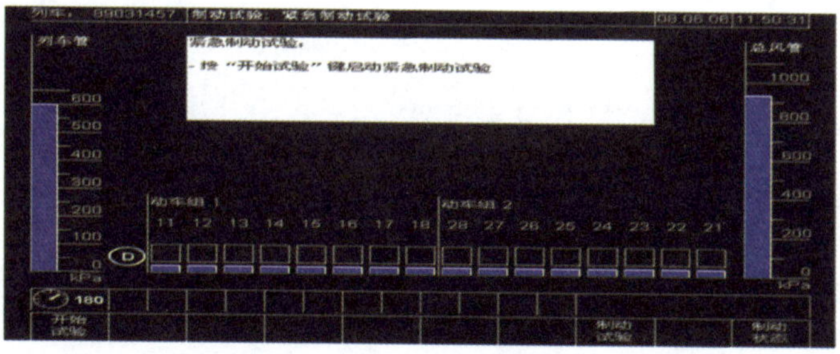


图 8-2-9　紧急制动试验

紧急制动试验过程见表 8-2-2。

**表 8-2-2　紧急制动试验**

| 步骤 | 3 紧急制动试验 |
|---|---|
| 1 | 在显示页面“制动试验”中操作软键 EB test |
| 2 | 通过操作显示页面“制动试验；紧急制动试验”中的软键 start test 开始紧急制动试验 |
| 3 | 验证未出现紧急制动请求 |
| 4 | 在双针压力表“列车管和总风管”(-28-P05/ C06)(黄色指针)和在显示页面上检查列车管压力是否符合 600 kPa 的正常工作压力 |
| 5 | 操作“司机制动阀”(-28-S01)至“REL”位并在显示页面上检查全部车辆中的空气制动机是否缓解 |
| 6 | 操作“司机制动阀”(-28-S01)至“EB”位并在双针压力表“列车管和总风管”(-28-P05/ C06)(黄色指针)和在显示页面上检查列车管压力是否下降在 200 kPa 以下和全部车辆中是否实施空气制动 |
| 7 | 操作“司机制动阀”(-28-S01)至“REL”位并在双针压力表“列车管和总风管”(-28-P05/ C06)(黄色指针)和在显示页面上检查 BP 压力是否上升到正常工作压力和全部车辆中的空气制动是否缓解 |
| 8 | 完成试验时，操作软键 制动试验 制动试验退出试验并返回到显示页面“制动试验” |

(3)总风管连续试验，如图 8-2-10 所示。

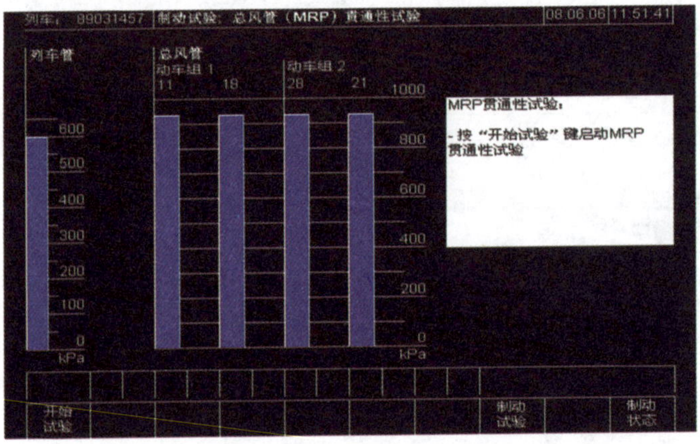


图 8-2-10　总风管连续试验

总风管(MRP)贯通性试验过程见表 8-2-3。

**表 8-2-3　总风管(MRP)贯通性试验**

| 步骤 | 4 总风管(MRP)贯通性试验 |
|---|---|
| 1 | 在显示页面“制动试验”中操作软键 MRP contin. |
| 2 | 通过操作显示页面“制动试验；MRP 连续试验”中的软键 start test 开始 MRP 连续试验 |

续上表

| 步骤 | 4 总风管(MRP)贯通性试验 |
| --- | --- |
| 3 | 如果 MR 压力>900 kPa(在双针压力表“列车管和总风管”(-28-P05/ C06)(红色指针)和在显示页面上检查)通过实施几次全常用制动(操作“司机制动阀”(-28-S01)数次至制动 8 挡位)下降总风压力 |
| 4 | 在总风压力<900 kPa 时,检查全部 EC01/EC08 车中的总风压力是否在 1 min 后上升(在双针压力表“列车管和总风管”(=28-P05/ C06)(红色指针)和在显示页面上检查) |
| 5 | 完成试验时,操作软键制动试验退出试验并返回到显示页面“制动试验” |

(4)BP 泄漏试验,如图 8-2-11 所示。

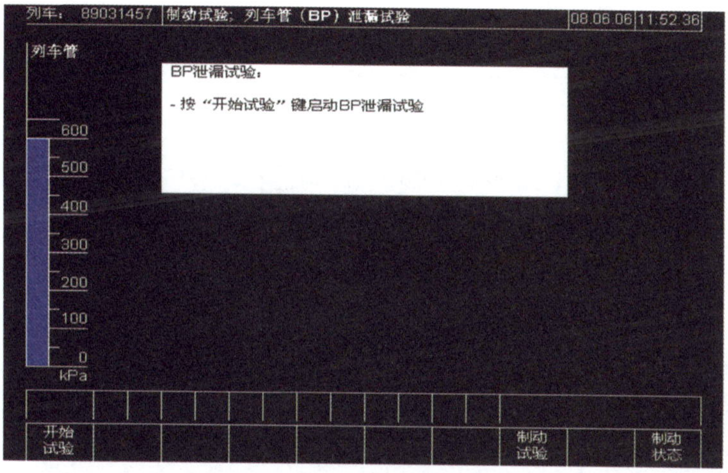


图 8-2-11　BP 泄漏试验

列车管(BP)泄露试验过程见表 8-2-4。

**表 8-2-4　列车管(BP)泄漏试验**

| 步骤 | 5 列车管(BP)泄露试验 |
| --- | --- |
| 1 | 在显示页面“制动试验”中操作软键BP leakage |
| 2 | 通过操作显示页面“制动试验;BP 泄漏试验”中的软键start test开始 BP 泄漏试验 |
| 3 | 验证未出现紧急制动请求 |
| 4 | 在双针压力表“列车管和总风管”(-28-P05/ C06)(黄色指针)和在显示页面上检查列车管压力是否符合 600 kPa 的正常工作压力 |
| 5 | 在列车管压力符合正常工作压力时,检查列车管压力在 30 s 内是否没有下降 |
| 6 | 完成试验时,操作软键制动试验退出试验并返回到显示页面“制动试验” |

(5)间接制动试验,如图 8-2-12 所示。

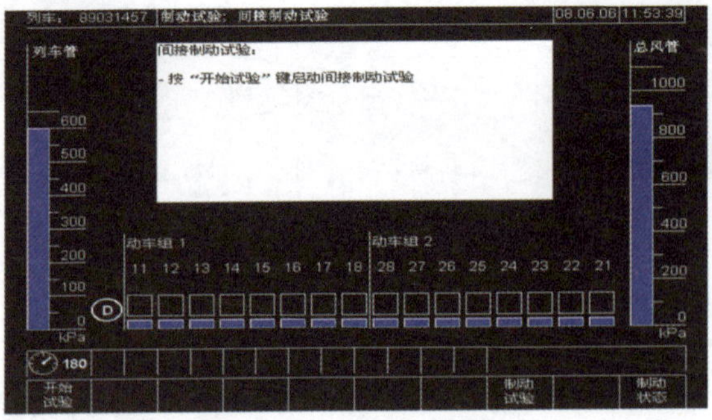


图 8-2-12　间接制动试验

间接制动试验过程见表 8-2-5。

**表 8-2-5　间接制动试验**

| 步骤 | 6 间接制动试验 |
|---|---|
| 1 | 在显示页面"制动试验"中操作软键 indirect brake |
| 2 | 通过操作显示页面"制动试验;间接制动试验"中的软键 start test 开始间接制动机的试验 |
| 3 | 验证未出现紧急制动请求 |
| 4 | 在双针压力表"列车管和总风管"(-28-P05/C06)(黄色指针)和在显示页面上检查列车管压力是否符合 600 kPa 的正常工作压力 |
| 5 | 操作"司机制动阀"(=28-S01)至"REL"位并在显示页面上检查全部车辆中的空气制动机是否缓解 |
| 6 | 操作软键"BP 排风" |
| 7 | 双针压力表"列车管和总风管"(=28-P05/ C06)(黄色指针)和在显示页面上检查列车管压力是否下降在 200 kPa 以下和全部车辆中是否实施空气制动 |
| 8 | 在列车管压力已下降到 200 kPa 以下时,操作软键"停止排风" |
| 9 | 在双针压力表"列车管和总风管"(=28-P05/ C06)(黄色指针)和在显示页面上检查前导 01/08 车中列车管压力是否上升回到正常工作压力,全部车辆中的空气制动是否缓解,和全部车辆中的空气制动是否可用 |
| 10 | 完成试验时,操作软键 制动试验 退出试验并返回到显示页面"制动试验" |

(6)BP 连续试验,如图 8-2-13 所示。

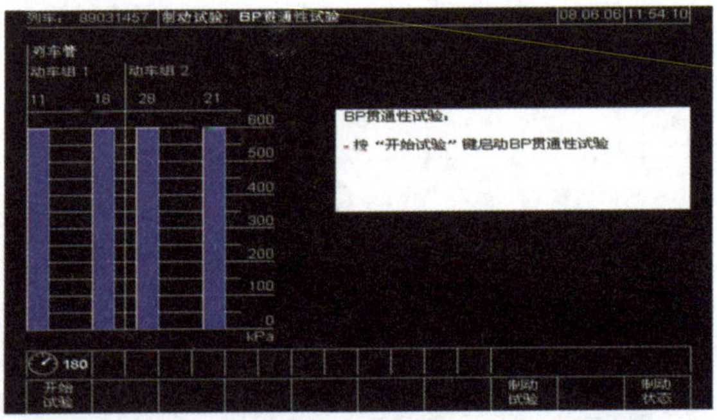


图 8-2-13　BP 连续试验

列车管(BP)贯通性试验过程见表 8-2-6。

**表 8-2-6 列车管(BP)贯通性试验**

| 步骤 | 7 列车管(BP)贯通性试验 |
|---|---|
| 1 | 在显示页面“制动试验”中操作软键 BP contin. |
| 2 | 在显示页面“制动试验;BP 连续试验”中操作软键 start test 开始 BP 连续试验 |
| 3 | 在进行试验和 BP 排风时,在双针压力表“列车管和总风管”(=28-P05/ C06)(黄色指针)和在显示页面上检查列车管压力是否下降到 200 kPa 以下 |
| 4 | 按下软键“停止排风” |
| 5 | 当列车管再次充风时,在双针压力表“列车管和总风管”(=28-P05/ C06)(黄色指针)和在显示页面上检查前导 EC01/ EC08 车中列车管压力是否上升到 600 kPa 的正常工作压力 |
| 6 | 完成试验时,操作软键 制动试验 退出试验并返回到显示页面“制动试验” |

(7)制动有效率确认,如图 8-2-14 所示。

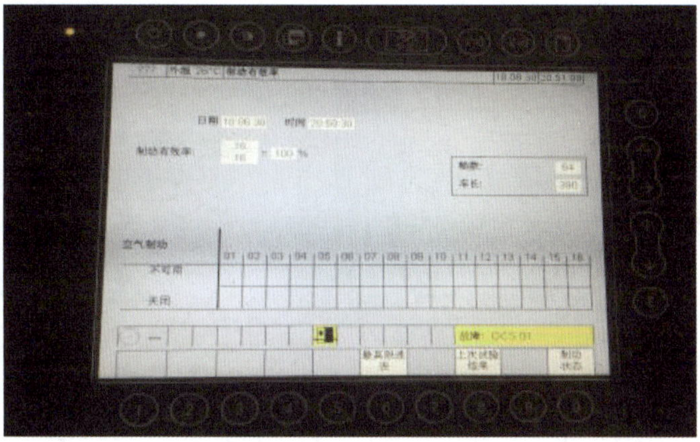

图 8-2-14 制动有效率

# 第三节 动车组 SIBAS 软件操作

## 一、培训目的

CRH3 型动车组 SIBAS 软件基本操作作为动车组日常运用维护的重要组成部分,直接影响动车组的故障处置。检修人员必须熟知 SIBAS 软件基本操作,并能够完成基本的数据下载,数据监控及基本复位操作。培训的目的是使受训人员能够符合上述标准,能够进行数据下载并进行基础的高压复位操作。

## 二、作业安全及注意事项

(1)进行高压部件复位时需断开主断路器并降弓，避免非正常降弓导致接触网拉弧现象。

(2)发生网流或变压器过电流故障时，不允许进行高压系统复位。

## 三、培训内容

SIBAS软件程序界面分为两个部分，一个是标准菜单功能，一个是附加菜单功能，如图8-3-1所示。

1. 标准菜单中Window菜单下拉菜单，如图8-3-2所示。

2. Set菜单下拉菜单，如图8-3-3所示。

(1)Set菜单栏中Port界面，如图8-3-4所示。

(2)Set菜单栏中Baudrate界面，如图8-3-5所示。

(3)Set菜单栏中String界面，如图8-3-6所示。

(4)Set菜单栏中Execute界面，如图8-3-7所示。

(5)Set菜单栏中Record界面，如图8-3-8所示。

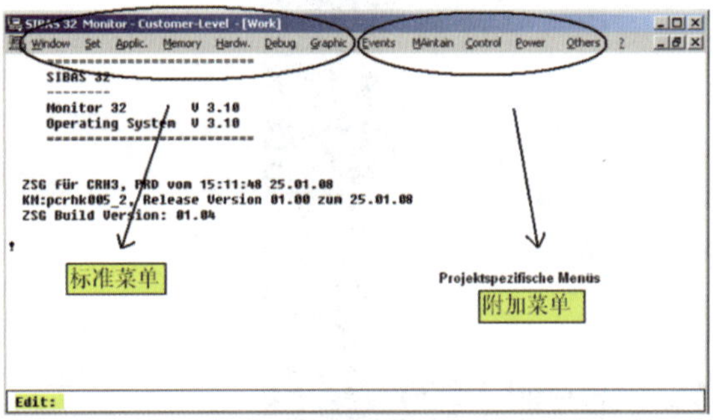


图8-3-1 Monitor程序界面

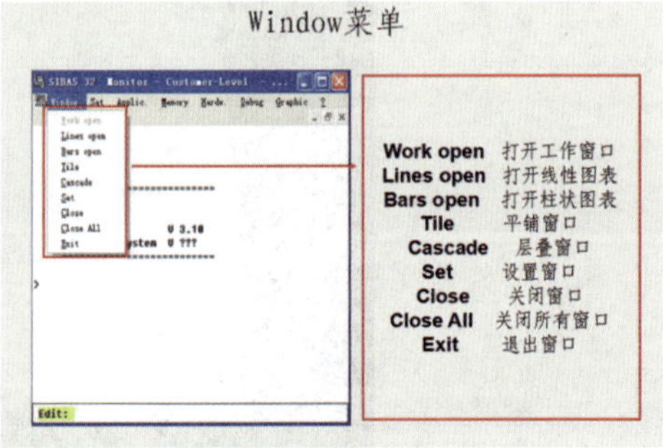


图8-3-2 Window菜单下拉菜单

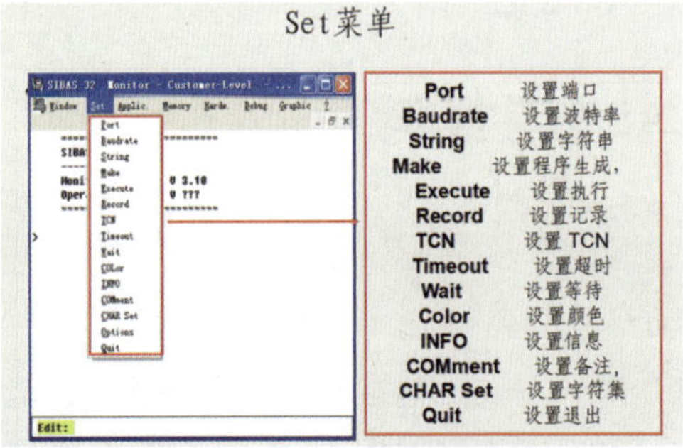


图8-3-3 Set菜单下拉菜单

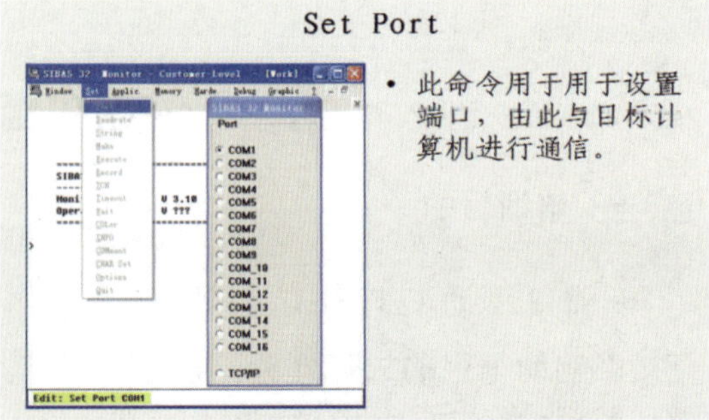


图8-3-4 Set菜单栏中Port界面

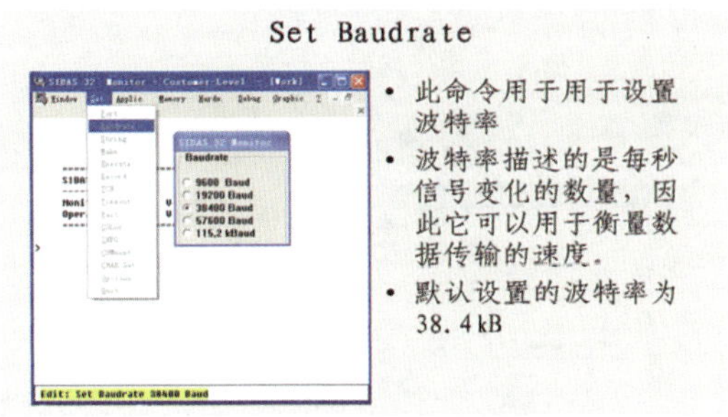


图 8-3-5　Set 菜单栏中 Baudrate 界面

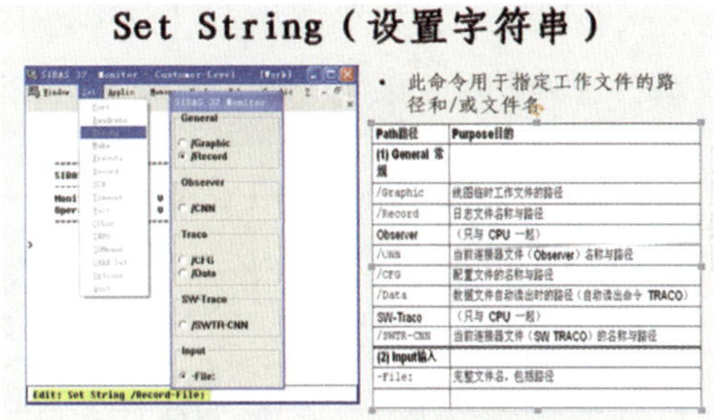


图 8-3-6　Set 菜单栏 String 界面

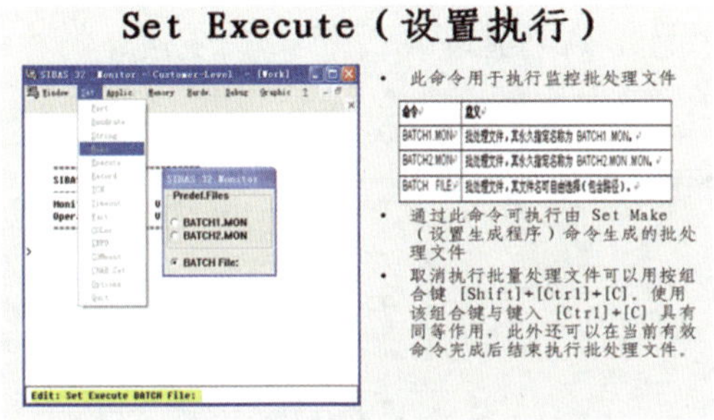


图 8-3-7　Set 菜单栏 Execute 界面

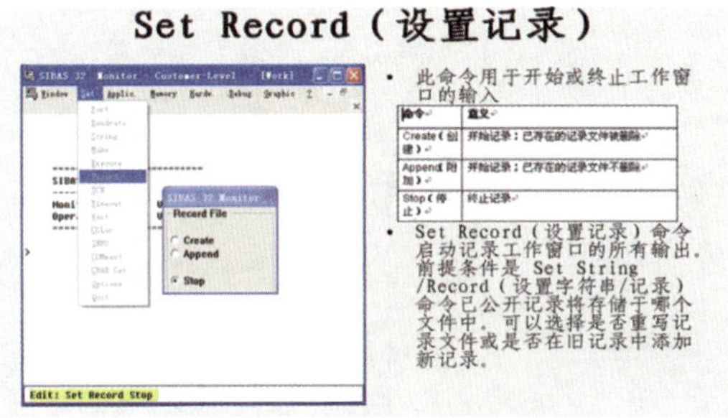


图 8-3-8　Set 菜单栏 Record 界面

3. Applic 菜单下拉菜单，如图 8-3-9 所示。

4. Memory 菜单下拉菜单，如图 8-3-10 所示。

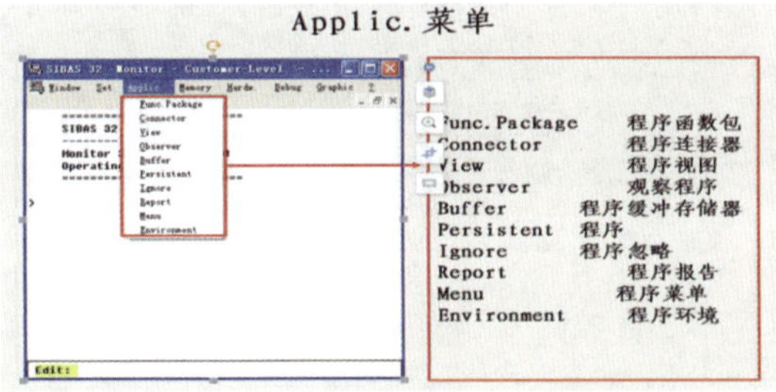


图 8-3-9　Applic 菜单下拉菜单

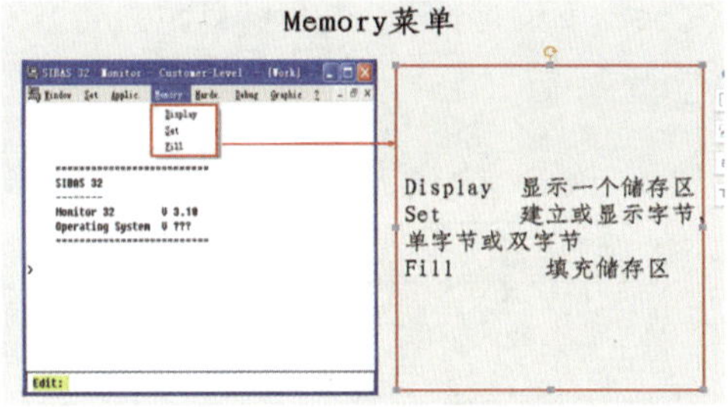


图 8-3-10　Memory 菜单下拉菜单

5. Hardw 菜单下拉菜单，如图 8-3-11 所示。

6. Debug 菜单下拉菜单，如图 8-3-12 所示。

7. Graphic 菜单下拉菜单，如图 8-3-13 所示。

8. 附加试验菜单 Event 菜单下拉菜单，如图 8-3-14 所示。

（1）Event 菜单下拉 Stastic 菜单，如图 8-3-15 所示。

（2）Event 菜单下拉 History 菜单，如图 8-3-16 所示。

（3）Event 菜单下拉 PH 菜单，如图 8-3-17 所示。

9. Maintain 菜单下拉菜单，如图 8-3-18 所示。

（1）Maintain 菜单下拉 TR 菜单，如图 8-3-19 所示。

(2)Maintain 菜单下拉 UN 菜单,如图 8-3-20 所示。

(3)Maintain 菜单下拉 RA 菜单,如图 8-3-21 所示。

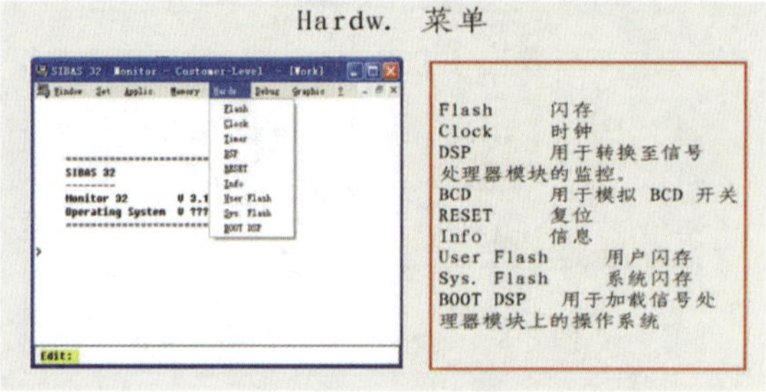


图 8-3-11　Memory 菜单下拉菜单

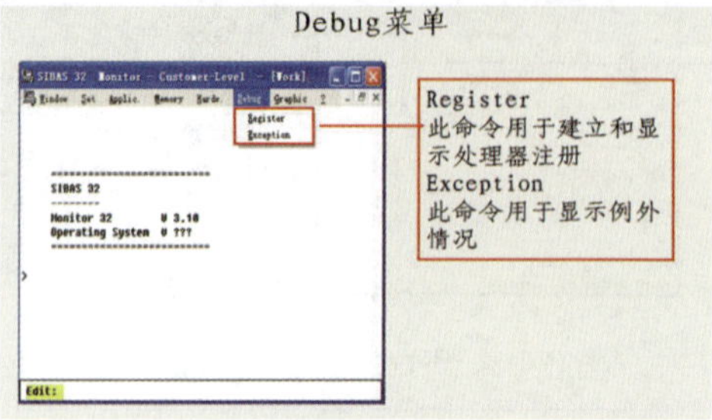


图 8-3-12　Debug 菜单下拉菜单

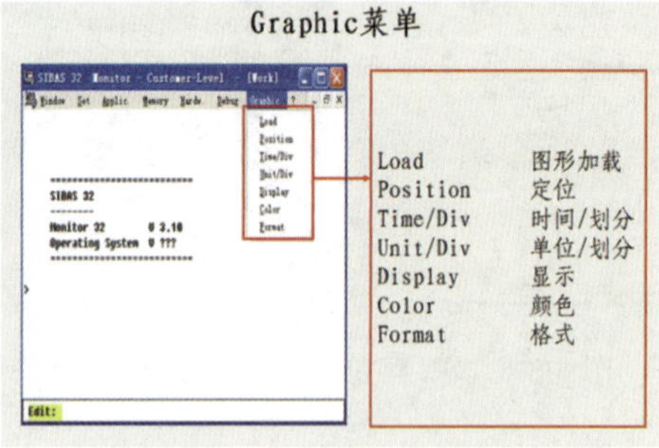


图 8-3-13　Graphic 菜单下拉菜单

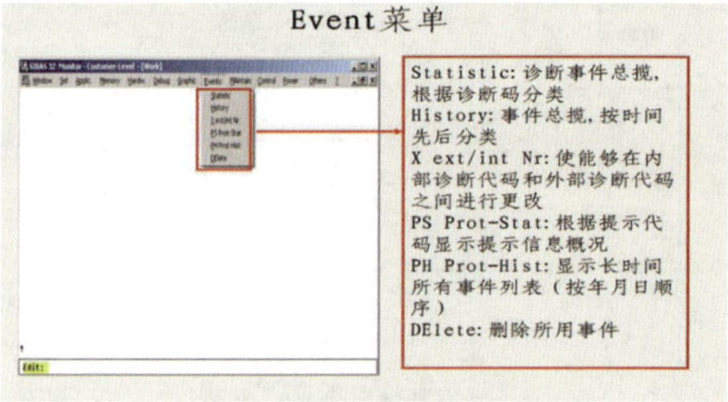


图 8-3-14　Event 菜单下拉菜单

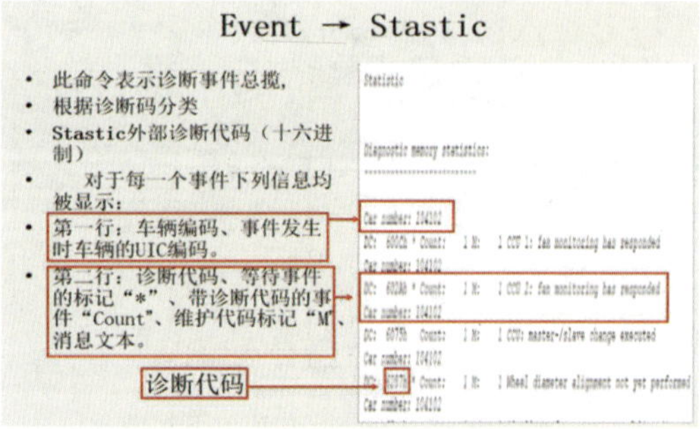


图 8-3-15　Event 菜单下拉 Stastic 菜单

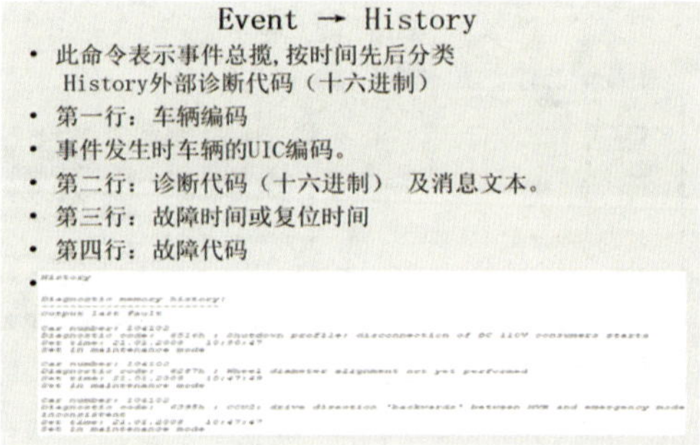


图 8-3-16　Event 菜单下拉 History 菜单

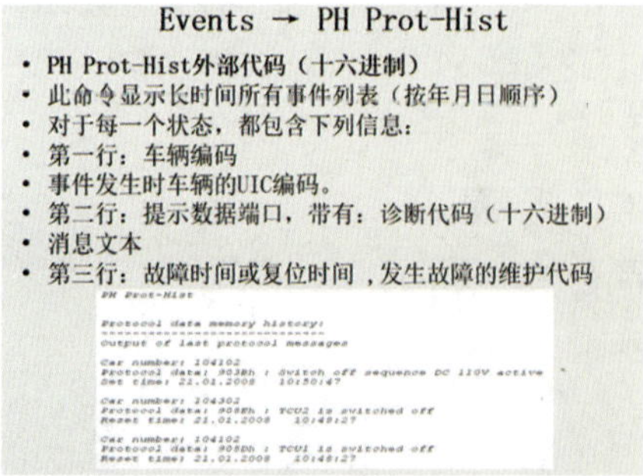


图 8-3-17　Event 菜单下拉 PH 菜单

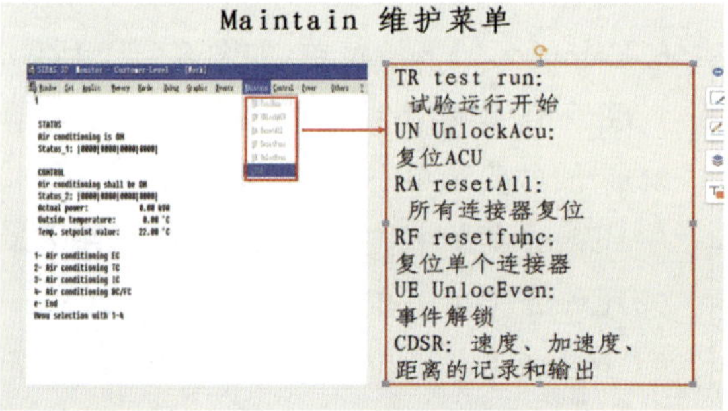


图 8-3-18　Maintain 菜单下拉菜单

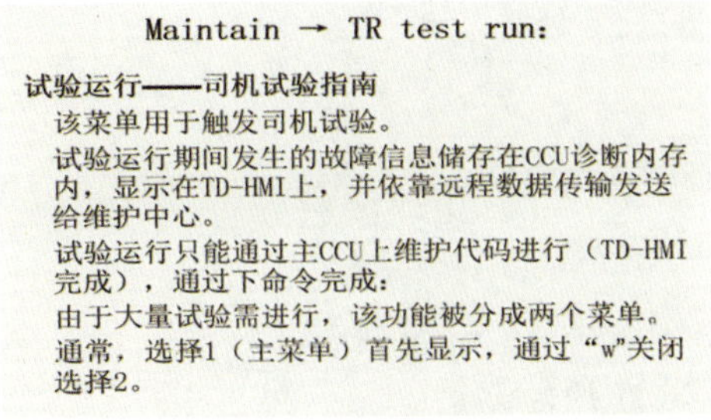


图 8-3-19 Maintain 菜单下拉 TR 菜单

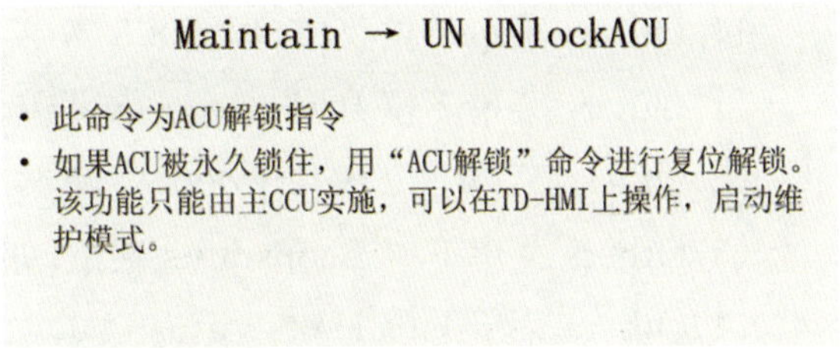


图 8-3-20 Maintain 菜单下拉 UN 菜单

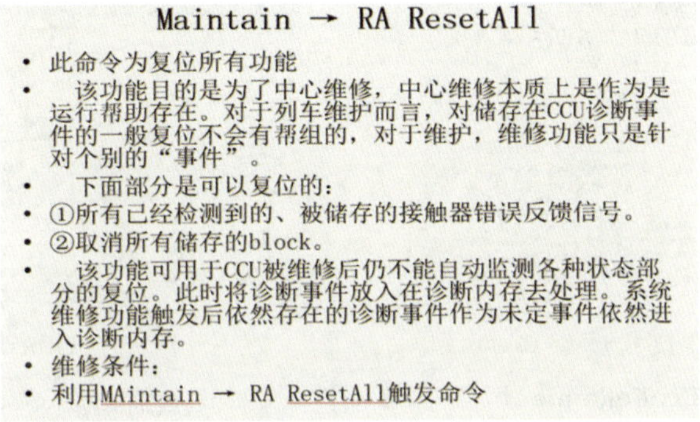


图 8-3-21 Maintain 菜单下拉 RA 菜单

10. Power 菜单下拉菜单，如图 8-3-22 所示。

(1)Power 菜单下拉 HVS Info 菜单，如图 8-3-23 所示。

(2)Power 菜单下拉 Panto Info 菜单，如图 8-3-24 所示。

(3)Power 菜单下拉 Display HVS 菜单，如图 8-3-25 所示。

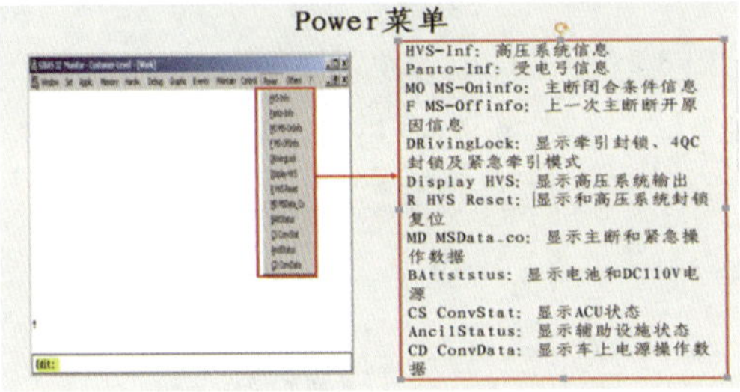


图 8-3-22 Power 菜单下拉菜单

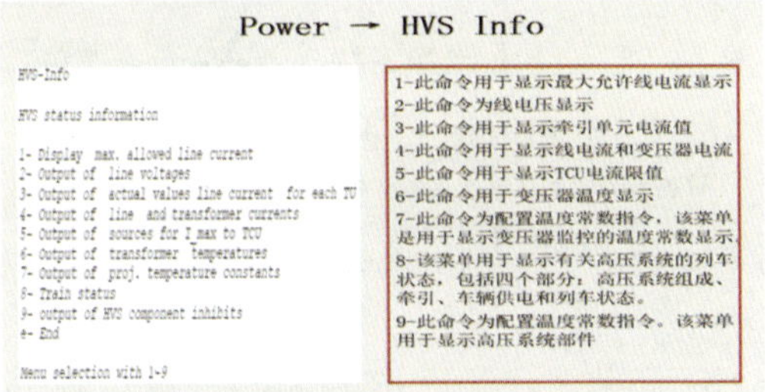


图 8-3-23 Power 菜单下拉 HVS Info 菜单

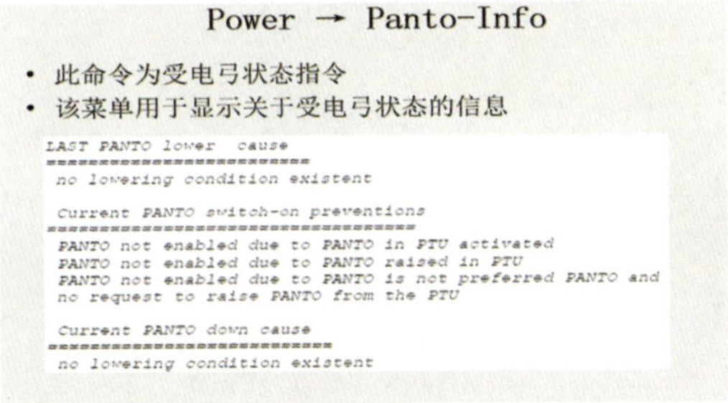


图 8-3-24 Power 菜单下拉 Panto Info 菜单

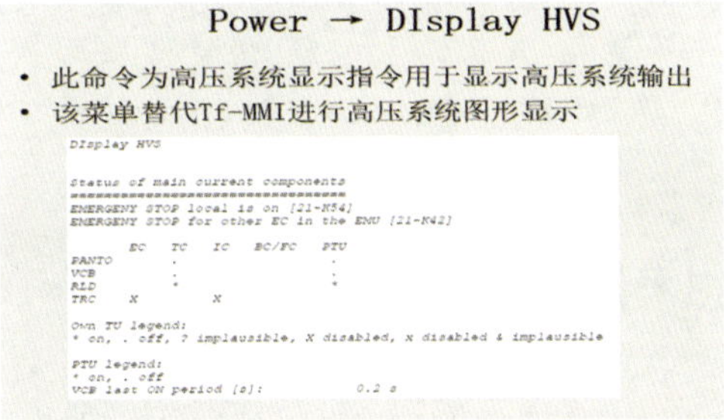


图 8-3-25 Power 菜单下拉 Display HVS 菜单

(4)Power 菜单下拉 R HVS Reset 菜单,如图 8-3-26 所示。

11. Others 菜单下拉菜单,如图 8-3-27 所示。

(1)Others 菜单下拉 BrakeRequest 菜单,如图 8-3-28 所示。

(2)Others 菜单下拉 Safetyloops 菜单,如图 8-3-29 所示。

(3)Others 菜单下拉 Loopstatus 菜单,如图 8-3-30 所示。

(4)Others 菜单下拉 HVS status 菜单,如图 8-3-31 所示。

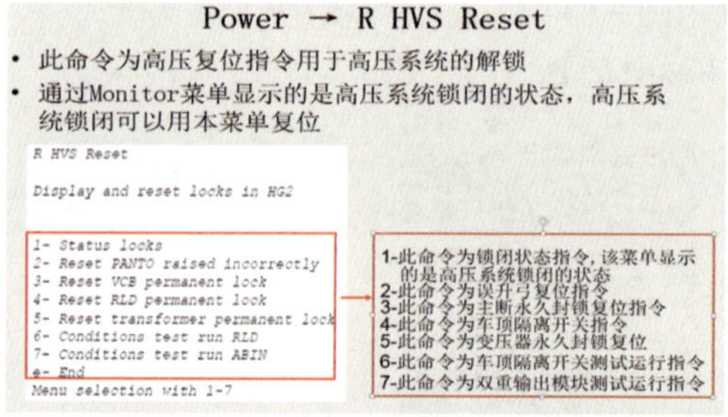


图 8-3-26　Power 菜单下拉 R HVS Reset 菜单

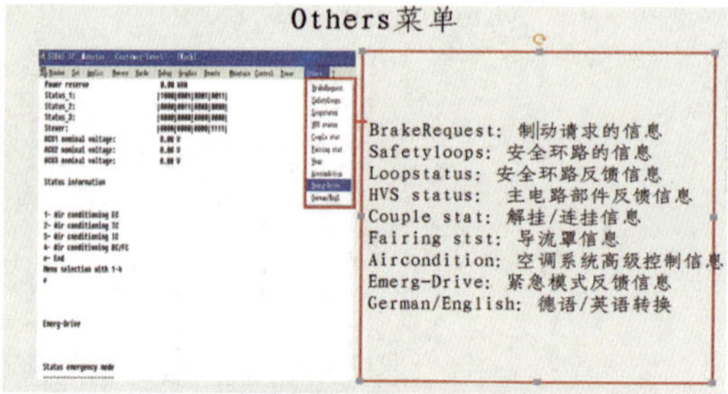


图 8-3-27　Others 菜单下拉菜单

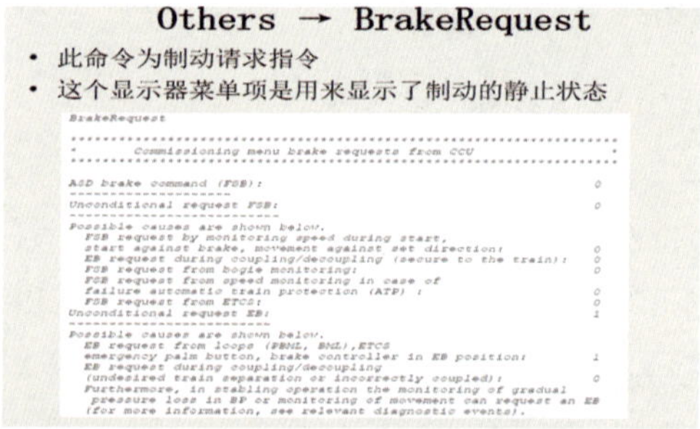


图 8-3-28　Others 菜单下拉 BrakeRequest 菜单

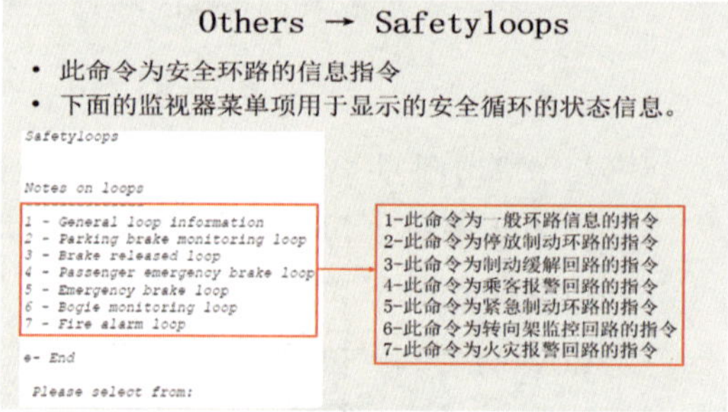


图 8-3-29　Others 菜单下拉 Safetyloops 菜单

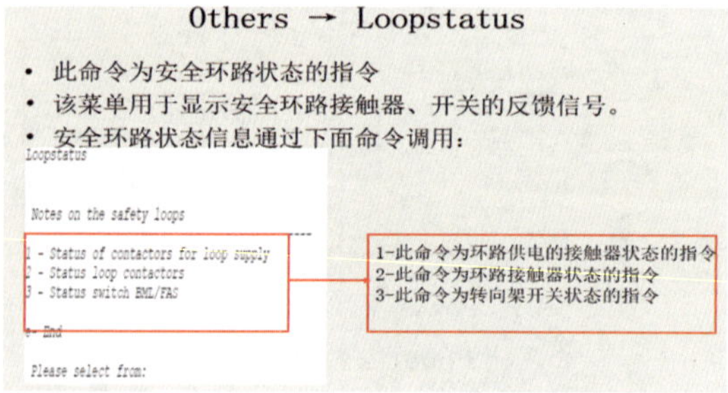


图 8-3-30　Others 菜单下拉 Loopstatus 菜单

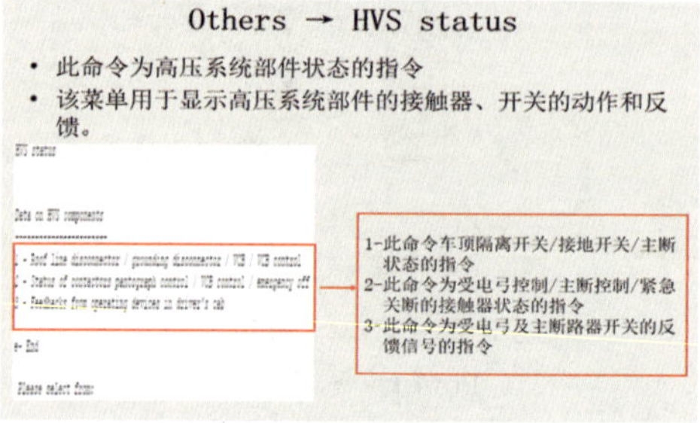


图 8-3-31　Others 菜单下拉 HVS status 菜单

## 思考题

1. 司机室 HMI 屏上各软键功能是什么?

2. 如何在 HMI 屏上查看软件版本配置信息?

3. 如何在 HMI 屏上查看故障信息?

4. 制动试验有哪几项?

5.“三键”复位是如何操作的?

6. CRH380B 动车组牵引试验如何操作?

7. 检修作业中司机室试验项目有哪些?

8. 叙述 CRH380B(L)型动车组高压复位的注意事项及步骤。

9. CRH380B(L)型动车组,当辅助变流器因故障锁闭,故障处置完成后如何通过 CCU 对辅助变流器进行解锁?

# 第九章　客 室 实 训

## 第一节　火灾报警系统检查

### 一、培训目的

动车组火警检测系统的目的是用来监控高速动车组内的单个车厢，便于尽早发现即将发生或已经发生的火灾。

通过培训，使培训人员熟悉 CRH3 系列动车组火警系统检查标准，并具备对火警系统的使用维护能力。

### 二、作业安全及注意事项

作业人员应按规定穿戴劳保用品。作业前必须确认安全防护号志已插设；必须确认动车组处于供电、静止、停稳的状态，且停放制动已施加。

### 三、火警系统检查

1. 火警系统构成（图 9-1-1）

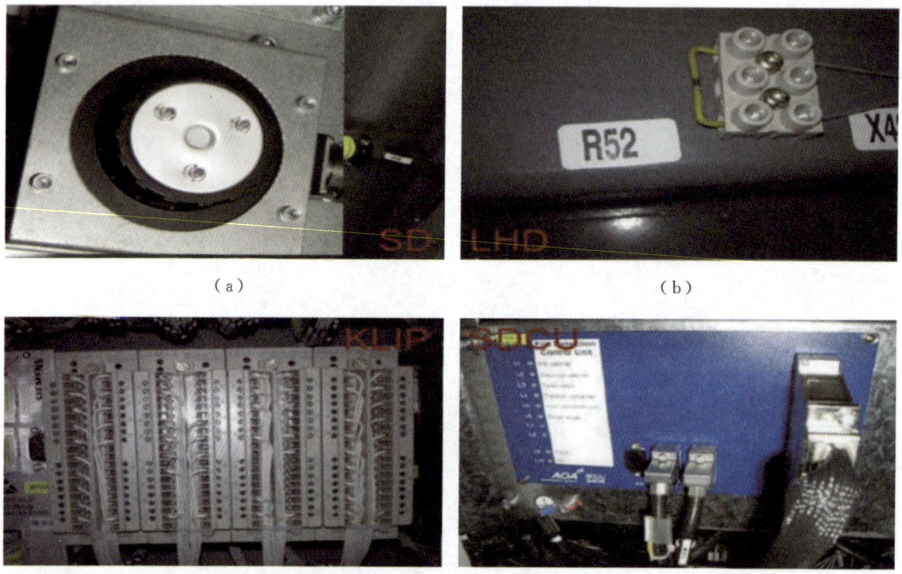


（a）　（b）

（c）　（d）

图 9-1-1　火警系统构成

CRH3 系列动车组火警系统主要由四部分构成：

a. 光学烟气探测器(SD)。

b. 线性热探测(LHD)。

c. 分布式 I/O 站负责接收 SDCU 的信息并传给 CCU。(KLIP)

d. 烟气检测控制单元(SDCU)。

其中光学烟气探测器安装在电气柜、PIS 柜、VIP 区、卫生间、客室、司机室、厨房等位置。线性热探测器安装在牵引变流器、辅助变流器等车下设备内。KLIP 安装在车内电气柜中。烟气检测控制单元安装在每车 PIS 柜中。

2. 所需工具及材料(表 9-1-1、表 9-1-2)

**表 9-1-1 工具清单**

| 序号 | 名 称 | 规格型号 | 单位 | 数量 | 备注 |
|---|---|---|---|---|---|
| 1 | 手电筒 | | 个 | 1 | |
| 2 | 四角钥匙 | | 把 | 1 | |
| 3 | 秒表 | | 个 | 1 | |
| 4 | | | | | |

**表 9-1-2 物料清单**

| 序号 | 物料名称 | 物料号 | 单位 | 数量 | 备注 |
|---|---|---|---|---|---|
| 1 | 测试气体 | | 罐 | 1 | |
| 2 | | | | | |
| 3 | | | | | |
| 4 | | | | | |

3. 检查操作

(1)车辆手动火警测试(图 9-1-2)

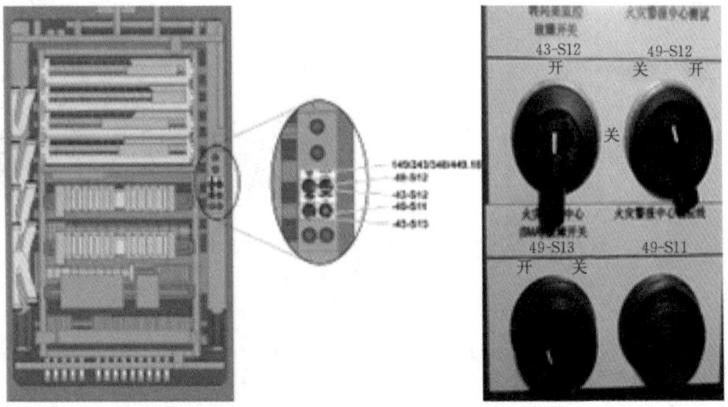


图 9-1-2 车辆手动火警

①打开 01 车二端电气柜的火警控制面板。

②目视检查外观状态良好,无残缺、裂痕、变形、异物击打痕迹等。

③将火警测试开关“FDCU Test”(=49-S12)开关打到开启位,进行车辆火警测试,控制单元开始测试。

④全车报警号持续 30 s,检验成功,配合人员确认 HMI 屏未报故障。

⑤通过“FDCU 确认”红色按钮(=49-S11)确认火警,警报取消,按钮功能正常。

⑥恢复电气柜门、操作元件等,作业完成,恢复火警测试开关“FDCU Test”(=49-S12)开关。恢复电气柜门,确认锁闭牢固。

⑦对剩余的其余车辆进行相同测试,步骤按照前述步骤进行。

(2)烟雾探测器(图 9-1-3)外观检查

①检查进气口是否漏气、脏堵。

②如果进气口很脏,则需更换烟气探测器。

a. 卸下固定螺栓,卸下烟气探测器插头。

b. 安装烟气探测器插头,拧上固定螺栓,紧固扭矩最大 1.2 N·m。

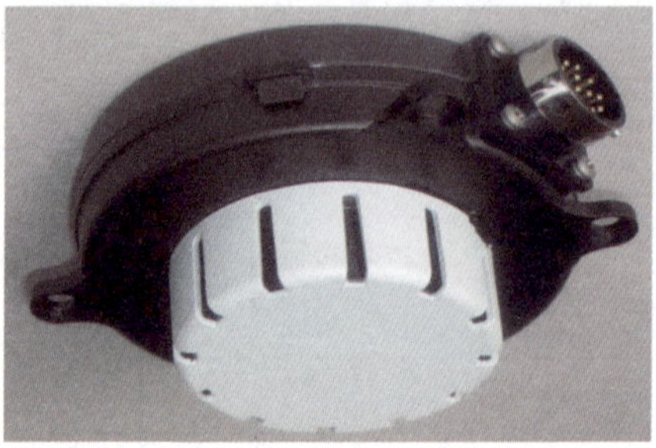

图 9-1-3　烟雾探测器 SD947-00A

(3)火警主机(图 9-1-4)检查

①打开烟雾探测器主机的 PIS 柜门。

②检查探测器主机安装状态良好,螺栓齐全、紧固,无松动、脱出、缺失等。

③目视检查外观状态良好,机体无变形、裂纹、损坏、划痕等。

④检查电气连接线插接牢固,插头与插口间配合良好,无松动、虚接、变色、烧痕等。

⑤检查状态指示灯外观良好,作用正常。

⑥检查接线口插针良好,无折断、缺失等。

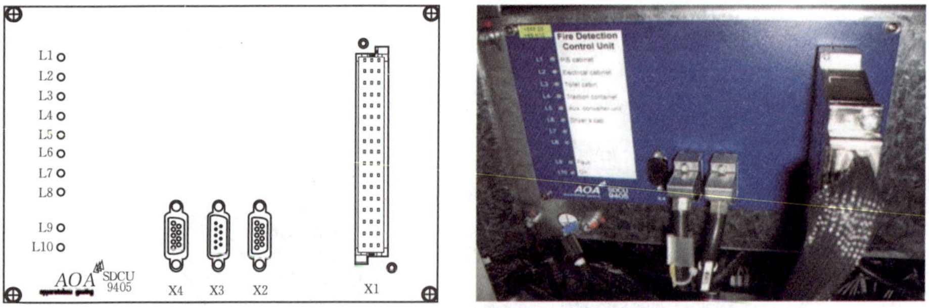


图 9-1-4　烟雾探测器主机示意

(4)光学烟雾探测器检测

①向各车各位置处的烟雾探测器喷洒检测气体 5 s。

②检查确认各车烟雾探测器控制单元上的指示灯闪烁。

③测试完毕后,复位烟雾探测器,取消报警。

(5)手动检查火警系统自动报警功能

①首先确认没有火警被触发(或者之前有火警信号,但已处置完毕,并所有的信号通道都确认完毕)。

②通过火警手动测试旋钮(=49-S12)启动测试，HMI 线上诊断信息手动测试旋钮(=49-S12)旋钮启动,要求测试成功。所有的报警信道,包括综合警报,报警(电路都失电)。产生一个自动响应,整列车发出声音警报 30 s。

③按动火警确认按钮(=49-S11)确认火警,警报取消,按钮功能正常。

④还原火警手动测试旋钮(=49-S12)。

(6)继电器(=49-K90 如图 9-1-5 所示)辅助触点检查

激活火警故障开关(=49-S13) 后,检测到辅助触点 13、14 针导通,还原故障开关 13、14 针断开,没有粘接。

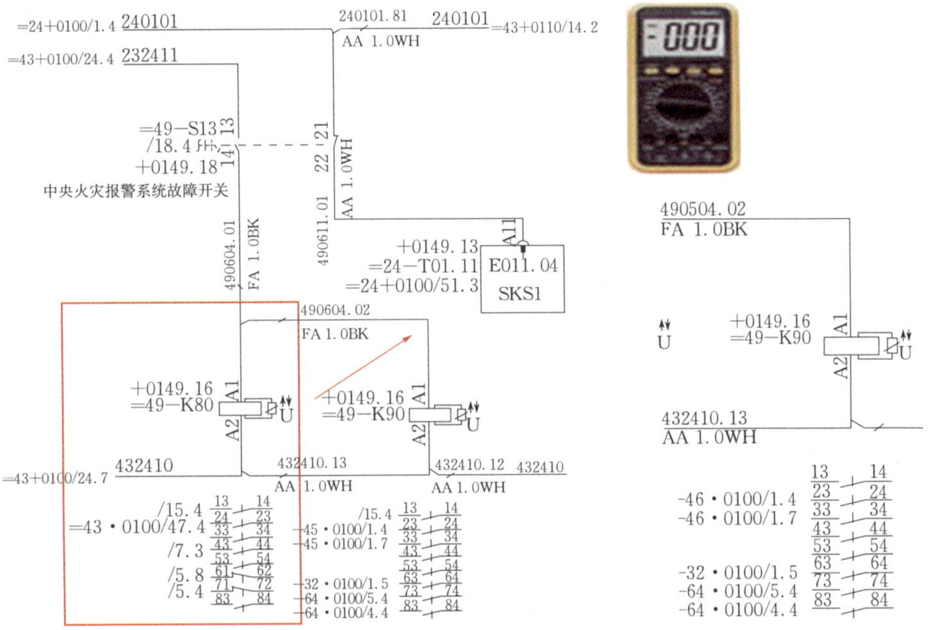


图 9-1-5　继电器(=49-K90)

(7)“FDCU”(=49-S13)火警故障开关测试

①激活火警故障开关“FDCU”(=49-S13),以切除本车火灾报警功能,HMI 显示故障开关被激活。

②通过火警手动测试旋钮(=49-S12)旋钮启动火警测试,由于故障开关被激活,自动响应被抑制,但所有的信号通道,包括综合警报,都失电。MMI 显示火警信息,司机室的 LED 光信号灯亮,非激活司机室 LED 光信号灯不亮。

③通过“FDCU 应答线路”(=49-S11)确认按钮对火警进行确认。

④还原火警故障开关“FDCU”（=43-S13），自动响应产生。

⑤通过“FDCU 应答线路”（=49-S11）确认按钮确认火警。

（8）司机室火警安全回路故障开关功能测试

①将司机室故障开关面板上将“火警回路故障开关”（=43-S26 如图 9-1-6 所示）激活，HMI 信息显示开关激活信息。

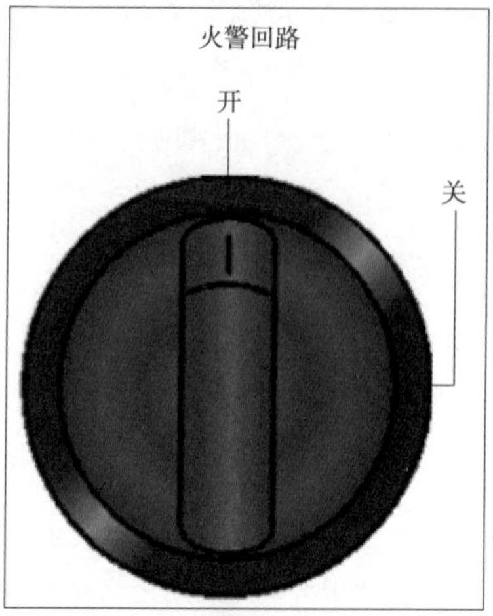

图 9-1-6　火警回路故障开关

②通过头车火警手动测试旋钮（=49-S12）旋钮启动测试启动火警信号，无火警安全回路的自动响应（向整列车发出声音警报），其他的响应照常发生。司机室的 LED 光信号灯亮，非激活司机室 LED 光信号灯不亮。

③还原“监控回路的火警报警器”（=43-S26）调到正常位置：整列车产生 30 s 声音警报。

（9）检查车组启动期对火警的屏蔽功能

①退出司机室占用，后重新激活司机室。

②在启动列车过程中无声音报警信息。

（10）检查声音警报时间

①通过 EC01 车“FDCU 测试”（=49-S12）旋钮启动功能检测测试完全成功。所有的信号通道，包括综合警报，都失电。发生一个自动响应，通过火警系统发出信号，整列车发出声音警报 30 s。

②通过 49-S11 按钮确认火警：自动响应被取消。

③在司机激活的情况下，将“FDCU”（=43-S26）火警故障开关激活。HMI 显示故障开关被激活。

④通过“FDCU 测试”（=49-S12）旋钮启动功能检测，抑制整列车的声音警报，其他的响应照常发生。

⑤还原故障开关“FDCU”（=43-S26），向整列车发出声音警报 30 s。

（11）检查整列车声音警报

激活 EC01 车厢火警故障开关 49-S13，然后在其他车激活火警测试，整列车依然能够发出声音警报，确认系统功能正确。

（12）检查司机室数字输出控制的火警信号灯

激活 EC01 车火警安全回路故障开关（=43-S26），HMI 显示开关被激活。启动任一单车火警测试，激活端司机室的光信号灯（LED）亮，非激活端司机室的光信号灯（LED）不亮，但全列的声音警报被抑制。还原火警安全回路故障开关，向整列车发出声音警报 30 s。

# 第二节　给水卫生设施的维护保养

## 一、培训目的

CRH380B 型动车组给水卫生装置给旅客和司乘人员提供旅途的舒适和方便，是旅客和司乘人员在饮食、卫生方面不可缺少的重要装置，主要由：给水装置、卫生装置、饮水装置等组成。

通过培训，使培训人员熟悉 CRH380B 型动车组给水卫生设施的组成，并具备使用维护能力。

## 二、作业安全及注意事项

作业人员应按规定穿戴劳保用品。作业前必须确认安全防护号志已插设；必须确认动车组处于静止、停稳的状态，且停放制动已施加。动车组需要供电。

## 三、内容培训

1. 给水卫生设施组成

(1)系统总览(图 9-2-1～图 9-2-4)

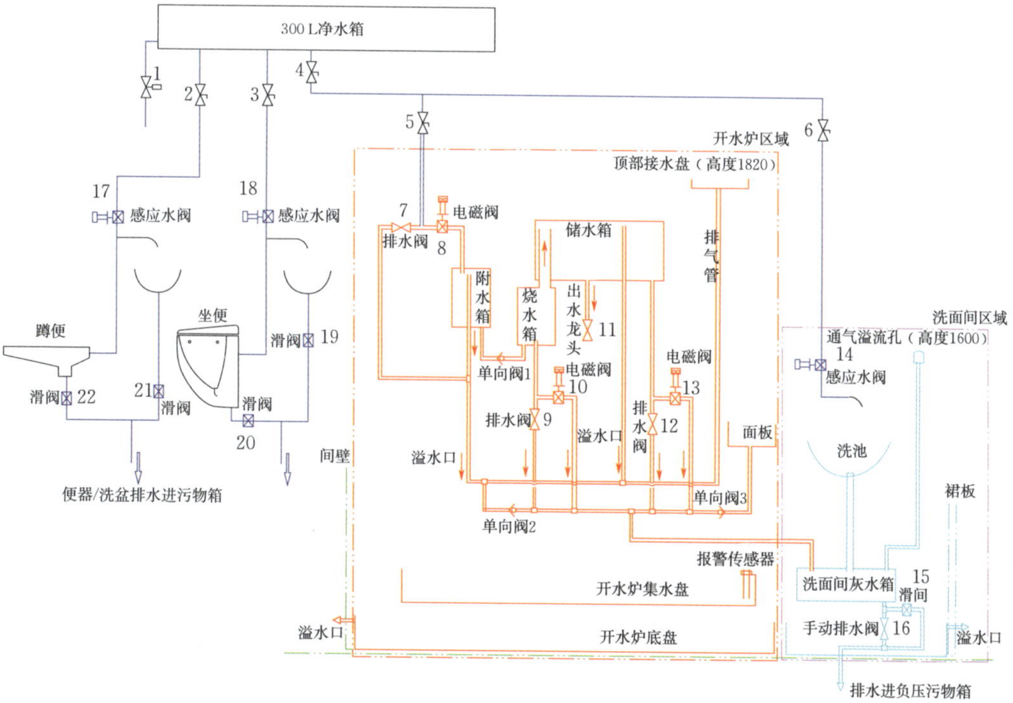


图 9-2-1　2/3/6/7 车水系统

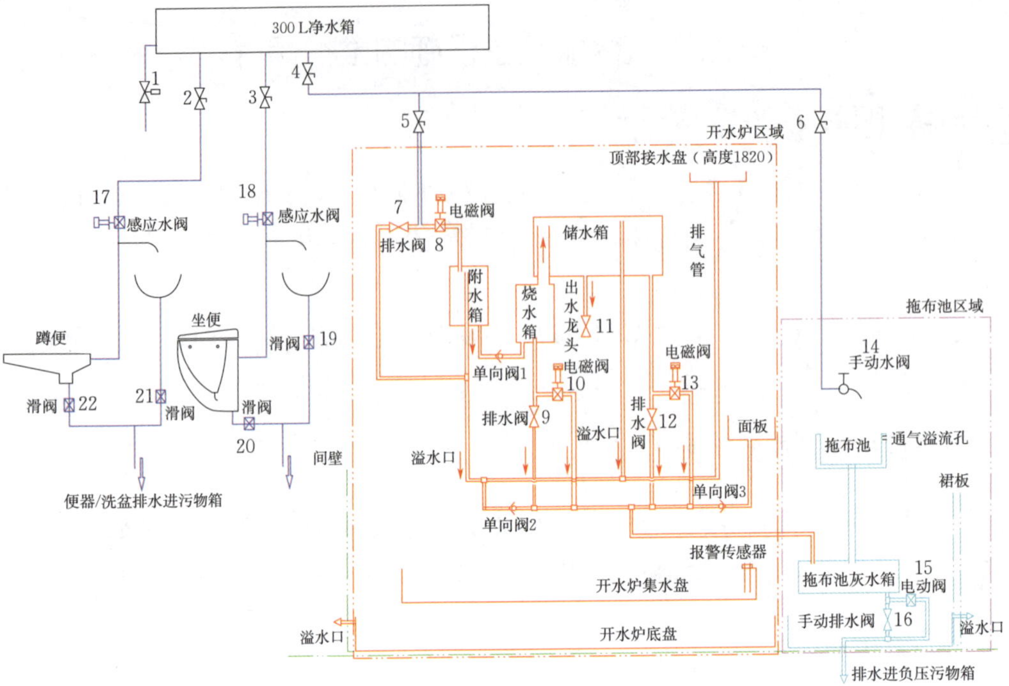


图 9-2-2　4 车水系统

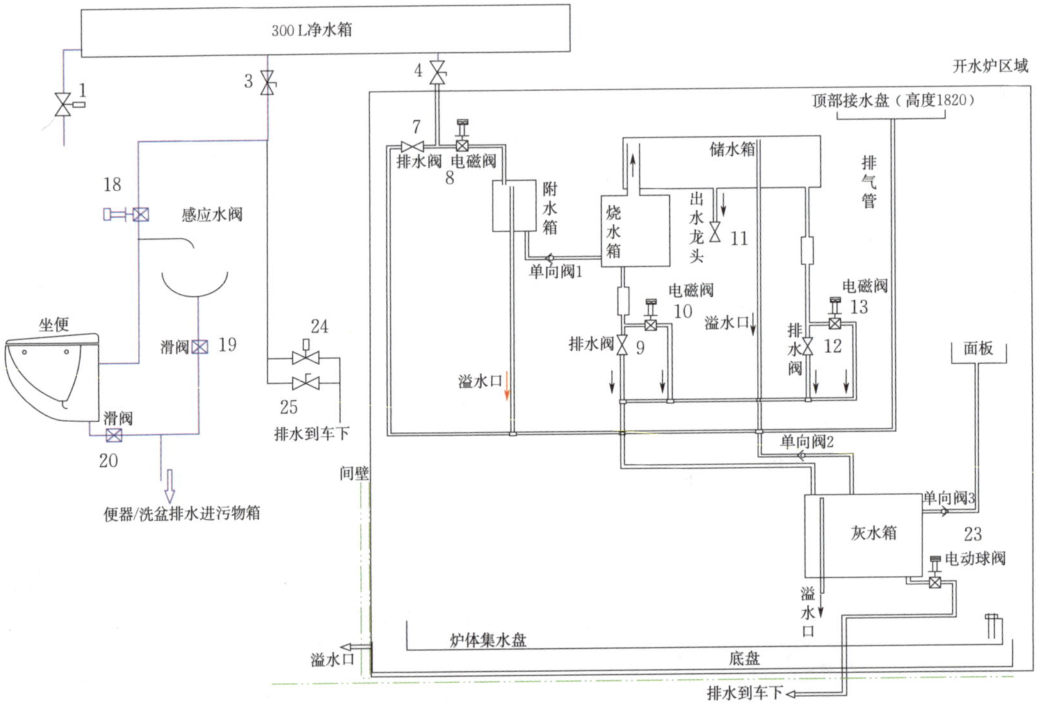


图 9-2-3　1/8 车水系统

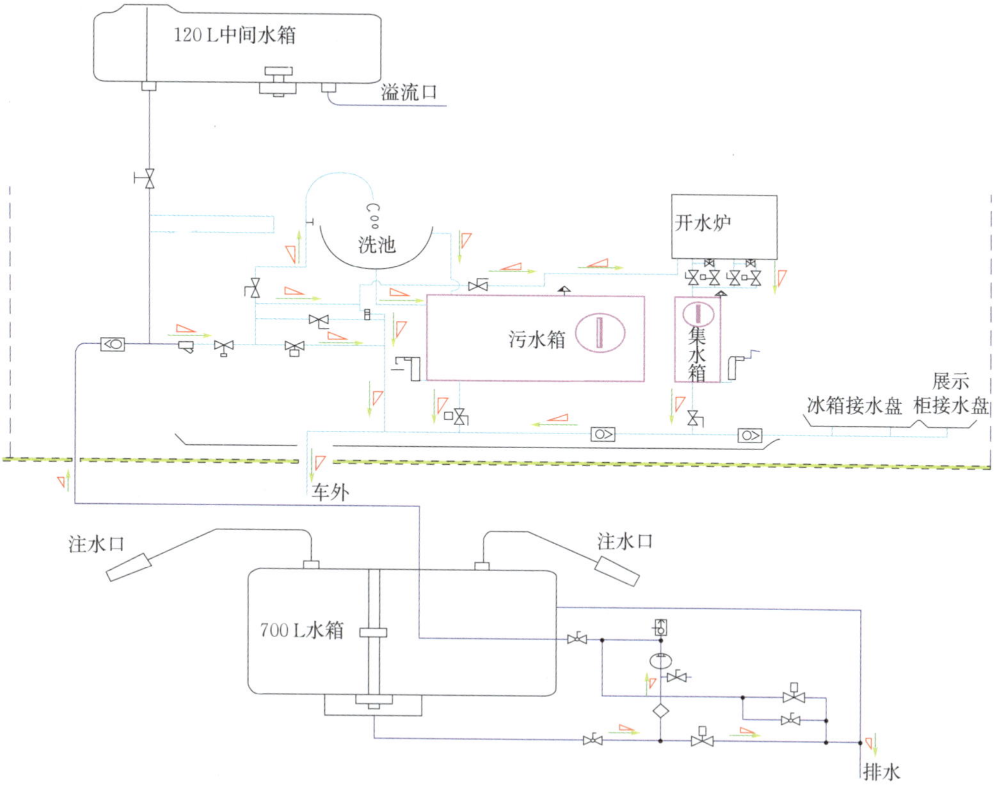


图 9-2-4　5 车水系统

(2)给水设备

CRH380B 型动车组采用车上水箱、车下水箱相结合的方式供水,其中 1～4、6～8 车为车顶水箱重力供水;餐车供水系统采用车上和车下水箱组合供水方式:在车下设置 700 L 水箱,在车上设置 120 L 中间水箱。泵水系统将水从车下 700 L 净水箱泵到中间水箱(安装在车端通过台上方),中间水箱通过重力向厨房各用水点供水,在 700 L 净水箱达到低液位时,自动关闭泵水系统。全列设置了 2 个容量为 200 L 的净水箱(头车),5 个容量为300 L的净水箱(中间车),餐车设置 1 个容量为 120 L 的中间水箱和 1 个 700 L的车下水箱。

(3)卫生设备

CRH380B 型动车组卫生间分为蹲式卫生间、坐式卫生间、残疾人卫生间及 VIP 卫生间。采用真空保持式集便装置,真空保持式集便装置在工作时是在污物箱建立真空,利用现有成熟的真空喷射器技术,并保持污物箱内的真空度,污物箱采用了真空保持式工作方式,有效消除了冲洗时的抽真空等待时间。工作时便盆内的污物在污物箱内真空的作用下通过排泄阀抽至污物箱中。数个便器可共用污物箱。便器冲洗效果十分理想,排污效率高,管路污垢较少。

(4)饮水设备

CRH380B型动车组在车内不同位置设置电热开水器,根据安装位置不同,分为两种形式:即A型和B型;A型电热开水器安装在EC01/16车,其检修门在炉体右侧(面向开水炉面板);B型电热开水器安装在除05车外的其他中间车,其检修门在炉体左侧(面向电热开水器面板)。该电茶炉具有缺水保护功能,电热开水器在列车运行过程中,所有控制自动进行,当机器出现故障或列车供水水箱缺水,干烧信号灯闪烁,电热开水器会自动停止烧水。烧水箱和储水箱分开,生水与开水绝无混合,提供纯正开水。当电热开水器环境温度<4 ℃、>45 ℃,电热开水器自动处于保护状态,并停止工作。饮水机加装了除垢装置,延长了电热管及水箱的维修保养周期。电热开水器设置排水按钮,在列车到达终点后,按压按钮能自动打开排水电磁阀,水经底部管子流出,电热开水器通电条件下,电热开水器可以在整个列车运行期间,保持水温>80 ℃。水系统原理如图9-2-5所示。

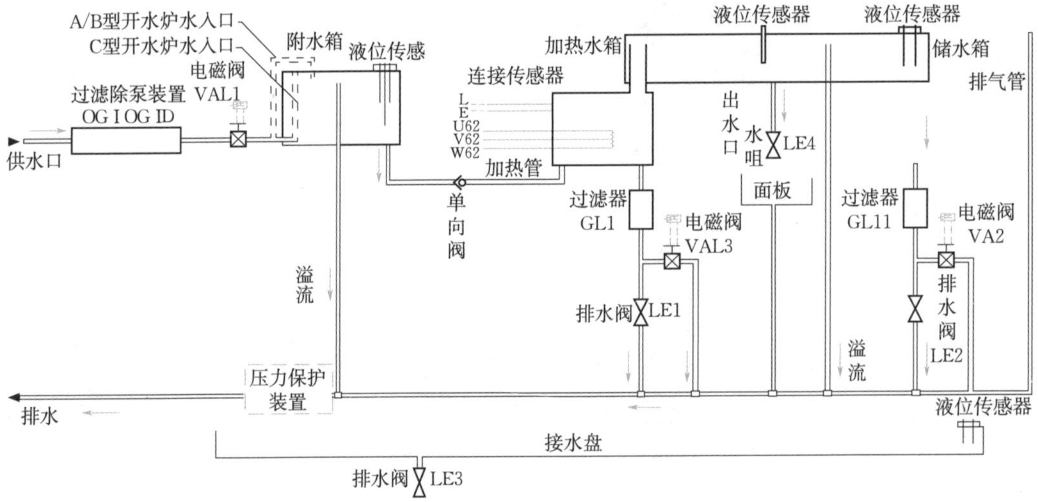


图9-2-5　电热开水器水系统原理

2. 给水卫生设施维护保养

给水设备维护保养,主要针对700 L水箱检查:

(1)检查箱体安装状态良好,悬吊部件齐全、无变形、裂纹、开焊;螺栓作用良好,限位止挡作用良好。

(2)目视检查箱体外观状态良好,无裂纹、变形、破损、泄漏。

(3)检查与箱体连接的各管路状态良好,无裂纹、渗水等,接头处连接牢固;管路防寒材料良好,无破损、脱落等,如有,则须进行修复或更换。

(4)目视检查注水口外观状态良好,无裂纹、变形、破损等。

(5)检查注水管路无锈迹、裂纹、泄漏等。

(6)检查液位显示器(图9-2-6)安装良好,显示正常(有电时)。

(7)目视检查排水阀、溢水阀、液位传感器外观状态良好,无裂纹、变形、破损、安装正位、牢固。

(8)检查泵室(图 9-2-7)内各部件状态良好,脏污时用毛刷清理干净。

图 9-2-6　注水口及液位显示器

图 9-2-7　水泵室

3.300 L/200 L/120 L 型水箱检查

(1)用四角钥匙打开通过台顶板(图 9-2-8),松开顶板安全挂绳(安全挂钩)。

(2)手动检查管路无松动现象。

(3)目视检查线缆无破损,线码无脱落松动现象(图 9-2-9)。

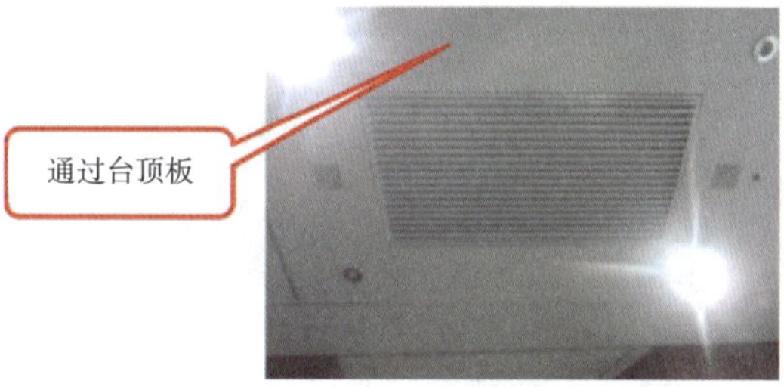


图 9-2-8　通过台顶板

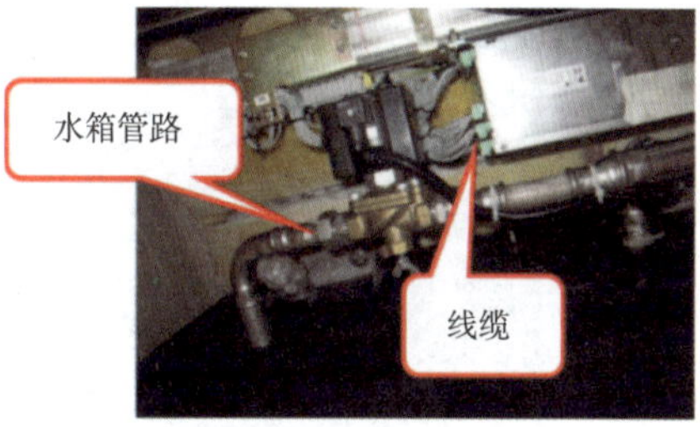


图 9-2-9　线缆、管路

(4)目视检查安装螺栓防松标记清晰无错位(图 9-2-10)。

(5)目视检查水箱防寒材质无破损脱落现象(图 9-2-11)。

(6)恢复通过台顶板:恢复顶板安全挂绳(安全挂钩),用四角钥匙打开锁闭锁扣。

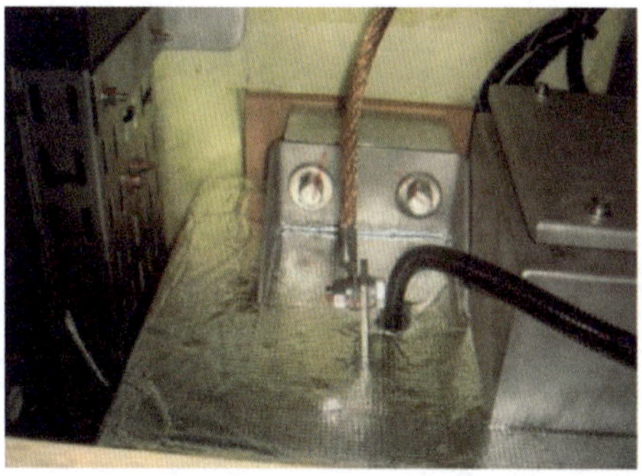

图 9-2-10　安装螺栓

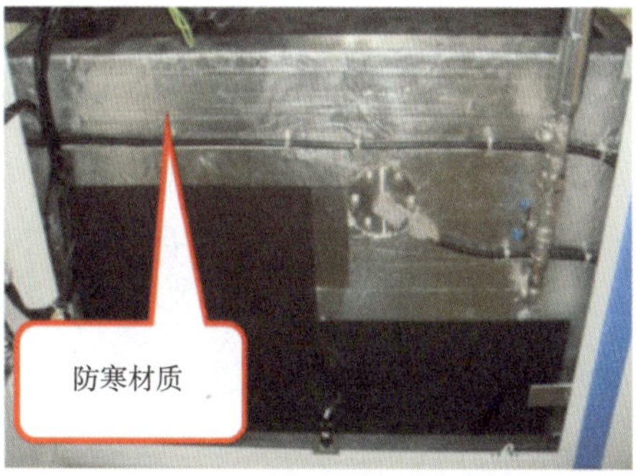


图 9-2-11　防寒材质

4. 卫生设备维护保养

(1)便器系统检查

①接口检查

a. 确认卫生间坐便器外观正常,指示灯状态正常(图 9-2-12)。

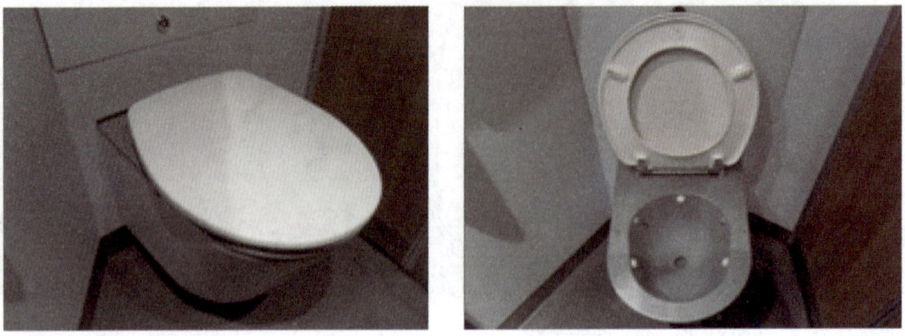

(a)　　(b)

图 9-2-12　坐便器

b. 检查马桶盖安装牢固,固定螺栓齐全,无松动、脱落、缺失、滑丝,转动顺畅无异响等;检查胶碰外观良好,安装牢固。目视检查马桶盖转轴外观良好,安装牢固,无变形、松动、脱落等,并使用润滑脂润滑便器座圈铰链(图 9-2-13)。

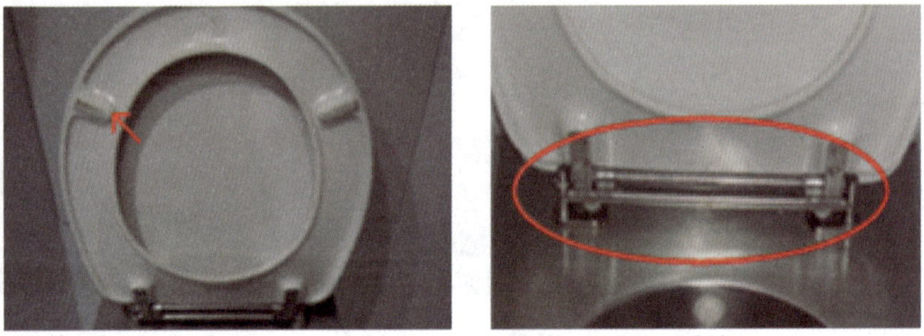

(a)　　(b)

图 9-2-13　马桶盖及转轴

c. 目视检查便器内胆表面无裂纹、破损(图 9-2-14)。

②接口检查

a. 用内六角扳手松开便器外罩两侧的 2 个固定螺丝(图 9-2-15),将其放在材料存放盒中保存好。

b. 将便器罩拆下(图 9-2-16),牢固放置在合适位置。

c. 检查确认便器下方排污管(图 9-2-17)的连接处地板干燥,无水迹(导流板会将可能泄漏的水引入到卫生间的地板上)。

d. 按压冲洗按钮(图 9-2-18),进行 3 次以上的便器正常冲洗。

e. 冲洗时,观察便器与排污管路接口处无漏水、渗水现象(图 9-2-19)。

f. 目视检查橡胶弯头外观良好,无老化、龟裂等,如有裂纹,应更换该部件,用抹布擦拭橡胶弯头两侧接口处，再次确认无水迹(图 9-2-20)。

g. 检查各类蓝色控制气管(图 9-2-21)外观良好，无老化、龟裂等；接头安装牢固，无漏风现象。

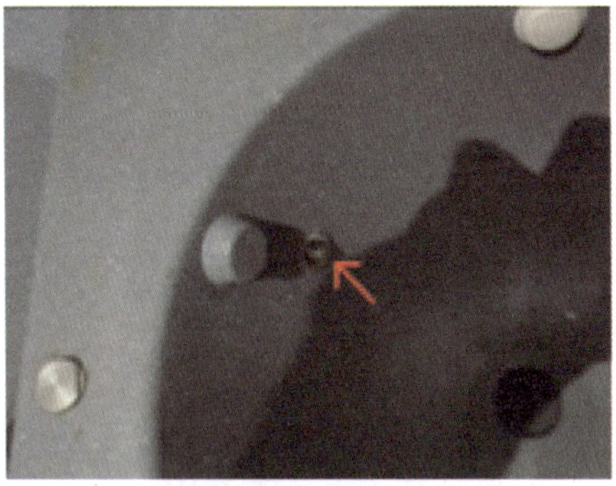

图 9-2-14　便器内胆

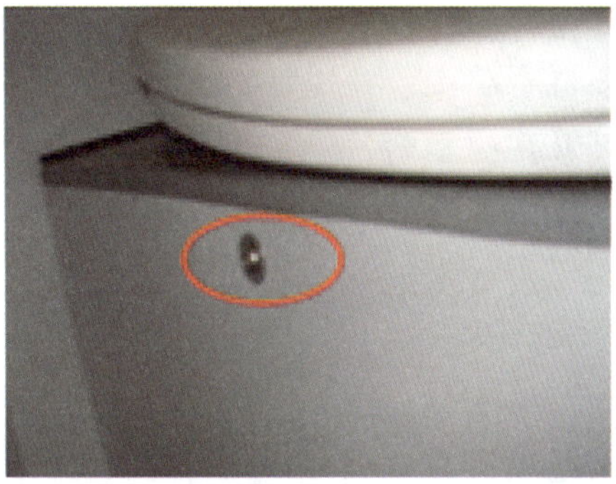

图 9-2-15　外罩螺钉

图 9-2-16　拆下外罩

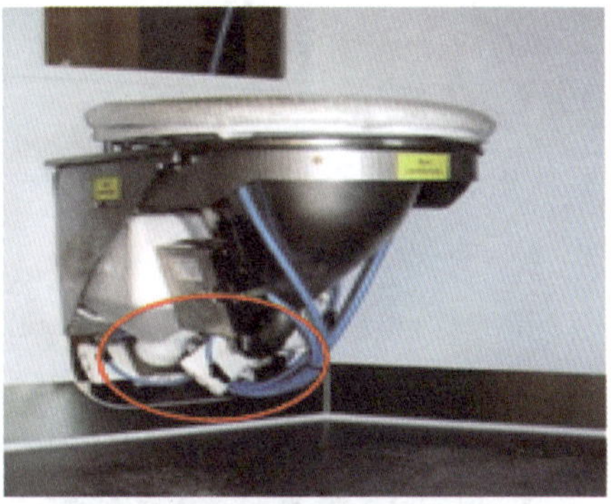

图 9-2-17　排污口下方

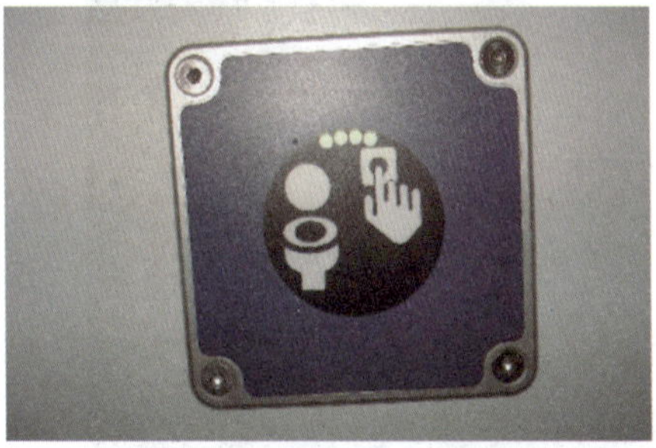

图 9-2-18　冲洗按钮

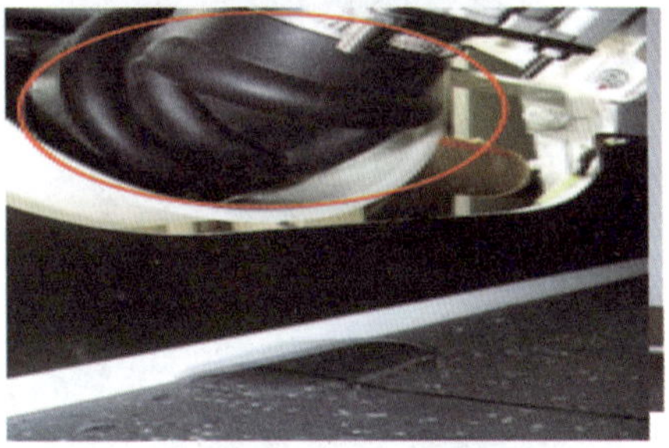

图 9-2-19　连接处

图 9-2-20　橡胶弯头

图 9-2-21　蓝色控制气管

③蹲便器检查

a. 四角钥匙打开蹲式卫生间设备检查门(图 9-2-22),检查上水电磁阀状态良好,检查积水盘中无积水痕迹。

b. 检查各管路无破损、裂纹(图 9-2-23)。

图 9-2-22　检查门

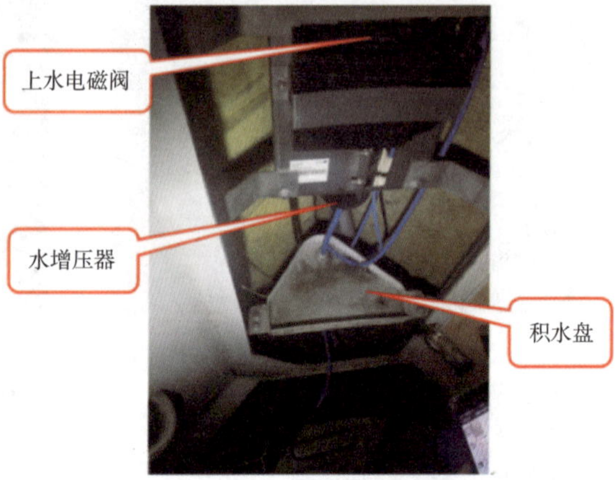


图 9-2-23　厕所冲洗管路

④鸭嘴阀检查

a. 打开卫生间内垃圾箱盖板,找出鸭嘴阀(图 9-2-24)。

(a)

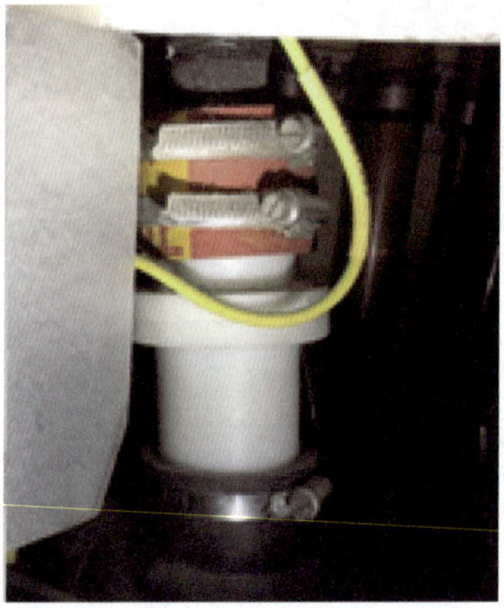

(b)

图 9-2-24　鸭嘴阀

b. 使用螺丝刀松开鸭嘴阀管箍,卸下鸭嘴阀。检查鸭嘴阀鸭嘴位置正确,无反向;胶皮无破损(图 9-2-25)。

c. 拆开鸭嘴阀,清洗鸭嘴阀内部,清洗干净后,将鸭嘴阀按原位置安装好,并紧固管箍(图 9-2-26)。

d. 安装完毕后,试压水龙头,检查鸭嘴阀有无漏水,下水良好。

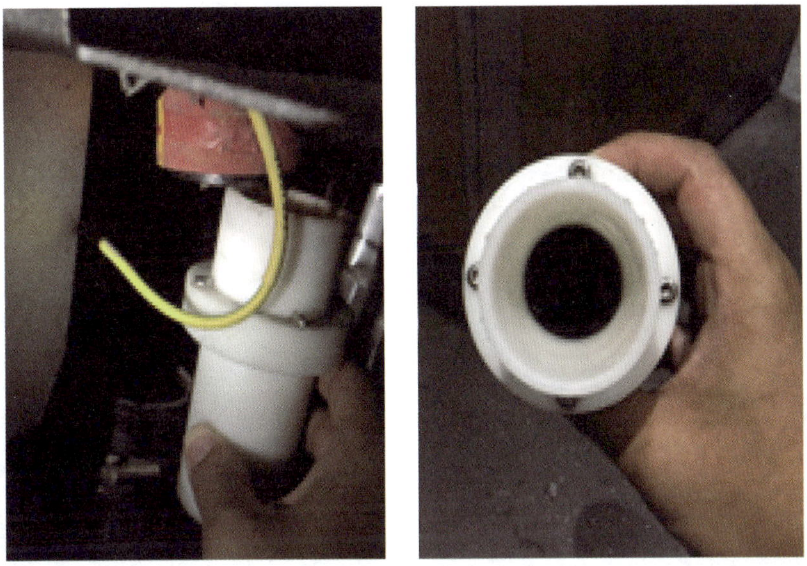

（a）　　（b）

图 9-2-25　拆下鸭嘴阀

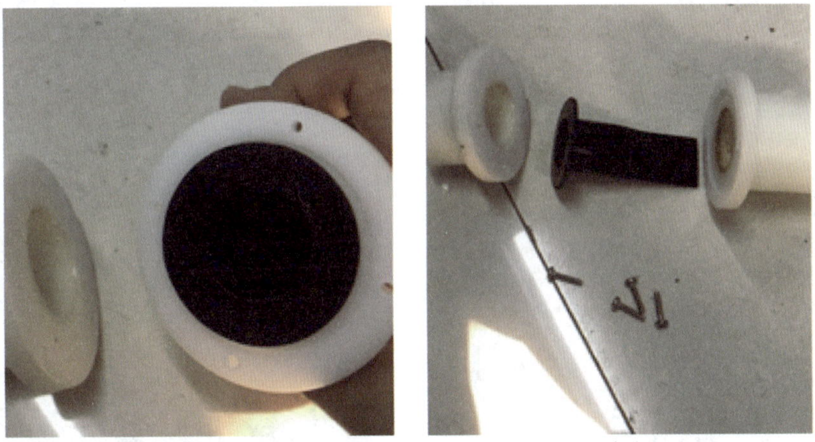

（a）　　（b）

图 9-2-26　拆开鸭嘴阀

(2)卫生间其他设施检查

①卫生间门扇检查(图 9-2-27)

a. 目视检查外观状态良好,表面光滑、平整,无划痕、掉漆、裂纹、凹陷等。

b. 目视检查标识齐全、完整、清晰,无卷边、撕裂、缺失等。

c. 目视检查铝制门框外观状态良好,铝型材完整,无裂纹、变形、脱落等。

d. 检查门挡安装牢固,无松动、脱落等;橡胶垫外观良好,无老化、龟裂等。

e. 目视检查门折页外观状态良好,无变形、裂纹等;安装牢固,无松动、脱落、移位等。

f. 检查摆门开闭过程平滑、无卡滞,门板无下垂、磨碰门框的现象。

②卫生间门锁检查

a. 目视检查门锁外观良好，无松脱，使用钥匙转动灵活。检查锁芯状态良好，无折断、缺失等，位置指示正确。

b. 检查门锁机械转换功能良好，锁闭位置锁舌伸出量约 5 cm。检查内划锁锁闭良好，安装固定良好，操作时转动灵活，平滑，无卡滞、摩擦（图 9-2-28、图 9-2-29、图 9-2-30）。

图 9-2-27　卫生间门

图 9-2-28　门锁

图 9-2-29　内划锁

图 9-2-30　锁舌

c. 检查门锁推杆组件无丢失或损坏。检查锁销装置移动平滑，无卡滞、摩擦。检查锁销装置必须能从外面移动，用四角钥匙从外面检查锁销装置的上锁和开锁情况良好。检查把手移动轻松，锁钩没有移开。

d. 检查机械控制插销板转换接点（图 9-2-31），用手触碰转接点活动良好，检查外观状态良好，无裂纹、变形、破损；安装牢固、正位，内六角螺栓无裂纹、变形、松动。检查转换插孔无裂纹、变形、破损；转换接点无裂损、缺失。

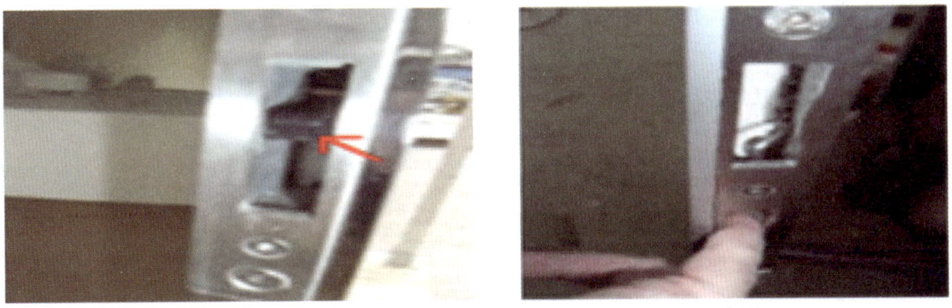

（a）　　　　　　　　　　（b）

图 9-2-31　插销板转换接点

e. 检查外部、内部把手（图 9-2-32）无缺失、变形、破损，安装牢固，转动顺畅，无卡滞、摩擦等。检查开关标识清晰、完整，正位、牢固。

③卫生间内部设施检查

a. 检查洗漱台（图 9-2-33）表面光滑、平整，无划痕、裂纹、掉漆、凹凸不平等；边缘无掉快、磕碰、残缺等；检查洗面盆安装牢固，与墙体连接良好，无松动检查洗面盘内表面光滑，平整，无划痕、裂纹、掉漆、凹凸不平等；检查水漏良好，中间丝堵无缺失、破损、堵塞等。

图 9-2-32　把手

图 9-2-33　洗面盆

b. 目视检查水龙头（图 9-2-34）外观良好，安装牢固，组件齐全，无变形、裂纹、破损，安装位置正确，未使用时无滴水现象；检查红外感应器玻璃孔外观良好，安装牢固，无破损、裂纹等；检查作用良好，手置于水龙头下方时，水龙头被激活。

c. 目视检查镜面(图 9-2-35)外观良好、安装牢固，无变形、松动、脱落、翘边、裂纹、划痕等。

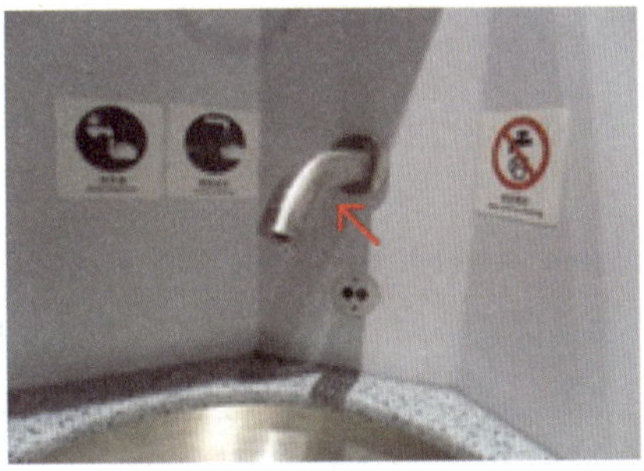

图 9-2-34　感应水龙头

图 9-2-35　镜面

d. 目视检查柜门(图 9-2-36)外观良好、安装牢固,无松动、脱落,无变形、裂纹等。检查门折页外观良好,安装牢固,转动灵活。检查内部不锈钢结构状态良好,安装牢固,无变形、开焊等。检查卷筒纸架外观良好,安装牢固,无变形、松脱、缺失等。检查标贴粘贴牢固,字迹清晰,无破损、翘边等。

e. 目视垃圾箱(图 9-2-37)检查外观良好、配件齐全、锁闭良好,表面无变形、脱漆、裂纹、划痕等。查垃圾箱盖板外观良好,安装牢固,无变形、裂纹、松脱等,复位弹簧复位功能良好。检查四角锁外观良好,安装牢固,无变形、裂纹等,锁芯无断裂。检查标贴粘贴牢固,字迹清晰,无破损、翘边等。

图 9-2-36　厕纸架

图 9-2-37　废物箱

f. 目视检查衣帽钩、扶手、地板(图 9-2-38)等外观良好,安装牢固、无变形、塌陷、脱落、缺失、裂纹等。

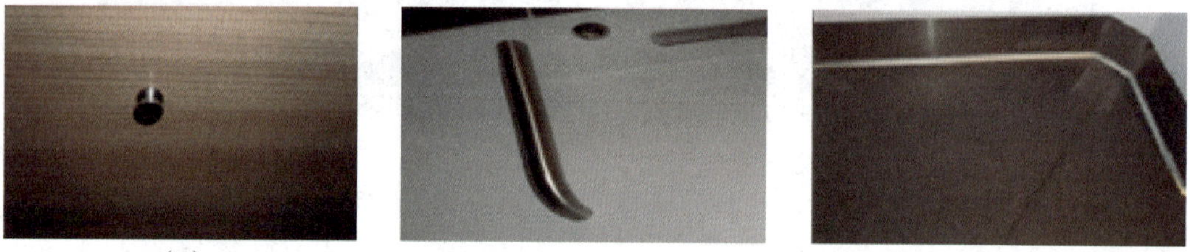

(a)　(b)　(c)

图 9-2-38　衣帽钩扶手地板

g. 目视检查顶板(图 9-2-39)外观良好,无变形、破损、裂纹、漏水等。检查顶板安装牢固,各板面连接良好,无松脱、翘边,四角锁外观良好,安装牢固,无变形、裂纹等,锁芯无断裂。

h. 目视检查灯罩(图 9-2-40)外观良好,安装牢固,无松动,表面清洁,无变形、裂纹、污迹等;检查照明作用良好,灯色一致,无灭灯;检查顶棚扬声器外观正常,功能正常。

i. 目视检查空气加热器(图 9-2-41)表面清洁,无异物、脏堵,格栅无变形、破损、裂纹等。

j. 用四角钥匙打开供水系统面板盖(图 9-2-42),检查供水系统面板各元器件外观良好,安装牢固,无异味、糊味等;检查水管路外观良好,连接牢固,管系无变形、松动、漏泄、锈蚀,各防松标记清晰无错位,水管路中的水能够自由流动;检查配线外观良好,连接牢固，无破损、松动、脱落等，检查各接插件外观良好，连接牢固，无变形、松动、脱落等。用四角钥匙打开卫生间内电气控制面板，检查内部接线完好，有无烧损；电气元件外观状态是否良好，各元件安装螺栓紧固到位；使用毛刷或抹布清洁配电柜内的灰尘及杂物，检查完毕后关闭面板盖。

图 9-2-39　顶板图

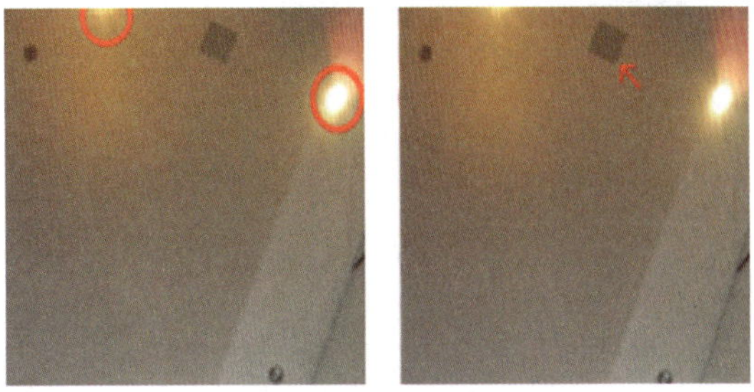

图 9-2-40　照明灯顶棚扬声器

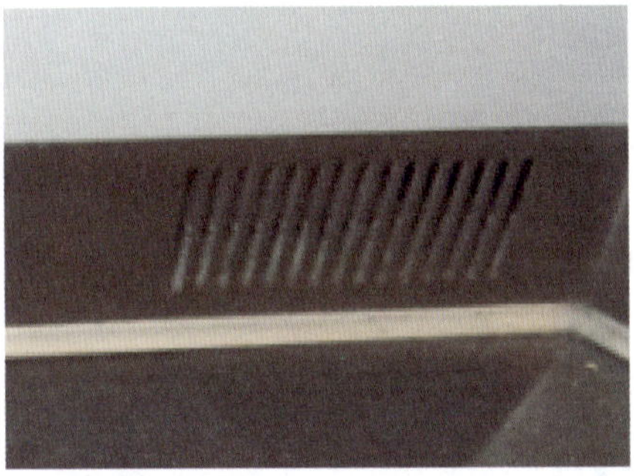

图 9-2-41　空气加热器

图 9-2-42　供水系统面板

5. 饮水装置维护保养

(1)所需工具(表 9-2-1)

**表 9-2-1　工具表**

| 序号 | 名　称 | 规格型号 | 单位 | 数量 | 备注 |
|---|---|---|---|---|---|
| 1 | 手电筒 | | 只 | 1 | |
| 2 | 活动扳手 | | 把 | 1 | |
| 3 | 1 000 V 绝缘电阻表 | | 只 | 1 | |
| 4 | 螺丝刀 | | 把 | 1 | |
| 5 | 毛刷 | | 把 | 1 | |
| 6 | 铲刀 | | 把 | 1 | |

(2)电开水炉系统维护保养

①清洁烧水箱并更换电热管

a. 切断系统电源及水源，放置“正在维修请勿合闸”的标志。

b. 开启上、下维修门，打开储水箱排水阀，放尽存水(图 9-2-43)。

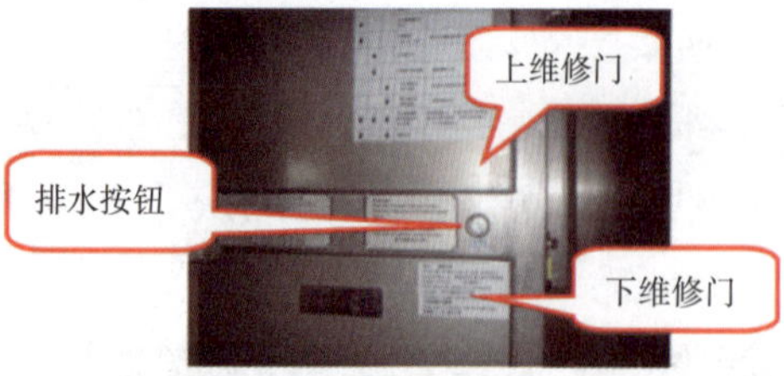


(a)

(b)

图 9-2-43　电茶炉外部盖板电茶炉内部

c. 打开烧水箱防护罩，拆除电加热管引线，打开热敏电阻接插件，拆下热敏电阻，用活动扳手拆除水箱端板 M6 螺母，卸下并抽出端板组件，拆下并更换电热管(加热盘型电开水炉不涉及更换，仅清洁除垢)，待内部清洁除垢后重新装上(图 9-2-44)。

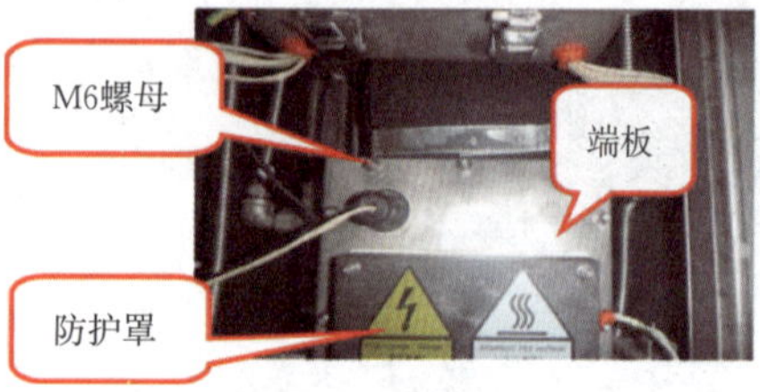


(a)

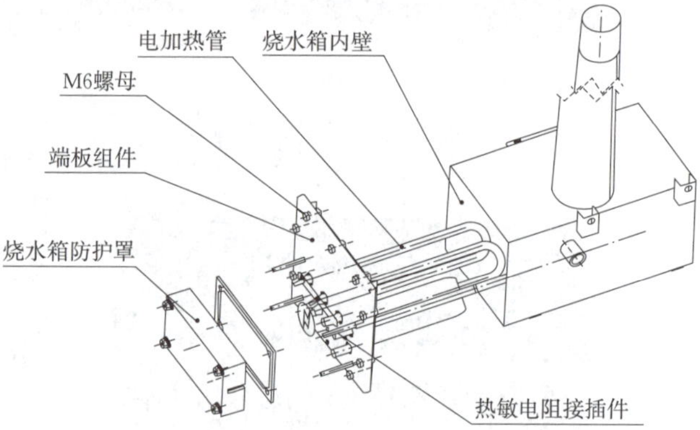


(b)

图 9-2-44　烧水箱内部

d. 刷子清除喷水管水垢，用铲刀铲除烧水箱内壁的水垢，并清洗干净(图 9-2-45)。

e. 对烧水箱过滤器进行除垢，用活动扳手拆下过滤器的螺塞，取下过滤网清洗，如有损坏必须更换。

f. 活动扳手拆下排水电磁阀口的 M3×30 螺栓，取下插头，用扳手拆下排水电磁阀上的 4 个螺栓(M4×15)，取下电磁阀及阀芯组件，清洁隔膜表面并重新装上。通电让电开水炉进水，冲洗管道 2～3 min，并让水从电磁阀上排出，直到没有杂质为止。随后关闭电源，将电磁阀重新装好，清除接水盘中的积水(图 9-2-46)。

图 9-2-45　烧水箱

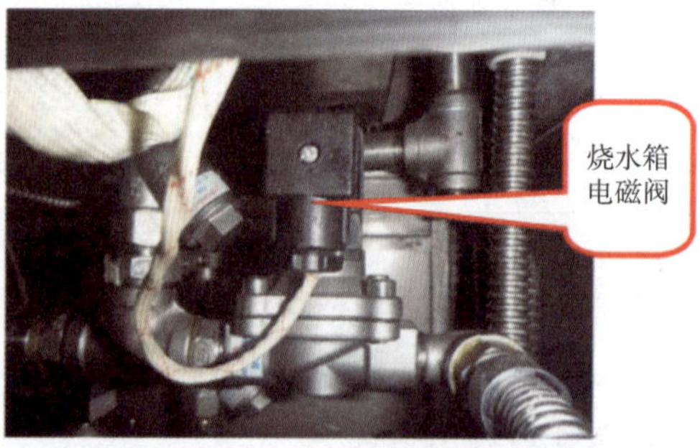


图 9-2-46　烧水箱电磁阀

②绝缘测试

a. 进行绝缘测试。将 1 000 V 绝缘电阻表的“线路”和“接地”端分别连接到加热管接线端子和外壳上。

b. 按顺时针方向摇动电阻表手柄(速度为 120 r/min)。

c. 绝缘电阻表指针稳定后,观察阻值需符合要求。加热管绝缘阻值在冷态时应不小于 5 mΩ,热态时应不小于 2 mΩ。

③清洁储水箱

a. 对储水箱进行除垢。(可使用家用饮水机除垢剂)

b. 关闭储水箱排水阀(LE2)(图 9-2-47)。

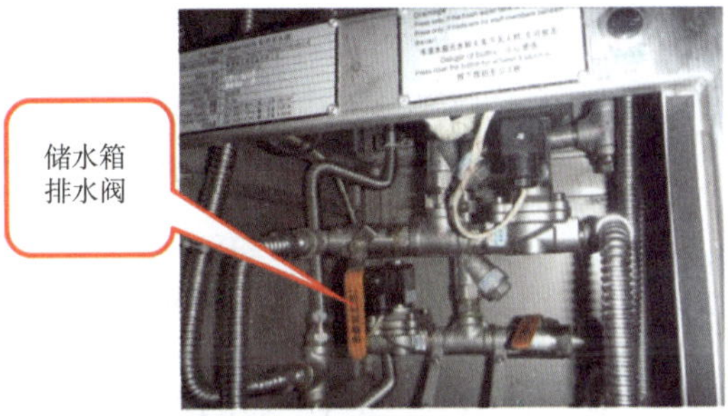


图 9-2-47　储水箱排水阀

④检查水龙头及过滤网

a. 压住水龙头出水,检查水龙头无漏水,若漏水需更换水龙头密封垫。

b. 用扳手拆下 M24×1 网嘴用水冲洗干净后装回(图 9-2-48)。

注意:小心水龙头高温烫伤。

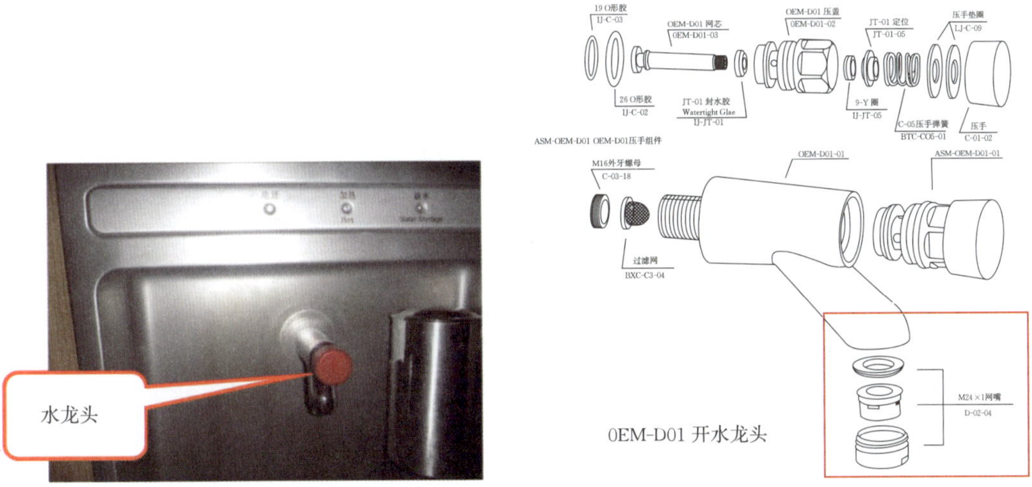


(a)　　　　(b)

图 9-2-48　电茶炉水龙头

⑤清洗排水电磁阀前的过滤网

a. 分别打开烧水箱和储水箱排水阀,放尽存水。

b. 用活动扳手拆下过滤器 GL-Ⅰ、GL-Ⅱ的螺塞,取下过滤网清洗(图 9-2-49),如有损坏则必须更换。

c. 重新装上过滤网,拧紧螺塞。

d. 关闭烧水箱和储水箱排水阀，检查各个拆装件有无漏水。

e. 重新烧水，并检查水龙头有无漏水。

f. 装好下维修门。

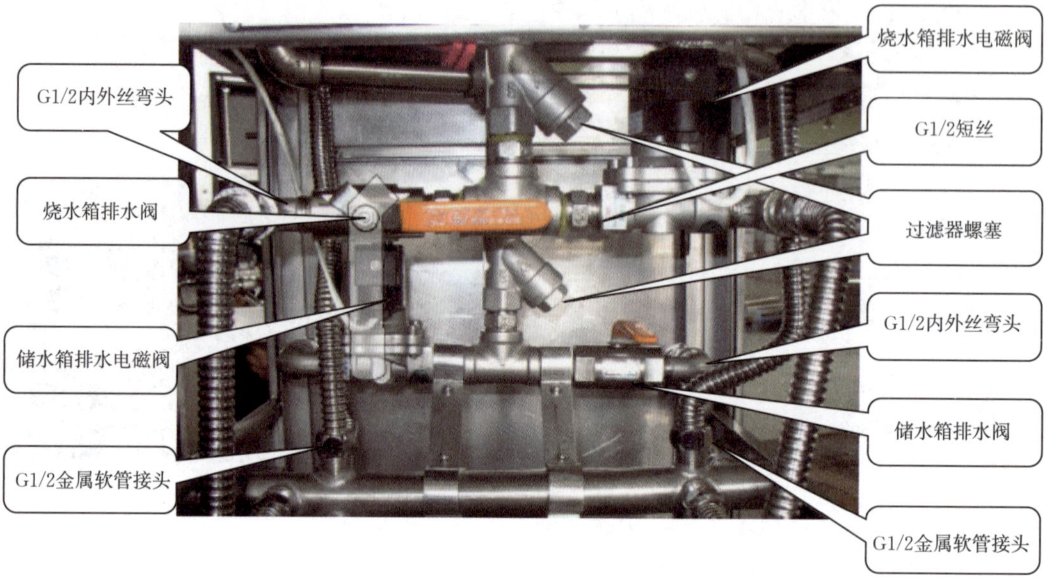


图 9-2-49　内部详细示意

## 思考题

1. CRH380B(L)型动车组火灾检测系统，对列车哪些部位进行火警检测？

2. 分别简述 CRH380B(L)型动车组，49-S11、49-S12 和 49-S13 的作用，如果运行途中 03 车发生火警进行火警复位时错误操作了火灾报警中心测试，会有什么后果？

3. 简述 CRH380B(L)型动车组电茶炉排水电磁阀前的过滤网清洁步骤。

# 第十章　常用设备检查维护实训

## 第一节　主空压机的维护保养

### 一、培训目的

通过培训，使新职人员熟悉 CRH3 型动车组主空压机相关部件名称、检查标准，并具备维护能力。

### 二、作业安全及注意事项

1. 作业人员在维修作业期间应遵守各种安全规定；必须始终穿着绝缘鞋，并穿戴所从事工作要求的防护服和携带其他与人身安全相关的设施等。

2. 作业前确认安全防护号志已插设、状态良好。

3. 作业时，小心拧出螺纹连接件。

4. 作业时，压缩机外壳内可能存在高压，飞出的物件可能导致严重伤害，如严重损伤眼睛。

5. 装配和安装时，不允许折弯软管管路。

6. 作业时，确认压缩空气系统完全卸压。

7. 防止压缩空气系统受污染，装置及系统功能失灵。

8. 主空压机油：Anderol 305M。

### 三、检查项目流程

1. 开工准备

(1)车组状态确认

①确认车组号及股道与作业计划单相同。

②确认作业股道接触网已断电，接地杆已挂。

(2)检查工具、材料

①按工具清单和物料清单清点物品。

②检查工具性能状态良好。

2. 主空压机检查

(1)拆卸裙板

①使用四角钥匙打开供风设备对应位置处的裙板。

②使用四角钥匙打开主空压机上的维护翻盖。

(2)主空压机外部检查

①检查维护翻盖无裂纹、松动、破损、松脱、异位;铭牌清晰、完整,安装正位、牢固;如图10-1-1所示。

图10-1-1 维护盖板

②检查主空压机安装正位、牢固,螺栓齐全、作用良好,防松标记清晰,无错位。

③检查出、进风口无裂损、变形、松动、堵塞。

④检查接地线无断裂、碰磨,安装牢固。

(3)主空压机内部检查

①检查压缩机组外观状态良好,无裂纹、变形、破损、泄漏,安装正位、牢固;电机无裂损、变形、破损,与压缩机组配合紧密;管路连接良好,无漏泄现象;如图10-1-2所示。

②检查储压罐外观状态良好,无裂纹、变形、破损、泄漏;铭牌清晰完整,无松脱、错位;安装牢固、正位,螺栓齐全、作用良好,防松标记清晰;管路连接牢固,无漏气;如图10-1-3所示。

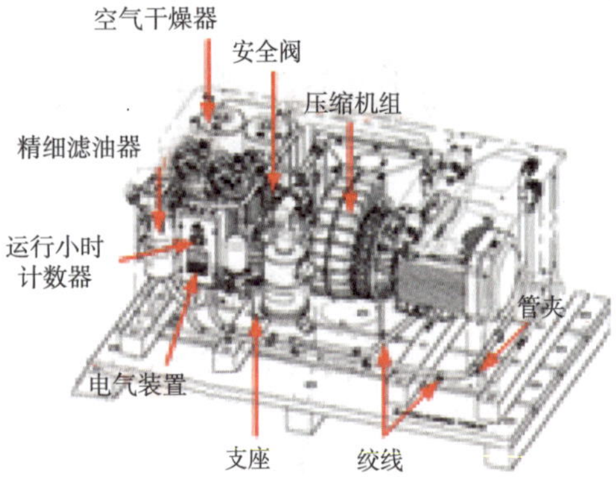


图10-1-2 压缩机组(A01/001)

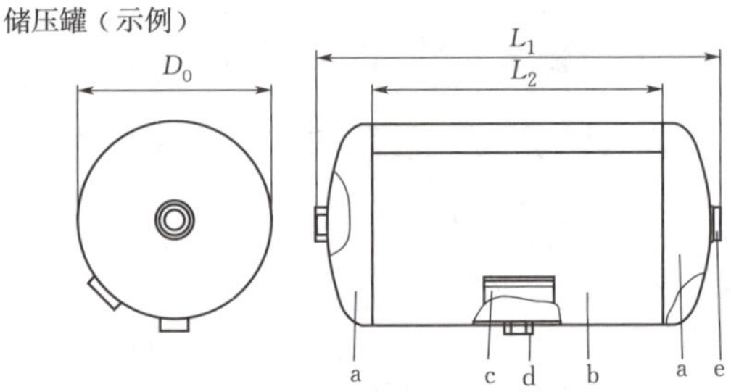


图10-1-3 储压罐(A14/1)

a—罐底;b—罐外壁;c—罐标牌;d—外壁管接口;

e—罐底管接口;$L_1$—总长度;$L_2$—外壁长度;$D_0$—直径

③检查电气装置外观状态良好,无裂纹、变形、破损;安装正位、牢固,固定螺栓齐全、作用良好,防松标记清晰;下部电源接线外观良好,连接紧固,无松动、脱出;线体无老化、裂纹、烧痕等;运行小时计数器外观良好,安装牢固,显示清晰。

④检查空气干燥器外观状态良好,无裂纹、变形、破损;安装正位、牢固;管路连接良好,无漏泄现象;如图10-1-4所示。

⑤检查安全阀外观状态良好，无变形、裂纹、漏气等；铅封状态良好，无丢失；如图 10-1-5 所示。

⑥检查止回阀外观状态良好，无裂纹、变形、破损、漏气；安装正位、牢固，螺栓齐全、作用良好；管路连接紧固、密封良好。

⑦检查支座外观状态良好，无裂纹、变形、开焊等。

⑧检查绞线及线夹外观状态良好，无裂纹、破损、碰磨；护套完整，无腐蚀、老化、脱落。

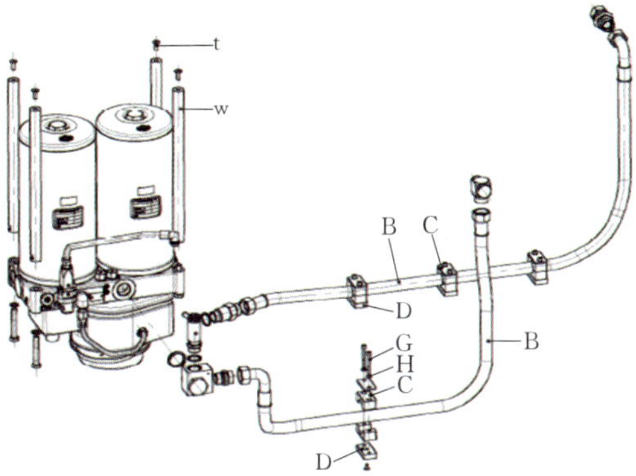


图 10-1-4　空气干燥设备(A01/002)

t—内六角螺栓；w—支座；

B—软管管路；C—固定箍；

D—间隔板；G—圆柱头螺栓；

H—锁紧环

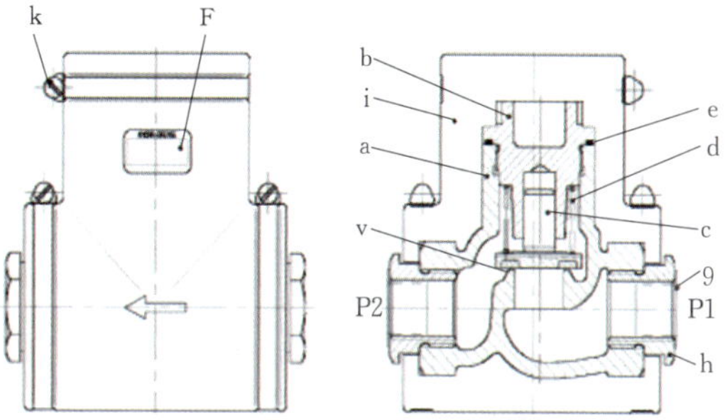


图 10-1-5　止回阀

a—外壳；b—螺栓塞；c—阀锥；

d—压缩弹簧；e—密封圈；f—铭牌；

g—螺纹保护帽；h—异径管接头(没有该零件)；

i—绝缘层；k—软管夹；P1—压缩机的压缩空气接口；

P2—通向储风缸的压缩空气接口；v—阀座

3. 冷凝设备(A15)检查

(1)拆卸裙板

使用四角钥匙打开冷凝设备处的裙板。

(2)冷凝设备(A15)检查

①检查冷凝设备外观状态良好，无裂纹、变形、破损、漏泄等；安装正位、牢固，螺栓齐全、作用良好铭牌清晰、完整，安装正位、牢固；管路外观状态良好，无老化、龟裂、碰磨、泄漏、破损等；连接牢固，扎带齐良好，密封良好，如图 10-1-6 所示。

②检查传感器外观状态良好，插头牢固，无松动、脱出、烧痕等。

③检查塞门安装良好，无异位、松动、破损，阀体与管路垂直。

④检查排水口无变形、错位、堵塞。打开凝结水排水口 K3 上的泄放塞门与管路平行，排空凝结水槽中的水，如图 10-1-7 所示。

4. 检查精细滤油器

(1)拆卸裙板

①使用四角钥匙打开供风设备对应位置处的裙板。

图 10-1-6　冷凝设备

图 10-1-7　K3 塞门

②使用四角钥匙打开主空压机上的维护翻盖。

(2)精细滤油器排油

①检查精细滤油器外观状态良好，无裂纹、变形、破损；安装正位、牢固；管路连接良好，无漏泄现象；如图 10-1-8 所示。

②将收集罐放在精细滤油器的排油口下方。

③小心地松开手动泄放阀的翼形螺栓开始排油。

④排油完毕后重新拧紧手动泄放阀的翼形螺栓，不宜过紧，防止拧断泄放阀的翼板。

⑤使用抹布擦拭精细滤油器表面，确认表面干净。

(3)安装裙板

①使用四角钥匙锁闭主空压机上的维护翻盖。

②安装裙板，使用四角钥匙锁闭裙板，并使用 30 N·m 扭矩扳手进行紧固，确认牢固、到位。

5. 空气滤清器及油位检查

(1)检查空气滤清器外观状态良好，无裂纹、变形、破损、泄漏；安装正位、牢固，螺栓齐全、作用良好，防松标记清晰，如图 10-1-9 所示。

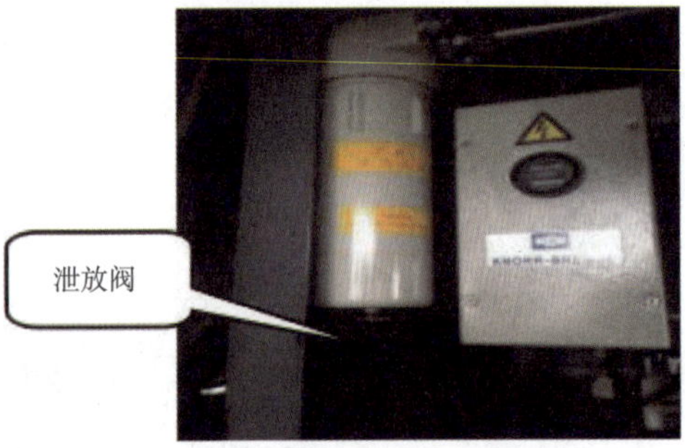


图 10-1-8　精细滤油器

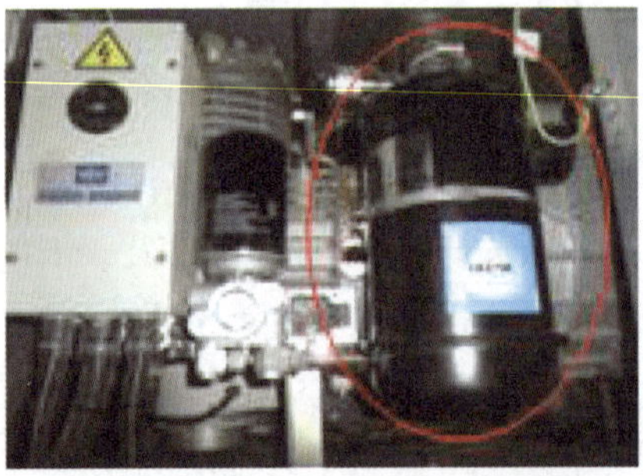

图 10-1-9　空气滤清器

(2)如果空气滤清器脏污，则随着负压升高，一个红色指示活塞会被越来越多地被推入真空指示器外壳的可见区域。

（3）当负压达到约 5 kPa（50 mbar）时，指示柱卡入，即使关闭压缩机后仍可看到。这时应更换空气滤清器的滤芯。

（4）接着操作复位按钮使真空指示器重新回到起始位置。

（5）检测主空压机油位，目测不缺油。（需要在压缩机组停止运转后还在暖机状态时进行检查。为了保证这一点，压缩机在检查前必须运转 5 min。油位在热机后不能低于下限，标准油位不高于上限，如图 10-1-10 所示 ）

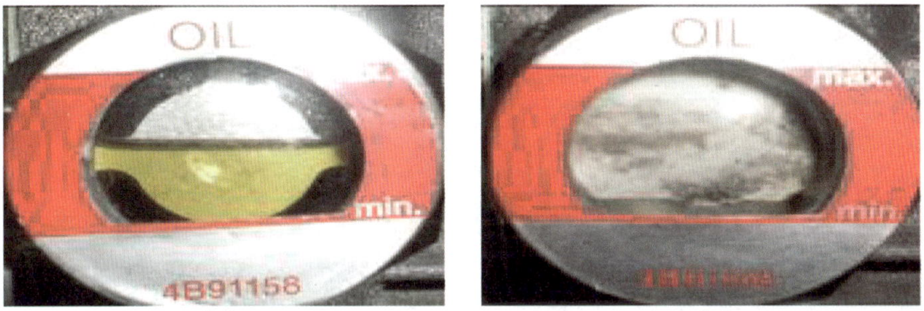


（a）　　　　（b）

图 10-1-10　空压机油位视窗

（6）若视察内无法看到油位（油高于上限或低于下限），则需要用油标尺来检查（图 10-1-11），方法如下：

①使用抹布清洁空压机油位视窗和油位尺周围，防止灰尘进入空压机体内。

②使用套筒扳手把油标尺转两圈，等待压缩机外壳内的压力降低。将油标尺完全拧下，用无纺布擦拭干净。

③重新插入油标尺，其螺纹部分只是放在压缩机外壳上，不要旋入。

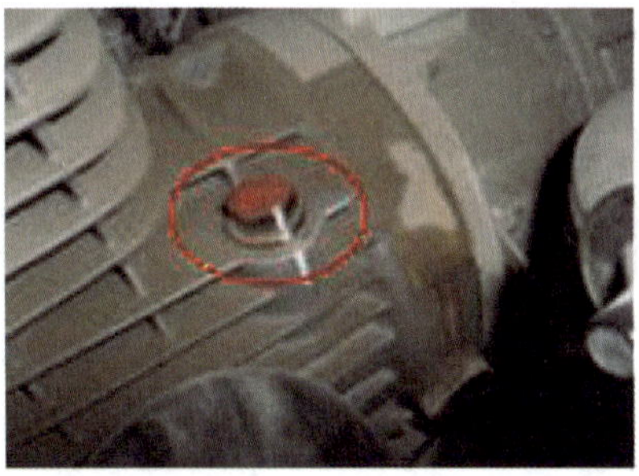

图 10-1-11　油标尺

④拉出油标尺，读取油位数据。油标尺上的油膜末端应位于两个标记之间。若油位位于油标尺的下标之下，则要补油。

注释：油位由于油面波动而略微超过油标尺的最高标记是允许的，由于受油温、油中气泡比例以及压缩机组停止运转时其他情况的影响，在运行中油位产生波动是不可避免的。

（7）主空压机加油

①打开注油螺栓，进行补油，直到油位达到油位视孔或油标尺的上标。从最低标记到最高标记的充油量为 500 mL 左右。

②油位由于油面波动而略微超过油标尺的最高标记是允许的，由于受油温、油中气泡比例以及压缩机组停止运转时其他情况的影响，在运行中油位产生波动是不可避免的。

③如果油位高出油标尺的最高标记约 10 mm,则必须放油。

④将油标尺用新的密封圈[V080]密封旋入,并用扭矩扳手紧固(拧紧扭矩 90～100 N·m)。必须使用新的密封圈。

6. 安装裙板

(1)使用四角钥匙锁闭主空压机上的维护翻盖。

(2)安装裙板,使用四角钥匙锁闭裙板,并使用 30 N·m 扭矩扳手进行紧固,确认牢固、到位。

## 第二节　制动控制单元的维护保养

### 一、培训目的

通过培训,使新职人员熟悉 CRH3 型动车组制动控制单元相关部件名称、检查标准,并具备维护能力。

### 二、作业安全及注意事项

1. 作业人员应按规定穿戴劳保用品。
2. 无电作业前应确认动车组受电弓已降下,接触网已断电,接地杆已挂。
3. 确认动车组停放制动施加,做好防溜工作。
4. 通过采取比如遮盖接口等措施,避免拆卸之后污染物进入。
5. 压缩空气系统中承受着高压,飞出的物件可能导致严重伤害。

### 三、检查项目流程

1. 开工准备

(1)车组状态确认

①确认车组号及股道与作业计划单相同。

②确认作业股道接触网已断电,接地杆已挂。

③确认作业车组已放电,受电弓降下。

(2)检查工具、材料

①按工具清单和物料清单清点物品。

②检查工具性能状态良好。

2. 制动控制单元的检查

(1)制动控制模块(B02)检查

①用四角钥匙打开制动单元处的裙板,如图 10-2-1 所示。

②目视检查箱体外观状态良好，悬吊螺栓紧固，吊座无变形、裂纹、损坏等，如图 10-2-2 所示。

图 10-2-1　制动控制单元裙板

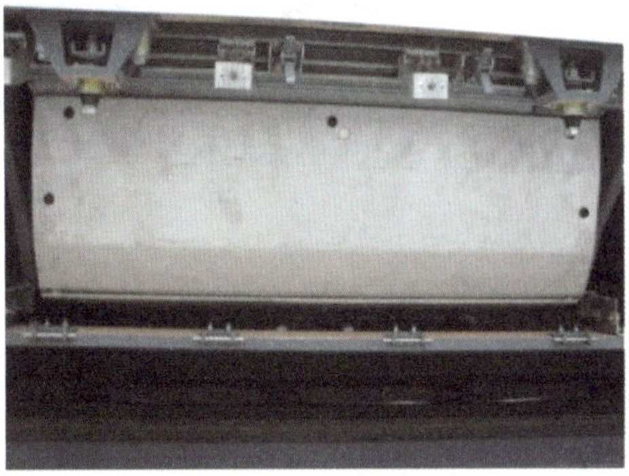

图 10-2-2　制动控制模块箱体

③检查车辆一侧支架的位置正确，安装牢固，紧固件无松动、裂纹、开焊、缺失；防松标记清晰，无错位。

④检查箱体盖板外观良好，无变形、裂纹、损坏等；表面清洁，无污物、灰尘等。

⑤检查箱体背面压缩空气接口的位置正确，连接紧固，镙箍防松标记清晰，无错位，无漏风现象。

(2)制动控制模块(B02)的翻盖检查

①检查箱体盖板转动销外观状态良好，无变形、裂纹，转动顺畅，无卡滞、摩擦、异音等；安装牢固，无松动；如图 10-2-3 所示。

②检查安全绳安装良好，作用良好，无松动、断裂、缺失等；安装紧固，锁环无断裂、变形，如图 10-2-4 所示。

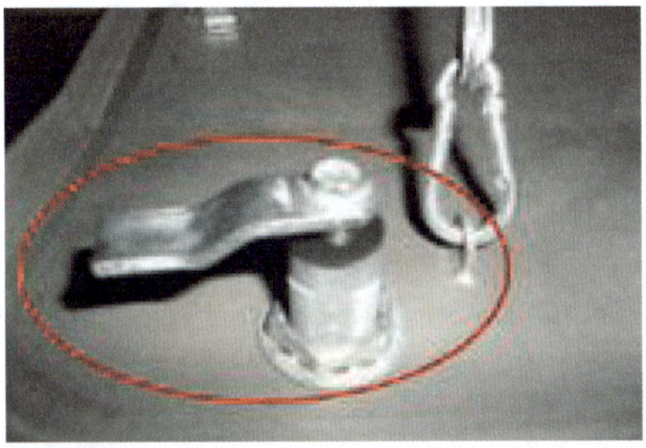

图 10-2-3　转动销

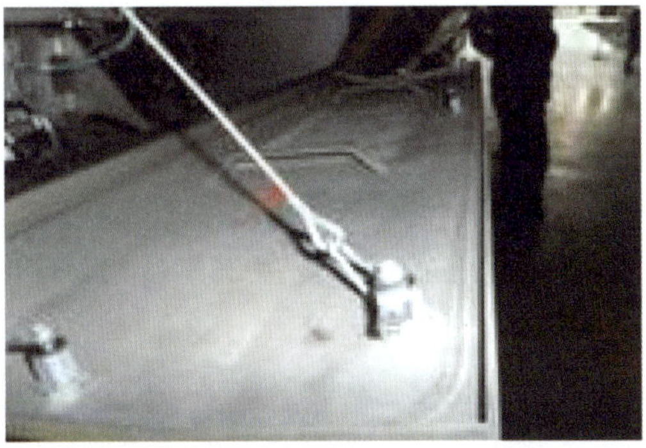

图 10-2-4　安全绳

③检查盖板四周密封带外观良好，无老化、脱落、龟裂等，如图 10-2-5 所示。

④检查接地线外观状态良好，无裂纹、脱出、烧痕、损坏、缺失等，如图 10-2-6 所示。

图 10-2-5　盖板四周密封带

图 10-2-6　盖板接地线

⑤目视检查检查说明标识无缺失、字迹模糊等，翻盖手柄无松动或缺失，如图 10-2-7 所示

(3)制动控制模块(B02)内部检查

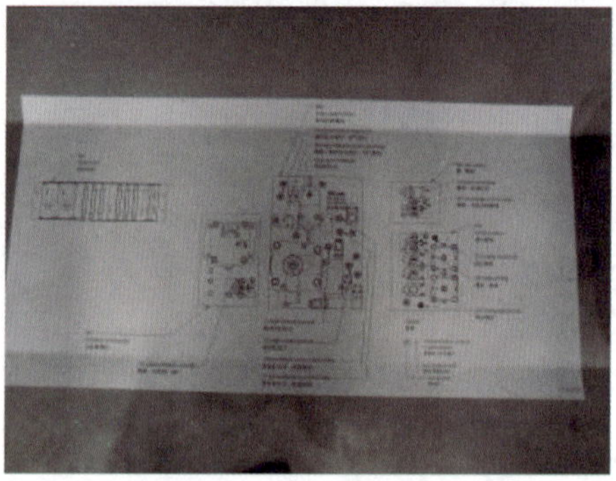

图 10-2-7　盖板内查检查说明

①检查确认汇接板的位置正确，紧固元件无松动或缺失。

②检查确认汇接板背面的压缩空气连接位置正确，无排风声。

③检查确认制动控制模块(B02)内压缩空气管路的位置正确，压缩空气管路和紧固元件无松动。

④检查确认单个设备在汇接板上的位置正确，紧固元件无松动或缺失，无排风声。

⑤检查确认单个设备上电气接口位置正确，接口无松动。

⑥检查确认制动控制模块(B02)内电气线路位置正确，线路和紧固元件无松动。

⑦检查确认电气接口和线路无损伤，无热负荷或绝缘损坏。汇接板的单个设备有无损伤，无变形、腐蚀或明显的脏污。

⑧检查确认单个设备有无损伤，标牌无缺失，字迹模糊。

⑨检查完毕后关闭盖板门，恢复裙板安装，确认锁闭牢固、到位。裙板锁力矩 30 N·m。

(4)制动控制模块(B02)中各元器件名称(图 10-2-8)

①机架(a)。

②制动控制器(B01)。

③塞门模块(B06)及二位三通换向阀 B06.02、截断塞门 B06.03。

④制动控制器(B10)。

⑤储压罐(B50)和储压罐(B51)。

⑥控制阀模块(B55)、控制阀 B55.02 截断塞门 B55.03 压力传感器 B55.04/05 检测

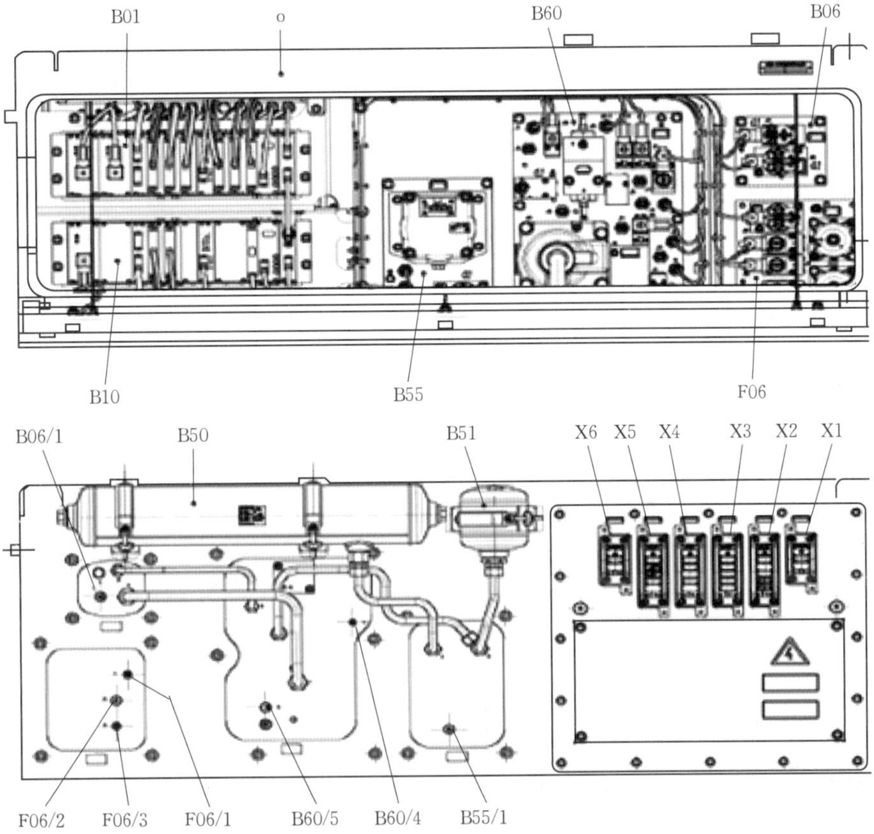


图 10-2-8　制动模块 B02

套管 B55.06。

⑦制动设备单元(B60)、压力调节器 B60.02 电磁阀 B60.03 止回阀 B60.04 限压阀 B60.05 截断塞门 B60.06 压力转换器 B60.07 先导阀 B60.08/12 压力开关 B60.09/11 活塞阀 B60.10 压力传感器 B60.11 压力传感器 B60.12 压力传感器 B60.13 检测套管 B60.17/18/19/20/21/22。

⑧停放控制模块(H01)减压阀 H01.02 脉冲阀 H01.03 检测套管 H01.04 压力传感器 H01.05。

⑨辅助空压机模块(U03)。过滤器 U03.03 止回阀 U03.04 测压计 U03.05 减压阀 U03.06 截断塞门 U03.07 检测套管 U03.08/09。

## 第三节　牵引变压器的日常检查维护

### 一、培训目的

通过培训，使新职人员熟悉 CRH3 型动车组牵引变压器相关部件名称、检查标准，并具备维护能力。

## 二、作业安全及注意事项

1. 作业人员应按规定穿戴劳保用品。

2. 无电作业前应确认动车组受电弓已降下，接触网已断电，接地杆已挂。

3. 动车组静止后，确认总风管压力不低于 600 kPa(6 bar)，确认牵引手柄在“0 位”，断开高压主断路器，降下受电弓，方向开关置于“0 位”，方向开关打到“0 位”后等待 10 s 时间。

4. 即使在断电后，牵引变压器仍可能有危险电压级别，给 DC 链路电容器放电至非危险电压级别至少需要 20 min 的时间。

5. 司机室故障面板的 A 钥匙打到“接地”位。

6. 登高作业人员穿戴好安全带等劳保用品，防止跌落。

## 三、检查项目流程

1. 牵引变压器的检查和维护

(1)将司机室故障面板蓄电池开关拨到“关”(图 10-3-1)，确认蓄电池已断开。

(2)在两端司机室故障开关柜上蓄电池开关上挂置“禁动牌”(图 10-3-2)，警示其他项目作业人员误动。

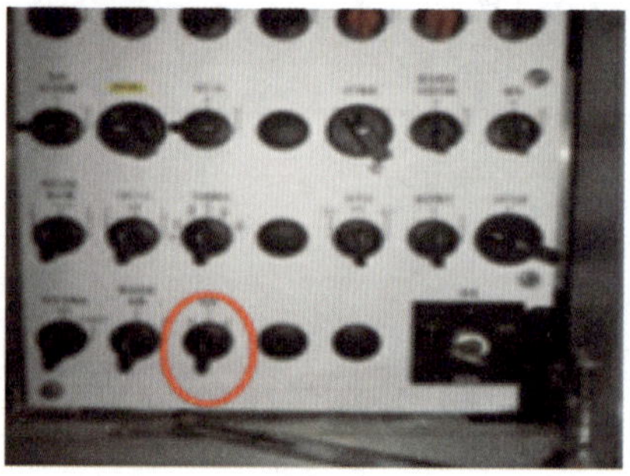

图 10-3-1　蓄电池开关

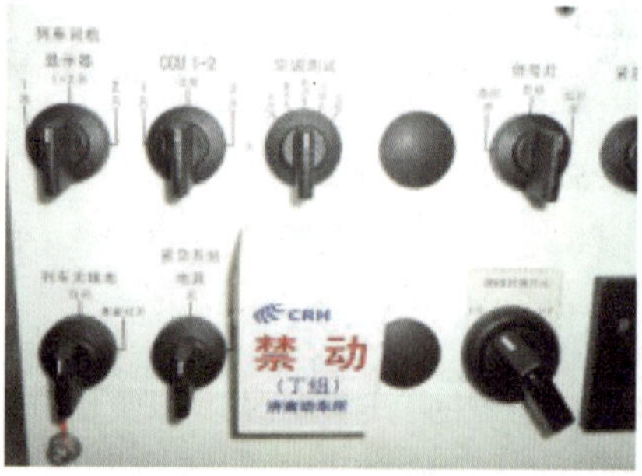


图 10-3-2　挂置“禁动牌”

(3)用四角钥匙打开牵引变压器两侧的裙板(一侧 2 块，共 4 块，如图 10-3-3、图 10-3-4 所示)。

(4)打开牵引变压器相对应的底板。

图 10-3-3　右侧裙板

图 10-3-4　左侧裙板

2. 清洁作业

(1)用高压风管吹净牵引变压器设备舱底板(图 10-3-5、图 10-3-6)上的杂物(如灰尘、纸屑、柳絮等),并用毛刷将其彻底清扫干净。

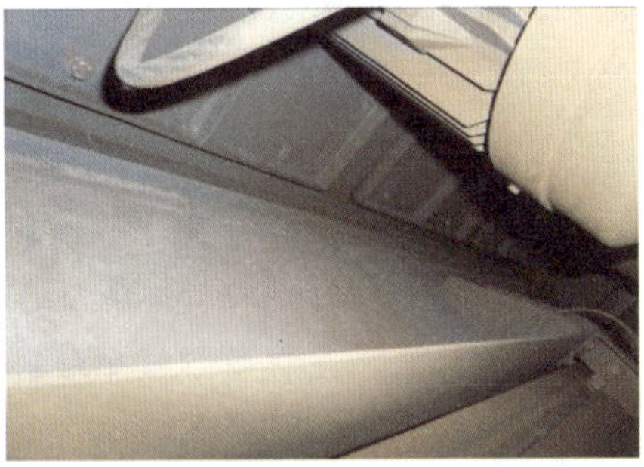

图 10-3-5　右侧设备舱底板

图 10-3-6　左侧设备舱底板

(2)用毛刷清扫牵引变压器本体(图 10-3-7)上的杂物(如灰尘、纸屑、柳絮等)。

(a)　　(b)

图 10-3-7　主变压器

3. 设备检查

(1)检查高压、低压 Pfisterer 插头连接器无龟裂、漏油,连接电缆、侧面高压输入及输出电缆外观状态良好,处于垂直状态;插件与设备间、电缆与插件间连接牢固;电缆无老化、划痕、烧痕、破损、松脱等,捆扎带及固定线卡齐全、作用良好;金属防护壳安装螺栓齐全,紧固,防松标记清晰,无错位(扭矩为 13 N·m),如图 10-3-8、图 10-3-9所示。

图 10-3-8　输入、输出电缆

图 10-3-9　输入、输出电缆

(2)目视检查输出端连接器温度标贴无翘边、脱落,显示温度不超限,如图 10-3-10 所示。

用软毛刷或干抹布清洁高压、低压 Pfisterer 插头连接器上的灰尘、污渍。如发现变压器表面被矿物油污染,则可采用下列的清洁方法:

①温和清洁:准备热水和普通家用的清洁剂,用刷子彻底清洁变压器表面。

②强度清洁:使用氯基清洁剂,用软布沾上少许清洁剂对脏污表面进行清洗,随后立即用另外一块布进行清洁。

图 10-3-10　连接器大线端子

(3)设备框架检查:目视检查变压器设备框架外观状态良好,无变形、裂纹、扭曲、开焊等,如图 10-3-11 所示。

(4)悬吊件检查:检查变压器两侧与车体构架的悬吊件安装状态良好,无变形、裂纹、扭曲等,螺栓、螺母紧固、齐全,防松标记清晰、无错位,如图 10-3-12 所示。

图 10-3-11　设备框架

图 10-3-12　悬吊件

(5)横向限位座检查:检查横向限位座外观状态良好,安装牢固,无变形、裂纹、扭曲、开焊等;内部螺栓、螺母齐全、紧固,防松标记清晰、无错位;如图 10-3-13、图 10-3-14所示。

(6)与车底板框架连接:检查与车底板框架连接状态良好,承力良好,无变形、裂纹、扭曲等,螺栓、螺母齐全、紧固,防松标记清晰、无错位,如图 10-3-15 所示。

图 10-3-13　横向限位座

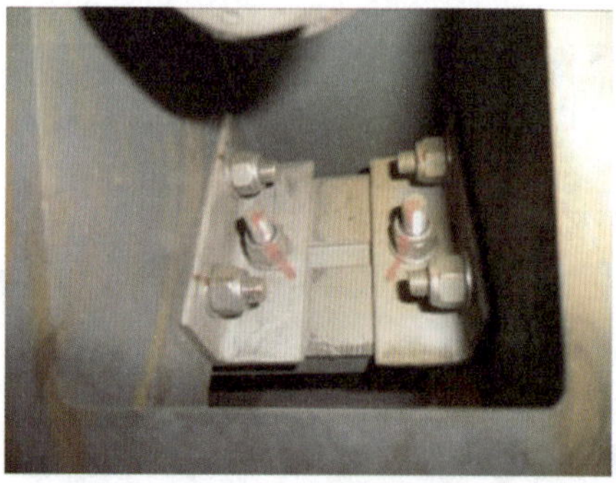

图 10-3-14　内部螺栓、螺母

(a)

(b)

图 10-3-15　底板、侧梁固定部件

(7)变压器本体及附属装置外观:检查变压器本体及附属装置外观及安装状态良好,无变形、裂纹、破损、油迹等,各部件间焊接良好,无开焊现象;表面安装螺栓齐全、紧固,无缺失、松动等现象。

(8)变压器本体无漏油:变压器本体无漏油迹象(图 10-3-16),若发现本体上有油迹或者设备舱底板有油污,应及时查找漏油点,组织人员进行分析。

(a)

(b)

图 10-3-16　主变压器本体

(9)铭牌:检查变压器铭牌(图 10-3-17)表面良好,无划痕、倾斜,字迹清晰,无模糊不清现象。

(a)

(b)

图 10-3-17　铭牌

(10)电动油泵(图 10-3-18):检查电动油泵外观状态良好,外壳无裂纹、机械性损伤,各连接法兰连接紧固,无松动、错位;泵体无漏油迹象;接线盒外观状态良好,接线紧固,线体无破损、老化、烧痕等。

(11)油路管道(图 10-3-19):检查油路管道外观状态良好,无裂纹、损坏、泄漏等;连接法兰紧固,无松动、错位、缝隙等。

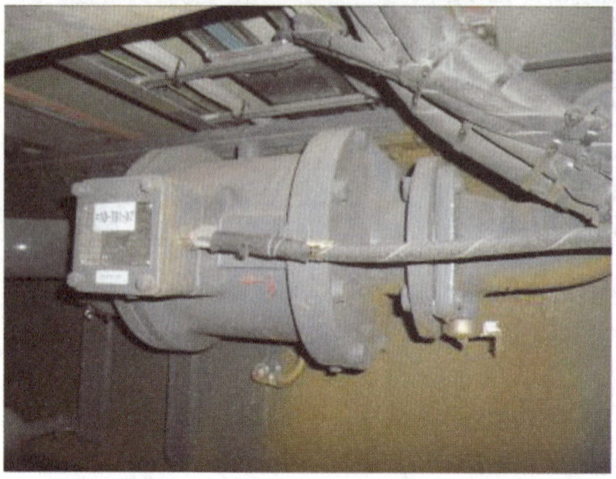

图 10-3-18　电动油泵

图 10-3-19　油管路

(12)油流继电器(图 10-3-20):检查油流继电器外观状态良好,与油管路安装紧固,螺栓、螺母紧固、齐全,防松标记清晰、无错位;本体无裂纹、损坏、变形等;接线安装牢固,无脱线、断股、老化、烧痕;安装法兰处无漏油等。目视检查油流继电器的腻子无干裂,存在干裂则重新涂打腻子。

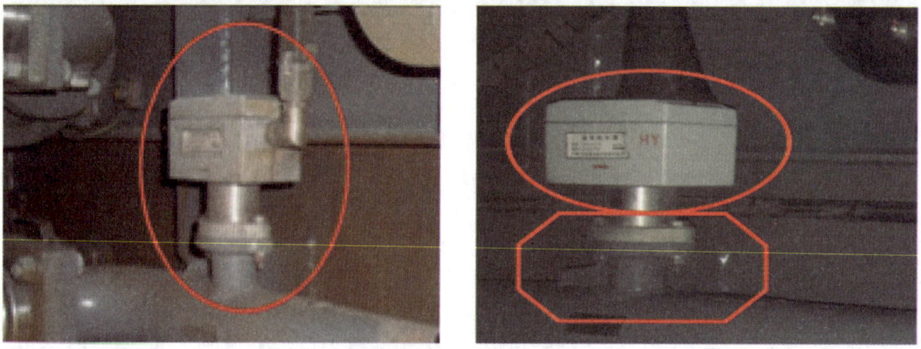

(a)　(b)

图 10-3-20　油流继电器

(13)油温传感器(图 10-3-21):

①检查油温传感器外观状态良好,安装正位,无裂纹、损坏、变形等;接线安装牢固,无脱线、断股、烧痕等。

②目视检查输入和输出温度传感器上的腻子无干裂,存在干裂则重新涂打腻子。

（a）

（b）

图 10-3-21 油温传感器

（14）压力释放阀（图 10-3-22）：检查压力释放阀外观状态良好，安装牢固，表面六角螺钉齐全、紧固，防松标记清晰、无错位；本体无变形、裂纹等。

注意：仅 ABB 牵引变压器装有此装置。

图 10-3-22 ABB 变压器压力释放阀

（15）高压 T 型接头（图 10-3-23、图 10-3-24）：检查高压 T 形接头外观及安装状态良好，套管固定螺栓齐全、紧固，无缺失、松动现象，防松标记清晰、无错位；绝缘护套无老化、裂纹、电蚀痕迹；接头紧固，无过热迹象；电缆支承座外观状态良好，无裂纹、变形，螺栓齐全、紧固，无松动、脱落、缺失等。

图 10-3-23 T 形接头

图 10-3-24 支撑座

（16）电流互感器（图 10-3-25）：检查电流互感器整体安装状态良好，与电缆无干涉，电缆及信号线无磨损、破皮现象；固定螺栓齐全、紧固，防松标记清晰、无错位；接线盒外观状态良好，盒盖安装螺栓齐全、紧固；线卡固定良好，防护胶皮无窜出、脱落。

（17）变压器上部安装螺栓（图 10-3-26）：检查变压器上部安装螺栓齐全、紧固，防松标记清晰、无错位。

（a）

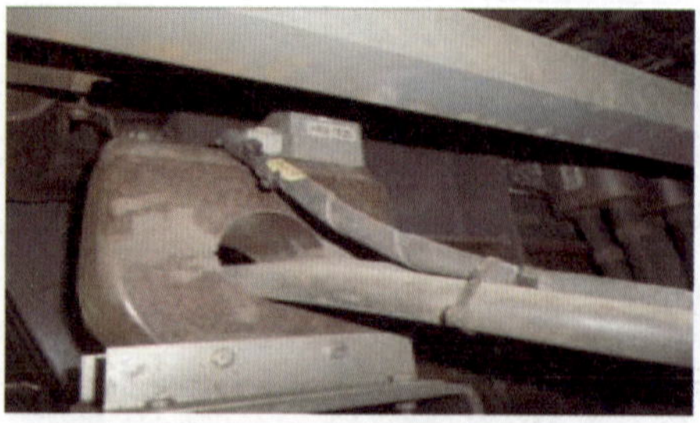
（b）

图 10-3-25　电流互感器

（18）电缆外层接地线（图 10-3-27）：检查接地线连接状态良好，固定螺栓齐全、紧固；高压电缆线无异常，表面无裂纹，各固定线卡无脱落，捆扎紧固。

图 10-3-26　安装螺栓

（19）高压电缆线槽（图 10-3-28）：检查两侧高压电缆槽外观状态良好，无变形、裂纹等，与车体间安装状态良好，螺栓、螺母齐全、紧固，防松标记清晰、无错位；内部电缆外观状态良好，无老化、龟裂、烧痕、松动等；线夹、防护套齐全、完整，无破损、断裂、缺失等。

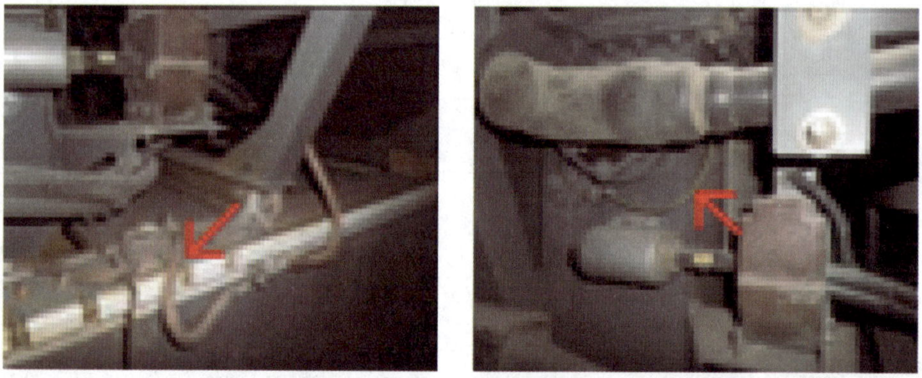
图 10-3-27　电缆外层接地线

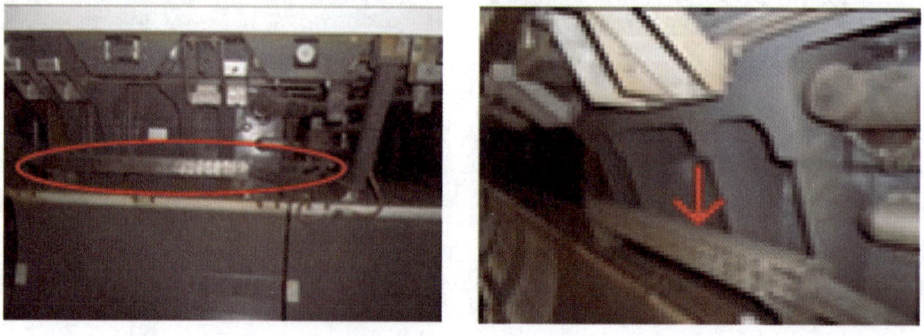
图 10-3-28　高压电缆线槽

(20)作业恢复:恢复裙板安装,确认锁闭牢固、到位,裙板锁力矩标准为 30 N·m。清理作业现场。

4. 车上设备检查

(1)油位观察窗盖板检查及清洁

①检查油位观察窗外观状态良好,窗面清洁,无灰尘覆盖、油迹等(图 10-3-29)。

②检查盖板内六角螺栓齐全、紧固,无松动、脱出、缺失等,防松标记清晰、无错位。

③用 10 mm 内六角扳手拆下油位观察窗盖板上的四个内六角螺栓,放在材料存放盒中。

④使用湿抹布对观察窗内外表面进行擦拭,保证镜面清晰。

图 10-3-29　变压器油位计

(2)变压器膨胀油箱油位检查

①检查油位指示器外观良好,无破损、裂纹等;安装牢固,固定螺栓齐全、紧固;标识线清晰,模糊不清时进行清洁。

②检查油位在可视范围之内(西门子:油位高度在+20 ℃为正常,允许有(0,−1 cm)公差;ABB:油位高度与环境摄氏温度相当)。

③检查指示器下方车顶板及周围无油迹。

④如出现油缺失,必须找出漏泄处并注满。

a. 先用 10 mm 内六角扳手拆下注油口盖板,再拧开膨胀油箱中的加油法兰,打开圆盘阀。

b. 使用桶式泵向储油柜中加油,注意油位。冷态下,不得将油加注超过+20 ℃标记,加满后将法兰关闭,复位盖板,扭矩 60 N·m。

c. 在泵断电的情况下,为整套系统排风:检查并确认所有的圆盘阀均完全打开,打开储油柜中的管塞,打开气阀为瓦斯继电器排风直到油排出,无任何气泡。

(3)脱水吸湿器(图 10-3-30)检查

①检查外观及安装状态良好,表面无裂纹、损坏等;安装螺栓齐全、紧固,无松动、脱落、缺失等。

②检查观察窗外观良好,窗口无裂纹、破损等,如有尘土挡住观察视线,应用洁净干布擦拭。

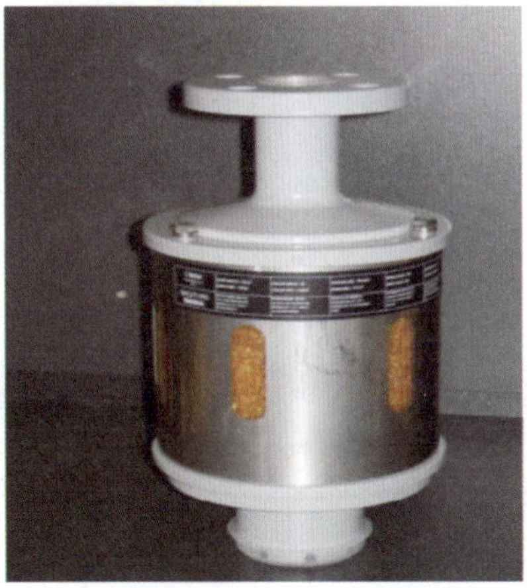

图 10-3-30　脱水吸湿器

(4)干燥剂检查

①检查硅胶颗粒无漏出干燥器的情况。

②检查硅胶颜色：橙色表示干燥和活动状态，绿色表示水饱和。

a. 硅胶有半数或以上变为绿色（水饱和）时，用 10 mm 叉口或棘轮扳手拆下脱水吸湿器安装螺栓，取下吸湿器，将所有硅胶使用新的橙色硅胶替换。完毕后重新将吸湿器置于安装位，紧固安装螺栓。

b. 无新品更换时，将变色硅胶放置干燥箱中，温度调至 100～110 ℃，持续 3～4 h，直至硅胶恢复为本来的橙色。烘干程序可以重复几次，但不能确定，因为由于污染会逐渐退化其功能。

c. 如果硅胶被矿物油污染，则硅胶必须全部更换。

(5)检查确认

检查完毕后，安装观察窗盖板，力矩 60 N·m，确认螺栓紧固到位后将旧防松标记清除涂打新防松标记。

## 第四节　牵引变流器的日常检查维护

### 一、培训目的

通过培训，使新职人员熟悉 CRH3 型动车组牵引变流器相关部件名称、检查标准，并具备维护能力。

### 二、作业安全及注意事项

1. 作业人员应按规定穿戴劳保用品。
2. 无电作业前应确认动车组受电弓已降下，接触网已断电，接地杆已挂。
3. 确认动车组停放制动施加，做好防溜工作。
4. 此时的车辆必须处于静止、停稳且其电源和压缩空气气源断开的状态。

图 10-4-1　蓄电池开关

### 三、检查项目流程

1. 牵引变流器的检查和维护

(1)将司机室故障面板蓄电池开关拨到“关”（图 10-4-1），确认蓄电池已断开。

(2)在两端司机室故障开关柜上蓄电池开关上挂置“禁动牌”（图 10-4-2），警示其他项目作业人员误动。

(3)打开牵引变流器对应位置处的裙板和底板（图 10-4-3）。

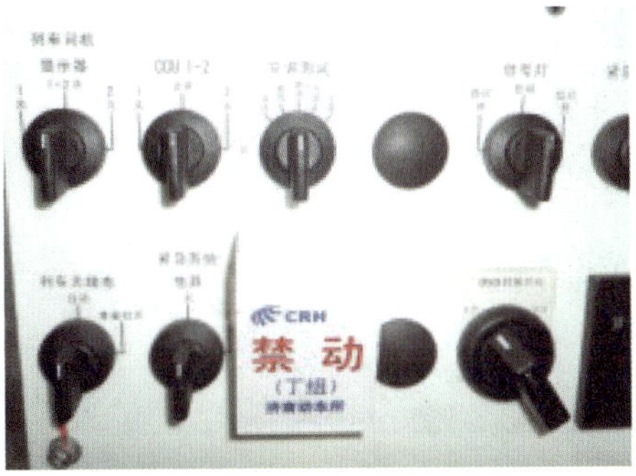


图 10-4-2　挂置"禁动牌"

图 10-4-3　牵引变流器裙板

2. 设备检查

(1)箱体检查(图 10-4-4)

①目视检查外观状态良好,无变形、裂纹、机械性损伤等。

②检查密封盖正位,无破裂、松动,密封良好。

③目视检查铭牌清晰完整。

(2)悬吊部件(图 10-4-5)检查

①目视检查外观状态良好,无裂纹、变形、安装牢固。

②检查与车体连接良好,螺栓齐全紧固,松动时拧紧至 275 N·m。

③检查侧面螺栓紧固,松动时拧紧至 17.2 N·m。

④检查橡胶件外观良好,无老化、变形、龟裂等。

图 10-4-4　牵引变流器箱体

图 10-4-5　牵引变流器悬吊装置

(3)接地线(图 10-4-6)检查

①目视检查外观状态良好,无松动、老化、裂纹、灼伤痕迹。

②检查安装牢固,螺栓松动(M10)时拧紧至 50 N·m。

(4)电气连接器(图 10-4-7)检查

①目视外观状态良好,无裂纹、机械性损伤等。

②检查与电缆连接状态良好,螺栓紧固,防松标记清晰,无错位。

③检查电气线外观状态良好,无老化、裂纹、灼伤等。

图 10-4-6　设备接地线

图 10-4-7　电气连接器

(5)冷却液液位窗(图 10-4-8)检查

①目视检查外观状态良好,无裂纹、损坏、漏液等。

②检查液位窗表面清洁,无灰尘、污迹,可清晰观察到里面的液位。

③检查标识线清晰,液位处于最高刻度与最低刻度之间。

(6)接地放电

①用裙板钥匙和棘轮套筒分别打开变流器裙板和变流器设备箱板。

②用接地电缆装置连接设备箱内的接地端子(图 10-4-9),给 DC 链路电容器放电 20 min。

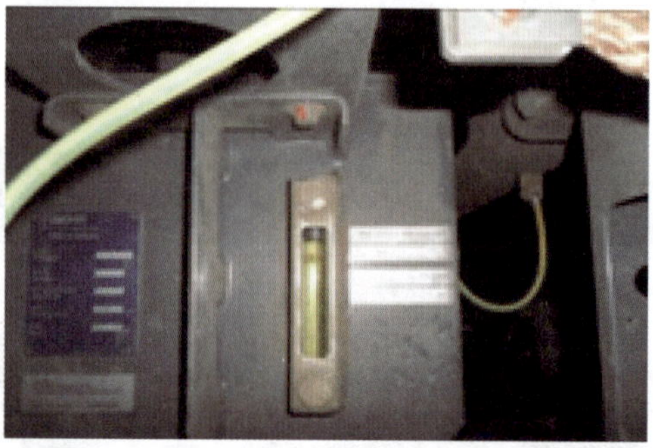

图 10-4-8　冷却液液位窗

图 10-4-9　接地端子

(7)DC 模块(图 10-4-10)检查

①用接地电缆装置给 DC 链路电容器放电至非危险电压级别至少需要 20 min 的时间。

②用数字万用表检查其对地电压,确保其电压低于 10 V。

③冷却液连接管路外观良好,无变形、破损、裂纹等,密封良好,冷却液无泄漏。

(8)与冷却设备连接(图 10-4-11)

①检查管路外观良好,无变形、破损、裂纹

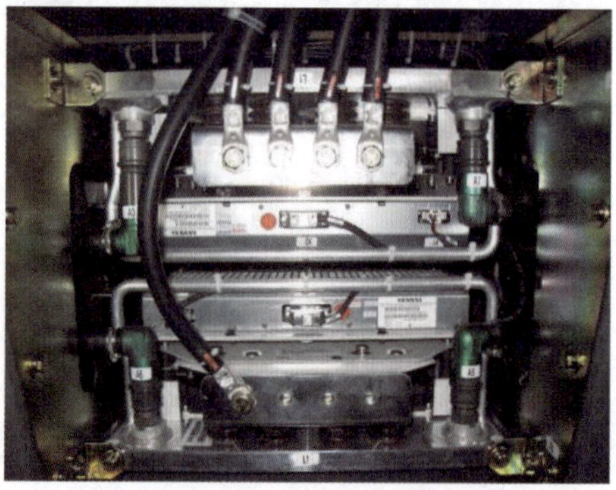

图 10-4-10　DC 模块

等，密封良好，冷却液无泄漏。

②检查法兰无破损，与冷却设备法兰盘配合良好，无漏泄；法兰连接螺栓齐全、紧固，防松标记清晰、无错位(松动时拧紧至 120 N·m)。

③检查各部安装固定螺栓齐全、紧固，无松动、脱落、缺失等。

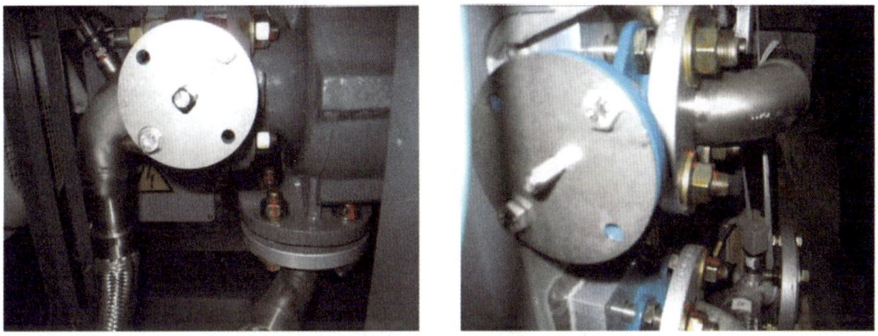

图 10-4-11　冷却液管路

(9)密封盖板(图 10-4-12)检查

检查所有盖板外观良好，无变形、破损、裂纹等，密封状态良好。

(10)检查确认

检查完毕后恢复裙板、底板安装，确认锁闭牢固、到位，裙板锁力矩标准为 30 N·m。

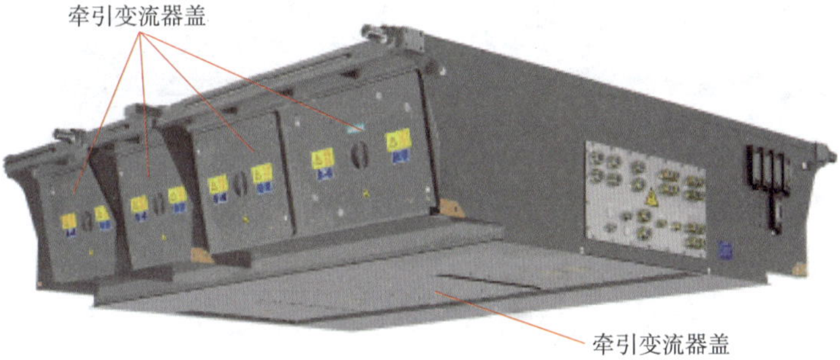


图 10-4-12　各密封盖板

## 第五节　辅助变流器的日常检查维护

### 一、培训目的

通过培训，使新职人员熟悉 CRH3 型动车组辅助变流器相关部件名称、检查标准，并具备维护能力。

### 二、作业安全及注意事项

1. 作业人员应按规定穿戴劳保用品。
2. 无电作业前应确认动车组受电弓已降下，接触网已断电，接地杆已挂。

3. 确认动车组停放制动施加，做好防溜工作。

4. 断电后，储能电容器需放电 5 min，方可作业。

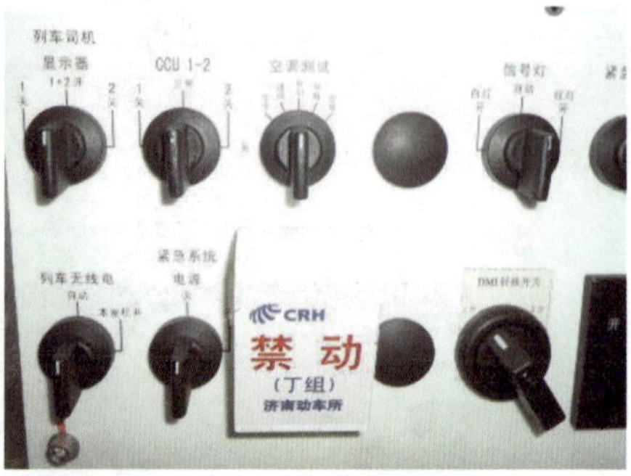


图 10-5-1　挂置“禁动牌”

## 三、检查项目流程

1. 辅助变流器接地放电

（1）确认动车组未供电，在两端司机室故障开关柜上蓄电池开关上挂置“禁动牌”（图 10-5-1），警示其他项目作业人员误动。

（2）用四角钥匙打开设备对应位置处的裙板（图 10-5-2、图 10-5-3）。

图 10-5-2　辅进气口侧

图 10-5-3　辅助电气箱侧

（3）用四角钥匙打开另一侧的裙板，用内六角棍打开维护盖板，找到球形接地电极 E1、E2 、E3、E4、E5、E6。

（4）利用合适的接地短路工具将球形接地电极 E1、E2 和 E3 短路以及 E4、E5 和 E6 短路，使辅助变流器的直流传输线接地并短路。

（5）让模块中的储能电容器放电 5 min 以上 。

注意：首先将 E3、E6 连接到接地/短路装置，然后再连接 E1 和 E2、E4 和 E5。

2. 辅助变流器进气口清洁

（1）检查进气口格栅外观良好，无变形、破损等。

①当格栅表面附着较轻的污物时（灰尘、浮土、柳絮等），用压缩空气（5～6 MPa）或大功率吸尘器从外部对格栅进行清洁。

②外部清洁完毕后，用内六角扳手拆下滤网四周的 M6 安装螺钉，将其放在材料存放盒中。

③取下进气口格栅，并将其放在漆布上。

④使用压缩空气（5～6 MPa）对进气口格栅的内侧进行清洁。

(2)检查电源模块(T1)通气道,若污垢较多,则进行此步骤

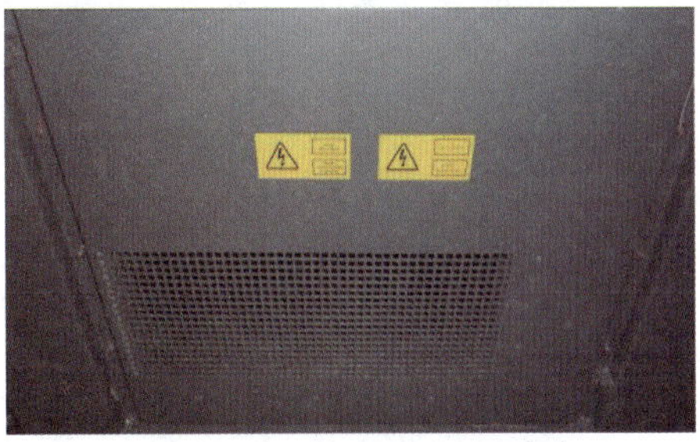

图 10-5-4　辅助出气口底板

①拆卸出气口底板(图 10-5-4),将其放在漆布上,螺栓放在材料存放盒中。

②用压缩空气(5～6 MPa)对出气口格栅进行吹尘,吹净附着在表面的灰尘、柳絮等杂物。

③外部清洁完毕后,用内六角扳手拆下滤网四周的 M6 安装螺钉,将其放在材料存放盒中。

④取下进气口格栅,并将其放在漆布上。

⑤使用压缩空气(5～6 MPa)对进气口格栅的内侧进行清洁。

⑥使用压缩空气通过进气口方向维护铰链板风道(不安装进气口格栅)清洁电源模块散热风道。

⑦用大功率吸尘器清洁通气道和风扇区。

⑧检查底板上的密封件外观良好、无破损,若损坏须及时更换。

3. 检查

(1)辅助变流器检查(悬吊部件检查)

①检查箱体支撑框架(图 10-5-5)外观状态良好,无变形、裂纹、开焊、锈迹等。

②检查车体两侧底架边梁金属橡胶衬托(图 10-5-6)外观状态良好,无变形、裂纹、扭曲等。

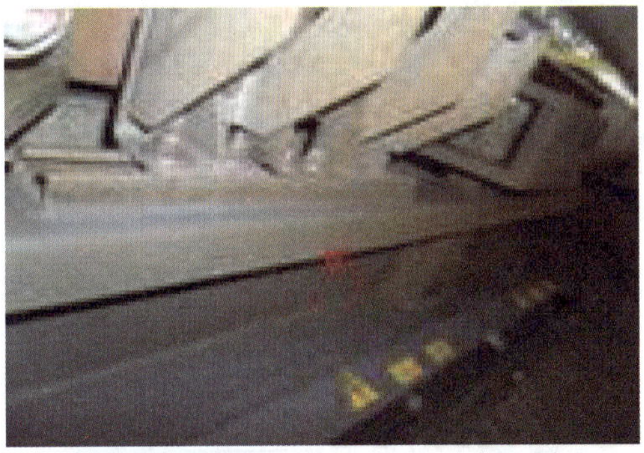

图 10-5-5　框架

图 10-5-6　边梁衬托

③检查螺栓、螺母紧固(图 10-5-7),防松标记清晰,无错位(如有必要,按照附件一规定的扭矩将螺栓连接拧紧)。

④检查两侧横向限位座(图 10-5-8)外观状态良好,安装牢固,无变形、裂纹、扭曲、开焊等。

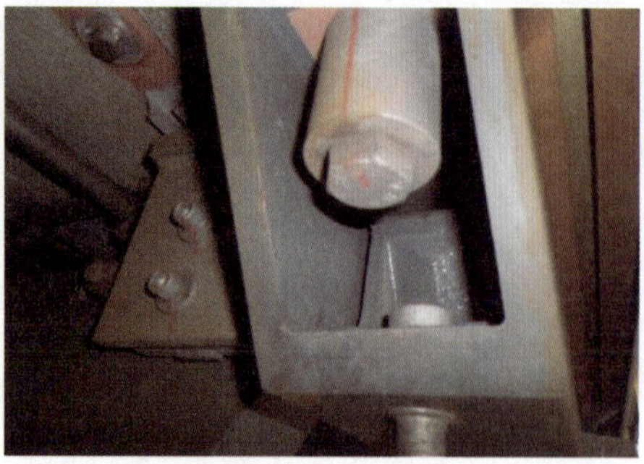

图 10-5-7　内部螺栓

图 10-5-8　横向限位座

⑤检查内部螺栓、螺母(图 10-5-9)齐全、紧固,防松标记清晰,无错位(如有必要,按照附表规定的扭矩将螺栓连接拧紧)。

⑥检查两侧支撑梁(图 10-5-10)外观状态良好,无变形、裂纹、开焊、锈迹等。

⑦检查周围固定板(图 10-5-11)外观良好,螺栓齐全、紧固,防松标记清晰,无错位(如有必要,按照附表规定的扭矩将螺栓连接拧紧)。

⑧检查箱体下部两侧与车体连接部位外观状态良好,无变形、裂纹、机械性损伤等。

⑨检查安装螺栓(图 10-5-12)齐全、紧固,防松标记清晰,无错位(如有必要,按照附表规定的扭矩将螺栓连接拧紧)。

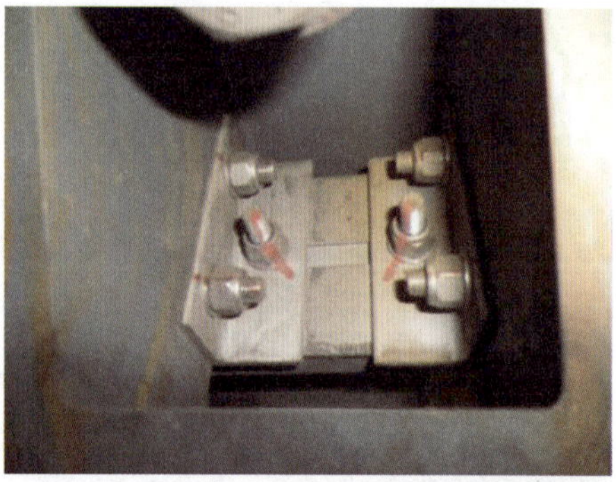

图 10-5-9　内部螺栓、螺母

图 10-5-10　支撑梁

图 10-5-11　固定板

图 10-5-12　箱体连接螺栓

(2)辅助变流器检查(箱体检查)

①检查箱体电气装置盖板(图 10-5-13)外观状态良好,无变形、裂纹、倾斜、关闭不严等;

②检查盖板锁状态良好,无断裂、缺失等,作用良好,旋转无卡滞、异声等;

③检查警示标识及铭牌齐全、完整,无翘起、脱落等,缺损的标签必须更换。

④检查盖板四周密封条完整,与箱体压紧良好,无缺失、破损、脱出等,破损的密封条必须进行更换。

⑤检查盖板下部折页(图 10-5-14)外观状态良好,无变形、裂纹等,安装螺栓齐全、紧固,防松标记清晰,无错位(如有必要,按照附表规定的扭矩将螺栓连接拧紧)。

⑥检查密封条外观状态良好,无老化、龟裂、破损、脱落等;破损的密封条必须进行更换。

⑦检查侧面电缆及连接器(图 10-5-15)外观状态良好,电缆保护层齐全无破损,捆扎牢固,本体无老化、龟裂、烧痕等。

⑧检查与连接器连接紧固,卡箍状态良好,防松标记清晰,无错位。

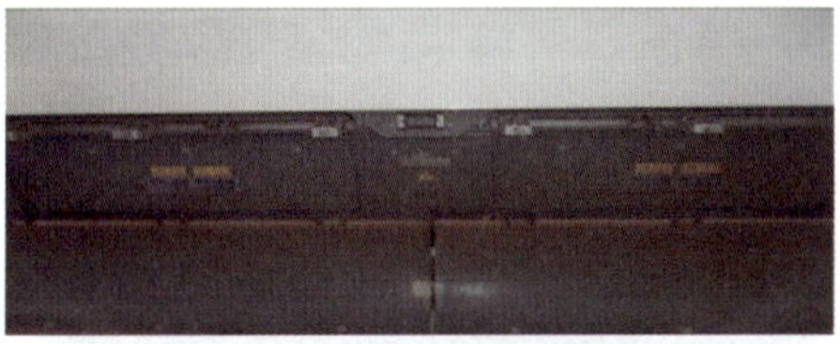

图 10-5-13　辅电气装置盖板

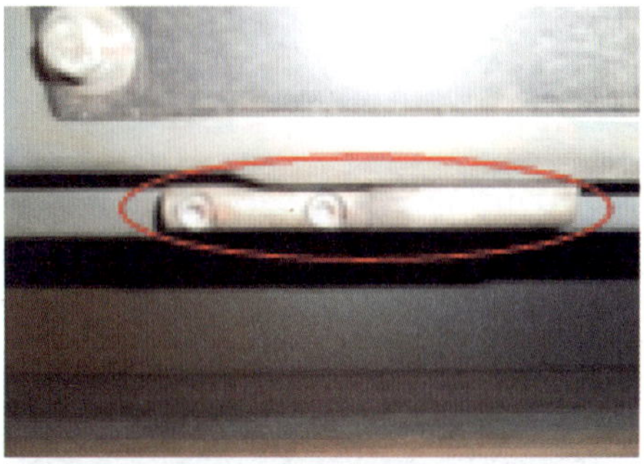

图 10-5-14　折页

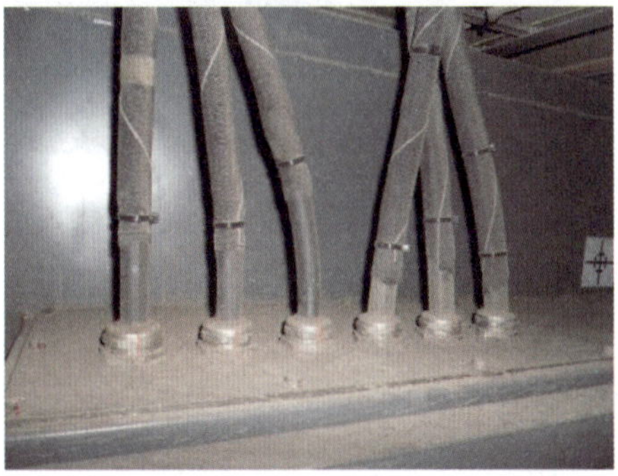

图 10-5-15　电缆及连接器

⑨检查接地线(图 10-5-16)外观状态良好,无老化、断股、松动、烧痕等;

⑩检查安装螺栓紧固,防松标记清晰,无错位(如有必要,按照附表规定的扭矩将螺栓连接拧紧)。

⑪检查电缆接入口线插(图 10-5-17)及电缆线外观状态良好,无松动、脱出、烧痕等。

图 10-5-16 接地线及安装螺栓

图 10-5-17 电缆接入口

⑫检查进气口侧外观状态良好，无变形、裂纹、倾斜、关闭不严等。

⑬检查盖板锁状态良好，无断裂、缺失等，作用良好，旋转无卡滞、异声等。

⑭检查警示标识及铭牌齐全、完整，无翘起、脱落等，缺损的标签必须更换。

⑮检查盖板四周密封条完整，与箱体压紧良好，无缺失、破损、脱出等，破损的密封条必须更换。

⑯检查进气口格栅(图 10-5-18)外观状态良好，无变形、裂纹、破损等。

⑰检查螺栓齐全、紧固，无松动、脱出、缺失等，防松标记清晰，无错位(如有必要，按照附表规定的扭矩将螺栓连接拧紧)。

(3)箱体内部检查

①打开进气口方向维护板(图 10-5-19)。

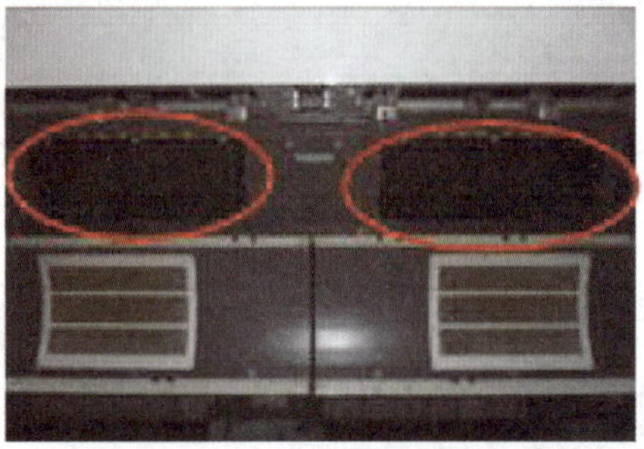

图 10-5-18 进气格栅

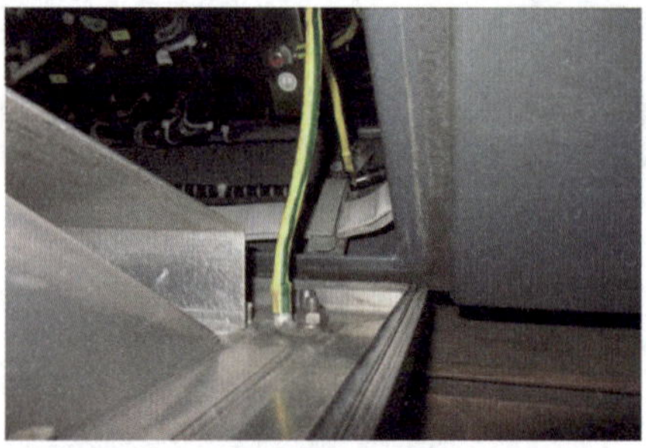

图 10-5-19 进气口方向维护板

②目视检查盖板密封条外观状态良好，无老化、脱落、龟裂、孔隙等，破损的密封条必须进行更换。

③目视检查箱体内电源模块散热风道(图 10-5-20)外观良好，散热翅片无变形；检查风道内无灰尘异物，否则进行清洁。

4. 作业恢复

(1)清洁完毕后，将进气口格栅重新放入安装位置，用扭矩扳手对安装螺栓进行紧固(具体扭矩见附表)，确认牢固、到位，并重新涂打防松标记。

(2)重新安装风扇室出气口处的底板，用扭矩扳手对安装螺栓进行紧固(具体扭矩见附表)，确认牢固、到位，并重新涂打防松标记。

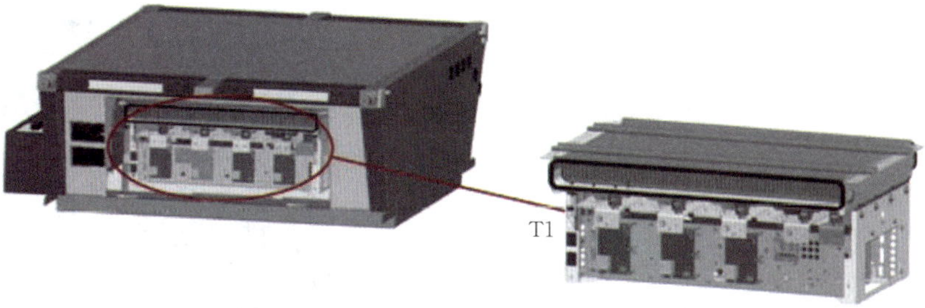


图 10-5-20　电源模块 T1 及其散热风道

(3)拆下接地线,关上维护盖板。

(4)锁闭打开的裙板,用 30 N·m 扭矩扳手对裙板锁进行紧固,确认锁闭牢固、到位。

(5)取下两端司机室故障控制面板蓄电池开关上的"禁动牌"。

## 第六节　充电机、蓄电池等辅助供电设备的日常维护

### 一、培训目的

通过培训,使新职人员熟悉 CRH3 型动车组充电机、蓄电池设备相关部件名称、检查标准,并具备维护能力。

### 二、作业安全及注意事项

1. 作业人员应按规定穿戴劳保用品。

2. 无电作业前应确认动车组受电弓已降下,接触网已断电,接地杆已挂。

3. 确认动车组停放制动施加,做好防溜工作。

4. 断电后,储能电容器需放电 5 min,方可作业。

5. 电池组附近不得出现明火、灰烬或火花,以免引起爆炸和火灾危险。

6. 避免爆炸和火灾危险,避免短路。由于电池组电池的金属部件始终带电,因此,不得将任何异物或工具放在电池上。

### 三、检查项目流程

1. 充电机检查维护

(1)开工准备

①动车组状态确认

a. 确认车组号及股道与作业计划单相同。

b. 确认作业股道接触网已断电,接地杆已挂。

c. 确认作业车组已放电,受电弓降下。

②检查工具、材料

a. 按工具清单和物料清单清点物品。

b. 检查工具性能状态良好。

(2)检查

①动车组放电接地

用四角钥匙打开充电机进气口格栅(图 10-6-1)处裙板。

图 10-6-1　进气口格栅

②进气口格栅清洁

a. 检查进气口格栅是否有污物。

b. 当格栅表面附着较轻的污物时(灰尘、浮土、柳絮等),用压缩空气或大功率吸尘器从外部对格栅进行清洁。

③作业恢复

锁闭打开的裙板,用 30 N·m 扭矩扳手对裙板锁进行紧固,确认牢固、到位。

2. 蓄电池检查维护

(1)开工准备

①动车组状态确认

a. 确认车组号及股道与作业计划单相同。

b. 确认作业股道接触网已断电,接地杆已挂。

c. 确认作业车组已放电,受电弓降下。

②检查工具、材料

a. 按工具清单和物料清单清点物品。

b. 检查工具性能状态良好。

(2)检查

①作业准备

确认动车组未供电,在两端司机室故障开关柜上蓄电池开关上挂置“禁动牌”(图 10-6-2),警示其他项目作业人员误动。

②蓄电池箱检查

a. 用四角钥匙打开蓄电池箱对应位置处的裙板(图 10-6-3)。

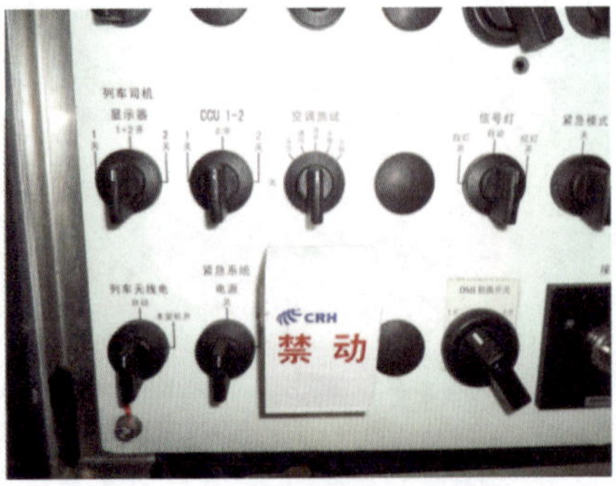


图 10-6-2　挂置“禁动牌”

图 10-6-3　蓄电池裙板

b. 目视检查蓄电池箱(图 10-6-4)外观状态良好,无裂纹、变形、破损、凹痕;表面漆涂层完整,严重剥落时需及时补漆。

c. 检查安装状态良好,悬吊螺栓紧固,作用良好,无变形、裂纹,防松标记清晰,无错位。

d. 检查与车体间电气连接端子紧固无松动,松动时紧固处理;无过热烧损痕迹,表面无损坏、变形;各电缆护套无老化裂损;线束捆扎牢固,线号清晰。

③打开蓄电池盖板

a. 打开盖板,检查蓄电池箱盖板(图 10-6-5)密封良好,胶条齐全,完整、无老化、龟裂、脱落等。

图 10-6-4 蓄电池箱

图 10-6-5 蓄电池箱盖板

b. 打来蓄电池箱盖,打开蓄电池框架固定销,拆除电池组电源连接装置(需剪扎带,图 10-6-6)并且将座盘框架从电池箱中拉出,检查导轨外观良好,无变形、破损、裂纹、摩擦痕迹等;拉出时顺畅,无卡滞、异音等。

图 10-6-6 蓄电池组电源连接装置及电池箱固定销

④蓄电池清洁

a. 用风枪或湿刀口布清洁蓄电池箱和蓄电池表面(图 10-6-7)的灰尘。

b. 清洁单体电池、螺栓、连接器和绳索眼等处污物,使用清洁布清除在维护工作过程中溢出的所有液体。

c. 清洁密封件,给密封件涂上石蜡油。

⑤蓄电池检查

a. 手摇确认蓄电池组台车无明显晃动。

b. 目视检查外观良好，无裂纹、碰磨、老化、破损等；标贴、安全标识齐全、完整、清晰，正缺失、破损等。

c. 检查安装状态良好，螺栓齐全、作用良好，松动时拧紧。

d. 检查蓄电池接线柱(图 10-6-8)清洁无腐蚀，破损，安装正位、牢固。

e. 使用鬃毛刷在连接元件和绳索眼上涂抹薄薄的一层中性凡士林。

图 10-6-7　蓄电池组

图 10-6-8　蓄电池接线柱螺钉和螺母

(3)作业恢复

①检查清洁完毕后，将座盘框架重新推入，复位蓄电池框架固定销，再恢复蓄电池组及连接插头，同时绑扎带。

②使用刀口布清洁密封件，对密封件涂上石蜡油。

③使用四角钥匙关闭蓄电池维护盖板。

④锁闭打开的裙板，用 30 N·m 扭矩扳手对裙板锁进行紧固，确认牢固、到位。

## 第七节　车窗玻璃的更换

### 一、培训目的

通过培训，使作业人员熟悉 CRH3 型动车组车窗玻璃作业流程及作业安全关键项点，掌握检修标准，并具备维修处理能力。

### 二、作业安全及注意事项

1. 作业人员在维修作业期间应遵守适用的作业指导书及各种安全规定；必须始终穿着带有橡胶鞋底的绝缘鞋，并穿戴所从事工作要求的防护服和其他与人身安全相关的设施等。

2. 在进行动车组作业前，车辆必须处于静止状态。必须按规定插设安全防护号志；作业完必须确认本组作业人员全部离开作业车辆后，方准撤除防护。插撤防护号志要使用对讲机传递信号，不得隔位传递，严禁无防护号志检修作业。

3. 检修库配备接触网"有电""无电"等安全警示标识，工作人员必须遵照安全警示标识的提示，按作业流程的规定进行作业。

4. 工具、材料的领用、摆放、归还应遵循配送制度，严禁将工件、工具等物放置在车辆、设备上。对所用工具严格检查，确认状态良好，数量齐全；扭矩扳手须经校验合格后方可使用。

5. 空气中尘埃负荷必需要小(清洁、活化后的粘接面在通风结束后没有可见的尘埃)。

6. 温度范围：15°～30°；

7. 相对空气湿度：30%～70%；

8. 工作区域附近必须有电源(220 V)和风源(风压 0.6～0.8 MPa)；

9. 工作过程和质量检验过程中照明要充足。

## 三、更换项目流程

1. 开工准备

(1)检查工具、材料、看板

①按照工具清单领取、清点工具，领用固定值扭矩扳手。

②按照物料清单领取、清点物料。

③作业现场对工具、物料进行核对，确保工具性能状态良好，物料数量齐全，并填写作业看板。

(2)环境温度、湿度控制

将更换侧窗场地放置温度计和湿度计，一定要确保温度范围在 15 ℃～30 ℃，湿度范围在 30%～70%。

2. 拆下旧侧窗玻璃

(1)割下玻璃固定胶条

①使用脉冲割刀把车外部侧窗胶条割下来(图 10-7-1)，在切割过程中用平滑剂润滑，刀片与车体呈 45°夹角，所割下来的胶条断面呈等腰直角三角形。

②在车厢内拆下破裂侧窗所在窗口侧墙的墙板(图 10-7-2)。

注意：切勿把墙板上的密封条弄坏。

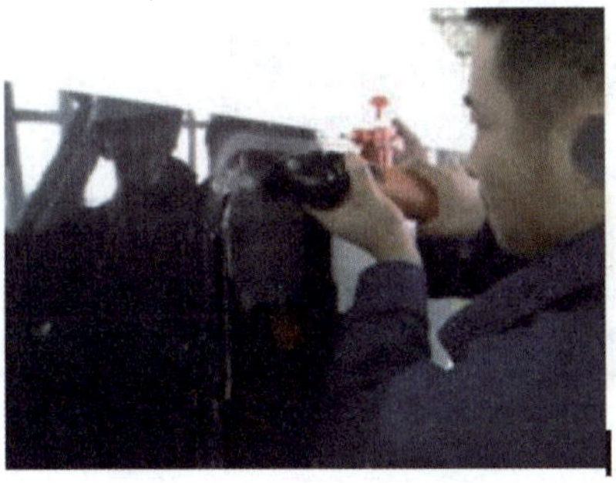

图 10-7-1　外部胶条割除

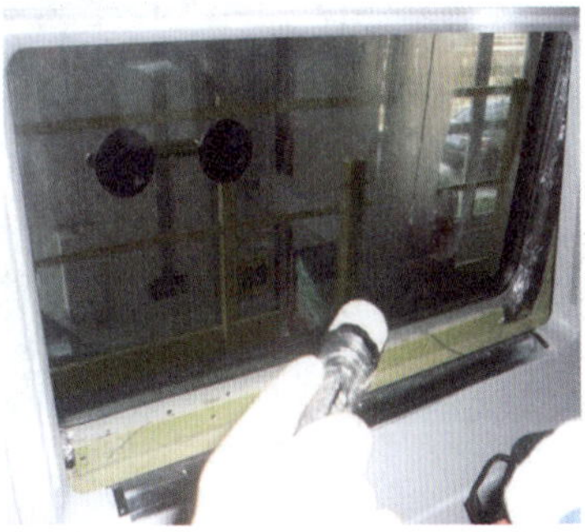

图 10-7-2　车内窗口墙板拆除

③用脉冲割刀把玻璃与铝框之间的胶体割开，同时进行润滑。

注意：割刀要匀速运动，不能停顿，因为玻璃与铝框间是一个密封的空间，如果刀片在某一点停留的时间过长，容易在里面摩擦产生高温，而温度散不出来，可能使胶体燃烧产生危险。

(2)取下侧窗玻璃

①把吸盘吸附在此块玻璃与对面的铁杆上，用长度可调节的尼龙带把两者紧紧地固定在一起(图 10-7-3)。

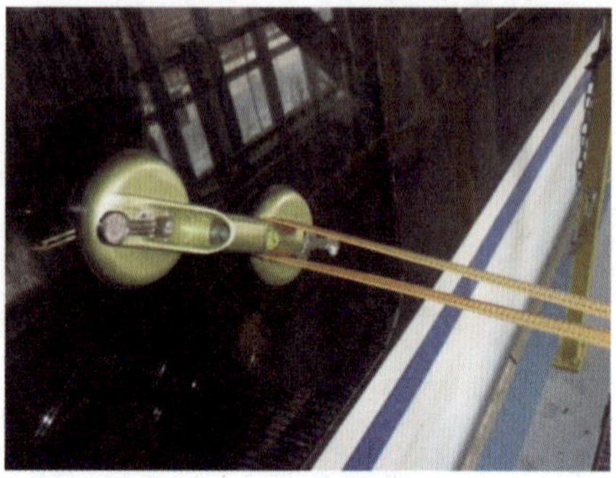

图 10-7-3　玻璃固定

②使用螺丝刀将窗体周围的螺栓(图 10-7-4)拆下。

③在车外用力向外拉吸盘，同时在车内用力向外推玻璃，先把玻璃拉出一条缝，再缓缓地把玻璃拿下来(图 10-7-5)，放置于车下指定的安全位置。

④把已经损坏的橡胶条取下来，用壁纸刀把残留在框边上的胶体清理干净(图 10-7-6)，并将框边上的橡胶条割下来进行清理。

⑤把窗框附近的胶体碎屑处理干净。

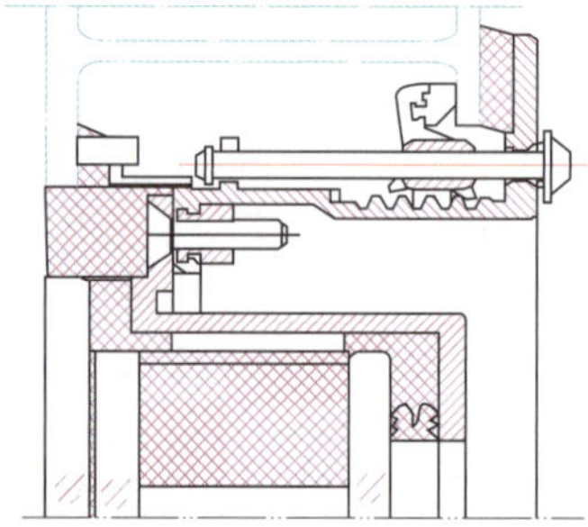

图 10-7-4　玻璃安装螺栓

图 10-7-5　玻璃拆卸

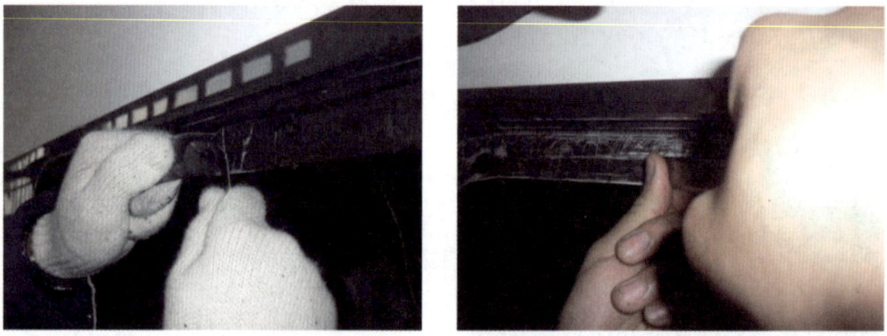

(a)　　(b)

图 10-7-6　清理残留胶体

3. 安装新侧窗玻璃

(1)检查新侧窗玻璃

检查新侧窗玻璃型号匹配、状态良好。

(2)表面处理准备

①修边:使用壁纸刀清除玻璃粘接面(图 10-7-7)可能影响粘接的橡胶、毛刺等杂质;

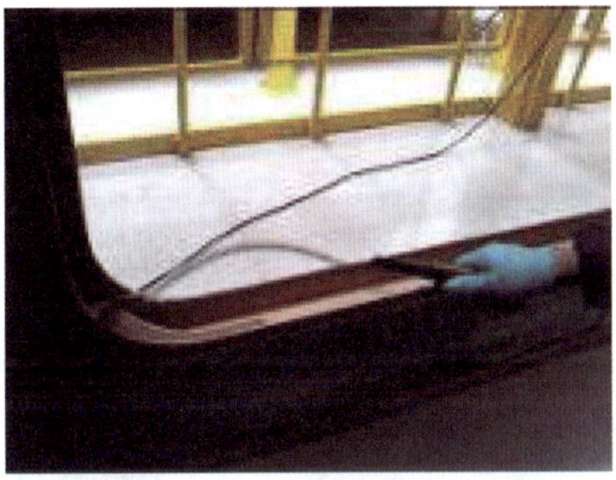

(a)

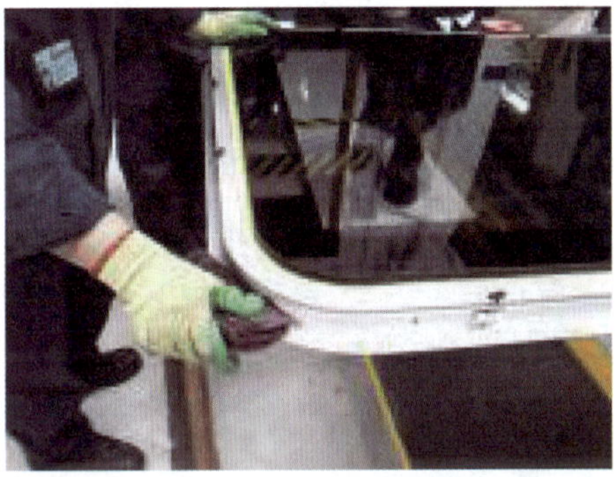

(b)

图 10-7-7　玻璃粘接面清理

②打磨:使用拉绒打磨片打磨车体和车窗粘接面。

注意:修边和打磨时不能刮掉底漆露铝,出现露铝现象需要重新刷涂底漆(≥60 μm),干燥 72 h。

③吹灰:使用小型吸尘器将车体粘接表面的灰尘处理干净;使用毛刷将车窗粘接面上的灰尘处理干净。

④防护:将车窗玻璃背面使用 50 mm 宽胶带进行防护(图 10-7-8)。

图 10-7-8　玻璃防护

(3)接触面处理

①清洁:使用蘸取 Sika Remover 208 去除剂的擦拭纸擦拭车体和车窗粘接面(图 10-7-9),直到擦拭纸上不见脏物为止,晾置至少 10 min,超过 2 h 后须重新清洁。

(a)

(b)

图 10-7-9　车体和车窗粘接面清洁

注意:请沿同一个方向擦拭,禁止来回擦拭;清洁后禁止触摸粘接面。

②活化:在充分晾干粘接表面后,使用已浸润 sika activator 的擦拭纸擦拭已清洁的表面并保持至少 20 min,超过 40 min 后须重新活化。

(4)底涂

使用羊毛刷蘸取 Sika Primer 206G+P 底涂剂在车窗和黄色胶圈上涂刷一层底涂剂(图 10-7-10)并干燥至少 30 min,超过 2 h 后须重新刷涂。

注意:车窗黄色胶带也须清洁和活化;底涂剂在使用前应摇晃至瓶中小球自由滚动后再摇 1 min 方可使用,底涂要求薄、连续、不漏涂。

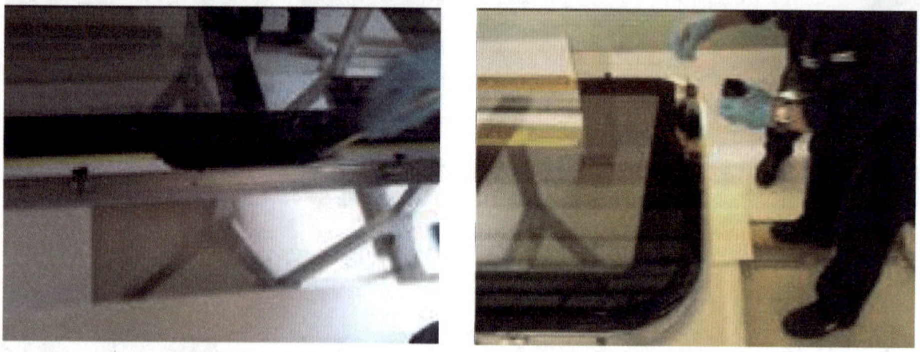

(a)　　(b)

图 10-7-10　涂刷 Sika Primer 206G+P 底涂剂

(5)施胶

将要打胶的车窗放置在马凳上,使用双组份胶泵在车窗的打胶区域打胶(图 10-7-11),胶量要求均匀、连续、不漏涂,粘接后四周溢出,按照图纸要求保留两侧的通风孔。

注:在打胶前放净胶管内存留的单组份胶;在样板上按照施工程序涂打胶条并在 5 min后查看胶粘剂的固化情况,方法为使用刮胶板刮开胶粘剂,内部有麻点出现说明开始固化,可以施工。

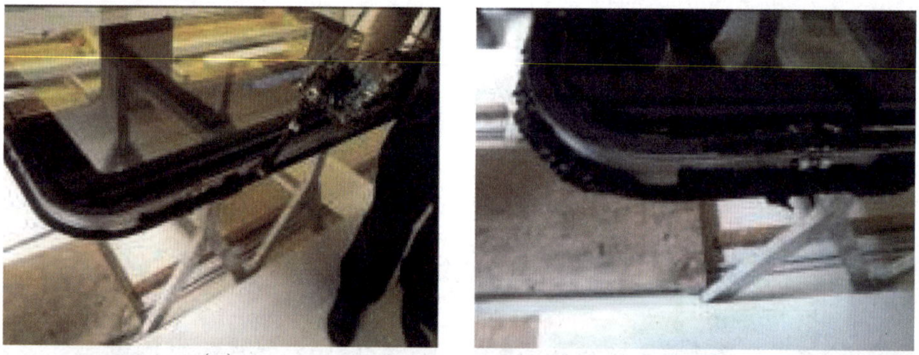

(a)　　(b)

图 10-7-11　玻璃打胶

(6)粘接

打完胶后，将窗从车内推入窗口，车外操作者将垫块(图 10-7-12)置于窗缝处，将窗落在上面，并用同样的垫块调整左右缝隙，保证缝隙均匀。

(a)　　(b)

图 10-7-12　放置调整缝隙垫块

(7)安装

通过调整螺栓(图 10-7-13)的松紧来控制侧窗与车体侧面的平整度，保证高低差≤2 mm。此紧过程需与窗外的操作者配合，由窗外操作者使用刻度尺控制窗与车体的平度，并对车内操作者做出相应提示，车内操作者依照提示作出调整。

注意：在调整螺栓松紧的时候应对角紧固。

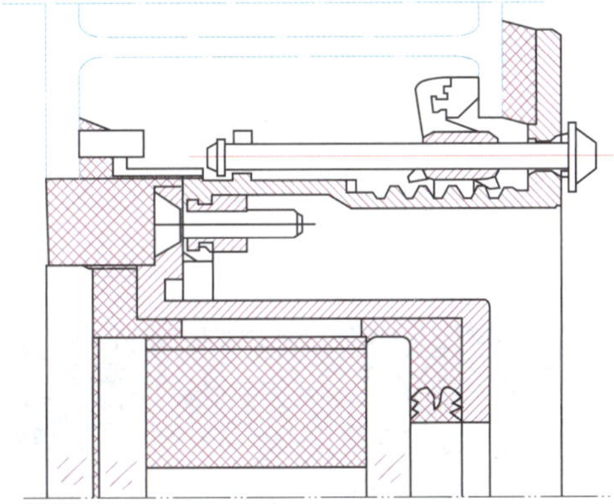

图 10-7-13　侧窗玻璃安装螺栓

(8)修饰

使用刮胶板刮去内部多余的胶粘剂(图 10-7-14)，缝隙尽量修饰美观，可以使用蘸取去除剂的擦拭纸擦去不允许涂胶的部位。外部缝隙的胶粘剂使用折叠成缝隙宽度的擦拭纸和自制的刮缝工具去除多余的胶粘剂，修饰的缝隙要规整的留有一层胶粘剂(包括黄色胶带)。

注意：窗与铝结构之间所有部位都要有胶粘剂溢出，如果有未溢出胶粘剂的地方，应该用胶粘剂将有缝隙的部位填满。

(9)粘接固化

固化必须在温度 15～30 ℃，相对湿度 30～70%的条件下固化至少 4 h，4 h 后可以进行其他工序作业，12 h 后可进行动车。

注意：温度、湿度监控要每 1 h 进行一次记录监控，监控记录最初的 4 h 即可。

(10)密封前处理

①修饰：粘接 12 h 后，修剪车体内部接缝处的胶粘剂。把接缝部位的毛刺和轻微突

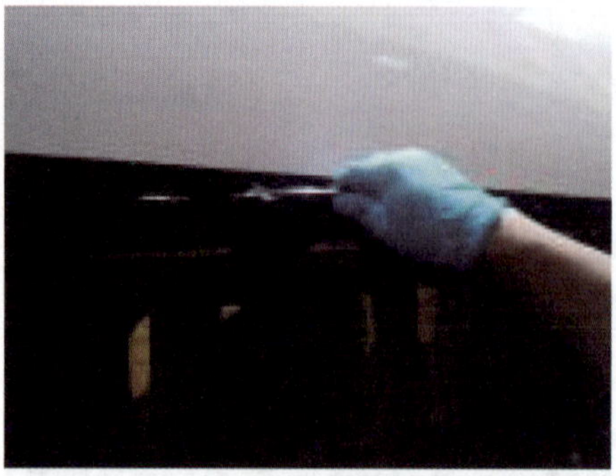

（a）

（b）

图 10-7-14　胶粘表面修饰

起全部去除掉，并保证接缝表面干燥，清洁，没有灰尘；然后用壁纸刀检查胶粘剂和车侧窗之间、胶粘剂和铝结构之间的粘接强度，如果用壁纸刀能将胶粘剂剥离开，应重新粘接该侧窗。

②保护：粘贴 3M 蓝色胶带保护好车窗和车体（图 10-7-15）。要求：粘贴平整，无气泡，留出 1～2 mm 的间隙，圆弧部位使用圆弧形保护胶带。

（11）密封后处理

活化：使用擦拭纸蘸取 Sika Aktivator 活化剂在车窗内部（图 10-7-16）接缝处涂刷一层活化剂并晾置至少 20 min，超过 2 h 重新活化。

图 10-7-15　车窗玻璃内侧防护

图 10-7-16　车窗内部活化

（12）内部密封及固化

①在侧窗框和窗框周围的铝结构表面上粘接蓝色 3M 保护胶带，使用风动胶枪对内部接缝处打胶，胶粘剂要溢出接缝，不允许有漏涂的部位。打胶前要放胶 15～20 cm，才可以操作。底部由于有通风孔不允许密封。打完胶后使用刮胶板刮出多余的胶粘剂，然后撕去保护胶带。

注意：一旦胶粘剂固化后只能用机械方法去除。

②密封固化必须在温度 15 ℃～30 ℃，相对湿度 30%～70%的条件下固化至少 12 h，如果温湿度条件达不到固化所要求的条件必须采取相应的措施（空调、加湿、除湿等）达到固化条件。

4. 安装墙板

在车厢内把车窗下部的侧墙扣板和侧墙板安装好。

5. 后续监控

(1)保证车体在 12 h 内不能有大的震动。

(2)从车窗更换完毕起，要保证车体温度范围为 15 ℃～30 ℃，相对空气湿度为 30%～70%的环境下放置 96 h(4 天)后动车组才能上线运营。

6. 完工

(1)清点工具及更换料件，确保工具及更换的相关料件齐全，无缺失。

(2)升弓供电试验车组状态。

## 思考题

1. 请述说主空压机加油方法。
2. 请述说制动控制模块（B02）中各元器件名称。
3. 请述说变压器膨胀油箱油位检查标准。
4. 请述说牵引变流器 DC 模块检查方法。
5. 请述说蓄电池检查标准。
6. CRH3 型动车组侧窗玻璃安装时，接触面处理标准是什么？

# 附表 螺栓扭矩

| 规格 | A2-70<br>含乐泰 243 | A2-70<br>含嘉实多润滑脂 | 8.8 | 10.9 | 12.9 |
| --- | --- | --- | --- | --- | --- |
| M4 | 3.3 | 1.7 | 2.8 | 3.9 | — |
| M5 | 6.4 | 3.3 | 5.5 | 7.7 | 9.5 |
| M6 | 11.2 | 5.8 | 9.6 | 13.4 | 16 |
| M8 | 26.9 | 13.8 | 22.7 | 32.0 | 40 |
| M10 | 53.6 | 27.6 | 45.5 | 64.0 | 79 |
| M12 | 92.3 | 47.7 | 78.6 | 110.6 | 135 |
| M14 | 148 | 76.0 | 126 | 177 | — |
| M16 | 230 | 117 | 194 | 273 | — |
| M18 | 314 | 162 | 268 | 377 | — |
| M20 | 444 | 227 | 377 | 530 | — |
| M24 | 766 | 392 | 651 | 916 | — |